前海模式之
街坊整体开发创新实践

李荣生　编著

中国建筑工业出版社

图书在版编目（CIP）数据

前海模式之街坊整体开发创新实践/李荣生编著
. —北京：中国建筑工业出版社，2022.3
ISBN 978-7-112-27111-5

Ⅰ. ①前… Ⅱ. ①李… Ⅲ. ①社区—城市规划—建筑
设计 Ⅳ. ①TU984.12

中国版本图书馆CIP数据核字（2022）第032119号

责任编辑：李　璇　牛　松
版式设计：锋尚设计
责任校对：王　烨

前海模式之街坊整体开发创新实践
李荣生　编著
＊
中国建筑工业出版社出版、发行（北京海淀三里河路9号）
各地新华书店、建筑书店经销
北京锋尚制版有限公司制版
天津图文方嘉印刷有限公司印刷
＊
开本：880毫米×1230毫米　1/16　印张：22　字数：610千字
2022年3月第一版　　2022年3月第一次印刷
定价：**298.00**元
ISBN 978-7-112-27111-5
　　（38991）

编写委员会

主编单位：

深圳市前海建设投资控股集团有限公司

参编单位：

同济大学复杂工程管理研究院

主　　编：

李荣生

副 主 编：

何清华　叶伟华　谢春华　刘　劲　闻家明　杨　东　谢坚勋

编　　委：

邓斯凡　崔江峰　夏石泉　曾华华　鲁　飞　王　飞　荆治国　熊　伟
肖文君　贺　健　游俊霞　冷卫兵　李　妍　孙　铭　陈智平　李　红
李振刚　尹　洁　付　仙　徐　苗　王　歌　罗　岚　覃柳淼　张宗玮
郭钦钦　王子伦　卢伊玲　张俊怡

序

街坊：现代化城市社区的人文内核

本序所述内容源于以下一段饶有兴趣的话语语境：深圳市前海建设投资控股集团有限公司与同济大学复杂工程管理研究院为主总结研究的前海街坊整体开发项目，当属深圳城市现代化社区开发建设工程，但是，工程却起名为"街坊"。这个词在粤语话语中也因为近年来大规模的城市改造而随同它的物理形态一样难觅影踪，同样，在北京，听到"老街坊"三字，大都是从北京胡同里大爷嘴里说出。可奇怪的是，恰恰是深圳深港现代服务业合作区的现代化社区叫上了"老套"的"街坊"，其背后有什么值得探究的隐喻吗？

改革开放四十余年来，在中国人新的话语体系中出现了独特的、有着深刻内涵的话语：北上广深。其中，北上广三大城市或历史悠久，或经济发达，或兼而有之；唯独深圳，仅用了四十年就从一座落后的边陲小镇拔地而起发展成一个国际化大都市，成为世界城市发展史的伟大奇迹。深圳不仅形成自身特有的开放、包容、共享、创新的精神特质，而且始终保持着不断探索、勇往直前的青春朝气。深圳前海深港现代服务业合作区（简称：前海合作区）的开发建设便是当今继承和发扬这一精神特质的典型示范。

前海街坊项目是前海深港现代服务业合作区中一个社区型组成部分，更是深圳城市整体中的一个元素，但是，一滴水见太阳，看城市建设，不仅要看恢弘的城市广场和摩天大楼等大手笔，有时也要从如社区建设的理念、细节看，也能够看出些独特的名堂和内涵来。

事实上，现在说到深圳的城市开发建设，已经不用太担心能否体现出现代化。拿前海街坊开发建设来说，业主和工程规划、建设与管理者们协同一致表现出了鲜明的现代城市建设理念和方法。例如，对前海深港现代服务业合作区的功能和作用的认知、对街坊整体开发模式的理论思维、街坊整体开发的框架设计和基本特征提炼以及项目治理与统筹建设机制创新等方面，都以一系列先进的现代化建设理念、行之有效的落地机制和实际操作方法，显示出极强的普适性和中国特色。因此，前海深港街坊整体开发不仅对合作区、深圳，而且在更广的范围与更高层面上都是一项具有重要实践价值和理论意义的工程项目。

在以上体验基础上，前海街坊开发建设理念中提到的"人本性"等原则，虽然笔墨不多，但特别吸引人的眼球、令人关注和思考，并能够发现背后极其深刻的蕴意。

首先，如果说，摩天高楼、金融街等充分代表了一个城市的现代化"名片"，而社区则是一个与城市居民最紧密融为一体的空间。一个人一辈子甚至几代人都生活在某个社区是常事。个体居民可能一辈子没有踏进过金融街任何一座大楼的大门，也只有屈指可数的几次"参观"过高级商场看看热闹，但他却一辈子在社区里成长和生活，生儿育女，走亲访友。社区是让无数这样的普普通通的老百姓感受无尽的亲情、邻里情，感受街巷道路上岁月的留痕，并通过这些来体验城市的温暖。这些，往往是中国人心中的"街坊"情结。

话说远点。唐朝时的长安城为长方形，长安城内有笔直的南北向大街十一条，东西向大街十四条。由这些大街划分的一块块像菜畦一样的面积叫做"坊"，长安城共有一百一十坊，每个坊都有名称。坊内是房屋建筑，即人们生活居住的地方。因为，唐都长安是由"街"与"坊"所组成，所以，后世之人，便将同街巷的邻居称为"街坊"。街坊中住地毗连的人们，多年来共同生活在一起，据此形成了密切的互动关系，有着显著的认同感和情感联系，由此构成相对独立和亲近的群体，即邻里。无论南北，街坊邻里，安静祥和，和谐共处。夏日里邻里端上的大碗茶、冬天里墙根暖阳下的一盘棋，救急时的"拔刀相助"，这是中国人世世代代形成的对亲善街坊关系的认同，"远亲不如近邻"，一句话道出了邻里在中国人心里的地位。

当然，随着时代的变迁，特别是城市的现代化进程越来越快，传统的街坊，从它原有的胡同、弄堂和大杂院等物理形态到它的情感蕴含都发生了很大甚至根本性的变化，人住上了高楼，被钢筋水泥和防盗门锁住了手脚，也关上了与街坊邻里之间的情感纽带，多年住下来，尚不知同楼邻居姓甚名谁。

从某种意义上，人们更钟爱现代化的便捷舒服的生活方式，而不愿意再生活在外墙上盘踞着老旧水管和缠绕着电线，一家烧菜整个院子都能闻香的老街坊市井生活。但是，当传统街坊的一切，连同它的形体与内涵随着城市开发，随之一一消失在我们记忆中的时候，城市开发建设者们是不是还要更深一层地思考一下：我们除了念旧和追忆从眼前流淌掉的传统街坊岁月时光外，还能不能在新的城市街区建设中留存些许象征岁月痕迹的街坊人文内核。这一问题绝不是说要把社区名称都冠名为某某街坊就算解决，这一问题要比大手笔地把原有一切推倒重来，再用一种新理念开发建设一个新社区不知要困难多少。

正是在这个问题上，前海合作区十九单元03街坊、二单元05街坊与前海交易广场等三个项目的整体开发工程开发建设者们提出了这样一个体现新时代高质量的"后现代化"城市街区建设的前沿性问题，并努力探索如何破解这一难题的路子。

应该说，这是当今现代化城市社区开发建设领域中的一个复杂系统管理问题。首先，它要求城市的建设者们要有强烈的历史意识、人文意识、主体意识与整体意识，特别是在人们追求经济增长和物质财富的大潮中，要能够清醒的防范人的本真性的异化和真善美价值目标的缺失。城市社区是向人们提供某种功能的人造系统，在社区与人的关系中，人是主体，人的文明化、人性化，人的价值和人的发展需要永远是第一位和导向性的，在城市建设中始终要遵循重视人、尊重人、关心人、爱护人、包括人的街坊邻里意识，以及城市功能人性化、城市生活文明化等基本原则，无论是上千年的历史文化古都，还是近现代快速繁荣起来的新兴城市，概莫如此。

在当今复杂的现代社会中，现代化城市是个多层次、多中心、高度自治性和自组织的复杂系统。在现代城市管理中，各类要素的复杂关联、深度不确定性、城市功能对复杂情景的鲁棒性与韧性等品质要求越来越突出，因此，必然要求城市物理结构的功能释放出更多的自组织和适应性品质属性，而不能完全倚靠单一的纵向管控机制。

这就启发我们，在破解现代化城市治理中的复杂问题过程中，应当充分重视和发挥街坊邻里的紧密关系所释放出的基础性自治性功能，而千千万万街坊的这一功能如同城市系统整体机体的渗透全身的"毛细血管"，会汇聚成为城市宏观管理整体功能的重要补充。

要能够让城市社区释放出这类"正能量"，社区自身必须具有真正意义上的"街坊邻里"属性，即邻里群体要具有整体性的功能涌现和释放机制，当出现突发事件并进行应急处置时，邻里之间要能够表现出相互支持、组织化等社会性能力，最实时和有效的提升街坊社区的安全管控水平。所有这些，都是当今现代化城市社区开发建设的新课题、新挑战。

显然，这一问题涉及的方面相当广泛，有许多已经超越城市社区开发建设的范畴。但是，社区开发规划工作，特别是开发规划的整体思维与系统理念是社区全生命周期功能释放的"源头"。例如，如何在城市社区建设规划中植根下街坊的社会性功能的"基因"，对社区今后整体性功能的品质就具有全局引领性、规定性和导向性的意义。正是在这一点上，深圳前海街坊整体开发项目中关注和探讨了现代化城市片区的街坊人文内核，彰显出业主与建设者的站位与立意的前沿性。

综上所述，实践表明，深圳前海街坊整体开发项目的实践充分反映了业主及建设者在现代化城市社区开发建设理念、工程组织模式、项目管理现代化等方面都取得了骄人的成绩，这些都可以不言而喻。与此同时，前海街坊项目又深层次提出了一个超越一般城市建设、工程技术、项目管理之外和之上的现代社区人文内核的问题，这一发人深省的问题涉及现代城市文明、和谐、人文精神释放与城市复杂系统思维的范式转移等。也正因为如此，需要学术界与工程界共同长期探索，即使深圳前海街坊整体开发项目还没有来得及系统性地提出破解这一重要问题之道，但在重大理论和实践变革与创新道路的转折点上，往往提出一个有着重要意义的问题更有价值。关于这一点，马克思在1842年5月《莱茵报》第137号刊文中就说的非常直白："历史本身除了通过提出新问题来解答和处理老问题之外，没有其他方法"。

同济大学复杂工程管理研究院院长
南京大学工程管理学院创院院长

盛昭瀚

2022年1月于同济园

前 言

深圳前海合作区集深港现代服务业合作区、前海蛇口自贸片区、粤港澳大湾区核心区、中国特色社会主义先行示范区、国际化城市新中心、高水平对外开放门户枢纽六大国家战略平台为一体，是"特区中的特区"，正以建设国际一流城区为目标引领现代化国际化城市建设，是当前全国乃至全球范围内城市建设高质量发展的前沿阵地。

习近平总书记指出，推动高质量发展，首先要完整、准确、全面地贯彻新发展理念。新发展理念和高质量发展是内在统一的，高质量发展就是体现新发展理念的发展。

在城市开发建设领域，深圳前海着力践行"创新、协调、绿色、开放、共享"五大新发展理念。近年来，前海"依托香港、服务内地、面向世界"，积极探索粤港澳深度合作、协同发展新模式，为解决城市建设与土地开发面临的开发超高密度化、地质条件复杂化、开发主体多元化、立体空间复杂化等问题，创新性地提出并实践运用了"街坊整体开发模式"。通过十九单元03街坊等项目创新采用"街坊整体开发模式"，前海建成了一批标志性工程，取得了良好的经济效益和社会效益，实现了城市片区开发的高质量发展，为全国城市片区开发、城市更新提供了高质量发展的"前海经验"和"前海模式"。

街坊整体开发是前海长期坚持的一项改革发展举措。在城市规划层面，前海综合规划提出以城市综合体为主的单元式整体开发模式，倡导实行街坊式整体开发，以提升地上、地面、地下空间的建筑品质，提升空间的利用率与经济性，加强土地集约利用。在城市建设层面，以十九单元03街坊为典型案例，深圳前海探索实践形成了"五个一体化"为核心内容的"街坊整体开发模式"，将整体开发从规划愿景转化成为高品质建筑与公共空间，实现了从"理念"到"实物"的跨越。

1. 街坊形象一体化

采用一家设计单位作为街坊设计总体统筹单位，负责全过程设计管控，在各阶段对不同设计单位进行要点控制，通过街坊内建筑布局与形态统筹、建筑立面风格与材质统筹等手段，保证街坊设计的统一性、协调性和完整性。

十九单元03街坊由6栋高度在100～200m的"背景"塔楼和一栋330m高的标志性塔楼组成。地标成为街坊集群的核心，在富有动感的城市天际线中脱颖而出。6栋"背景"塔楼采用整体的形象造型和富有韵律感的螺旋上升模式，烘托出超高层塔楼的中心地位，既塑造了完整的城市形象，又为中心塔楼提供最优的景观视野。

2. 公共空间一体化

街坊内部地上地下互通、多层空间连接，各层通过垂直交通与公共空间及商业服务设施进行无缝衔接，有机融合商务与休闲多种功能，实现了公共空间价值的最大化。

十九单元03街坊项目通过建立多层步行系统，实现街坊人车分流、便捷通行。多层地面通过将下沉广场与垂直交通整合成一体化流线，实现了公共空间价值的最大化。多层地面可以被理解为"加厚的地表"，运用建筑手法将可供市民进行公共生活的部分进行立体化组合，使城市表面的基础设施、公共空间、建筑单元等元素紧密联系，形成层叠式功能结构。

3. 交通组织一体化

十九单元03街坊倡导以公共交通为主导，打造高效复合、安全便捷的人性化交通环境。项目通过将停车出入口与办公门厅沿街坊外围布置，减少车辆进入街坊内部，实现车流快速通行。项目构筑了"地铁+公交+慢行"为主导，各种交通方式协调发展的一体化综合交通系统。

4. 地下空间一体化

遵循高效集约、整体开发原则，街坊地下空间基坑统一设计、施工、管理，打造立体复合、互联互通的整体地库，节省基坑支护开发成本，增加地库面积，提高地下空间使用效率。街坊地下车库统一设计、统一管理，实现共享共用。

十九单元03街坊内集中布置地下人防、统一地库标高，统一出入口设计，以及地库智能化、环境、导向标识等精细化设计，有效解决小地块地下空间利用率不高、停车效率低下的问题。

5. 市政景观一体化

十九单元03街坊各用地主体创新性地对街坊进行景从整体设计，将景观要素与城市市政进行多层面空间整合设计，明确景观设计目标及各地块分区主题，确定空间结构及形态、步行漫道、景观绿植、铺装选材、景观设施的统一布局，并合成一张景观总图。

本书在总结工程实体五个一体化的基础上，通过对十九单元03街坊项目资料和访谈资料开展质性分析，结合复杂项目管理三维视角理论，提出了构成"街坊整体开发模式"概念的"对象—组织—过程"三方面内涵。

（1）从对象角度来看，街坊整体开发模式是在多地块共同开发背景下，从区域整体的角度考虑规划设计、施工建设以及运营管理，通过地下空间高强度开发和公共资源统一配置，实现街坊形象、公共空间、交通组织、地下空间以及市政景观五个一体化，土地节约集约利用以及土地经济价值最大化的开发模式。

（2）从组织角度来看，街坊整体开发模式是在多业主开发背景下，通过"政府—市场"二元治理，协同各地块开发主体，协调各参建单位，协商公众利益，实现项目多重目标和提高项目组织效能的多元主体合作开发模式。

（3）从过程角度来看，街坊整体开发模式是通过概念方案到工程方案的逐步寻优，通过"单元规划—城市设计—工程设计"分阶段导控的逐步深化，实现系统优化和区域整体开发品质提升的开发模式。

在提出街坊整体开发模式概念内涵的基础上，为进一步保障模式推广应用的可靠性，本书对该模式的适用条件进行了探讨，提出了区域、规模、规划、建设时序、制度环境以及开发组织等六个方面的适用条件，供未来的项目案例做参考。

工欲善其事，必先利其器。街坊整体开发模式是长周期、环境高度开放、多元利益主体合作的成果，其成功实施必须以高效率的统筹机制作为关键支撑。因此，本书对街坊整体开发模式统筹机制的项目治理、统筹组织、统筹方法和统筹内容进行了深度阐述。

（1）项目治理维度，在梳理现有文献提出的行政治理、合约治理和关系治理三维混合治理结构的基础上，本研究首次对三种治理结构在项目实施期内的动态演化进行了分析。

（2）统筹组织维度，从政府—企业协调、开发企业间协调和以众筹式设计统筹为代表的技术协调层面进行分析，对各层次的协调组织进行了总结梳理。

（3）统筹方法维度，基于项目复杂性视角、利益相关者视角、整体性治理视角、"协同—协调—协商"视角四大分析视角，阐述街坊整体开发模式的综合集成方法体系，并从规划、城市设计、土地出让、工程设计、招标采购、施工、费用、运营等八个方面，梳理了前海街坊整体开发模式的具体统筹方法与措施。

（4）统筹内容维度，结合十九单元03街坊及国内相关开发案例，详细阐述了城市形象统筹、功能业态统筹、地下空间统筹、慢行交通系统统筹、车行交通系统统筹、公共开放空间统筹、配套基础设施统筹、可持续发展措施统筹等八个方面的统筹内容，形成了可供参考的结构化统筹内容体系。

街坊整体开发模式是新时期城市开发建设在规划单元和街坊尺度上的一种系统性创新，深度应用了人民城市理念、紧凑城市理念和多元治理理念。一批批"前海人"持之以恒、艰苦奋斗的努力，顺应国家城市建设改革发展大潮流，走出了独特的、高质量的街坊整体开发之路，为深圳前海地区的高质量发展打下了坚实的基础，也在一定程度上丰富了人民城市理念的内涵。

2021年6月，深圳市前海建设投资控股集团有限公司立项开展《街坊整体开发模式及其统筹机制》的研究。本书依托课题研究成果，并结合主要参编人员长期的工程实践经验编著而成。本书主要面向我国主要城市重点区域的开发建设管理者、工程管理行业从业人员、重大工程政策研究人员。同时，本书亦可作为高校工程管理专业、城市建设专业等相关专业的案例教材和辅导用书。

本书以习近平新发展理念为指导思想，基于前海地区三个典型案例的研究而形成，深度调研、收集、分析了十九单元03街坊项目、前海交易广场项目和二单元05街坊项目海量的技术与管理资料，汲取了众多建设单位、设计单位、咨询单位和施工单位的智慧，编著者在此谨向全体建设者表达崇高的敬意和衷心的感谢。

迈向高质量发展的街坊整体开发模式探索虽然在前海合作区取得了令人满意的成绩，但还有很长的路要走，尤其是在前海地区之外的应用实践，将进一步验证模式的适应性和先进性。由于编著者水平有限，书中的诸多谬误之处，诚请读者批评指正。

本书编委会

2021.11

目 录

下篇

案例与启示

上篇

概念与理论

第一章

街坊整体开发模式的
时代背景

任何新生事物的产生和发展，都有其深刻的时代背景。街坊整体开发模式作为城市片区整体开发模式的典型代表，其产生必然根植于城市开发和城市更新实践基础，是对原有旧的开发模式的一种迭代和扬弃。本章对前海街坊整体开发模式形成和发展的时代背景进行分析。

1.1　城市建设新理念的涌现驱动了街坊整体开发模式的产生

随着经济社会快速发展，我国城市建设领域已取得显著成就。在城市开发建设实践取得巨大进步的同时，我国城市规划、城市建设、城市更新领域面向高质量发展目标、应用新发展理念的理论研究方面也取得了长足的进步，城市开发建设相关的新思想、新理论、新理念和新方法不断涌现。这些新的理论研究进展为新时代我国城市开发建设提供了思想引领和理论支持。

1.1.1　城市片区开发高质量发展的理念不断涌现

具体到城市片区开发领域，近年来相关政策和研究对面向高质量发展的未来城市提出了七大概念性愿景（表1-1）。

面向高质量发展的未来城市愿景概念一览表　　　　　　　　　　　　　　　表1-1

名称	概念释义
人民城市	坚持人民至上的人本思想，贯彻创新、协调、绿色、开放、共享的新发展理念，体现五个人人理念：人人都有人生出彩机会、人人都能有序参与治理、人人都能享有品质生活、人人都能切实感受温度、人人都能拥有归属认同（吴新叶，付凯丰，2020）
活力城市	用活动的多样性、活动发生的密度等衡量城市活力，关注有机活力、经济活力、社会活力、文化活力等，分为三类：有机形态传统、形式主义传统、现代主义传统（郎嵬等，2017）
韧性城市	一个由物质系统和人类社区构成的可持续网络，牢固灵便，而非脆而不坚（朱正威等，2021）。即突发性意外和自然灾害来临时，城市具有抵御灾害以及快速恢复的能力。具体包括冗余能力、稳定能力、适应能力、吸收能力及恢复能力（吴嘉琪，游鸽，2021）。城市韧性指的是系统和区域通过合理准备、缓冲和应对不确定性扰动，实现公共安全、社会秩序和经济建设等正常运行的能力（邵亦文，徐江，2015）

续表

名称	概念释义
智慧城市	智慧城市的核心是通过以物联网、云计算等为核心的新一代信息技术来改变政府、企业和人们相互交往的方式，对于包括民生、环保、公共安全、城市服务、工商业活动在内的各种需求做出快速、智能的响应，提高城市运行效率，为居民创造更美好的城市生活（李德仁等，2011）。智慧城市主要包括智慧技术、智慧设施、智慧人民、智慧制度、智慧经济、智慧环境六大核心方面（董宏伟，寇永霞，2014）
绿色城市	绿色城市是兼具繁荣的绿色经济和绿色的人居环境两大特征的城市发展形态和模式，具备绿色城市的生产和消费方式、高效的废弃物回收利用和处理体系、国际领先的生态效率、更多更好的绿色机遇（张梦等，2016）。体现可持续发展理念，强调保护自然、生态良好、低碳节能，本质是自然经济社会协调、生态城市赤字为零、需求欲望与物质财富相适应（毕光庆，2005）、在人居环境建设与发展中实现城市与自然和谐发展
宜居城市	是生态环境优美、生活舒适、公共服务设施配套齐全、管理民主、治安环境良好的城市。具有宜居、宜业、宜游三个特征，具体表现：以人为本、经济高效发展、人与自然和谐共生、尊重城市历史文化、重视创新与包容、城市可持续发展
人文城市	强调人文主义思想，体现城市三项基本功能：文化贮存、文化传播和文化交流，主张城市的核心是人，文化是城市的灵魂，统筹改革、科技、文化三大动力，满足美好生活的需要（项松林，孙悦，2021）。城市建设要避免千城一面，体现深厚的历史底蕴及鲜明的时代特色（周继洋，2016）

总体而言，新的城市开发建设理论研究着重关注如何落实"创新、协调、绿色、开放、共享"五大新发展理念以实现城市建设的高质量发展。从国家中心城市重点区域片区开发的层次审视，新的开发理论强调"高效集约""整体统筹""功能混合""互联互通""设施共享"和"以人为本"等建设理念，使得我国城市开发领域长期采用的以建设用地红线为界的"单地块割裂式"开发模式面临巨大的挑战，已不能适应时代发展的需求，亟待对开发模式进行优化完善。

1.1.2　传统割裂式单地块开发模式不能适应新理念的需求

以单地块独立开发为主要开发方式的传统城市发展模式在经济高速增长与城市规模不断扩大的背景下，出现了土地资源紧张、交通拥堵、生态环境污染、公共资源紧张等一系列"大城市病"，已经成为制约城市高质量发展、可持续运行和人民生活品质提升的重要因素。在城市高质量发展背景下，传统割裂式单地块开发模式体现出土地利用性质单一、土地利用效率低、地块开发缺乏弹性等八大劣势。

（1）土地利用性质单一

在传统割裂式单地块开发模式下，地块利用性质较为单一，无法满足城市高质量发展过程中的土地功能混合需求，难以有效满足产业发展的需要，阻碍了区域经济的进一步发展。

（2）土地利用效率低

城市核心区域的地块往往毗邻道路，考虑到今后市政建设、地下管线以及安全等因素，不同地块在靠近道路的地方都要进行不同程度的退界。从区域整体来看，地下空间未互联互通，浪费了部分地下空间，导致土地利用效率低。

（3）地块开发缺乏弹性

在传统割裂式单地块开发模式下，根据地块控制性详细规划的要求，单地块开发需满足规划条例规定的一系列指标，如土地使用性质、容积率以及绿地率等，这导致地块必须按政府强制要求进行开发建设，缺乏弹性，难以适应市场的需求。

（4）资源不能共享且增加项目投资

在传统割裂式单地块开发模式下，各地块需要单独配置资源，地块间没有联系，导致地块之间公共资源与配套设施难以共享，甚至在一定程度上造成资源的浪费。此外，各地块公共设施单独配置增加了项目投资，难以实现公共设施统筹配置的效益。

（5）区域开放性、互联性差

在传统割裂式单地块开发模式下，建筑空间之间或建筑空间与城市公共空间缺少连续性，人们无法直接以最短的时间和最少的消耗到达一定区域内的任意位置，城市空间开放性以及互联性较差。

（6）区域整体性差

在传统割裂式单地块开发模式下，各开发主体独立组织本地块的工程建设，不需与其他开发主体进行协商，容易出现建筑风格不统一、地块之间建筑功能与形象不协调的问题。

（7）政府与开发主体利益分化

对开发主体而言，其主要目标是经济效益最大化，个人利益优先；对政府而言，其主要目标是整体价值最大化，整体利益优先。因此，在传统割裂式单地块开发模式下，政府和开发主体之间存在利益分化问题，规划发展和管理目标的实现常常出现错位，给区域建设带来了一定的问题。

（8）制约城市高质量发展

在传统割裂式单地块开发模式下，各地块的独立开发导致整体的城市设计目标、道路交通设施建设目标、综合环境与形象目标的实现程度与规划设想存在很大差距，制约城市的高质量发展。

1.1.3　街坊整体开发模式契合城市片区高质量发展的潮流

综上所述，从国家提出"把握新发展阶段、落实新发展理念、构建新发展格局"和高质量发展要求的战略定位审视，近年来城市开发领域的理论研究积累了诸多落实新发展理念的城市开发思想和理念，传统的以单地块用地红线为界的割裂式开发模式已经难以满足新理念要求，而"街坊整体开发模式"正是在这种新思潮、新理念的引领驱动下产生的城市片区开发模式，它适应了时代发展的潮流，具有强大的生命力。

街坊整体开发将土地高效集约利用、功能多样性、建筑风格多元性，以及片区统一形象、公共设施功能系统化、物业间良好接驳联系起来，既有利于形成功能协调、整体性强而又兼具多样性的街区特色，又有利于形成具有特色内涵、高品质的公共空间，同时，这种开发以市场化企业为投资主体，以政府规划指导为必要控制，实现了市场资本投资、政府规划落地、公众人性化体验的多方共赢（郭军等，2020）。

宏观上，我国各大城市主张在核心区域建立各类规划统筹协调机制；用改革和市场化手段，落实强化开发、投资强度、产出强度、人均用地指标等要求，坚持质量优先，节约高效用地，走新型内涵集约式的城乡建设高质量发展道路；以高标准推动城区规划建设，探索各具特色的高质量发展模式，开发同时注重节能减排，建设宜居、绿色的新型城市；扩大公共空间和开放区域，落实共建共享的理念，切实把新发展理念落实到城市建设工作各方面、各环节中。"街坊整体开发模式"正是将规划统筹协调机制在工程开发建设阶段予以有效落实的保证。

微观上，街坊整体开发模式中五大新发展理念的应用点多面广。从创新发展理念看，街坊整体开发模式注重土地出让方式创新、政府行政审批创新、地下空间统一建设创新、超大基坑群施工技术创新、大规模立体交叉施工管理创新。从协调发展理念看，街坊整体开发模式注重项目与周边区域协调、地上地下协调、项目内部各地块之间相互协调、工程推进协调机制创新。从绿色发展理念看，街坊整体开发注重设立高标准的绿色建筑目标和成套绿色建筑技术的应用，还结合集中供冷站、智慧城市建设等热点技术。从开放发展理念看，街坊整体开发模式注重引入国际智慧、参考国际案例，许多智力支持工作和技术咨询工作均由国际一流的单位完成，通过二层连廊、高质量的24小时公共开放空间的打造实现区域的开放性。从共享发展理念看，街坊整体开发模式注重地下停车库、人防设置、地下连接通道、集中供冷站等公共资源的共享。

1.2　国内外一线城市核心区城市建设实践为新模式的产生积累了丰富经验

虽然以前海十九单元03街坊为标杆案例的街坊整体开发模式取得的成功具有其鲜明的时代背景、区域特色和制度环境基础，但这种模式的产生、形成和发展仍需参考国内外众多的类似实践案例。在城市高密度核心区的片区统筹开发建设方面，国际国内一线城市在高密度核心区对整体开发模式进行了许多有益的尝试，积累了一定的开发经验，并在一些案例中不同程度地发挥了积极效益。街坊整体开发模式可以视为"片区统筹开发"和"区域整体开发"模式的典型代表和集大成者。区域整体开发是指，一定规模范围内，一定时限内，一级开发商或政府主管部门（管委会、指挥部等）组织托底，多业主聚集参与，统一规划设计、统一建设管理，以"创新、协调、绿色、开放、共享"为理念的一种集约开发建设模式。街坊整体开发模式是深圳前海在街坊尺度上实施"片区统筹开发"和"区域整体开发"的具体表现形式，在新发展理念应用和建设统筹机制方面开展了诸多探索，取得了积极成效。

1.2.1　城市核心区建设实践的国际案例

近年来，关于片区统筹开发的案例研究受到广泛关注。本节通过文献收集对国际超大型城市运用片区统筹开发模式的实践展开简要分析。研究文献重点分析的项目案例包括英国伦敦金丝雀码头（Canary Wharf，London，UK）、伦敦国王十字中心（King's Cross Central，London，UK）、法国拉德方斯（La Défense，Paris，France）和日本东京六本木项目（Roppongi Hills，Tokyo，Japan）等（表1-2）。

采用整体开发模式的国际案例　　　　　　　　　　　　　　　　　表1-2

项目名称	建设规模	项目特点
伦敦金丝雀码头	总建筑面积超过2.3km²	特别重视地下空间的整体开发，实现公共空间立体化：整合水系、公共空间、景观、步行体系，建造一个绿色公共性"基座"，整合滨水空间、生活、休闲功能，实现土地的高效、混合利用；交通流线合理高效，城市交通与静态交通便利快捷：重塑水系，营造生态健康的水资源可持续利用形态（郭军等，2020）
伦敦国王十字中心	总建筑面积约为0.32km²	融合可持续发展理念，重建维多利亚时代铁路和工业用地，打造伦敦中心新的活力混合功能区，建立街区能源供应管网，街区内每一座建筑都能连接到国王十字街能源中心（郭军等，2020）

续表

项目名称	建设规模	项目特点
法国 拉德方斯	总建筑面积 1.5km²	政府主导型，规划与建设由政府整体控制。引用"混合适居城市"理念，形成独特的"办公+ 商务+购物+生活+休闲"的"混搭"模式；有较大规模的停车位，通过巧妙的交通设计构成三 层立体交通体系，实现人车分流（王蕾，2015）
日本东京 六本木	总建筑面积 约0.72km²	对整体区域内土地整体打包设计、联合开发。将超大型城市综合体的土地高效化、空间巨型 化、资源综合化、功能集约化、价值复合化和效能最大化，形成一种集群化、综合化开发模式 （黄跃，2015）

1.2.2　城市核心区建设实践的国内案例

在国内，21世纪以来，区域整体开发模式的应用也呈现出蓬勃发展的趋势。研究文献中常提及的开发案例主要集中在北京、上海、深圳、广州等一线城市（表1-3）。

采用整体开发模式的国内案例　　　　　　　　　　　　　　　表1-3

项目名称	建设规模	项目特点
上海西岸传媒港	总建筑面积 约1km²	统一规划、统一设计、统一建设、统一运营；集约化利用土地，新型土地出让方式：地下、 地上分开出让，"带地下空间、带设计方案、带绿色建筑标准"出让；践行五大发展理念
上海世博B地块 后开发项目	总建筑面积 超过1km²	采取整体开发模式，坚持以人为本，高起点规划、高水平开发，形成以文化博览创意、总 部商务、高端会展、旅游休闲和生态人居为一体的上海21世纪标志性的世界级中央活动区 （洪崿，2014）
浙江宁波 南部新城	总建筑面积 3km²	采用中央活力区的总体设计、弹性灵活的土地利用策略、二层步行连廊系统、市政共同管廊 等实施策略，成为宁波CBD开发典范
深圳湾超级总部 基地（规划）	总建筑面积 约5.2km²	通过内部的开发组织模式、土地建设运营、三维空间管控、立体交通组织、智能基础设施 等实现"科学规划、动态维护、从容建设、持续发展"。城市设计以人民为中心，实施立体 公园、建筑天街等新城市空间策略（李小滴，王侃，2013），将该项目打造为多元融合、功 能复合、高度开放、虚拟空间与实体空间高度契合的"24小时持久活力城区"，实现土地价 值、产业价值与公共价值的高度统一

由此可见，街坊整体开发这一创新模式已经成为一种潮流和趋势，凭借其独特的优越性，逐渐被世界各大城市管理者所采用。十九单元03街坊项目在前人探索开发的经验上，吸取教训，取其精华，针对自身特色进一步优化，形成前海独特的、创新的街坊整体开发模式。

1.3　深圳前海为新模式的产生与发展提供了深厚的实验土壤

街坊整体开发模式是一种面向高质量发展的特大城市高密度核心区的创新开发模式，具有地下空间统一建设、二层连廊建设、高标准高品质建筑与公共空间开发定位等开发特点，从项目开发成本控制的角度而言是在常规开发建设模式基础上"做加法"。这种模式的实施，必须是以开发建设单位强大经济实力为基础的。另一方面，采用整体开发的项目一般规模都比较巨大，需要强大的市场需求作为支撑。因此，"街坊整体开发模式"在深圳前海落地生根，是与深圳前海的区域优势密不可分的。

从深圳市的整体情况看，改革开放40多年来，地区生产总值从1980年的2.7亿元增至2019年的2.7万亿元，年均增长20.7%，经济总量位居亚洲城市第五位，年财政收入从不足1亿元增加到9424亿元，为街坊整体开发模式的形成提供了强大的经济基础。

具体到前海合作区来看，深圳前海集深港现代服务业合作区、前海蛇口自贸片区、粤港澳大湾区核心区、中国特色社会主义先行示范区、国际化城市新中心、高水平对外开放门户枢纽等六大国家战略平台为一体，以建设国际一流城区为目标，引领现代化国际化城市建设，是当前全国乃至全球范围内城市建设高质量发展的前沿阵地。

前海合作区采用以都市综合体为主的单元开发模式，鼓励集中成片开发，促进产业集聚，营造都市生活。前海合作区划分为22个开发单元，每个开发单元由若干个街坊组成，开发单元鼓励采用功能混合的土地使用方式。每个开发单元合理安排办公、商业、居住、政府社团等多种城市功能，提升城市公共生活品质和综合服务能力。街坊是前海合作区开发单元的空间控制基本单位，前海合作区共划定102个街坊，街坊界线以城市次干路、城市主干路为界。2021年9月6日，中共中央、国务院印发《全面深化前海深港现代服务业合作区改革开放方案》，前海合作区将打造粤港澳大湾区全面深化改革创新试验平台，建设高水平对外开放门户枢纽。方案明确，进一步扩展前海合作区发展空间，前海合作区总面积由14.92km^{2}扩展至120.56km^2。考虑到本书截稿时恰逢前海扩区，本书研究过程中以扩区前前海规划建设相关材料为基础，因此，本书采用的相关资料未扩展至扩区后的120.56km^{2}范围，特此说明。

前海城市密度高，留下了较丰富的公共空间和绿地系统，建设用地比较紧凑，规划上采取密路网、小地块的方式，支路间距约在70～100m之间，一个建设地块面积一般在6000～8000m^{2}之间。

前海是新时代产业转型升级和促进现代服务业聚集发展的区域，为落实产业导入政策，需要在有限的空间里聚集更多的产业实体，将一个街坊内的小地块分别出让给不同的业主开发，因此，一个街坊内通常有多个业态相近的开发主体。这种情况下，形成了较为独特的一个街坊内多元主体合作开展整体开发的工程情境。小地块、密路网、多元主体合作的工程情境一方面对街坊整体开发及其统筹机制提出了更高的要求，另一方面也丰富了街坊整体开发模式的内涵。

第二章

研究问题与方法
设计

　　建立高质量的城市发展路径既是如今城市建设的关键内容，也是破解"城市病"的重要抓手。深圳前海十九单元03街坊的街坊整体开发模式为城市更新过程中的高质量开发问题提供了有效的解决方案。虽然目前已有部分学者对街坊整体开发模式进行了有益探索，但是，对于街坊整体开发模式概念仍缺乏深入的分析，模式适用条件问题、治理结构问题以及实施机制问题也有待进一步探讨。本章从研究问题与内容、研究思路、研究方法设计以及研究技术等方面对本书的整体设计与框架进行阐述，为后续研究的进一步开展奠定坚实基础。

2.1　研究问题与内容

2.1.1　研究问题的提出

　　改革开放以来，以"保护私有产权"为导向的"出让地块红线范围内独立开发建设模式"极大地调动了社会各方投身城市建设的积极性，解放了城市开发建设的生产力，促使我国城市建设取得了巨大的成就，建成了一批在国际上有重要影响力的全球城市。然而，随着经济社会的不断发展，传统的以土地扩张为主的粗放发展方式逐渐显露出种种弊端，主要表现为城镇化质量较低、环境污染、交通拥堵等一系列"城市病"问题（刘秉镰，孙鹏博，2021）。党的十九大报告指出，我国经济已由高速增长阶段转向高质量发展阶段，这标志着高质量发展成为我国未来城市建设的主题（毛艳，2020）。因此，剖析城市发展困境，探索新发展格局下城市建设与城市更新的创新模式对于实现"十四五"时期规划的新目标、新要求、新使命以及"两个百年"奋斗目标具有重要的理论和实践意义，如何在大规模城市更新过程中贯彻城市高质量发展要求逐渐成为学术界与实践界重点关注的问题。

　　在实践领域，我国各大城市特别是北京、上海、广州、深圳等一线城市对区域整体开发的城市建设与更新模式开展了有益尝试。深圳市于2009年提出了"政府引导、市场运作、规划统筹、节约集约、保障权益、公众参与"的城市建设原则，确立了"政府引导、市场运作"的建设机制，明确了以城市更新单元为核心的建设模式，并且创建了街区统筹更新模式，其主要适用对象为城市核心区域和战略重点区域（孙延松，2017）。街区统筹更新模式是在美国规划单元开发（Planned Unit Development，PUD）基础上进一步发展而来的城市更新模式，强调政府在城市更新过程中的重要作用，实行政府主导、政企协作的实施机制，核心是通过设置更新规模门槛来统筹整合街区的各类公共利益，实现土地增值红利向城市回笼，提升城市公共服务能力，推动城市高质量发展（陈伟新，孙延松，2017）。广州市于2015年提出了"政府主导、市场运作；统筹规划、节约集约；利益共享、公平公开"的街区成片开发具体原则，强调城市建设要从"政府主导"向"市场、政府与公众多元主体协作"转变，从"单个项目、分类推进"的单地块开发模式向"系统引导、成片策划、差异化推进"的街区成片开发模式转变。上海市人民政府于2017年12月15日颁布了《上海市城市总体规划（2017—2035年）》，倡导通过区域整体开发增强城市公共服务能力，打造宜人、舒适与立体化的城市公共空间，大幅提升城市街区活力（卓健，孙源铎，2019）。

在理论领域，街坊整体开发模式凭借其土地集约利用、形象一体化、功能多样化的优势受到越来越多学者的广泛关注。戴小平等（2021）基于我国城市存量发展的大背景，提出了片区统筹新城建设与城市更新的概念，强调政府应对成片的城市更新区域进行整体统筹，以协调多元利益，实现城市更新单元开发品质和街区活力的大幅度提升。片区统筹规划以利益统筹为主要手段平衡各开发主体的利益，加强了政府在前期规划阶段对城市更新单元定位、街区形象塑造以及建设时序等多方面的统筹把控。在片区统筹规划中，统筹思路由"市场主导、碎片化"转变为"政府统筹、连片推动"，统筹方式由原来的实施主体与政府之间的单一谈判转变为多个实施主体间的多方统筹。许宏福等（2020）则认为在存量发展时代下，应考虑多产权主体协同、城市成片更新和多维度发展诉求，进一步变革城市更新治理逻辑及更新模式，推动城市高质量发展。为促进片区的成片连片改造，需进一步构建"公私联盟"的合作机制，充分研判各产权主体利益诉求和区域发展整体诉求，实现多产权主体、市场与政府间的协同治理，有效提升各产权主体的积极性并激发其参与活力，提升城市更新单元成片连片开发的综合效益。谭琛和周曙光（2020）认为区域统筹规划弥补了一般更新单元专项规划"功能单一，各自为政"的不足，使得有限范围的工程建设转变为更大范围的区域一体化开发，实现土地功能混合和各开发主体间利益的协调（图2-1）。

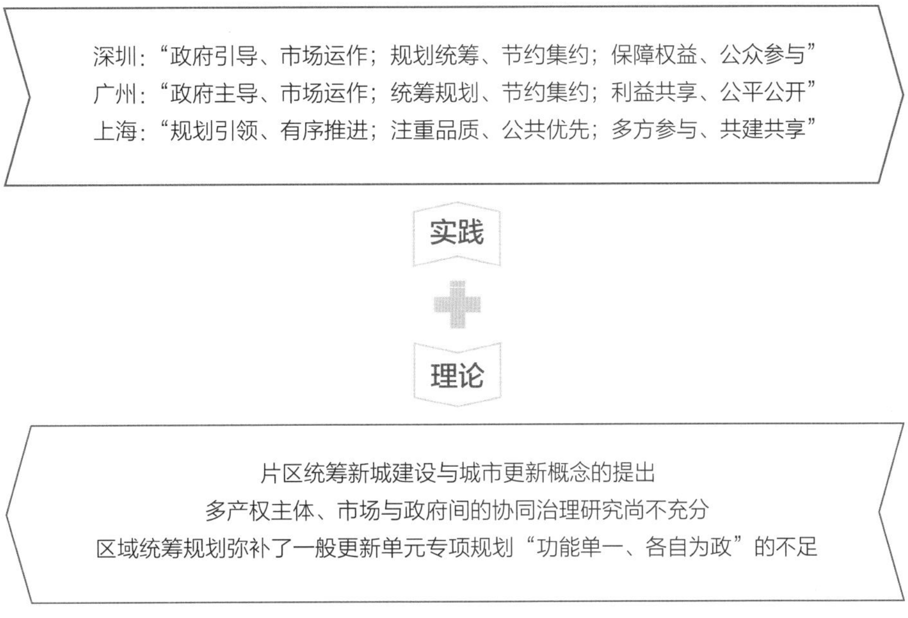

深圳："政府引导、市场运作；规划统筹、节约集约；保障权益、公众参与"
广州："政府主导、市场运作；统筹规划、节约集约；利益共享、公平公开"
上海："规划引领、有序推进；注重品质、公共优先；多方参与、共建共享"

实践

＋

理论

片区统筹新城建设与城市更新概念的提出
多产权主体、市场与政府间的协同治理研究尚不充分
区域统筹规划弥补了一般更新单元专项规划"功能单一、各自为政"的不足

图2-1 街坊整体开发模式的实践与理论基础

在城市开发建设实践中，深圳前海十九单元03街坊等项目通过采用"街坊整体开发"的创新实践模式，建成了一批具有标杆性参考价值的工程，取得了良好的经济和社会效益，实现了城市片区的高质量发展，为全国城市片区开发与更新提供了高质量的"前海模式"和"前海经验"。

因此，本课题立足于深圳前海"街坊整体开发"的实践经验，综合高质量发展、可持续发展、规划单元开发、城市更新、复杂适应系统与项目治理等多学科理论视角，运用文献计量、扎根理论、社会网络分析、案例分析等多元化研究方法，基于"创新+实录"的研究思路，遵循"对象研究→环境研究→顶层设计→实践应用"的逻辑（图2-2），深入研究与阐释街坊整体开发的"前海模式"。

本书紧紧围绕"街坊整体开发模式"这一核心主题，对街坊整体开发模式的理论与概念、内容与方法、案例与启示进行了深入剖析，尝试回答街坊整体开发的前海模式"是什么"的基本研究问题。课题系统梳理了街坊整体开发模式的思想源流与时代背景，凝练出以"一个共享愿景、二元治理、三维视角、四个统一、五个一体化"为核心的"前海模式"，为街坊整体开发模式的推广应用提供项目治理结构动态演化规律、六大适用条件以及八项统筹机制的经验借鉴。

基于上述思路，本书将逐步探讨以下关键性研究问题，整体遵循"对象研究→环境研究→顶层设计→实践应用"的研究思路，具体如图2-3所示。

为揭示街坊整体开发的"前海模式"的理论内涵，本书依据图2-3的研究思路将研究问题细化为四项研究目标和十六项研究任务，具体分析如下。

（1）街坊整体开发模式的概念分析

在交通拥堵、环境污染以及能源紧缺等"城市病"问题日益凸显的背景下，街坊整体开发模式为城市高质量开发提供了一种有效的解决方案。街坊整体开发模式的形成离不开城市更新过程中的理论积累。在我国古代城市规划与建设中，"窄路密网"、土地功能混合、注重街区活力与开放性的整体开发理念早已有所体现，从根本上影响着我国城市规划与城市更新的发展进程。而在20世纪50年代，美国规划单元开发（PUD）模式的提出标志着整体开发思想的系统性理论成果正式形成，为街坊整体开发模式在我国的进一步发展奠定了坚实的理论基础。因此，本书的第一个研究任务是探究街坊整体开发模式的国内外思想起源。

21世纪以来，在愈发重视城市高质量发展和关注如何有效缓解"城市病"问题的背景下，我国各大城市对街坊整体开发模式进行了深入探索。上海世博B地块后开发项目采用区域整体开发模式，以集约用地、节能减排为目标导向，实现了小地块、高密度街坊的高质量整体开发，呈现出"规划设计统一、建设管理

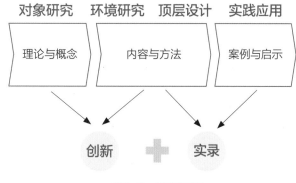

图2-2   研究逻辑

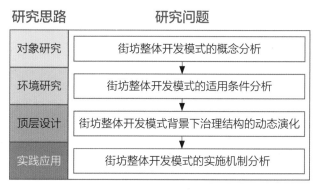

图2-3   研究问题的总体框架

统一"等特点，打造了集总部商务、高端会展、文化博览、旅游休闲与生态人居于一体的世界级中央商务区（曹晓瑾，2018）。上海虹桥商务区则采用区域整体开发模式，贯彻"创新、协调、绿色、开放、共享"理念，通过"统一规划、统一设计、统一建设、统一运营"实现区域功能集聚、产业结构调整以及城市更新品质的提升，有效推动城市的有机更新，提升城市功能内涵，塑造地区特色品质，将虹桥商务区塑造为服务长三角、联通国际的中央商务区和国际贸易中心（黄亮等，2016；钱辰丽，2019）。浙江宁波南部新城通过中央活力区的统一设计、弹性灵活的土地利用策略、二层步行连廊系统、市政共同管廊等措施推动区域整体开发，有效提升城市街区活力，实现区域产业和功能集聚，形成宁波城市发展的新动力（赵鹏，2013）。上海西岸传媒港项目的开发建设则采用了"区域组团式整体开发""地下空间统一建设""地上地下土地分别出让"的创新开发理念，形成区域组团式整体开发的传媒港模式，保证项目"统一规划、统一设计、统一建设、统一运营"目标的实现，有助于高效集约化利用土地，创造立体、智慧、整合与互动的城市空间（许世权，2019）。街坊整体开发模式的形成不仅依赖于国内外城市更新发展进程中的理论积累，还依赖于我国各大城市对整体开发理念的应用探索。因此，本书的第二个研究任务是总结在我国城市更新发展过程中，各大城市对街坊整体开发模式进行的实践探索以及经验、知识积累。

从长周期历史角度审视，我国的城市规划经历了"宽路疏网—窄路密网—宽路疏网—窄路密网"的转变，不同时期的城市规划和城市更新布局与时代背景紧密相关。在不同时代背景下，我国的城市规划以及城市更新模式呈现出截然不同的特征，此外，美国的规划单元开发模式在不同时期同样呈现出不同的特征。在20世纪60~70年代，规划单元开发模式主要适用于城市郊区的大规模开发项目。然而，由于土地整合难度、成本、开发风险的显著增加，以及城市郊区土地投资效率低，规划单元开发模式的适用对象由城市郊区的大规模开发项目转变为高密度的城市次要区域和城市已建成区域的规模适中项目。在20世纪70~80年代，由于高密度的城市次要区域和城市已建成区域地价的进一步上涨，土地开发成本上升，街坊整体开发模式的适用对象由此转变为城市核心区域的小规模开发项目，主要目标也由促进较大地块开发的相互衔接和完善城市公共服务保障体系转变为合理引导困难地块的开发和实现特定用地的最大效益。因此，随着经济社会的不断发展，城市开发需求和整体开发思想的应用在不同时期发生了一定的变化，但是整体开发思想发展过程的特征尚未可知，仍需进一步探讨。本书的第三个研究任务是探究街坊整体开发模式发展过程的基本特征。

相较于传统开发模式，街坊整体开发模式克服了单一地块开发土地利用性质单一、利用效率低、地块开发缺乏弹性、易造成资源浪费以及区域开放性差等弊端，并显现出促进土地混合使用、集约化高效利用土地、提高地块市场弹性、实现资源共享以及形成开放、活力、立体化街区的独特优越性。但是，目前对于街坊整体开发模式的概念缺乏深入的分析，阻碍了街坊整体开发模式的推广与应用。因此，本书的第四个研究任务是探究在城市高质量发展的背景下街坊整体开发模式的概念（图2-4）。

（2）街坊整体开发模式的适用条件分析

街坊整体开发模式具有集约高效利用土地、资源共享、易形成开放互联空间的独特优越性，但是高强度的地下空间开发、多元开发主体利益统筹、公共设施统一配置等特征也决定了其具有一定的适应性。街坊整体开发模式实践经验的推广应用急需对其适用条件进行深入分析，以形成可复制可推广的工程经验，为我国大型城市开展街坊整体开发实践提供指导。

在街坊整体开发模式中，由于地下空间整体开发涉及多地块、多子项的同步设计、施工建设以及运营

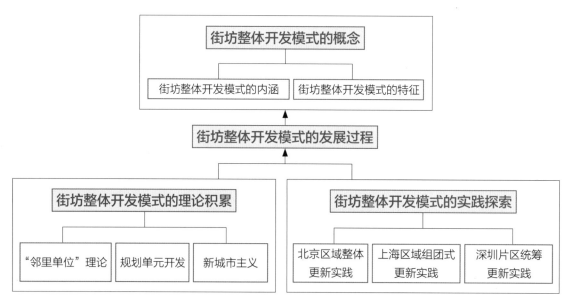

图2-4　街坊整体开发模式的概念分析

维护，开发难度和成本都显著增加。同时，在技术和管理两方面的整体统筹也增加了软性的项目开发成本。因此，在投资效率低的土地区域，街坊整体开发模式的应用增加了土地开发成本，但难以大幅度提高地块的收益效率，容易造成资源的浪费。而人口密度高、经济较发达的大城市采用街坊整体开发模式更有利于提高建设效率，塑造开放、共享、集约、绿色的城市形态，推动城市高质量发展。此外，地下空间整体开发往往涉及多种空间功能，商业、休闲、办公等功能对区域的人口密度以及经济活力提出了一定要求，人口相对集中、充满活力的城市核心区采用街坊整体开发模式有助于提供功能复合、充满活力的城市公共空间，在较短的出行距离内满足人们的日常需求，充分发挥商业、办公以及娱乐等多种功能。由此可以看出，街坊整体开发模式对地块的区域属性提出了一定的要求。因此，本书的第五个研究任务是探究街坊整体开发模式的区域适用条件。

街坊整体开发模式将各相邻地块的公共空间、地下空间以及公共服务设施等作为整体来考虑，有利于提高公共空间的利用效率，实现地下空间一体化，在较大范围内对区域地上地下交通进行优化，整合公共服务资源，最大限度地发挥使用效能。由于街坊整体开发模式将各相邻地块作为整体考虑，对于规模较小的项目而言，街坊整体开发模式的集约化、一体化和立体化的效益难以体现；而对于规模过大的项目而言，街坊整体开发模式将导致开发成本和难度的大幅度上升，不利于开发目标的实现。由此可见，街坊整体开发模式对城市更新规模提出了一定要求，其适用对象应具有一定的规模效益，并且具有较强的市场去化能力。因此，本书的第六个研究任务是探究街坊整体开发模式城市更新规模的适用条件。

街坊整体开发模式的实施与城市规划紧密相关。由于街坊整体开发模式将各相邻地块作为整体进行开发建设，其对街区尺度提出了一定要求。"窄路密网"的小街区模式加强了建筑与街道间的联系，创造了紧凑、人本的街道空间，增添了街道活力，对于优化城市空间质量、公交慢行优先、促进社会交往和弱化社会隔离具有重要的意义。因此，在"窄路密网"的小街区模式下，街坊整体开发模式更能充分发挥其土地功能混合、集约化高效利用土地、提高地块市场弹性、实现资源共享以及形成开放、活力、立体化街区的独特优越性，促进各相邻地块地上地下空间的整体开发，形成开放、活力以及立体化的城市空间。但是，城市规划对于街坊整体开发模式应用效果的具体影响尚未研究充分，有待进一步探讨。因此，本书的第七个研究任务是探究街坊整体开发模式的规划适用条件。

街坊整体开发模式对土地出让和项目建设等环节的同步性提出了要求。在各地块基本同步出让和项目同步建设的情境下，街坊整体开发模式更能有效发挥其规模效益，在完成项目进度目标的前提下创造共享、开放、互通以及活力的公共空间，充分发挥商业、办公以及娱乐等多种功能，促进土地的功能混合和集约化高效化利用。但是，街坊整体开发模式对建设时序的具体要求尚缺乏进一步的探究。因此，本书的第八个研究任务是探究街坊整体开发模式的建设时序适用条件。

街坊整体开发模式的实施离不开制度环境的支持。行政创新为多元开发主体间的利益协调以及项目建设的统筹推进创造了良好的条件，创新包容的制度环境为街坊整体开发模式的顺利实施奠定了坚实基础。但是，街坊整体开发模式制度环境适用条件研究尚不充分，亟待进一步探讨。因此，本书的第九个研究任务是街坊整体开发模式的制度环境适用条件。

由于街坊整体开发模式涉及各地块开发主体的利益统筹，利益协调过程需要政府的参与，政府的参与深度对利益协调结果具有重要的影响。在街坊整体开发模式下，政府与市场良好的合作氛围为项目的整体推进提供了良好的基础，各开发主体的合作基础对利益协调过程的推进具有积极影响。但是，对于街坊整体开发模式的开发组织适用条件仍缺乏深入探讨。因此，本书的第十个研究任务是探究街坊整体开发模式的开发组织适用条件（图2-5）。

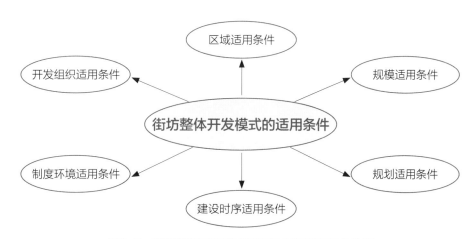

图2-5 街坊整体开发模式的开发组织适用条件分析

（3）街坊整体开发模式背景下治理结构的动态演化

地下空间整体开发使得在街坊整体开发模式的情境下将存在多个开发主体，地上、地下的开发建设工作密不可分，不同开发主体间的协调、沟通和共同决策过程如何有效推进成为影响项目绩效的关键问题。为了推动项目开发目标的顺利实现，势必要在传统项目管理模式的基础上进行管理创新，要求项目的顶层设计具有前瞻性和可操作性，治理环境能够有效推动项目建设。因此，本书的第十一个研究任务是探究街坊整体开发模式治理环境的基本特征。

工程项目具有高度的不确定性、复杂性以及动态性等特征，这决定了项目治理结构往往也是动态变化的（李永奎等，2018）。Gyawali（2011）提出项目治理方式决定着治理机制。相同治理方式下通常存在多种治理机制，但是在项目不同建设阶段占主导地位的治理机制有所不同。项目治理机制一般受到内部组织结构、外部利益相关者以及制度环境中政府行为者的影响，此外，不同工程项目的治理机制往往还具有独特性与动态性，以应对项目建设过程中的不确定性与风险。虽然已有学者基于"政府—市场"二元视角提出"行政—合约—关系"的三维项目治理结构模型（谢坚勋，2018），但是，街坊整体开发模式下治理结构的动态演变过程尚缺乏充分研究，亟待进一步探讨。因此，本书的第十二个研究任务是研究街坊整体开发模式背景下治理结构的动态演化过程。

项目治理结构的动态演化与项目建设过程中的开发需求与建设目标密不可分。在不同项目阶段，治理结构将随着项目进展而动态演变，以适应项目建设环境与目标的动态变化，促进项目绩效的提升。因此，本书的第十三个研究任务是街坊整体开发模式背景下治理结构动态演化的驱动因素（图2-6）。

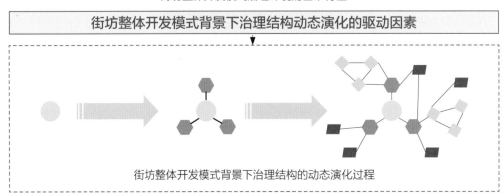

图2-6　街坊整体开发模式背景下治理结构的动态演化

（4）街坊整体开发模式的实施机制分析

街坊整体开发模式涉及多个开发主体，各开发主体间的统筹组织以及不同建设阶段的统筹组织是有效推动项目建设的关键。统筹组织为项目建设的高效推进和各开发主体间的利益协调提供了坚实的组织基础。因此，本书的第十四个研究任务是探究街坊整体开发模式的统筹组织。

街坊整体开发模式不仅涉及政府、市场以及各开发主体间的横向统筹，还涉及从项目规划设计阶段到运营管理阶段的纵向统筹。因此，统筹方法的选择对于高效推进项目建设以及平衡各方利益至关重要，本书的第十五个研究任务是探究街坊整体开发模式的统筹方法。

对街坊整体开发模式下具体统筹内容的梳理有助于进一步明确统筹对象，为区域成片连片开发的统筹提供经验借鉴。因此，本书的第十六个研究任务是探究街坊整体开发模式的实施机制（图2-7）。

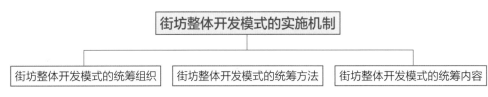

图2-7　街坊整体开发模式的实施机制分析

综上所述，本书的研究目标和研究任务如表2-1所示。

研究目标与任务 表2-1

研究目标	研究任务
街坊整体开发模式概念分析	街坊整体开发模式的国内外思想起源
	各大城市对街坊整体开发模式进行的实践探索
	街坊整体开发模式发展过程的基本特征
	街坊整体开发模式的内涵
街坊整体开发模式适用条件分析	街坊整体开发模式的区域适用条件
	街坊整体开发模式的规模适用条件
	街坊整体开发模式的规划适用条件
	街坊整体开发模式的建设时序适用条件
	街坊整体开发模式的制度环境适用条件
	街坊整体开发模式的开发组织适用条件
街坊整体开发模式背景下治理结构的动态演化	街坊整体开发模式治理环境的基本特征
	街坊整体开发模式背景下治理结构的动态演化规律
	街坊整体开发模式背景下治理结构动态演化的驱动因素
街坊整体开发模式实施机制分析	街坊整体开发模式的统筹组织
	街坊整体开发模式的统筹方法
	街坊整体开发模式的统筹内容

2.1.2 研究内容

基于上述关键性研究问题，本书研究内容主要分为五部分，具体研究内容与本书各章节对应关系如图2-8所示。

（1）街坊整体开发模式概念分析

基于对国外城市的区域整体开发思想以及我国古代城市片区规划中的整体开发思想的文献综述，梳理街坊整体开发模式的起源及发展过程，通过横、纵向对比分析明确街坊整体开发模式的基本特征。其中，横向上进一步分析区域整体开发思想在我国与国外应用上的区别，从而明确街坊整体开发模式在我国制度环境下体现出的鲜明特征；纵向上进一步分析区域整体开发思想在我国不同时期城市规划与城市更新中的体现，并通过纵向对比探究不同时期区域整体开发思想应用出现差异的原因。街坊整体开发模式不仅来源于我国古代城市街区规划中的整体开发思想以及美国规划单元开发思想等理论成果，而且来源于我国北京、上海、深圳等城市的城市更新实践。本书通过对我国北京、上海、深圳等城市区域整体开发实践的系统分析，探究街坊整体开发模式的实践基础。在厘清街坊整体开发模式的理论基础与实践基础后，本书进一步探究街坊整体开发模式形成的上位规划基础，分析国家与地方城市更新政策法规对采用街坊整体开发模式的引领和促进作用。基于前述文献分析、当前我国区域整体开发的城市更新实践经验以及对上位规划的分析，结合实地调研和专家访谈，本书运用扎根理论剖析街坊整体开发模式的概念，并对模式特征进行深入分析。

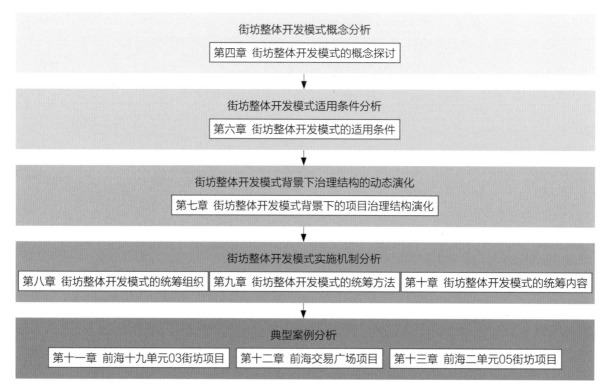

图2-8　研究内容与章节对应关系

（2）街坊整体开发模式适用条件分析

在街坊整体开发模式中，由于地下空间整体开发涉及多地块、多子项的同步设计、施工建设以及运营维护，开发难度和成本都显著增加，因此，街坊整体开发模式对区域的投资回报率以及城市更新规模提出了一定的要求，具有一定的区域适应性和规模适应性。此外，街坊整体开发模式涉及街坊形象、公共空间以及基础设施建设的整体统筹，不仅需要城市规划为街坊形象、公共空间及基础设施配置的整体统筹提供支持，而且需要各开发主体间保持建设时序的同步性以保证街坊形象和公共空间的整体性，因此，街坊整体开发模式对城市规划和建设时序提出了一定的要求，需具有一定的规划适应性和建设时序适应性。街坊整体开发模式不仅涉及政府与市场间的利益协调，而且涉及各开发主体间的利益协调，利益协调和价值分配过程的顺利推进对开发组织提出了一定的要求，需要具有决策权的协调主体主导以及各开发主体的通力合作，因此，街坊整体开发模式具有一定的开发组织适应性。作者团队通过实地调研和专家访谈，运用扎根理论分析街坊整体开发模式的适应性，探究了街坊整体开发模式的区域、规模、规划、建设时序、制度环境以及开发组织适用条件。

（3）街坊整体开发模式背景下治理结构的动态演化

街坊整体开发模式不仅需要政府或者准政府组织推进工程进度和提高工程效率，也需要市场调用大量的社会资源推动项目建设，但是，由于项目不同阶段治理需求的不同，政府、市场以及两者的综合作用会发生动态变化。因此，合同治理机制、关系治理机制以及行政治理机制在项目不同阶段发挥着不同的治理作用，并且呈现出动态性与复杂性的特征。与此对应的是，治理力量也随着治理机制的动态演变发生变化，在项目不同阶段，主导的治理力量存在显著的区别。本书基于利益相关者理论与多主体间协作理论，分析深圳前海十九单元03街坊项目全生命周期中治理结构的动态演化，并进一步探讨沿该路径动态演化的驱动因素。基于治理结构动态演化过程的分析，明确街坊整体开发模式背景下的项目治理特征。

（4）街坊整体开发模式实施机制分析

街坊整体开发模式涉及多地块、多开发主体间的统筹协调，统筹组织、统筹内容以及统筹方法随着项目建设的推进呈现出动态变化的特征，并且具有一定的复杂性。本书基于对深圳前海十九单元03街坊的案例分析，总结凝练街坊整体开发模式统筹内容，梳理统筹方法，探究项目全生命周期各阶段的具体统筹协调措施，分析各阶段统筹组织存在的差异，通过横、纵向对比明确街坊整体开发模式的统筹特点，为街坊整体开发模式的推广应用提供经验借鉴。

（5）典型案例分析

通过对深圳前海十九单元03街坊项目、深圳前海交易广场项目以及深圳前海二单元05街坊项目的案例梳理，明确各案例的工程概况与建设重难点，并总结街坊整体开发模式在各案例中的应用，以丰富街坊整体开发模式相关理论。在此基础上，通过深圳前海十九单元03街坊项目、深圳前海交易广场项目以及深圳前海二单元05街坊项目的案例比较分析，探究街坊整体开发模式在三个案例中体现出的共性，以及在实际应用过程中体现模式弹性的具体方面。基于对街坊整体开发模式在实际案例应用中共性与弹性的分析，为模式进一步推广应用提供相应建议。

2.2　研究思路

面对城镇化质量较低、环境污染、交通拥堵等一系列"城市病"问题，街坊整体开发模式为城市高质量开发提供了有益启发，因此，有必要对街坊整体开发模式的概念、适用条件及其运行机制进行深入探究。

本书的研究逻辑在于：我国古代城市规划和建设中的整体开发思想和国外城市区域整体开发理论成果，以及我国各城市区域整体开发的城市更新实践经验积累共同塑造了街坊整体开发模式，并且决定了街坊整体开发模式的内涵。街坊整体开发模式涉及多个开发主体，基于利益相关者理论和多主体间协作理论，在不同建设阶段，随着价值分配诉求的变化，项目治理结构也随之动态演变，因此，为揭示街坊整体开发模式的运行"黑箱"，需进一步探讨项目建设过程中治理结构的动态演化特征。街坊整体开发模式治理结构的动态演化特征决定了其适用条件和统筹管理机制的动态性特征。街坊整体开发模式并不适用于所有城市更新项目，其内涵决定了模式的适用条件，更新规模、规划、建设时序、制度环境以及开发组织共同塑造了街坊整体开发模式。统筹机制是街坊整体开发模式实现开发统一性和整体性的关键，基于项目利益需求和治理环境的动态变化，统筹机制通过适应性动态调整进一步推进项目建设并积极促进项目开发目标的实现。

基于以上分析，本书的逻辑结构为：（1）对象研究。通过对街坊整体开发模式的理论和实践基础的文献梳理，运用扎根理论明确街坊整体模式的概念。（2）环境研究。系统剖析街坊整体开发模式的适用条件。（3）顶层设计。通过解析街坊整体开发模式治理结构的动态演化特征，总结凝练街坊整体开发模式治理结构随项目阶段动态演化规律，以及治理结构动态演化的驱动因素。（4）实践应用。构建街坊整体开发模式实施机制框架，明晰街坊整体开发模式背景下统筹组织、方法与内容的特征，为街坊整体开发模式的进一步推广应用提供经验借鉴（图2-9）。

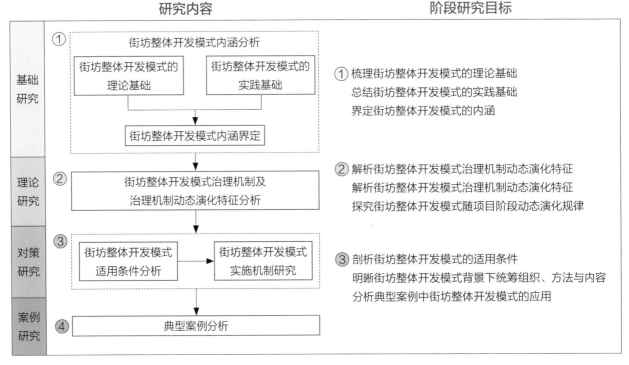

图2-9 研究思路

2.3 研究方法设计

为保证本书研究过程的规范性，有必要开展研究设计并确定研究的关键要素以及具体实施的技术路线。在Saunders等（2008）和赵康（2009）的基础上，孟晓华（2014）认为规范的管理学研究分为五个层次，即设计研究思路、研究方法、确定研究策略、拟定研究计划以及相应的数据分析与处理技术。

Saunders等（2008）以洋葱图的形式形象地展现了管理研究方法论的不同层次，孟晓华（2014）则结合赵康（2009）和Yin（2013）的建议，对管理研究方法论洋葱图进行了一定的修正与改进（图2-10）。本书将依照管理方法洋葱图中展现的五个层次，从外向内逐步进行研究设计，并由内向外逐步开展研究。

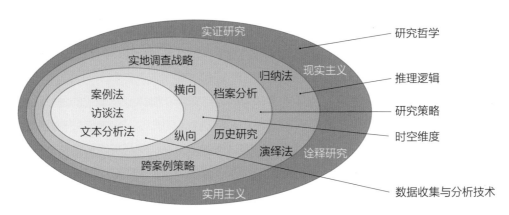

图2-10 管理研究方法洋葱图

2.3.1 研究哲学与推理逻辑

本书主要为客观中立的实证研究，旨在从深圳前海十九单元03街坊项目街坊整体开发模式的实践探索出发，识别剖析街坊整体开发模式的概念，并进一步探究模型适用条件、治理结构动态演化以及模式实施机制等关键问题。在理论框架设计过程中，主要以多主体间协作理论、利益相关者理论、统筹管理理论、高质量发展理论、可持续发展理论、"邻里单位"理论、规划单元开发理论、新城市主义等理论成果为基础进行跨学科研究，运用归纳与演绎相结合的跨案例研究方法，对街坊整体开发模式进行深度剖析，为模式的进一步推广提供指导（图2-11）。

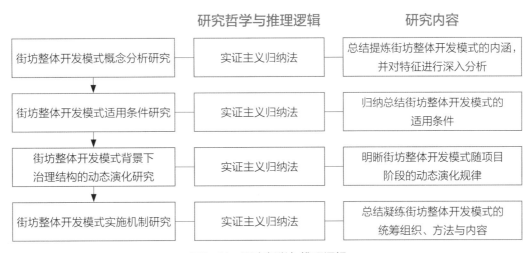

图2-11　研究哲学与推理逻辑

在街坊整体开发模式概念分析研究中，采用实证主义和归纳方法，首先基于我国古代城市规划中整体开发思想和国外城市整体开发思想文献支撑以及我国各大城市区域整体开发城市更新实践经验，对街坊整体开发模式的理论基础和实践基础进行总结梳理，然后基于深圳前海十九单元03街坊案例，结合半结构化访谈内容、项目档案资料以及文献资料，通过扎根理论对街坊整体开发模式概念的内涵进行总结提炼，最后对街坊整体开发模式的特征进行深入分析。

在街坊整体开发模式适用条件研究中，采用实证主义和归纳法，基于深圳前海十九单元03街坊案例，结合半结构化访谈内容、项目档案资料以及文献资料，通过扎根理论对街坊整体开发模式的适用条件进行归纳总结。

在街坊整体开发模式背景下治理结构的动态演化研究中，采用实证主义和归纳方法，基于深圳前海十九单元03街坊案例，通过半结构化访谈搜集相关资料，以半结构化访谈内容、项目档案资料、文献资料构成三角验证，将内容分析定性研究方法与社会网络分析定量研究方法相结合，明晰街坊整体开发模式下治理结构的动态演化特征，归纳街坊整体开发模式随项目阶段的动态演化规律。

在街坊整体开发模式实施机制研究中，采用实证主义和归纳方法，通过对半结构化访谈、项目资料以及文献资料的深入分析，基于深圳前海十九单元03街坊案例，总结凝练深圳前海十九单元03街坊项目建设过程中的统筹组织、方法与内容，建立街坊整体开发模式实施机制框架，明晰街坊整体开发模式下统筹组织的特征。

2.3.2　研究策略与时空维度

遵循实证主义的研究哲学，本书在研究战略上采用了实地调查战略和跨案例研究策略，通过定量与定性分析相结合得出研究结论，并为城市更新实践提供有益启发。

在时空维度上，不同关键性研究问题开展的研究分别体现了横向性与纵向性。例如，围绕街坊整体开发模式的适用条件研究，运用扎根理论总结提炼了街坊整体开发模式的区域、规模、规划、建设时序、制度环境以及开发组织适用条件，为街坊整体开发模式在我国城市更新实践中的进一步应用提供参考，具有横向性；围绕街坊整体开发模式背景下治理结构的动态演化研究，从项目全生命周期视角出发，基于半结构化访谈内容、项目档案资料以及文献资料，结合内容分析法与社会网络分析法，探究了治理结构的动态演化过程及其驱动因素，具有纵向性。

2.3.3　数据收集与分析工具

本书综合运用一手与二手数据，其中第四章街坊整体开发模式的概念探讨、第六章街坊整体开发模式的适用条件、第八章街坊整体开发模式的统筹组织、第九章街坊整体开发模式的统筹方法以及第十章街坊整体开发模式的统筹内容主要通过实地调研和半结构化访谈获取一手数据；第七章街坊整体开发模式背景下的项目治理结构演化除了采用实地调研和半结构化访谈获取的一手数据外，还通过项目会议纪要、网络公开信息披露等获取二手数据。基于获取的一手和二手数据，本书通过文本挖掘、案例分析等分析工具对收集的数据进行进一步处理和分析。

对于开展的半结构化访谈，研究采用扎根理论进行数据分析与理论归纳。通过"开放性编码—主轴编码—选择性编码"步骤，逐步梳理街坊整体开发模式概念的内涵与适用条件。为检验理论饱和度，研究还对项目档案资料以及相关文献资料运用扎根理论进行分析，形成三角验证，以保证研究的规范性。

2.3.4　研究方法

（1）文献计量分析

文献计量法是一种定量分析方法，以科技文献的各种外部特征作为研究对象，采用数学与统计学方法来描述、评价和预测研究领域现状与发展趋势，其主要特点是输出量化的信息内容（朱亮，孟宪学，2013）。文献计量法以数学和统计学方法为方法论基础，在其应用过程中利用推理和比较的方法对文献的分布趋势进行预测，目标在于研究文献情报的分布结构、数量关系和变化规律，进而探讨特定研究领域的某种结构、特征和规律，实现对文献的定量分析（郑文晖，2006）。

（2）扎根理论

扎根理论（Grounded Theory）是一种经典的管理学定量研究方法，它起源于社会学研究，研究前没有理论假设，通过对原始文本资料的深度研读整理，从下至上地分析并逐层归纳概括，由最上层范畴得出规律性结论和概念模型，反映事物核心本质（Glaser & Strauss，1967；Strauss & Corbin，1990）。研究者在研究开始之前一般没有理论假设，直接从实际观察入手，从原始资料中归纳出经验概括，然后上升到理论。这是一种从下往上建立实质理论的方法，即在系统收集资料的基础上寻找反映社会现象的核心概念，然后通过这些概念之间的联系建构相关的社会理论（陈向明，1999）。扎根理论一定要有经验证据的支持，其主要特点在于从经验事实中抽象出了新的概念和思想。扎根理论最早应用于社会学研究，随后逐渐扩展到健康护理、妇女研究、管理学等领域（张敬伟，马东俊，2009）。

（3）半结构化访谈

访谈法是定性研究收集并分析资料的方法之一，通过直接或间接与研究对象进行有目的性的交谈，以了解和理解受访者对研究问题的看法。访谈法可分为结构化访谈、半结构化访谈与非结构化访谈，其中，半结构化访谈根据一个粗线条的访谈提纲（仅提出基本要求并拟出核心问题）进行非正式访谈（Smith，1995），根据访谈时的实际情况及时调整访谈的具体问题（Schmidt，2004），以达到与受访者的有效沟通，得到全面、充分的一手资料（孙玥璠，杨超，2014）。本书主要研究对象深圳前海十九单元03街坊项目为多元主体合作开发，不同开发主体对街坊整体开发模式的理解与应用存在差异，通过定性研究中的半结构化访谈可以深入了解各开发主体对街坊整体开发模式概念的内涵、适应性以及实施机制的理解，为街坊整体开发模式的推广应用提供借鉴。

（4）案例分析

案例分析法是通过特别事例来研究一种现象，弄清楚其特点及形成过程，发现事物发展的一般规律的研究方法（储节旺，卢静，2012）。案例分析法主要针对一个个体、一群对象进行深入描述性或解释性研究。应用案例分析法探究街坊整体开发模式的概念、适应性、治理机制与结构的动态演化以及实施机制，有助于深入理解街坊整体开发模式的概念以及适用范围，为其进一步推广应用提供相应建议。

（5）社会网络分析

社会网络分析法（Social Network Analysis，SNA）是一种社会学研究方法，通过对社会网络的关系结果或属性的分析明确网络特点（林聚任，2010）。"社会网络"指的是社会行动者（Actor）及其关系的集合，即社会网络是由多个节点（社会行动者）和各节点之间的连线（社会行动者之间的关系）组成的集合（朱庆华，李亮，2008）。社会关系可以表现为多种形式，例如组织成员之间的沟通关系，组织与组织之间的协调关系以及国家与国家之间的贸易关系等。因此，社会网络分析法广泛应用于管理学、情报学等研究领域（李亮，朱庆华，2008）。在深圳前海十九单元03街坊多业主共同开发背景下，社会网络分析法适用于研究项目治理结构以及不同参与主体之间协调机制的动态演化，因此，本书应用社会网络分析法对街坊整体开发模式背景下治理结构的动态演化进行定量分析。

2.4　研究技术路线

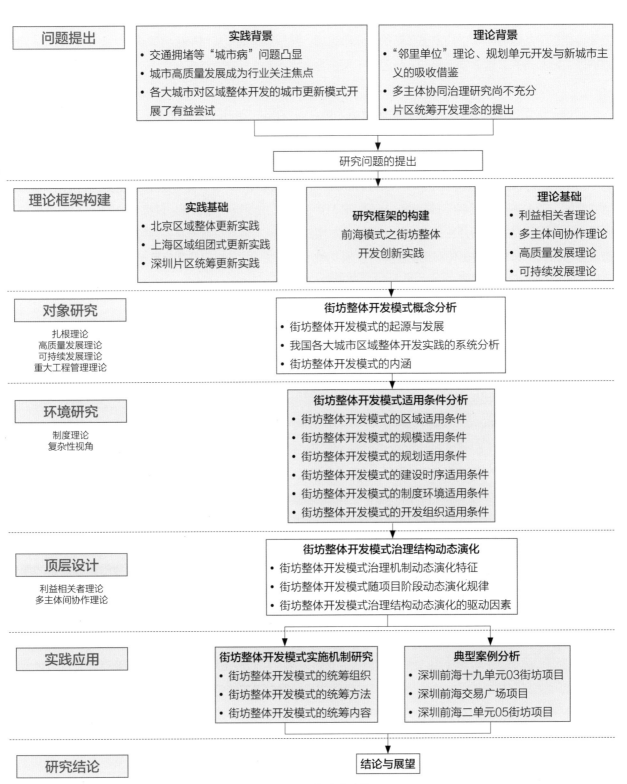

图2-12　研究技术路线

第三章

文献综述与
计量分析

本章内容从文献综述展开。首先，从城市区域开发的理念、城市区域开发模式与适用条件、城市区域开发组织与治理以及城市区域开发的统筹四个维度对现有文献进行梳理，回顾城市区域开发研究的发展方向与趋势。探索城市区域开发在城市更新、城市新区（城）建设方面更广泛的应用。然后，进一步分析城市区域开发现有研究中频现的"控制性详细规划""可持续发展""协同治理""城市更新单元规划""多利益主体管理""协调机制""城市更新""片区统筹"等一系列热点关键词。

3.1 文献综述

城市区域开发是一个与"宗地开发"相对应的术语。区域开发主要针对的是工业园区、城市新区的建设需要，并具有开发面积大、周期长、投资高的特点（黄忠，2020）。其以区域功能优化和整体价值提升为导向，实现政府、市场、社会等多方共赢；注重公共空间、公共利益，对于城市品质和管理水平有更高追求（田逸飞，2021）。

近年来，关于城市区域开发的文献大多是基于实践项目展开的案例分析，鲜少有文献从理论角度探讨城市区域开发的概念、特征与发展。

对应上一章节中提出的研究问题，本章文献综述从城市区域开发的理念、城市区域开发模式与适用条件、城市区域开发组织与治理以及城市区域开发的统筹四个方面展开（图3-1）。

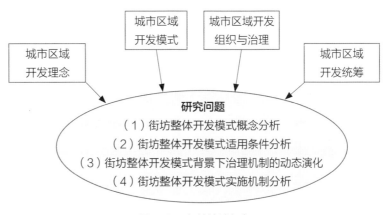

图3-1 文献综述框架

3.1.1　城市区域开发的理念

近年来，从中央到地方高度重视城市建设，"以人为本、集约发展，突出精细设计、精细管理"成为当今乃至未来我国城市发展的首要目标（田逸飞，2021）。

在全国各地大兴土木建设的过程中，由于缺乏科学合理的规划和区域开发的理念。以京津新城、河南郑州新城等为代表的"空城""鬼城"层出不穷。

区域开发是一项系统性的工作，需要通过开发内部商业、商务及居住等各种功能综合互补，建立相互依存的价值关系来实现。使开发后的新区域能够具有不同时段的多样化生活适应性，并能够进行自我更新与调整。成功的区域开发所形成的片区需要具有便利性、集约性、整体统一性、功能复合性、土地使用均衡性、空间连续性以及内外部联系的完整性。

因此，为达到区域协调发展的效果，准确的区域定位、必要的初期投入、合理安排的开发建设时序和有效的持续运营必不可少。

（1）绿色生态开发理念

环境是人类生存之本，然而，传统的高投入、高消耗粗放型经济增长模式已对环境和生态造成破坏。人们对传统的发展模式进行审视和批判后，一种新的发展观——可持续发展观得以形成。"生态学是可持续发展的理论基础"。在城市区域开发设计中使用绿色生态开发理念能够促进环境保护、生态文明建设。

采用绿色生态理念开发的城区，称作生态城市，其最早出现于20世纪70年代联合国教科文组织发起的"人与生物圈计划（The Man and the Biosphere Programme）"中（Russell & Cohn，2012）。

在国内，王松如等（1996）提出生态城市的建设要满足人类生态学的满意原则、经济生态学的高效原则、自然生态学的和谐原则。林澎等（2014）提出经济、社会、环境全系统的生态理念，规划、建设、运营管理全过程的生态理念，政府、企业、居民合作伙伴关系的生态理念。查君（2019）提出绿色生态城区具有全周期、全范围、全要素三个特征。

（2）新城市主义理念

新城市主义思想诞生于20世纪90年代的欧美国家。在我国，刘寿昌、沈清基等学者也对其进行了详细的研究。新城市主义思想的产生源于对地方地理、自然生态环境、历史文化和"新经济"时代的理解（沈清基等，2002）。

新城市主义理念核心思想如下：

1）重视区域规划，强调从区域整体的高度看待和解决问题。

2）以人为中心，强调建成环境的宜人性及对人类社会生活的支持性。

3）尊重历史与自然，强调规划设计与自然、人文历史环境的和谐。它从都市区域、城镇（功能区）和城区（街道）三个层面对未来城市的发展展开了丰富的构想。

基于新城市主义理念的区域开发可以让21世纪的郊区代替传统的城市景观、街头生活和人的尺度。解决传统城市的精华与当代社会建制与技术现实之间的矛盾。传统城市观得以更新，将使其适应现代生活方式和日益增长的经济发展。

目前国内相关研究众多，内容涉及从概念、表征、原则到规划实践成果的分析总结，形成了较为系统的理论研究基础。初期的研究非常有限，仅限于对单纯理论的介绍，包括基本的产生背景、内容概念、创始人及其代表作等，如沈克宁的《丹尼、普雷特兹伯格与海滨城的城市设计理念和实践》，邹兵的《"新城市主义"与美国社区设计的新动向》等（沈克宁，1998；邹兵，2000）。随着改革开放推行和经济发展增速，我国现代城市规划的问题逐步显露，寻求正确和可行的发展思路成为一个重要课题。

吴峰（2003）研究了新城市主义下住区环境各要素设计的特点。王晓文（2003）试图通过对新城市主义理论的整合，寻找适合我国住区的发展途径。李晓慧（2003）立足本土实际条件，努力寻求中国特色的郊区住宅规划模式。胡志欣（2004）总结分析了2004年以前我国新城市主义的实践情况，阐述其对住区规划及建设层面的启示。张衔春等（2013）提出了建设中国新城市主义社区的规划原则及实施途径。

诚然，新城市主义理论具有先进的思维体系和逻辑内涵，但产生的经济背景、地域文化以及经济发展等情况的差异，也导致许多新城市主义的理论或方法不适合我国国情。同时，一些较为超前的设计理念，如生态设计，在当时尚未被大家完全接受或吸收，所以新城市主义在我国最重要的研究目的，是寻求或创造一种适合中国本土住宅的可持续理念和思路。新城市主义在我国的研究更多的是结合实践创新的期刊和学术论文。

陈方（2001）以深圳的商品楼盘为例，介绍其设计理念和内容上的新城市主义特征。胡刚等（2002）试图从项目实践方面，来印证我国十多年来对新城市主义理论发展的应用贡献。曲玉萍等（2017）以济南新东站片区规划为例，阐释了基于新城市主义理念的紧凑性、适宜步行、功能复合等原则。马乐（2018）借鉴新城市主义理论，提出城市"汇智"科技园区的规划设计应对与策略。

我国对新城市主义的研究主要集中在住区规划方面，针对产业型区域开发的新城市主义研究尚不充足。

（3）功能混合开发理念

混合使用开发（Mixed-use development），是指通过有目的地对空间和物质进行改造，创造出兼容性土地和空间用途的混合状态的过程，是以功能混合为目标的城市空间资源的综合开发，最终形成一个和谐宜人的物质环境（钟力，2010）。美国的城市土地利用协会（Urban Land Institute）在1976年出版的《混合使用开发：一种新的土地使用方式》指出，混合使用开发是三种或三种以上有利于税收增加的使用功能的结合。倾向于高密度和高强度开发，并在总体规划的指导下进行，总体规划应对功能类型、规模、密度等内容有所规定（文雯，2016）。

我国在混合使用方面的研究较少，大多是对国外相关理论和实践的介绍，研究内容与方向混杂，缺乏系统性的研究与概括，研究内容也缺乏深度，大多停留于表面。刑琰（2005）归纳了混合使用开发的基本特征和物质形态，在此基础上研究了一系列的规划和开发问题，并将政府对混合使用开发的引导和控制纳入讨论。同时，文章还列举了大量国内外的实例，通过正反对比解读土地混合使用开发的优势。最后，文章总结了混合使用开发应遵循的原则，并对政府提出了一些操作建议。黄鹭新（2002）以香港特区的城市土地混合使用开发为研究对象。文章对混合使用的概念、特征进行了总结，充分肯定了混合使用在城市开发活动中起到的积极作用，并针对香港特区自身土地情况，介绍了香港的法定规划体系、高层高密度的城市格局。庄淑亭等（2011）分析得出"单一的城市用地分类标准、终极式的规划编制体系、模糊的土地混合用途概念"是影响我国土地混合用途开发的制约因素，并以英国、美国及我国香港地区等经济发达国家和地区的成熟开发模式为学习模板进行了讨论。

此外，一些学者对混合使用在各类城市开发活动中的应用展开了探索研究，例如：鲍其隽等（2007）关注于城市中央商务区的混合使用，认为混合使用开发在城市中央商务区的建设开发中可以减少城市中心区域交通量，增加区域活力并提升城市中心区的多样性。王敏等（2010）结合广州市华侨新村的实例将"混合使用"作为城市更新中历史街区的研究方法，进行了街区复兴的探讨。近年来，黄瓴等（2021）和李萌（2017）探讨了构建"生活圈"城市规划思路和对策，该社区规划思路也将功能混合理念应用其中。

（4）"紧凑城市"开发理念

"紧凑城市"理念主张以紧凑的城市形态来有效遏制城市蔓延，保护郊区开敞空间。其源自于西方发达国家针对城市问题的应对策略。该理念主要提出了如下三个观点：高密度开发、土地混合利用以及优先发展公共交通。

自2004年，国内土地粗放利用现状备受关注之后，城市蔓延所致的环境与社会问题引发了激烈讨论。国内学者围绕"紧凑城市"理念展开了系列讨论（戴雄赐，2017）。相关研究涵盖内涵界定、城市设计与更新、土地利用、紧凑度测量与评价等方面。

结合我国城市发展现状，学者们提出了中国式"紧凑城市"。耿宏兵（2008）界定了高密度和拥挤的区别，基于我国现存许多高密度城市建成区的现状，提出密度已经较高的地区，宜通过环境整治，增强宜居性，通过在城市地区构建良好的城市结构，使其整体上达到紧凑而不拥挤。韩笋生等（2009）从促进可持续发展的城市规划理论入手，介绍紧凑城市理念的定义、理论以及演变，探讨了紧凑城市对我国城市规划的借鉴意义。汪思彤等（2011）整体性的对紧凑城市理念展开系统反思，旨在理性认识紧凑城市的现实效果和内在局限。李红娟等（2014）通过对相关文献的梳理和归纳，从核心内容、原则、特征、目标和衡量标准等方面对"紧凑城市"的内涵进行了分析。并提出在中国背景下"紧凑城市"的实现路径。韩刚等（2017）对紧凑城市的认识误区、核心思想等方面进行了详细论述，从可持续性、城市交通、城市密度和生活质量四个方面完整介绍了西方国家对紧凑城市理念的研究，并对日本、英国、美国的紧凑城市规划实践案例进行了评述，最后提出中国城市应实施切实有效的公共交通规划和政策，全面推行邻里与社区的发展规划。

在城市规划与设计方面，黄嘉颖（2010）探讨了"紧凑城市"理念下的建筑高度控制方法。蒋涤非（2013，2014）根据紧凑城市理念下的城市更新理论，在"三旧"改造中进行有关改造模式的转变，以实现紧凑城市的可持续发展要求。张磊等（2015）基于里昂城市街道德国建设理念，从紧凑的街道布局、复合的街道功能、人性的街道感知三个方面借鉴了其紧凑城市建设的成功经验，以期给我国紧凑城市开发及城市街道建设提供实例借鉴。魏子繁（2021）探讨了以紧凑城市理念进行的城市综合体设计。

在土地利用方面，吴正红等（2012）重点探讨了紧凑城市发展中的土地利用理念和特征，指出我国城市土地利用应借鉴紧凑城市发展理论，以提升我国城市土地可持续利用的水平。李红娟等（2015）对紧凑城市中的土地利用特性进行了分析。

在测度与评价方面，方创琳等（2007）归纳了紧凑城市综合测度方法——单指标测度法、多指标测度法和指标体系测度法，并指出指标体系测度法是较为科学的测度方法。岳宜宝（2009）提出了紧凑城市的可持续性与评价方法。李健等（2016）通过构建科学指标体系，对中国16个特大城市的紧凑度进行测度并进行比较分析，并对城市紧凑度的经济效应、产出效率及环境效应进行研究。韩刚等（2017）从土地利用紧凑性、经济紧凑性、人口紧凑性、基础设施紧凑性、环境协调等方面切入，建立紧凑度评价的指标体系，运用熵值法对东北三省地级及以上城市的紧凑度进行了评价。并应用SPSS软件归类分析了城市紧凑度的分布特征；借助GIS软件对东北三省城市紧凑度分布的相关性进行了分析；并利用地理加权分析方法，对紧凑度与影响紧凑度分布的主要因子的关联性进行了分析。韩刚等（2019）等通过计算城市紧凑度和能耗数值，运用灰色关联分析法和计量经济学中的普通最小二乘法及一阶差分广义矩估计，对城市紧凑度与能耗的相关关系、作用机制进行定量研究。

（5）"产城融合"开发理念

产城融合是我国在转型背景下提出的新战略，以产业发展和城市功能提升相互协调，实现"以产促城、以城兴产"。

有关"产城融合"的文献众多，学者们针对"产城融合"的内涵、实施路径、作用机理、发展演化、测度与评价、创新模式进行了广泛讨论。

针对"产城融合"的内涵，李文彬等（2012）总结了转型发展时期开发区"产城融合"提出的背景，并解读了"产城融合"的内涵。随后，李文彬等（2014）基于人本主义视角，探讨了产城融合的内涵和规划策略。

在"产城融合"的实施与发展路径方面，在我国新城（开发）区、老城区、农村小城镇等不同区域有着迥异的产城融合形成机理与发展模式，因此，不同区域适宜不同的"产城融合"发展路径。贺传皎（2012）、蒋华东（2012）、刘畅等（2013）、唐晓宏等（2014）、欧阳东等（2014）、邹伟勇等（2014）、王王春萌等（2014）、何智锋（2015）、卢为民（2015）、马野驰等（2015）、李永华（2015）、唐永伟等（2015）、孙建新等（2015）、黄亮等（2016）、潘锦云等（2016）、王凯等（2016）、李文彬等（2017）、陈红霞（2017）探索了不同类型城市区域的发展路径与问题对策。

2015年后基于"产城融合"发展现状，众多学者对其的发展与演化路径展开讨论，并分析了"产城融合"的影响因素与作用机理。何磊等（2015）总结了苏州工业园区产城融合发展的历程，并借鉴了其经验与启示。田翠杰等（2016）基于全国七省市的调查结果分析了产城融合城镇化的现状。谢呈阳等（2016）探讨了"人本导向"下"产城融合"的含义、机理与作用路径。彭兴莲等（2017）以苏州工业园区为例分析了产城互动的作用机理，并借鉴其发展经验。

此外，关于"产城融合"的测度与评价也成为学者的研究热点。黄桦等（2018）利用层次分析法和专家打分法构建产城融合度评价指标体系，对山西开发区产城融合度进行测算和比较分析。冷炳荣等（2019）对重庆市主城区产城融合进行评价并提出规划应对策略和相关政策建议。魏倩男等（2020）以河南省5个城市为研究对象，选取14个衡量产城融合水平的代表性指标，计算城市产业集聚区产业化与城市化的综合指数及产城融合协调发展度。唐世芳（2020）采用主成分分析法测度了广西14市目前产城融合程度。安静等（2021）以舟山群岛新区和青岛西海岸新区为例，采用熵值法、耦合协调度模型对国家级新区产城融合的耦合协调进行评价。李豫新等（2021）构建了产城融合水平指标体系，并基于城镇化路径视角研究产城融合对城市产业发展的门槛效应。

近年，随着"产城融合"与城市的进一步发展，学者们开始研究创新的"产城融合"模式。

史宝娟等（2017）以13个典型资源型城市为研究对象，运用耦合协调度模型研究了产业经济发展、城市建设水平与生态水平之间的耦合关系。黄建中等（2017）从产业联系及其空间关联的视角对产城融合的规划策略进行深入思考，提出以产业一体化带动产城空间一体化的新思路。任俊宇等（2018）通过对青岛主城区"产城创"融合度进行评价，提出"产城创"融合发展策略。徐海燕（2020）、黄成昆等（2021）

对新型城镇化背景下小城镇产城融合发展模式进行了探索。谢涤湘（2020）探索了产城融合背景下的科技小镇发展机制。

3.1.2　城市区域开发模式及适用条件

针对城市开发的模式，本节从空间尺度、实施模式、投融资模式以及导向维度对城市区域开发的模式进行分类（图3-2）。

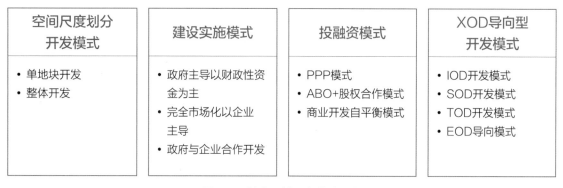

空间尺度划分 开发模式	建设实施模式	投融资模式	XOD导向型 开发模式
• 单地块开发 • 整体开发	• 政府主导以财政性资金为主 • 完全市场化以企业主导 • 政府与企业合作开发	• PPP模式 • ABO+股权合作模式 • 商业开发自平衡模式	• IOD开发模式 • SOD开发模式 • TOD开发模式 • EOD导向模式

图3-2　城市区域开发模式分类

（1）开发模式（空间尺度划分）

1）单地块开发模式

传统的区域开发往往采用单地块分散开发的形式，将街区/片区划分为小地块并引入多个开发商共同开发建设。

徐文烨（2017）提出仅用土地性质、容积率、建筑高度等相关指标来规范整个街区的规划设计，可能难以保证最终成果和设计初衷相符。"立体城市"理念也只有在整体开发设计的模式中才可以充分实现。

曹松杨（2018）从城市土地利用效率和区域整体经济效益来看，单地块开发影响相邻地块间的联系紧密性，造成城市的空间立体性、平面协调性及风貌等差异。生产空间、生活空间、生态空间的分割，不利于生产空间集约高效、生活空间宜居适度、生态空间山清水秀的实现。在这种情况下，各地块间各地下空间也缺乏充分的协调衔接，拼接起来的地下空间难以形成系统性的布局。

在《政府统筹、连片开发——深圳市片区统筹城市更新规划探索与思路创新》中戴小平等（2021）提出：小型化碎片化的单元开发易导致协调困难，难以实现各开发主体利益共享和责任均摊。

2）区域整体开发模式

区域整体开发模式，突破传统单地块自成系统、地块间互动联系薄弱的限制，从多个地块"区域整体"的角度考虑空间功能、交通流线、基础设施配置。对于区域内重要技术指标与公共设施进行统一设计，实现区域统一平衡、公共设施集中设置。简单地说，就是将多个较小地块作为一个大地块进行规划设计，以达到规模化设置公共资源、高效率地利用土地、创造立体城市空间的效果。

许世权（2019）介绍了西岸传媒港区域组团式整体开发模式的落地机制，提出采用区域开发具有诸多优势。区域整体开发可以实现城市重点区域土地精细化利用；由"传统的单地块"转为"多地块区域组合"

从而达到提升区域环境品质、增加城市活力、优化区域空间结构、提升城市功能、共享全局利益与增强适用人群综合感受的综合目标；通过区域整体规划，统一设计，建立区域整体公共联系系统，有效实现区域交通整合；通过集约化布置，形成区域性主机房，可以减少单体建筑的设备机房面积。

戴小平等（2021）以深圳市片区统筹城市更新为背景，讨论了片区统筹规划的内涵、主要内容、规划地位以及适用条件与风险。基于论文观点，本书提出区域整体化主要适用如下几种情况：

①具备连片整体开发的必要性，在平方公里级的较大范围内进行建筑物修建。

②需由多市场主体联合实施，片区内权益主体复杂，经协调确定不具备由单一主体整体建设。

（2）建设实施模式

1）政府主导以财政性资金为主的开发模式

政府主导型开发模式是指，在区域开发建设的过程中，政府起到直接主导的作用，区域规划、建设、管理等各方面都由政府参与和主导（唐芳芳，2012）。这种模式的优势在于能够以公众利益最大化为出发点，通过政府强有力的行政手段，确保规划意图的实现；劣势在于政府主导的项目往往缺乏一定的市场论证，且大量的建设资金给政府财政造成巨大压力（胡珀，2020）。

2）完全市场化以企业主导的开发模式

市场化企业主导型开发模式是指，在区域开发建设过程中，公司起主导作用，具有非常大的主导与控制权，区域规划、运管、管理等能够独立运作，政府并不多加干涉。这种模式的优点在于可以充分发挥企业的积极性，发挥市场的调节作用，减轻政府的财政负担，但这种模式对于开发企业的综合实力要求比较高。

3）政府与企业合作的开发模式

政府与企业合作的开发模式是指由国有控股的区域开发企业进行商业化经营的区域开发模式。在这种开发模式中，政府和市场形成合力，既可以比较充分地反映政府的规划意图，也可以充分发挥企业的自主经营能力，有利于区域有序开发。这种模式可以充分利用社会资本，减轻了政府财政资金的压力。在国家鼓励民间资本积极参与社会建设的大背景下，这种模式还有很大的发展及操作空间。但政企合作的模式在充分利用社会资本的同时，也存在着相关监督考核机制不健全，政府对于企业的管控能力不足，社会资本的投资回报机制设计不规范等弊端。

（3）投融资模式

吴新春（2020）提出了城市片区开发的PPP投融资模式、财政投资模式、BT模式以及ABS模式。杨志昱（2020）提出了一种近年来兴起的"ABO+EPC"模式。顾丰颖（2021）详细探讨了ABO模式的起源与发展、特点与目前运作情况。刘飞等（2021）提出并比较了PPP模式、特许经营模式、"ABO+EPC"模式以及商业开发自平衡等投资模式。

1）PPP模式

我国目前采用PPP模式实施了大量项目，各部门颁布了大量关于PPP模式的政策。现已进入PPP项目规范管理阶段，采用PPP模式实施城市区域开发应重点关注项目的规范性，同时应避免固定回报、兜底或政府提供担保等安排。PPP项目的融资可采用项目银行贷款、股东借款或基金等方式解决。

李生龙等（2020）提出灞河右岸项目通过采用PPP模式，可以引入社会资本方投资资金，并运用社会资本方融资能力，拓宽项目融资渠道。并且，相比传统项目建设模式，PPP模式合作期较长，将短期政府支出转化为长期政府支出，有效减轻政府财政支出压力。此外，PPP模式实施过程中能实现将政府方监督管理职能与社会资本方管理效率、技术创新有机结合，双方各司其职，发挥所长，实现"1+1＞2"效应。政府方仅需从合规性角度履行监督管理职能，减少对微观事务的过度参与；社会资本方可以充分发挥自身规划设计、融投资、建设、运营等专业化优势，提高项目建设、运营管理效率与质量，降低项目建设成本。

周琳（2017）概括了片区开发PPP项目的特征：

①片区开发中的PPP项目子项目多，综合性强。因为片区开发项目是由多个单一而又不独立的PPP项目组成的，从项目规划设计到交付运营贯穿整个全生命周期，彼此之间的联系非常紧密。

②合规性要求高。我国多部法律对PPP项目做出了详细规定。可以看出片区开发PPP项目的运作方式对合规性要求很高。

③投资金额大。片区型PPP模式相较于独立PPP项目，规模更大、周期更长且更具有综合性。

④合作期限长。片区型PPP项目因为子项目多，参与方多，项目类型繁多，项目全周期合作期限长。

此外，特许经营模式作为PPP模式的一种形式，在我国实施的时间更长，特许经营主要政策依据为《基础设施和公用事业特许经营管理办法》（以下简称《特许经营管理办法》）。在能源、交通运输、水利、环境保护、市政工程等基础设施和公用事业领域的特许经营活动可采用特许经营模式实施。采用特许经营模式应当按照《特许经营管理办法》规范实施，避免固定回报、兜底或政府提供担保等安排。采用特许经营模式的项目的融资一般采用项目收益融资解决（刘飞，许晋遥，2021）。

2）"ABO+股权合作"（投资人+EPC）模式

ABO模式，即授权（Authorize）—建设（Build）—运营（Operate）模式，地方政府通过出台政策文件或签订授权协议的方式将某类或某区域的基础设施和公用事业的投资、建设、运营权直接授予国有企业，该模式目前尚未有相关立法及政策文件予以规范。ABO模式首创于北京市交通委员会代表北京市政府与京投公司签署的《北京市轨道交通授权经营协议》中，即北京市政府授权京投公司履行北京市轨道交通业主职责，京投公司按照授权负责整合各类市场主体资源，提供北京市轨道交通项目的投资、建设、运营等整体服务，北京市政府履行规则制定、绩效考核等职责，同时，支付京投公司授权经营服务费，以满足其提供全产业链服务的资金需求。股权合作（"投资人+EPC"）模式属于企业之间就投资建设、城市运营和产业服务的一揽子合作模式，是近几年较多应用的模式。"ABO+股权合作"（"投资人+EPC"）尚未有相关立法及政策文件予以规范，在采用此类模式实施城市区域开发时应根据具体情况适用目前已颁布的法律法规及政策。在实施过程中需重点关注项目投资来源途径及项目收入的规定和可实现性。策划项目收入时应依据《国务院关于加强地方政府性债务管理的意见》（国发〔2014〕43号）规定，避免形成地方政府隐性债务及固定的付费义务，且政府对平台公司的财政保障需符合财政预算管理的相关规定（刘飞，许晋遥，2021）。

顾丰颖（2021）提出ABO模式一般适用于旧城改造或者有重大利好的新片区，这些地区的土地价值较高，能完全覆盖拆迁和基础设施建设的成本。

杨志昱（2020）提出"ABO+EPC"模式可以避免建筑业企业对于城市基础设施工程的竞争。

3）商业开发自平衡模式

该模式一般通过政府招商引资模式介入区域开发，投资人与平台公司共同设立项目公司，由项目公司通过带条件的公开招拍挂取得土地综合开发区域内的土地，再通过后续开发取得土地溢价收益。

（4）"XOD模式"——以特定载体为导向的发展模式

钟毅嘉（2015）在《城市新区规划的四大导向——以澳大利亚新区建设经验为例》中提出了产

业引导发展（IOD，Industry-Oriented Development），公交引导发展（TOD，Transit-Oriented Development），服务导向型发展（SOD，Service-Oriented Development），生态引导发展（EOD，Ecology-Oriented Development）四种导向模式。结合区域开发实践，金燊、季东田、刘入嘉、白径金等分别对TOD发展现状、开发策略、规划原则与优劣势进行了讨论，石晓莎、伏威、吴楠等对SOD开发模式的具体策略进行了讨论，简海云、辛露、程子腾等对EOD开发模式的演化历程、内涵与特征、实施策略、运作模式与核心理念进行了讨论。

1）IOD开发模式

IOD（Industry-Oriented Development）是将单一产业或产业集群作为区域发展动力的区域开发模式，从而避免以房地产开发为主的地区开发建设所带来的有城无产或者卧城的困境。鲜有学者针对此种开发模式展开讨论。

钟毅嘉（2015）总结了澳大利亚城市新区的开发中采用的建立就业集群引导新区开发；通过旧港区整体更新，推动商业贸易的产业集聚；以土地使用权转移等政策实现历史文化遗产产业化发展三种IOD开发措施。

2）SOD开发模式

SOD（Service-Oriented Development）是近年来我国城市规划与建设中产生的一种新方式。石晓莎（2016）以南平北站片区城市设计为例探讨了SOD开发模式实践，提出SOD开发模式与传统的片区式渐进发展模式和城市道路先行的土地开发模式有着本质的区别，其能最大化地集约土地资源，使新开发地区的市政设施和社会设施同步形成，从而同时获得空间要素功能调整和所需资金保障。

3）TOD开发模式

TOD（Transit-Oriented Development）作为以公交为主的一种区发展形态最先由新城市主义代表人物Peter Calthorpe提出，是一种综合效益最佳的居住社区。TOD模式下考虑利用公共交通的通达性，在靠近公共交通枢纽的位置配置可能产生大量交通出行的土地利用功能，使更多的使用者能够充分利用公共交通的通达性。这种概念一方面可以保证大容量快捷公交投资得到最大的乘客率和回报率，同时有利于城市公交优先战略的推行，实现城市的可持续发展。

国内有关TOD开发模式的研究众多，部分学者对TOD模式的特点概念进行了探讨，并给出定义。

谭敏等（2010）在总结了TOD开发模式基本概念和主要特征的基础上，通过具体设计案例，对城市轨道站点区域的规划设计方法进行初步探讨。提出TOD开发模式具有较高密度、土地的混合利用、开放的步行系统、高质量的公交服务四个特征。张苑锋（2020）探讨了TOD模式的优势与前期工作要点。

此外，许多学者针对实践项目进行分析，总结TOD模式在开发中的经验教训，提出发展建议。

王纯等（2019）通过梳理TOD模式的定义、发展历程及其优势，分析内地TOD发展模式的现状、不足及TOD模式在我国香港获得成功应用的原因。白径金等（2021）提出混合城市土地利用性质、综合协调交通流线周边用地、合理利用换乘点周边用地等观点，为我国城市规划建设提出意见及建议。李阳（2017）以深圳市龙岗区轨道站场TOD综合开发策略项目为例，提出了基于总体统筹和实操落地的轨道站场TOD综合开发总体策略，为相关城市规划设计工作者提供借鉴参考依据。

也有部分学者对TOD模式下轨道交通站点周边规划进行了探讨。例如，刘入嘉（2021）基于东京都市圈轨道交通发展和长沙国金街分析了轨道交通站点周边的土地统筹开发模式。

4）EOD导向模式

EOD（Ecology-Oriented Development）模式，就是以生态为导向的发展模式。"生态导向"的概念最早由美国学者Honachefsky于1999年提出。该模式是以生态文明思想为引领，以可持续发展为目标，以生态保护和环境治理为基础，以特色产业运营为支撑，以区域综合开发为载体，采取产业链延伸、联合经营、组合开发等方式，推动公益性较强、收益性差的生态环境治理项目与收益较好的关联产业有效融合，统筹推进，一体化实施，将生态环境治理带来的经济价值内部化，以解决环保前期投入的资金问题，实现可持续性发展。

程子腾等（2021）具体讨论了EOD开发模式下社区开发的投融资模式、开发路径、合作模式、资金运作方式以及财务分析等具体运作模式。分析了EOD模式不依靠政府举债的财政支出模式，该模式通过找到经济社会发展与生态环境保护之间的平衡点，努力把环境资源转化为发展资源、把生态优势转化为经济优势，最终实现生态文明建设和新型城镇化建设的融合发展。

林峰（2021）提出EOD模式应注重的六大生态体系建设。即"自然生态是基础""产业生态是重点""文化生态是灵魂""生活生态是保障""公共生态是支撑"以及"运营生态是核心"。

3.1.3 城市区域开发的组织与治理

（1）城市区域开发组织

城市区域开发的主要组织涉及如下五个，即政府、政府派出机构、政府投融资平台公司、市场和社会公众（林绍栋，2012；田逸飞，2021），他们共同推进区域开发建设。

1）政府

政府主导型的区域开发项目，已成为推进城市发展、提升城市能级与竞争力的主要手段。在区域开发建设中发挥了重要的行政管理协调职能。

许世权（2019）提到西岸传媒港项目有多种重要的政府主导机制。市、区两级政府多次召开会议制定项目开发目标，对项目城市规划调整、建设机制创新、土地出让等议题进行决策。项目整体已经列入市重大项目，市、区重大办也是在项目建设阶段体现政府主导重要机制。区政府专门成立了上海徐汇滨江地区综合开发建设管理委员会及其常设办公室负责组织本地区的建设开发。

2）政府派出机构

政府派出机构，指作为某一级人民政府职能工作部门的行政机关根据实际需要针对某项特定行政事务而设置的工作机构。派出机构的行政职能具有单一性且与设置其的行政机关相同，因而被认为具有部门权限或专门权限机关的性质。例如指挥部、开发区管委会等，多数情况下由各地区重要领导（如市长/副市长、市委书记、市委常委等）组成，不仅负责招商引资，而且作为政府的派出机构，行使着政府机构才能行使的权力。

林绍栋（2012）提到厦门市重大开发片区建设指挥部是根据实际需要，由所有与项目建设有关的政府主要职能部门组成的。涉及工程建设的所有审批手续在片区指挥部内就地受理，建设过程中涉及的所有问题在指挥部就地解决。

3）政府投融资平台公司

地方政府融资平台是由地方政府及其部门和机构、所属事业单位等通过财政拨款或注入土地、股权等资产设立，具有政府公益性项目投融资功能，并拥有独立企业法人资格的经济实体，包括各类综合性投资公司，如建设投资公司、建设开发公司、投资开发公司、投资控股公司、投资发展公司、投资集团公司、国有资产运营公司、国有资本经营管理中心等，以及行业性投资公司，如交通投资公司等。

重庆两江新区管委会在不改变行政体制的情况下，以资本作为纽带，以管委会控股，各行政区参股的形式形成新的开发主体，新的开发主体受到管委会的直接领导和间接控制。两江新区成立了两江新区开发投资集团有限公司，在开发新的片区的时候，两江开发投资集团代表管委会与所在行政区合资，成立控股公司进行开发，形成两江新区和行政区共同推进开发的格局。

4）市场

随着我国市场经济的逐渐深入和市民社会的发展完善，政府一元主导的局面逐渐改变，市场力量日益增强。在区域开发实践中，传统的单一政府主导中融入了市场的力量。

丁翠波（2021）提到虹桥商务区核心区开发中的市场工作机制。市委常委会和市政府常务会议分别审议通过了《关于优化完善虹桥商务区运行管理体制机制的有关建议》，明确"地产集团承担虹桥商务区功能提升责任主体和土地全生命周期管理主体职能"。

5）社会公众

区域开发管制模式已走向多元合作治理。社会公众从"表达诉求"向"深度参与"转变。

广东省广州市逐渐形成了在政府主导下村集体和市场共同参与的城市更新治理模式。在政策目标上涵盖保障原村民的利益、改善公共设施、提升城市环境、实现产业结构升级等（戴小平等，2021）。

在天津滨海新区开发中加快社会管理创新和公共服务改革，突出街镇办事处的基层服务功能，在环保监督、生态保护等方面动员广大民众参与管理（康媛璐，2015）。彭建东（2014）基于现代治理理念提出城市更新规划策略应落实社会公众的参与。

（2）城市区域开发治理机制

1）合约治理

合同治理主要通过项目交易过程中的一系列正式的制度安排来实现，包括项目全寿命周期管理过程中的风险分担机制、报酬机制、选择机制和问责机制等（谢坚勋，2019）。

谢坚勋等（2019）谈到西岸传媒港通过契约精神对各建设单位的行为进行约束和调节，使得各建设单位形成一个虚拟的"建设单位联盟"，是将组团式整体开发、地下空间统一建设从理论转变为现实的关键步骤。

2）关系治理

关系治理与合约治理在不同的项目中表现为互补关系或替代关系（孙华等，2015；严玲等，2016），组织之间的相互信任和沟通等非正式互动关系能在一定程度上减少合约条款不完备带来的不确定性，在正式制度治理乏力的形势下，信任是补充管理缺口的有效手段（尹贻林等，2014）。

李宁远（2012）提出不同的行动者和组织，在缺少合法权威领导和价格机制诱导的条件下，建立信任是联合起来共同解决面临的问题的关键。谢坚勋等（2019）讨论了上海西岸传媒港项目中提出的在各建设单位之间建立和维护一种伙伴式合作开发关系。这种非正式机制可以增强企业间的信任，有时还会建立管理者间的私人关系来解决合同之外的问题。

3）行政治理

在我国重大基础设施项目的治理过程中，有独立于合同治理和关系治理，来自于业主方或其母体组织——政府的第三种治理力量，发挥着巨大的治理作用，从而强有力地推动项目建设的进程，促进项目绩效的提升，从而实现项目成功，本书将其界定为"行政治理机制"（谢坚勋，2019）。

王桢桢（2010）提出政府应主导参与城市更新以维护公共利益。谢坚勋等（2019）以上海西岸传媒港为例，提出具有公益性质且为重大项目的建设工程项目，政府的作用不可或缺，政府主导是此类型项目建设推进的保障和基本需求。王婷婷（2018）通过对"二战"后英国城市更新政策的历史演进进行梳理，提出我国城市更新应该从政府管理转向政府治理。

3.1.4　城市区域开发的统筹

（1）城市区域开发的统筹组织

目前，城市区域开发组织的相关文献相对有限，主要集中在基于上海西岸传媒港项目工程实践展开的有关研究。

温斌焘（2020）探讨了西岸传媒港项目区域组团式整体开发模式下的多层次工程协调机制。谢坚勋等（2019）同样以上海西岸传媒港为例，讨论了其项目治理模式，并分析了有关组织体系。任常历（2016）以城市街坊为研究对象，探讨了开发主体间的统筹与协调机制。

此外，不少学者针对在项目统筹中起关键作用的虚拟组织进行了研究。其在城市区域项目开发中扮演着承上启下的角色。

梁建超（2017）论述了虚拟组织的内涵和基于虚拟组织的工程项目的管理组织模式特点，并分析了基于虚拟组织的工程项目管理的实施手段，最后提出了虚拟的工程管理组织环境构建与实现。王菊阳（2020）对虚拟组织及其运作进行了界定与优劣势分析，并提出其对我国企业发展及政府建设的启示。李静雅等（2021）根据综合管廊项目的特点，讨论了虚拟组织模式选择、伙伴企业的选择范围、选择方式和评价标准；最后建立了详细的虚拟组织结构，为综合管廊项目全过程工程咨询虚拟组织的构建提供理论及实践支撑。

（2）城市区域开发的统筹方法

目前，国内关于城市区域统筹的研究学术论文内容主要涉及城市设计与规划、土地出让、费用统筹。

"多规合一"的统筹方式是城市规划方面热点的研究问题。张琼（2017）主要通过总结广州花都区"多规合一"规划工作有效经验，探讨"多规合一"规划工作重点及共性问题，为"多规合一"组织编制提出一些可供参考的解决思路和对策。李晓晖等（2017）对广州"三规合一"应用情况进行回顾和思考，提出面向审批管理的"多规合一"一张图的工作路径。黄慧明等（2017）以广州市为例，从建立以"市区联动"为核心的整合机制、构建以"四个校核"为重点的内容协调体系和形成基于规划管理单元整合的成果法定化手段等方面探索面向专项规划整合的"多规合一"方法。邱衍庆等（2019）从空间规划的本质出发，总结了广东省多年来基于"多规合一"形成的空间规划编制实施路径、空间规划编制评估方法以及空间规划政策保障等有益经验，并探讨新时代国土空间规划编制管理的总体思路，以期为全国开展新一轮国土空间规划编制提供参考和借鉴。孙中原等（2018）分析了"多规合一"空间规划工作过程中面临的技术挑战。在此基础上，结合"多规合一"空间规划工作实际需求，阐述了面向"多规合一"空间规划的信息平台设计思路，包括平台的定位、解决的问题、建设的目标、实现的技术路线、平台总体架构等。

在城市设计的统筹方面，王铮（2010）通过分析城市总体规划和土地利用总体规划的内在关系提出解决现有矛盾和分歧的思路和设想。陈雄涛（2011）分析了天津滨海新区导则编制的主要成果及相关优缺点，并提出了新区导则编制的主要探索及展望。何雨霄（2020）以深圳市前海妈湾片区为例，对城市设计国际咨询后城市设计导则编制思路与方法进行了探索，提出基于解决实际规划管理问题的导则控制体系。于世豹（2016）提出了城市设计统筹的思想方法及规划要点，并将其应用到了兰州新区职教园区的规划实践中。王博（2019）总结了海绵专项城市设计导则的编制体系与方法。

在费用统筹方面，陈秉正（1990）提出一类新的基于群决策概念的费用分摊方法，并指出了这类方法的特点及优点。徐凤毅（2011）探讨了综合性用途土地成片开发的成本分摊方法，并解决了综合性用途土地成片开发成本无法归集合理分摊与已开发转让出售（自建经营）土地的成本效益核算的问题。

（3）城市区域开发的统筹内容

我国关于城市区域开发统筹内容的研究涉及形象统筹、地下空间统筹、功能业态统筹、交通系统统筹、公共空间统筹以及基础设施统筹等方面。

丁冉等（2018）结合武汉市街道设计导则研究的初步成果，从细化街道分类、优化路权分配、红线内外统筹设计、适应海绵城市建设等方面，提出街道的横断面设计策略。董程洁（2019）通过系统梳理国内外现有街道设计理论和实践成果，总结街道设计的核心要点及方法，探讨了街道统筹的总体设计的实践性应用。赵永春等（2021）在"窄马路、密路网"的城市规划理念基础上，结合天津八大里项目的规划实践讨论了建筑退线空间与沿街建筑界面被共同纳入"完整街道空间"的一体化设计。

李阎魁（1999）对城市高层的合理控制及现代化城市空间景观形象的塑造进行了系统分析。覃力（2003）从高层建筑的综合化和集群化发展趋向入手，讨论了高层建筑与城市间的空间设计。陈芳（2011）以重庆城市风貌为例，讨论了利用建筑材料创造富于美感的城市风貌，树立整体意识和系统观念。魏欣等（2015）探讨了当前标志性建筑面临的问题，分析新建标志性建筑布局需要满足的条件要素，并试图以武汉青山区为例提供适合建设标志性建筑的选址建议。

卢济威等（2008）以福州市八一七中路购物商业街城市设计为例讨论了城市地下空间开发的有关问题。巫义（2018）提出需要构建促进地上地下整合的城市中心地上地下一体化设计导控方法，并以南京南部新城实践为例，论证了该方法的适用性。柴文忠（2018）讨论了市政基础设施的统筹管理对策及建议。何敏（2020）基于垂直型商业的特点，系统地研究其在公共空间，尤其是公共交通和公共活动空间的空间逻辑和设计方式。

3.1.5 文献综合评述

（1）针对城市区域开发概念，近年来的研究成果多聚焦于不同侧重点下的城市区域开发理念，并以此为基础提出城市区域开发的内涵。然而，街坊整体开发模式的概念分析进一步依赖于对整体开发理念的应用探索。因此，关于街坊整体开发模式概念的深入分析，需在对开发模式的国内外思想起源进行理论积累的基础上，结合我国各大城市应用整体开发理念的实际案例，识别理论与实践导向的街坊整体开发模式的具体特征，并最终总结出街坊整体开发模式的核心概念内涵。

（2）关于城市区域开发模式的适用条件，现有研究多从项目开发的组织发展模式、投融资模式等出发，尚不能对街坊整体开发模式的适用条件做出全面刻画。街坊整体开发模式实践经验的推广应用急需对其适用条件进行更为深入的分析，以形成可复制可推广的工程经验。需从区域适用条件、规模适用条件、规划适用条件、建设时序适用条件、制度环境适用条件以及开发组织适用条件出发，对现有的适用条件研究进行扩充。

（3）有关城市区域开发组织与治理的内容相对丰富，主要涵盖城市区域开发的多维组织及合约、关系、行政三种治理机制。但街坊整体开发模式下治理结构的动态演变过程尚缺乏充分研究，亟待进一步探讨。项目治理结构的动态演化与项目建设过程中的开发需求与建设目标密不可分，在不同项目阶段，治理结构将随着项目进展而动态演变，以适应项目建设环境与目标的动态变化，促进项目绩效的提升。故针对街坊整体开发模式治理演化的驱动因素研究亦尤为重要。

（4）现有研究虽已对城市区域开发的统筹机制进行关注，但整体上较为有限且分散。统筹组织的相关研究虽提出了"虚拟统筹组织"的概念，也针对统筹组织的相关机制进行了阐述，但较少关注项目开发不同阶段的统筹组织内容。统筹方法相关研究亦较为分散，需要针对街坊整体开发模式进行系统性的归纳与梳理。统筹内容本身相对复杂，且与项目本身的设计情境高度契合，需结合具体项目的设计导控文件及相关的统筹方法进行进一步细化整理。

3.2　文献计量分析

3.2.1　研究材料与方法

中文文献基于CNKI（China National Knowledge Infrastructure）数据库选择，本节选取包括SCI或EI来源的中文期刊、中文核心期刊、CSSCI期刊和CSCD期刊，检索时间从1990年1月至2021年7月。所遴选文章需同时涵盖"区域开发""片区开发""连片开发""城市更新""城市设计"及"城市规划"等相关关键词，因此采用"按主题词搜索"，通过4种组合方式确定检索关键词或词组。检索并除去无关文献，共有183篇相关文献作为本次分析的基础数据。

英文文献基于Web of Science数据库选择，本节选取Web of Science核心合集。检索时间从1990年1月至2021年7月。所遴选文章需同时涵盖"regional development""district development""renewal""plan"及"design"等相关关键词，因此采用"按主题词搜索"，通过3种组合方式确定检索关键词或词组。检索并除去无关文献，共有217篇相关文献作为本次分析的基础数据。

采用文献计量分析方法，本节运用Citespace5.8.R1软件揭示区域开发研究相关知识图谱。科学知识图谱是显示科学知识的发展进程和结构关系的一种图形，它能把现代科学技术知识的复杂领域通过数据挖掘、信息处理、知识计量和图形绘制而实现出来，使得研究学者了解具体研究领域、关联关系和新的兴趣点（侯海燕等，2008）（图3-3）。

3.2.2　发文数量分析

总体来看，我国对全球城市区域研究的关注度持续上升，年文献数量呈现先缓后急的增长趋势，近十年增长速度尤为明显（图3-4、图3-5）。国内中文期刊在1992年前后开始出现并逐年增加，从2007年开

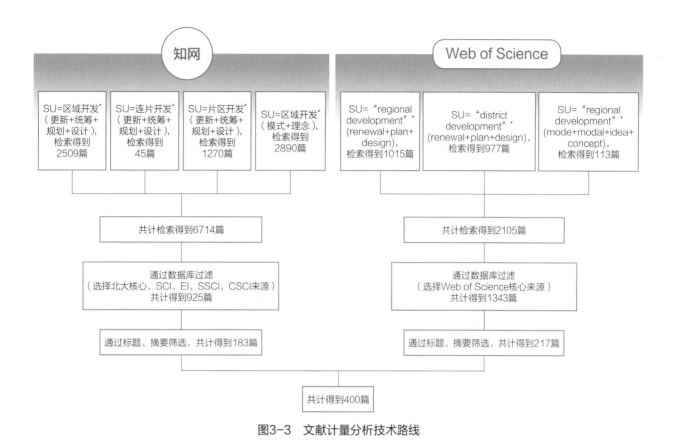

图3-3　文献计量分析技术路线

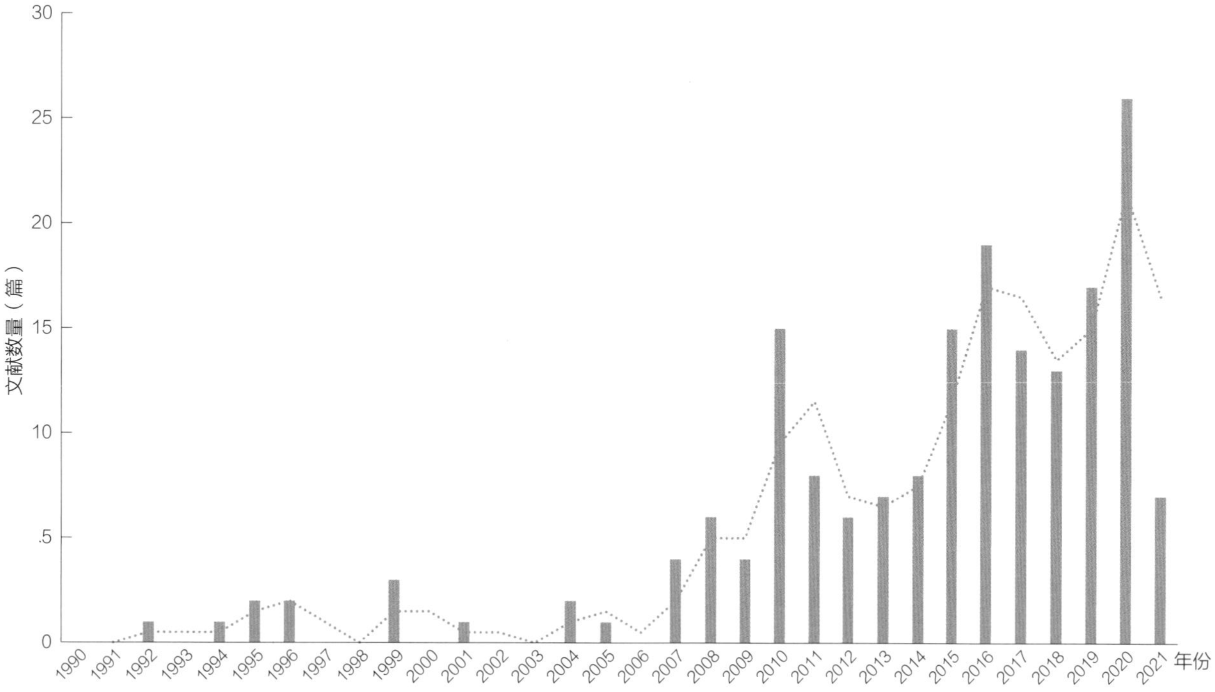

图3-4　中文城市区域规划研究的文献数量变化（1990—2021年）

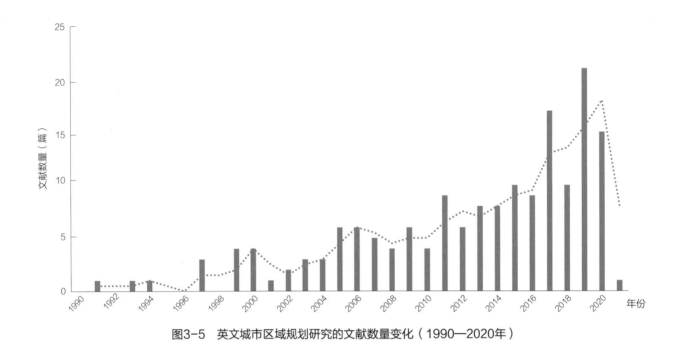

图3-5　英文城市区域规划研究的文献数量变化（1990—2020年）

始文献数量逐年增多的现象更加明显，特别是在2011年轻微下滑以后出现快速增加，并在2020年达到最高值（26篇）。这与我国健康城市发展政策制定和持续建设紧密相关。

英文期刊在1991年前后开始出现并逐年增加，从2000年开始文献数量逐年增多的现象更加明显，并在2019年达到最高值（21篇）。

3.2.3　演进热点与图谱

文献关键词的共词特征可反映出研究的热点。共词分析是对一组词两两统计它们在同一组文献中出现的次数，通过共现次数测度它们的亲疏程度，研究者可直接通过共词分析结果，对研究领域的主题进行分析（李杰等，2016）。关键词的共现频次决定了热点强度，而关键词在共词网络中的关联关系决定了其中心性。

图3-6与图3-7所示文献关键词贡献图谱中不同节点代表不同关键词，节点越大出现频次越高，节点间连线表示关键词的共现性，连线粗细表示共现强度。中文研究图谱得到关键词节点数为299，连线406条，节点数量众多但节点较小，研究趋向分散化和多样化。英文研究图谱得到关键词节点数为111，连线250条。

在关键词共现频次方面，中文期刊主要研究热点关键词为"城市更新"（37次）、"利益统筹"（33次）、"存量开发"（28次）、"市场主导"（27次）、"片区统筹"（23次）。另外，"控制性详细规划""可持续发展""PPP""TOD""协同治理""城市更新单元规划""成片开发""城市总体规划设计""多利益主体管理""协调机制"及"生态城"等关键词也表现出一定热度。在关键词中心度方面，"城市更新""片区统筹"和"控制性详细规划"是研究热点网络图谱的相对重要的节点（表3-1）。英文期刊主要研究热点关键词为"regional development（区域开发）"（14次）、"city（城市）"（11次）、"innovation（创新）"（10次）、"China（中国）"（5次）、"cluster（群组）"（4次）、"governance（治理）"（4次）和"policy（政策）"（4次）。另外，"ecosystem service（生态系统服务）""sustainability（可持续性）""urban

图3-6　中文城市区域开发研究的关键词共现图谱

图3-7　英文城市区域开发研究的关键词共现图谱

renewal（城市更新）"等关键词也表现出一定热度。在关键词中心度方面，"regional development（区域开发）""city（城市）""China（中国）""area（地区）"和"city region（城市地区）"是研究热点网络图谱的首要节点（表3-2）。这表明上述研究热点在该网络中既是重要研究议题，也对不同研究热点之间的联系起到重要作用。

中文城市区域开发研究的热点词中心度和共现词率　　　　　　　　表3-1

序号	关键词	中心度	频次	序号	关键词	中心度	频次
1	城市更新	0.03	37	21	厦门市	0.01	2
2	利益统筹	0.01	33	22	传导机制	0	2
3	存量开发	0	28	23	自由贸易试验区	0.02	2
4	市场主导	0	27	24	开发强度	0	2
5	片区统筹	0.02	23	25	城市综合体	0	2
6	城市设计	0	9	26	规划体系	0.02	2
7	控制性详细规划	0.02	7	27	产城融合	0	2
8	区域开发	0	5	28	累积影响	0	2
9	地下空间	0.01	5	29	功能规划	0	2
10	历史街区	0	4	30	城市综合开发	0	2
11	国土空间规划	0.02	4	31	路网承载力	0	2
12	CBD	0.01	3	32	主体功能区	0	2
13	环境影响评价	0	3	33	山地城市	0	2
14	可持续发展	0	3	34	空间生产	0.02	2
15	旧城改造	0	3	35	土地再开发	0	2
16	PPP	0	3	36	地下综合管廊	0	2
17	中心城区	0	3	37	功能分区	0	2
18	产业结构	0	3	38	发展模式	0	2
19	TOD	0	3	39	存量规划	0.02	2
20	协同治理	0	2	40	发展定位	0.01	2

英文城市区域开发研究的热点词中心度和共现词率　　　　　　　　表3-2

序号	关键词	中心度	频次	序号	关键词	中心度	频次
1	regional development	0.32	14	16	urbanization	0	3
2	city	0.24	11	17	art	0.02	2
3	innovation	0.16	10	18	capability	0.02	2
4	China	0.26	5	19	economic development	0	2
5	cluster	0.15	4	20	economic geography	0.13	2
6	governance	0.19	4	21	economy	0.05	2
7	policy	0.07	4	22	ecosystem service	0.05	2
8	accessibility	0.15	3	23	health	0	2
9	area	0.26	3	24	idea	0.03	2
10	city region	0.22	3	25	knowledge	0.08	2
11	dynamics	0.04	3	26	land use	0.02	2
12	geography	0.03	3	27	organization	0.02	2
13	industry	0.06	3	28	sustainability	0.08	2
14	politics	0	3	29	system	0	2
15	regional development	0.02	3	30	urban renewal	0	2

3.2.4 文献计量分析结论

通过文献知识图谱的综合分析，本节总结出几个主要特点：

（1）国内外城市区域开发研究20世纪90年代才逐步开始，热度由平缓到持续加强，特别是近几年发文量出现快速增长，说明学者关注度快速提升。

（2）研究聚焦热点包括"可持续发展""协同治理""城市更新单元规划""多利益主体管理""协调机制""片区统筹"以及"governance（治理）"等多个议题，体现出研究热点不断细致、涉及范畴愈发广泛的特点。

如上研究热点关键词呈现了城市区域开发领域各学者们关注的研究话题。涉及从经济与社会发展、城市更新与规划以及组织与治理层面对城市区域开发进行研究。后文针对如上热点议题进一步提出有关理论基础，对区域开发的发展提供指导。

第四章

街坊整体开发模式的
概念探讨

　　本章基于对我国古代城市片区规划以及国外城市规划中的整体开发思想的文献综述，梳理街坊整体开发模式的起源及发展过程，通过横、纵向对比分析明确街坊整体开发模式的特征。通过对我国城市区域整体开发的城市更新实践的系统分析，探究街坊整体开发模式的实践基础。在厘清街坊整体开发模式的理论基础与实践基础后，本章进一步探究街坊整体开发模式形成的上位规划基础，分析国家政策法规以及各大城市城市更新政策法规对采用街坊整体开发模式的引领和促进作用。基于前述文献分析，当前我国街坊整体开发的城市更新实践经验以及对上位规划的分析，结合实地调研和专家访谈，本章运用扎根理论剖析街坊整体开发模式的内涵，并对街坊整体开发模式特征进行深入分析。

4.1　街坊整体开发模式的起源与发展

4.1.1　我国古代城市街区规划中的整体开发理念

　　整体开发理念是街坊整体开发模式的核心思想，在我国古代城市街区规划中已有所体现。出于封建统治的政治和军事需要，我国古代城市街区规划呈现出政治性远强于经济性的特点（汪睿，张彧，2017）。因此，在奴隶制和封建社会早期，我国城市街区形态以封闭式为主，建设制度由早期雏形的"闾里制"发展为分工和布局逐渐明确的"里坊制"。

　　在古代早期的城市中，城市建设和城市更新虽然已经呈现出一定程度成片连片开发的特征，但是在规划和管理上还不够严整，直到出现了划分较为明确的城市更新基本单元——"里坊"，早期称为"里"或"闾里"。"里"最早出现于周代，在周王城规划中有相应的系统记载。到了汉朝时期，都城长安面积约为160闾里，其中包括城中的"闾"和郊外的"里"，形如"室居栉比，门巷修直"。魏晋南北朝时期，为加强对人民的统治，城市开始逐渐注重居住区规划，宫城设置于邺城北部的中心位置，里坊呈棋盘状分布在宫城周围，形成了一种布局严密、功能明确的城市规划和管理制度（姚庆，2014）。

　　"里坊制"是我国城市街区形态发展过程中的一个重要形式，主要表现为"有墙封闭"的空间形态，居民生产、消费等经济和日常生活集中于坊内，与坊外联系较弱，里坊制网格状的城市空间划分实际上是农业土地划分的延续（李昕泽，2010）。虽然"里坊制"具有便于管理、有较好的安全保障等优势，但割裂的城市街区布局破坏了城市的历史文脉和肌理，并且暴露出交通拥堵、步行可达性差、人际关系冷漠等社会问题。唐朝是里坊制发展的鼎盛时期，唐代长安城东西向11条、南北向14条大街，全城分为108坊，共84km²，中心大街名朱雀大街，宽155m，东西各五条大街，宽从25m到108m左右，一个小的坊里约"500m×500m"，整体城市布局具有"宽路疏网"的特点。但是聚焦于里坊内，目前学界大多认为坊内存在二至三个层级的规划道路体系，例如赵格（2008）认为里坊内可分为沿墙街和大十字街、小十字街、曲等三个道路层级，沿墙街和大十字街宽约15m，小十字街宽2～3m，曲宽1.2～1.5m，唐朝长安城里坊间与里坊内部道路级别及宽度如表4-1所示。其中，大十字街和横街是整齐排列的里坊内部的主要干道，具有交通和隔离的作用，小十字街作为进一步划分地块的次级巷道（李昕泽，2010）。从里坊内的道路形态可以看出，里坊内布局与整体城市布局呈现出截然不同的特点，表现为"窄路密网"的特征。

唐朝长安城道路类别及宽度[1]　　　　　　表4-1

区位	道路类别	宽度
里坊间	宫前横街	220m
	通向城门的二级干道	100～150m
	三级干道	40～70m
	沿墙街和大十字街	15m
里坊内	小十字街	2～3m
	曲等其他街巷	1.2～1.5m

随着生产力水平的提高，封建社会的城市商品经济也不断发展，被墙封闭的"里坊制"已经不能满足经济社会发展的需要。到了宋代，城市行政、商业、居住以及交通等功能呈现混合化趋势，里坊间的坊墙阻碍了城市的进一步发展，因此，"街巷制"逐渐替代了"里坊制"。相较于"里坊制"，"街巷制"拆除了各坊的坊墙，街区呈现出开放、外向、自由的特点。例如，宋代东京城的城市道路层级可分为中心御街、城市大街、城市普通街道以及坊内街巷四个等级，其宽度分别为200步、40步、24步、19步，在各层级街道内都存在着市井商业（汪睿，张戫，2017）。从整体上看，东京城市街道和街坊尺度总体呈现出从城中心向外逐渐增大的趋势，越靠近市中心的区域尺度越小，越有利于商业互动和市民交流，而远离市中心区域主要适用于用地需求较大的军队操练和园林搭建等。元大都的城市街区规划同样采用开放式的"街巷制"，全城由九条南北大街和九条东西大街组成，两条南北大街之间由平行、等距离排列的横胡同连接，规划整齐，步行可达性优于隋唐初长安城的封闭"里坊制"（徐苹芳，1988）（图4-1）。

20世纪50年代，受苏联规划思潮的影响，我国从苏联引入居住小区理论，形成了与"宽路疏网"空间特征相匹配的"居住区—居住小区—居住组团"的规划结构模式（龚斌，庄洁，2017）。在该阶段，受我国计划经济体制的影响，商品经济的发展受到抑制，土地市场缺失，城市基础设施建设不能带来良好的经济效益，导致政府对城市基础设施建设的投入严重不足。在单位主导建设的计划经济模式下，对地块的需求是尽量减少外部干扰，因此，要求地块面积尽可能增大，路网密度尽可能减小（赵燕青，2002）。"宽路疏网"

❶ 梁江，孙晖. 唐长安城市布局与坊里形态的新解[J]. 城市规划，2003（01）：77-82.

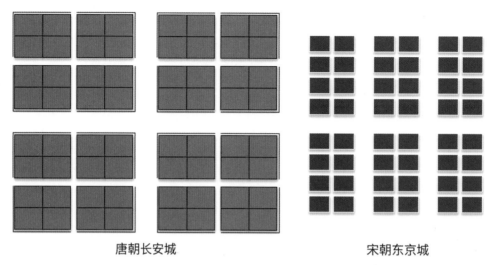

唐朝长安城　　　　　　　　　　　宋朝东京城

图4-1　唐朝长安城与宋朝东京城的城市布局对比❶

的城市空间布局成为适合当时计划经济体制的城市建设模式。在市场经济时期初期，随着土地市场的逐渐兴起，地方政府倾向于通过出让大地块来降低土地开发前期道路等基础设施投入的费用，这在一定程度上也导致了"宽路疏网"城市布局的形成。然而，"宽路疏网"的大街区模式存在诸多弊端，在我国城市规划设计中体现出"通而不畅"的特征。在"宽路疏网"的大街区模式下，城市支路作为小区级道路基本只服务于区域内部的通行需要，不承担与区域外部联系的功能。因此，"宽路疏网"的大街区模式容易造成城市交通拥堵的问题。除此之外，"大街区"的高层低密度的开发模式导致了土地利用效率的降低，不利于高效利用城市土地资源。该时期的封闭管理模式也阻碍了区域内部与外部环境的沟通交流，加剧了内部环境与城市整体环境的隔离，区域内部公共空间难以与城市公共开放空间有效衔接（张冀，2002）。区域的封闭性还导致了居民出行距离的增加，降低居民的步行意愿，提高了汽车的使用率并增加了交通能耗，加剧了空气污染（龚斌，庄洁，2017）。

20世纪90年代后，随着土地市场发展逐渐成熟，街区尺度减小、路网密度增加的趋势在城市中心区的建设过程中逐渐显现。随着路网密度的增大和街区适度的减小，街区的步行可达性逐渐改善，建筑与街道间的紧密联系塑造了紧凑、人本的街道空间。"窄路密网"的小街区模式有助于加强居民间的沟通交流，促进社会交往，增添街区活力，优化城市空间质量。

综合上述分析，我国街区形态和城市更新模式的转变体现出以下特征。

第一，城市街区形态呈现出"宽路疏网—窄路密网—宽路疏网—窄路密网"的动态演化特征。从城市街区规划上看，隋唐以后城市街道具有规则的网格状布局的特点。出于管理和安全保障的政治性需要，唐朝的街区划分呈现出"宽路疏网"的特点，街区尺度较大，里坊边长约为500m，各坊设有坊墙，每个街区东西南北均设置了一个出入口，商业活动主要集中在里坊外，但是，"宽路疏网"的大街区模式导致了交通拥堵、步行可达性低以及人际关系冷漠等问题。由于"宽路疏网"的大街区模式不能满足经济社会发展的需

❶ 汪睿，张彧. 从"坊里"到"街巷"——浅谈唐宋时期街区开放的影响和启示[J]. 住区，2017（05）：150-154.

要，不利于封建社会城市商品经济的进一步发展，宋元时期的街区划分逐渐呈现出"窄路密网"的特点，街区尺度相较于隋唐时期明显减小，街区主要由不同层级的街道划分，边长约为100m，无坊墙阻隔，城市主要轴线为"宽马路"，街区内部道路为"窄马路"，体现出明显的层级性，街道空间连续性较强。到了新中国成立初期，受到苏联规划思潮的影响，我国的城市街区形态又转变为"宽路疏网"的大街区模式，"宽路疏网"的大街区模式成为符合当时我国计划经济体制的城市建设与城市更新模式。20世纪90年代，随着土地市场发展的逐步完善，街区尺度减小、路网密度增大的趋势在我国部分城市核心区的建设中逐渐显现，我国的城市街区形态转变为"窄路密网"的小街区模式（图4-2）。

图4-2　我国城市街区模式动态演化过程及演化原因

第二，城市街区活力与开放性大幅度提升。在唐以前城市中的"市"基本集中在几个固定的里坊内，"市"的空间形态具有方正规整内向封闭的特征。在里坊制发展的鼎盛时期，街区的封闭性表现最为强烈，隋唐长安城中的里坊有严格的管理制度，各坊之间有高墙相隔，不准随便迁居，日出开坊门，日落闭坊门，夜晚实行宵禁，通过对城市居民的严格管理维护君王的专制统治。尽管"市"在一定程度上是市民公共活动的空间，本身应具有开放性起到广场的作用。但四周围墙中午开市日落前闭市使其开放性也大打折扣。随着城市经济的不断发展，"市"的重要性愈发显现，坊墙坊门造成的出行障碍已经无法适应城市的商业活动需求，因此，宋代以后坊墙逐渐拆除，前店后宅的沿街商业出现，商业并不再局限于市内，而是遍地开花，不断突破着原有城市的形态结构，呈现出更强的开放性与更高的街区活力。此外，里坊制度下的古代封建城市是极度缺少公共场所的。里坊制下低密度的道路网极大地减少了临街面，这就意味着公共空间与私宅的接触面积减小，平民对公共空间的可达性和渗透性降低，商业活动减弱等，这在很大程度上抑制了中国古代封建城市公共空间的发展。城市中接近于公共活动场所的地方只有寺院和市。宋代以后，里坊间的坊墙被拆除，道路网密度提高，临街商铺数量大幅度增加，公共空间与居民住宅的接触面积有了明显的提高，居民对公共空间的可达性相较于隋唐时期有了明显的提高（图4-3）。在中华人民共和国成立初期，在单位主导建设的模式下，要求建设模式应尽量减少外部因素对地块的干扰，加强区域的封闭性。在这一时期，街区的活力与开放性有所下降。到20世纪90年代，由于市场经济的蓬勃发展，原有的封闭街区形态无法满足城市的商业活动需求，因此，城市建设模式开始逐渐强调街区的开放性与活力，倡导通过适合步行的街区尺度、高密度的路网、充满活力的街道氛围以及土地功能混合实现封闭街区向开放活力街区的转变。

第三，城市土地逐渐呈现出功能混合特点。在隋唐时期，受到"里坊制"的影响，长安城的商业区与居民区泾渭分明，经济活动主要集中在城内的东西两市。然而，随着城市人口的快速增长与经济社会的发

图4-3　清明上河图中宋代街区繁华景象❶

展，东西两市的商业贸易功能已经逐渐不能满足居民日常的贸易需求，城市中逐渐出现了新的商业聚点，这些新的商业聚点逐渐突破东西两市商业区以及里坊的限制，与居民区交叉布局，使得城市街道形态由封闭向开放转变，实现了土地的功能混合，营造了开放、包容、便捷、舒适的人居环境。南宋临安城较高的人口密度和商业密集性导致商业空间的拓展和商品经济的进一步发展受到用地限制，因此，商业空间开始逐渐追求立体化发展，与人居空间交叉布局，交相辉映，极大地改变了城市街区形态以及城市天际线景观，逐渐形成了以商业点为基础、商业街为串联、商业区为主要构架的立体化、功能复合的商业空间。北宋东京城与南宋临安城的街区兼具居住、交通、休闲、娱乐以及商业等多种功能，充分展现了自由、开放、包容的人本之风。高度发达的城市经济为人民精神的进一步解放提供了坚实的基础，而开放包容的生活方式反过来进一步促进了城市商品经济的发展。到明清时期，虽然闭关锁国政策使得此时期的经济未能在两宋的基础上取得进一步发展，但商业发展仍呈现出繁荣的景象，该时期商业空间形态出现了现代商业街区综合体的雏形，土地功能混合的特点进一步凸显。清代都城北京的东安市场是这一时期较具代表性的例子，市场中聚集了商铺、饭馆、茶楼、棋社、戏院等店铺，成为集休闲、娱乐、商业等功能于一体的综合商业区（彭亚茜，陈可石，2014）（图4-4）。21世纪以来，由于土地资源紧缺，城市更新愈发强调土地利用效率的提高以及功能混合，倡导通过复合的用地功能创造紧凑、人本、活力、和谐的街道空间。

---

❶ 江南酒鬼. 世界三大古酒，只有中国的这个没落了[EB/OL]. https://www.sohu.com/a/446461480_121012908.

图4-4　清代北京东安市场❶

4.1.2　国外城市更新中的"邻里单位"理论、规划单元开发与新城市主义

20世纪之前，美国并不存在整体开发的住区，开发方式主要为开发主体将获得的土地细分为小块，出售给建筑商建设并销售。但是，这样的单地块建设模式不仅会降低土地利用率，导致土地浪费，更重要的是公共服务设施难以统一配置，街坊形象难以统一（许皓，李百浩，2018）。因此，1919年，美国开展了"第一代郊区社区"（The First Suburb）运动，标志着美国郊区住宅区整体开发的开端。其中，最具代表性的项目为罗兰公园（Roland Park）和佛利斯特山公园（Forrest Hills Gardens）。罗兰公园于1893年建成，是美国的第一个现代化郊区住宅区，早期的整体开发思想体现在罗兰公园临外围主干道一侧布置了社区的购物中心，说明公共服务设施的统一配置已成为整体开发的标志性要素之一。在汲取罗兰公园的建设经验基础上，佛利斯特山公园体现出了更为明显的整体开发特征，住宅区周围有两条主干道，东南侧入口处结合公共交通站点布置商业走廊，住宅区内的绿地布置呈现出等级规模分明、整体性等特点（图4-5）。1929

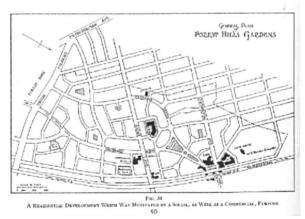

图4-5　罗兰公园与佛利斯特山公园的规划布局（左：罗兰公园，右：佛利斯特山公园）❷

---

❶ 福桃九分饱. 100年前北京最好吃的西餐竟然在医院[EB/OL]. http://finance.ifeng.com/a/20170706/15513888_0.shtml.
❷ Perry C. The Neighborhood Unit. In Regional Survey of New York and Its Environs[R]. New York: Committee on Regional Plan of New York and Its Environs，1929.

年，克拉伦斯·佩里（Clarence Perry）基于"邻里中心运动"（Community Center Movement）的实践系统性地提出邻里单位理论，该理论强调以家庭作为建立社区的导向，认为邻里单位能够促进形成总体规划，取代先前单独小地块的细分式规划，促进小地块开发到街区整体开发的转变，从而提高城市土地利用率。

邻里单位理论在20世纪初的盛行主要是由于以小学规模控制邻里单位规模的核心原则顺应了当时美国中产阶级对子女教育问题的普遍关注。而邻里单位理论将机动车纳入考虑范围，鼓励了汽车数量增长导致的城市扩张，符合20世纪20年代以后美国进入"汽车时代"以来的城市空间郊区化趋势。但是，20世纪60年代以后，随着丁克家庭等多样化家庭模式的出现，以典型家庭模式为导向的社区资源配置已经不能适应社会发展的需求，邻里单位理论逐渐丧失其社会基础。

20世纪60年代，面对土地混合使用、区域协同发展、展现地区特色和高效引导建设等城市发展诉求，规划单元开发开始在美国受到欢迎，众多学者、实践者对其进行了进一步的探索。美国政府对规划单元开发的积极探索在20世纪70年代初的大规模开发热潮中达到高潮。在这一时期，规划单元开发体现出具有施工规模的经济性、提高公共服务设施资源的利用效率和鼓励建筑多样性等优势（David，2015）。而另一方面，该阶段的规划单元开发主要针对大规模开发项目，其缺点也随着项目规模的增大而愈发凸显，尤其是土地整合的难度和成本以及开发风险都显著增加（邢琰，2015）。

20世纪70年代中后期，能源短缺和由此引发的物价上涨导致了美国的经济衰退，此时偏僻地区的城市开发项目由于投资效率低等问题而大大受阻，因此，该阶段规划单元开发的建设项目大多集中于高密度的城市次要区域或城市的已建成区域（邢琰，2015）。

在应用初期，规划单元开发的主要目标是实现较大地块开发的相互衔接、解决环境保护问题和减少城市建设的负外部性（朱东，杨春，2019）。在具体的操作过程中，规划单元开发主要在住宅开发项目中得到广泛应用，位于郊区的城市大型居住区更加需要顺应地形的统一设计和便利完善的城市公共服务设施。20世纪80年代以后，由于城市基础设施建设的基本完成和土地价格的提升，规划单元开发的主要目标已不再是完善城市公共服务保障体系，而是转向合理引导多地块开发建设，实现城市高质量发展，其应用区域也由城市郊区转变为城市核心区（朱东等，2019）。这一时期的规划单元开发思想主要是通过细致的协商来使得开发者与社区实现双赢。规划单元开发的主要目标由最初的强调开放空间和休闲游乐设施演变为获得特定用地的最大效益和有效使用土地。

规划单元开发是大规模城市开发活动的一种新构想，相对于单一街区或地块的开发和管理具有更大的灵活性、积极性、开发弹性和市场活力，并且有利于打造尺度宜人、生机勃勃的城市空间（邢琰，2015）。规划单元开发的实行不同于传统土地的逐块开发，无需像传统区划那样详细说明土地的使用性质、地块大小、建筑高度以及可允许的密度、容积、位置等特征，而是只要求指定有关开发的外部特征，避免了一些特殊的标准，从而给开发工作提供了更高的弹性，鼓励建筑类型的多样化，有利于创造协调、宜人的城市环境（Schneider，Ingram，1997）。另外，与地块分散开发相比，规划单元开发将各相邻地块的公共空间、地下空间以及公共服务设施等作为整体来考虑，有利于提高公共空间的利用效率，实现地下空间一体化，在较大范围内对区域交通以及地上地下交通进行优化，整合公共服务资源，最大限度地发挥使用效能，体现一体化、集约化、立体化的城市发展理念（刘欢，李连财，2015）。

20世纪80～90年代，在卡尔索尔普等学者的推动下，美国掀起了一场轰轰烈烈的新城市主义（New

Urbanism）运动。新城市主义借用了邻里单位理论的"外衣"，但对其内涵进行了根本性的变革。杜安伊与普拉特-兹伊贝克提出了"传统邻里开发"（Traditional Neighborhood Development，TND）模式。卡尔索尔普提出了"公共交通导向的邻里开发"（Transit-Oriented Development，TOD）模式（Campbell，Fainstein，1997）。这两种开发模式在20世纪80年代后的城市规划实践中获得了广泛应用（Dutton，2000）。其中，传统邻里开发模式是在邻里单位理论基础上提出的，但其核心思想与邻里单位有着根本性的区别。传统邻里开发模式强调步行尺度在决定邻里规模方面的重要性，认为邻里的最理想半径为400m，更为关注步行可达性（李强，2006）。公共交通导向的邻里开发模式强调以公共交通为导向，将住宅、零售、办公以及公共开放空间合并于适于步行的环境中，区域公共交通运输系统是公共交通导向的邻里开发模式关注的焦点（章征涛等，2018）。新城市主义思想的提出标志着整体开发思想的进一步发展，国际城市整体开发思想的演变如图4-6所示。

国外整体开发思想演变	邻里单位理论	规划单元开发	新城市主义思想
年代	20世纪20年代	20世纪60年代	20世纪80~90年代
时代背景	单地块建设模式容易导致土地利用效率低下、土地资源浪费以及公共服务设施统一配置困难等问题	土地混合使用、区域协同发展、展现地区特色和高效引导建设等城市发展诉求	郊区无序蔓延带来众多城市问题
核心理念	以家庭作为建立社区的导向，通过邻里单位促进形成总体规划，提倡小地块开发到街区整体开发的转变	将各相邻地块的公共空间、地下空间以及公共服务设施等作为整体来考虑，在较大范围内对区域交通以及地上地下交通进行优化，整合公共服务资源	提倡创造和重建丰富多样的、适于步行的、紧凑的、混合使用的社区，对建筑环境进行重新整合，形成完善的都市、城镇、乡村和邻里单元

图4-6 国际城市整体开发的演变

在1993年成立的新城市主义协会（Congress for the New Urbanism）的推动下，新城市主义运动迅速在美国各个州的社区规划和设计中流行起来，并得到了政府在一系列城市发展政策中的支持（宋彦，张纯，2013）。21世纪以来，美国已建成多个新城市主义社区，这种趋势显示了美国的社区开发模式正在经历着一次重要的转变——从蔓延郊区式增长转变为"新城市主义"式增长。21世纪以来，新城市主义的思潮也开始逐渐在中国城市规划领域渗透（杨欢，2020）。在介绍和理解新城市主义的目标、理论和内涵的同时，中国规划者也尝试在一些规划实践中应用新城市主义原则，使其成为中国规划领域中风靡一时的词汇（张衔春等，2013）。

4.1.3　现代城市高质量发展背景下的整体开发探索

随着经济社会的不断发展，传统割裂式单地块开发模式逐渐显露出种种弊端，阻碍了城市的高质量发展，主要表现为土地利用性质单一、地块开发缺乏弹性、区域开放性互联性差等一系列问题。为构建高质量的城市发展路径与缓解"城市病"问题，街坊整体开发模式在我国逐渐探索形成，彰显出土地节约集约利用、资源共享、区域空间开放互联、街区高品质的巨大优势，适应了时代发展的潮流，体现出强大的生命力。在我国城市开发与更新实践中，传统单地块开发模式体现出土地利用效率不高、项目投资增加以及区域整体性差等八大劣势（图4-7），详见1.1.2章节。

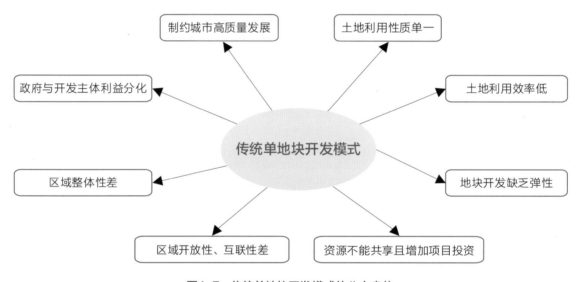

图4-7　传统单地块开发模式的八大劣势

街坊整体开发模式为城市高质量发展提供了有效的解决方案，在城市开发与更新的实践中体现出土地混合使用、集约高效利用土地以及资源共享等巨大优势，街坊整体开发模式的八大优势如图4-8所示。

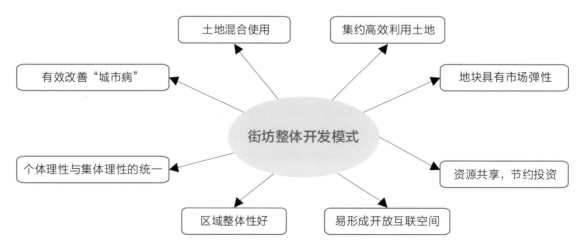

图4-8　街坊整体开发模式的八大优势

（1）土地混合使用

街坊整体开发模式为土地混合使用创造了条件。土地混合使用与单一使用不同点在于其在地块内减少交通成本和必要附属功能的开发成本，同时增大了土地承载力，更容易满足开发强度和使用面积的平衡，相同条件下更充分地利用土地资源。

（2）集约高效利用土地

在街坊整体开发模式下，各地块间实现互联互通，满足市政管线等要求的区域地块总体退界范围缩小，土地利用效率得以提升。因此，街坊整体开发模式有助于集约高效利用土地。

（3）地块具有市场弹性

不同于传统单地块开发模式，街坊整体开发模式具有更高的灵活性、积极性、开发弹性和市场活力，规划指标设置具有一定的弹性，有利于创造宜人的城市环境。

（4）资源共享，节约投资

在街坊整体开发模式下，公共资源与配套设施能够集成化设置，区域停车资源、空间资源以及公共服务资源能够高度共享，带来集成化效益，降低项目投资。

（5）易形成开放互联空间

在街坊整体开发模式下，城市空间的开放性、互联性有效提高。区域建筑间的开放互联空间能够有效改善人流的通行效率和步行环境，增强不同地块之间的联系。

（6）区域整体性好

通过街坊整体开发模式对城市开发进行系统规划和有序建设，使功能集聚区域发展所需空间资源利用由"传统单地块"转为"多地块区域组合，地上、地下相结合"的方式，可以实现区域主体风格的统一、地上地下的交互。

（7）个体理性与集体理性的统一

在街坊整体开发模式下，区域内各地块需进行统一设计、统一协调、统一建设、统一运营。在此情景下，开发主体的个人利益与政府的整体利益逐渐趋于平衡，达到个体理性与集体理性的统一，既实现了个人价值的优化，也实现了整体价值的最大化。

（8）有效改善"城市病"

城市核心区域整体开发可以引导功能集中和人口集聚，提升城市核心区域的综合配套服务水平，以公共交通引导开发，促进形成紧凑型、小尺度、人性化、多功能社区，有效强化产城融合的效果。此外，在街坊整体开发模式下，职住空间分布格局较为合理，在一定地域范围内，居住于此的劳动人口数量和就业岗位数量大致相等，实现区域职住平衡，提升步行可达性，有效降低居民的通勤时间，减少机动车尤其是小汽车的使用，进而有效缓解交通拥堵与空气污染等"城市病"。

在城市高质量发展的背景下，街坊整体开发模式在城市开发与更新实践中体现出强大的活力与生命力，国家政策法规以及各大城市城市更新政策法规引领和促进街坊整体开发模式的发展，指导各大城市有序开展整体开发探索。2020年11月3日，《中共中央关于制定国民经济和社会发展第十四个五年规划和二〇三五年远景目标的建议》提出将继续推进以人为核心的新型城镇化，首先强调了城市更新对新型城镇化的重要影响，这是以习近平同志为核心的党中央从建设社会主义现代化强国、实现中华民族伟大复兴中国梦的战略高度，对在城市更新进程中进一步提升城市发展质量、提高人民生活幸福感做出的重大决策部署。

纵观我国的城市更新，从更新内容与更新模式上看，随着经济社会的发展，我国城市更新内涵不断趋于深入，城市更新政策趋于系统、完善。目前，我国一线城市的城镇化率均已超过85%，城市更新面临着高密度核心区能级的再次提升、公共空间品质的改善、街坊形象的整体塑造等重大挑战。为实现城市高质量发展，进一步提升城市公共空间品质，以北京、上海、深圳、广州为代表的诸多一线城市，在更新政策与典型实践方面均做出重要探索。

自2015年以来，北京陆续颁布相关政策讨论城市核心区发展战略。例如，2016年颁布的《北京市"十三五"时期土地资源整合利用规划》提出土地利用总体规划指标"两减一增"，即减耕地和基本农田、减建设用地、增绿色空间；按照"框定总量、限定容量、盘活存量、做优增量、提高质量"的原则实现用地减量发展，盘活存量低效用地。推进"大城市病"治理并推动京津冀地区的协同发展；实施"总量控制、供需双向调节、差别化"的供地政策，加强建设用地总量管控。该规划的颁布为北京城市更新奠定了坚实的基础。2020年，北京市规划和自然资源委员会颁布了《首都功能核心区控制性详细规划（街区层面）（2018年—2035年）》，强调北京核心区更新应有六大"注重"，即注重中央政务功能保障、注重疏解减量提质、注重老城整体保护、注重街区保护更新、注重民生改善、注重城市安全，这六条原则为首都核心区的未来规划与更新指明了方向。

2015年，上海市人民政府颁布了《上海市城市更新实施办法》，该法强调城市更新工作应遵循"规划引领、有序推进，注重品质、公共优先，多方参与、共建共享"的原则，注重区域统筹，调动社会主体的积极性，推动地区功能发展和公共服务完善，实现协调、可持续的有机更新。2017年，上海市规划和自然资源局颁布了《上海市城市更新规划土地实施细则》，提出城市更新应坚持"规划引领、有序推进、注重品质、公共优先、多方参与、共建共享"的原则，通过对城市更新项目的分类管理，实现动态、可持续的有机更新，改善人居环境，增强城市活力；针对公共活动中心区、历史风貌地区、轨道交通站点周边地区、老旧住区、产业住区等各类城市功能区域，应根据不同区域的发展要求与更新目标，因地制宜，分类施策。2018年，随着一系列有关城市更新政策的出台，上海市人民政府颁布了《关于本市全面推进土地资源高质量利用的若干意见》，强调"总量锁定、增量递减、流量增效、存量优化、质量提高"的土地利用基本策略，提出要合理确定土地开发强度、优化土地资源配置、全面提升土地综合承载容量和经济产出水平，统筹城市的经济密度和空间品质。

2015年颁布的《广州市城市更新办法》提出城市更新应遵循"政府主导、市场运作、统筹规划、节约集约、利益共享、公平公开"的基本原则，城市更新应坚持以人为本、推进产业集聚、坚持历史文化保护、结合当地实际、增进社会公共利益以及统筹兼顾各方利益，强调城市更新应当注重土地收储和整备，按照片区策划方案确定的发展定位、更新策略和产业导向的要求，加强政府土地储备，推进成片连片更新。2019年广州市人民政府颁布了《广州市深入推进城市更新工作实施细则》，细则强化了全市"一盘棋"的要求，要求进一步加强对成片连片更新和城市更新微改造的支持，加大对城市更新项目的支持力度，以城市更新为抓手，统筹生产、生活、生态空间布局，推进广州市高质量发展。2020年颁布的《关于深化城市更新工作推动高质量发展的实施意见》提出要按照"规划统筹、分类指导、连片策划、精准施策"的方式进一步推进城市更新工作，以塑造高质量发展新空间、优化城乡功能结构布局、传承历史文脉、营造国际一流人居环境、促进社会协同治理五项总体要求引导城市更新工作有序高效进行。

2009年，深圳市人民政府颁发了《深圳市城市更新办法》，构建了城市更新单元规划制度，提出了多种城市更新模式与更新方式。2016年颁布的《关于加强和改进城市更新实施工作的暂行措施》提出要推进"城市修补、生态修复"，在城市更新中落实海绵城市建设要求，注重保留城市历史记忆、文化脉络和地域风貌，鼓励结合城市更新项目对历史建筑、历史风貌区、特色风貌区实施活化、保育。2019年颁布的《深圳市城市更新办法实施细则》提出城市更新单元规划编制应符合优先保障城市基础设施、公共服务设施或者其他城市公共利益项目、充分尊重相关权利人的合法权益、深化落实法定图则规定的各类城市基础设施和公共服务设施用地规划指标和空间布局、鼓励增加公共用地、推进文化遗产融入城市发展五项原则。同年，《关于深入推进城市更新工作促进城市高质量发展的若干措施》提出"案例+政策工具箱"的创新工作机制，鼓励各区选择拟更新改造用地相对集中的片区作为试点，统筹利用"政策工具箱"推进城市片区整体开发建设，推动城市高质量发展，提高城市品质，引导城市片区统筹更新。

4.2　街坊整体开发模式的实践基础

4.2.1　北京区域整体更新实践

2020年，北京经济技术开发区颁布《北京经济技术开发区关于促进城市更新产业升级的若干措施（试行）》提出支持利用地下空间建设配套设施用房，鼓励通过提容增效对园区进行升级改造等措施，满足产业升级需求，实现产城融合。北京颁布的一系列城市更新相关政策为促进区域整体开发、地下空间统一开发建设提供了坚实的基础。

雄安站枢纽片区位于雄安新区昝岗组团内，承担着对接京津冀、联系全国的重要职能。雄安站枢纽片区项目实施区域整体开发模式，从区域整体的角度统筹昝岗城市布局，以轨道交通为依托，统筹布置城市公共服务基础设施，以城市绿地和水系网络串联各功能片区，形成"一轴、两带、一环、四片"的总体格局。此外，基于枢纽片区站城一体化设计，雄安站枢纽片区构建了绿色、高效、智能、一体化的区域交通网络，为居民出行提供便利。北京丽泽金融商务区承担着承接首都功能核心区功能疏解、带动城市南北均衡发展、促进京津冀协同发展以及打造首都发展新的增长极的重要任务，是打造金融科技创新示范区的主阵地之一。北京丽泽金融商务区项目以轨道交通枢纽为核心，采用区域整体开发模式，实现丽泽城市航站楼、中央公园等区域的一体化建设，打造成为活力、人本、绿色、紧凑的城市核心商务区。北京大望京中央商务区项目同样采用区域整体开发模式，强调环境的可持续性，内生的开放性，为整座地块与周边社区注入生机。在设计层面，大望京中央商务区项目将绿洲的概念融入其中，强化了建筑与周边绿化环境的联系，并在会展中心顶层打造了城市公共绿色空间，为市民提供休闲新去处，以空中绿色平台与南北的绿色生态呼应，打破建筑与自然的界限，形成连接，成为一个注重文化、自然与可持续发展的立体开发枢纽区。

4.2.2　上海区域组团式更新实践

2015年颁布的《上海市城市更新实施办法》提出了"规划引领、有序推进，注重品质、公共优先，多方参与、共建共享"的城市区域整体更新具体原则。上海市人民政府于2017年12月15日颁布了《上海市城市总体规划（2017—2035年）》，明确将针对存量空间的城市更新作为上海未来城市更新的主导模式，注重社区共治与公共参与，倡导通过区域整体开发增强城市公共服务能力，打造宜人、舒适与立体化的城市公共空间，大幅提升城市街区活力（卓健，孙源铎，2019）。

在城市更新政策的指导下，上海市开展了区域组团式更新实践，获得了丰硕成果。上海虹桥商务区项目毗邻虹桥交通枢纽，借助地铁交通开发地下步行网络，实现出站后不出地面就可以方便地到达办公楼，并解决城市地面交通拥堵问题，有助于构建高效的步行网络和紧凑型城市；虹桥商务区通过下沉式广场等形式，向地下空间提供自然光和通风，为各地块提供了公共开放空间，实现地上地下空间的统一协调、自然过渡，成为城市重要的休闲娱乐公共空间，有利于激发城市活力；通过高强度的地下空间开发和绿色建筑创新管理模式的实施（李芳，2013），虹桥商务区成为上海第一个低碳商务区，绿色建筑遍布于人性化的街坊空间，助力上海市的绿色、低碳发展（查君，2011）。上海世博B片区央企总部基地项目通过GIS平台进行BIM模型整合，充分协调各方利益、各方规范，由政府或开发建设主要部门组建开放性的总体设计与协调过程，以保证项目的稳步快速推进和整体环境品质的提高；上海世博B片区央企总部基地项目实施功能混合策略，功能混合紧紧围绕办公主线，辅助配套的商务、娱乐、文化、休闲等功能，强调时间混合和功能混合，通过时间混合保证不同时间段的人流量，促进街区白天和夜晚的活力，通过垂直混合将各种功能设置于不同的高度，通过"共享枢纽大厅"实现垂直混合的竖向渗透，优化人流流线设计；上海世博B片区央企总部基地项目以地下车库整体大环通为设计原则，基于BIM开发地下车库系统，单体建筑的停车场管理系统与世博B片区综合管理智慧平台进行数据交换，提高各地块地下车库的使用效率，实现区域停车平衡，停车场、车道出入口的高效集约利用。

4.2.3　深圳片区统筹更新实践

深圳市于2009年提出了"政府引导、市场运作、规划统筹、节约集约、保障权益、公众参与"的城市更新原则，确立了"政府引导、市场运作"的更新机制，明确了以城市更新单元为核心的更新模式，并且创建了街区统筹更新模式，其主要适用对象为城市核心区域和战略重点区域（孙延松，2017）。街区统筹更新模式是在美国规划单元开发基础上进一步发展而来的城市更新模式，强调政府在城市更新过程中的重要作用，实行政府主导、政企协作的实施机制，核心是通过设置更新规模门槛统筹整合街区的各类公共利益，以实现土地增值红利向城市回笼，提升城市公共服务能力，推动城市高质量发展（陈伟新，孙延松，2017）。

在城市更新政策与街区统筹更新模式的指导下，深圳市开展了片区统筹更新实践，为区域整体开发模式的进一步发展提供了经验借鉴。深圳蔡屋围城市更新项目是以保护特别更新区为基础的城市高密度核心区开发重建项目。通过片区的统筹更新实现街坊形象的一体化以及土地的混合利用。深圳罗湖新秀片区项目通过片区统筹开发打造"一芯两片三廊"，"一芯"即以中铁·洛克菲勒中心这一复合街区，形成片区的中枢和智慧"芯片"；"两片"则指分别对接香港和深圳的产业发展要素，结合文锦渡口岸，为深港企业创造最便于交流共享的深港创新共享中心；"三廊"即为各具鲜明特色的东深画廊、沙湾河水岸生活休闲带、猫窝岭自然野趣漫游带，形成贯穿整体空间的公共活力廊道。深圳湖贝城市更新统筹区推行地下空间一体化与市政景观一体化的设计理念，通过地下空间统一建设，构建站城一体的区域交通体系，围绕区域地下商业与大型文化设施，以连廊相连，营造了旧村、公园与商业"三位一体、无界融合"的人文公共绿心。

4.3 街坊整体开发模式的内涵

4.3.1 研究设计

（1）资料收集与整理

本节遵循Glaser和Strauss（1967）给出的多种数据来源建议，通过实地调研数据、内部管理文件、二手数据和访谈等多类数据进行交叉验证，避免因一手资料带来的信息偏差或主观偏见（Yin，2010）。本节的数据来源包括：①半结构化访谈数据；②公开文献资料和数据，包括关于深圳前海十九单元03街坊项目街坊整体开发模式的文献、公开新闻访谈资料等；③内部档案数据（详见附录A），包括项目会议纪要等。

半结构化访谈对象主要为深圳前海十九单元03街坊项目设计方、施工方、业主方以及咨询单位的项目参与人员。访谈主要围绕街坊整体开发模式在深圳前海十九单元03街坊项目中的应用展开，引导受访者回忆项目建设过程并阐述对街坊整体开发模式内涵的理解。在访谈过程中，访谈问题根据受访者的回答情况随时做出必要调整，使访谈过程更具有灵活性，以获得更多有效信息。在访谈结束后，再次向受访者叙述并总结访谈信息与内容，确保访谈内容的精确性与完整性。

（2）范畴挖掘与提炼

扎根理论是一种经典的管理学定量研究方法，它起源于社会学研究，研究前没有理论假设，通过对原始文本资料的深度研读整理，从下至上地分析并逐层归纳概括，由最上层范畴得出规律性结论和概念模型，反映事物核心本质（Glaser，Strauss，1967；Strauss，Corbin，1990）。鉴于工程项目管理研究的性质，其需要进行从古典实证主义到实用主义的范式转换，扎根理论是实现这一研究方法转变的途径。因此，扎根理论广泛应用于建设工程项目相关研究中（Rafiq，Fang，2008；Payam，Seyed，2019；Farshid，Katrin，2018）。本节按照扎根理论研究方法的一般流程，基于确定的研究问题和文献研究，对原始文本资料进行分析归纳。

扎根理论分析通过开放编码、主轴编码、选择性编码以及理论饱和度检验四个步骤，逐步地将文本信息提炼、概括、范畴化。本节在研究全过程中持续对概念进行对比和修正并达到理论饱和，最终对结果加以分析，构建了街坊整体开发模式内涵框架。

单案例研究法是针对现实问题进行的典型样本深度探究，通过对样本案例的典型事件、重大创新点或发展现象等进行资料的搜集与分析，运用学术性语言进行总结与归纳从而实现理论研究的创新与发展。相较于多案例研究而言，单案例研究聚焦的研究问题更具典型性与代表性（Yin，2010），通过单案例深入探索得出的结论通常也比多案例研究更具深度与广度（Dyer，Wilkins，1991）。因此，单案例研究法常常与扎根理论相结合对较为新颖、典型的现实问题进行研究，实现理论的进一步创新和发展（刘小平，邓文香，2019；杜靖宇，2019）。综上所述，扎根理论与单案例研究相结合的方法适用于内涵的界定。本节通过深圳前海十九单元03街坊的单案例研究与扎根理论相结合，构建街坊整体开发模式的内涵框架，为街坊整体开发理念的进一步发展与深化提供借鉴。

4.3.2　街坊整体开发模式的界定

以深圳前海十九单元03街坊项目为研究对象，聚焦街坊整体开发模式的内涵，基于文本数据分析结果构建街坊整体开发模式的概念模型（图4-9）。本节提出街坊整体开发模式的内涵可从三个维度来理解，即过程、对象和组织。从过程维度而言，街坊整体开发是逐步寻优的过程；从项目对象维度而言，街坊整体开发形成了一体化的工程实体；从组织维度而言，街坊整体开发构建了多元主体合作开发的组织模式。

从对象角度来看，街坊整体开发模式是在多地块共同开发背景下，从区域整体的角度考虑规划设计、施工建设以及运营管理，通过地下空间高强度开发和公共资源统一配置，实现街坊形象、公共空间、交通组织、地下空间和市政景观五个一体化，土地节约集约利用以及土地经济价值最大化的开发模式。

从组织角度来看，街坊整体开发模式是在多业主开发背景下，通过"政府—市场"二元治理，协同各地块开发主体，协调各参建单位，协商公众利益，实现项目多重目标和提高项目组织效能的多元主体合作开发模式。

从过程角度来看，街坊整体开发模式是通过概念方案到工程方案的逐步寻优，"单元规划—城市设计—工程设计"分阶段导控的逐步深化，实现系统优化和区域整体开发品质提升的开发模式。

（1）工程实体一体化

深圳前海十九单元03街坊项目通过项目对象的五个一体化，即街坊形象一体化、公共空间一体化、交通组织一体化、地下空间一体化以及市政景观一体化，实现空间形态的优化和项目交付性能的提升。

街坊形象一体化是指通过对各地块建筑立面整体性的控制，形成以地标为核心的街坊集群造型，实现连续流畅的街道空间形态。在传统的单地块开发模式下，不同地块建筑形象各异，难以形成流畅优美的街坊空间形态。而在街坊整体开发模式下，深圳前海十九单元03街坊项目通过街坊建筑外观的整体设计以及施工阶段建筑立面肌理、材质、色彩等方面的整体控制，实现了街坊建筑整体风格的统一。在设计阶段，前海管理局定期组织街坊建筑方案设计工作方，各地块设计单位汇报方案设计进展情况，前海管理局、筑博设计、业主及设计单位对方案设计实际进展进行充分研讨，并提出优化意见和改进方向，实现建筑设计与街坊城市设计的高度契合（图4-10）。在施工实施阶段，筑博设计统筹协调6家用地单位，组织开展现场工作方协调会，针对建筑立面肌理、材质、色彩等问题，在保证功能性的同时实现街坊形象的统一。例如，在选择建筑外挂玻璃时，筑博设计联合6家用地单位对多家供应商的外挂玻璃色彩进行比对，经过多方案比选各地块设计单位确定了建筑外挂玻璃供应商，实现了街坊建筑立面风格的统一与协调。

公共空间一体化是指多层地面通过下沉广场、二层连廊和垂直交通整合成一体化流线，形成开放共享的公共空间，实现与城市公共空间的有机衔接。深圳前海十九单元03街坊项目以整体连续的地下空间与开放共享的地上公共空间打造了立体化、一体化、系统化的街坊公共空间形态。在街坊整体开发模式下，各地块地下空间实现互联互通和统一管理，供电设施等公共服务设施统一布局，形成连续、联通、开放、共享、一体的地下公共空间形态；地上空间通过二层公共连廊相互联通，二层公共连廊不仅创造了连续积极的地上公共空间形态，也为人们提供了交流、休息的场所，增强各地块建筑之间的联系与整体性；多层地面通过下沉广场、二层连廊以及垂直交通整合形成一体化流线，打造了立体化、连续流畅的街坊公共空间形态。

交通组织一体化是指结合地块建筑方案和外部交通条件，对内部交通设施布局和组织进行系统规划设计，打造绿色、高效、畅通的综合交通体系。十九单元03街坊位于妈湾片区核心位置，具有开发规模大和

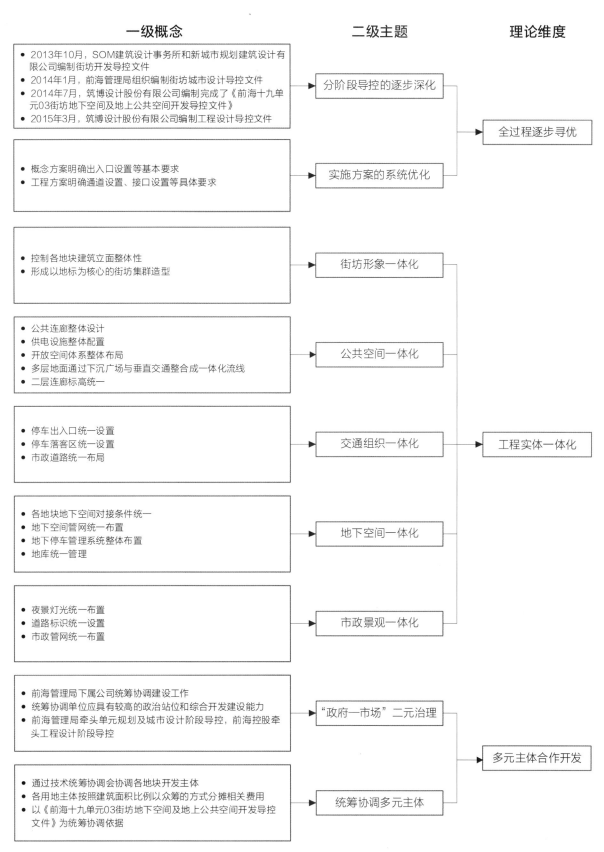

图4-9　文本数据结构

角部塔楼45度旋转，与螺旋上升的超高层塔楼遥相呼应，并设置街坊空中连廊，加强内部组织与联系，实现了街
坊形象、公共空间、交通组织一体化，增加城市活力。

图4-10　建筑组群街坊形象整体设计

开发强度高等特点，建成后交通出行峰值特征较为显著。然而，街坊内部可建设用地面积小，最小地块可建
设用地面积不足5000m²，空间不足以各地块开发单位独立进行交通设施布局和交通组织。因此，前海控股
组织其余6家用地主体共同委托深圳市城市交通规划设计研究中心有限公司开展交通设计及影响评价工作，
通过对地块建筑方案和外部交通条件的深入研究，系统规划设计了内部交通设施布局和组织，提出配套公交
首末站、地下慢行和车行组织、地块出入口以及停车规模等多方面的系统规划方案，以实现交通体系的系统
优化。通过交通组织的系统规划设计，十九单元03街坊地下车库原有的14个出入口缩减为6个出入口，不
仅能够有效提高车辆通行效率，而且大幅度降低了地下空间的开发成本。此外，十九单元03街坊通过整体
统筹的空中连廊和地下人行通道，实现了各地块建筑空间的互联互通。其中，空中人行公共空间包括2层、
3层和4层的连廊。二层开放式商业环状连廊连接地块单体，满足步行路径上的便利跨街需求，途中设有多
个节点。东侧4个地块商业裙房人流量大，通过加强3、4层的连接，使得商业流线一体化，强化商业集聚效
应。地下人行公共空间主要包括地下步行通道、下沉广场两种空间形态。十九单元03街坊只有一个地块与
地铁站相连，但通过公共通道，街坊每个地块都可以与地铁站无缝连接，形成连贯的地下步行空间。下沉广
场为地下空间引入人流，为地下商业激发活力。

　　地下空间一体化是指通过集中地下人防布置、统一地库标高以及地下空间统一管理等措施，打造互联
互通、舒适宜人以及功能完善的地下空间，实现土地的节约集约利用与土地经济价值的最大化。在深圳前海
十九单元03街坊项目中，筑博设计统筹协调各用地单位，积极落实了街坊一体化条件下的通道位置、净高、
竖向标高、功能布局等各项技术要求。此外，深圳前海十九单元03街坊项目实施地下空间物业和设施的统
一管理，明确物业管理与设备管理的标准要求，对地下空间进行统一运营管理，以保证地上、地下各功能通
道与出入口共享共用，打造人本、舒适、一体化的地下空间。

　　市政景观一体化是指通过景观整体设计、市政管网统一布置以及道路标识统一设置等措施实现街坊景

观与城市多层面空间景观的有机整合。在深圳前海十九单元03街坊项目中，各地块开发主体共同委托深圳市新西林园林景观有限公司对街坊进行景观整体设计，将景观要素与城市多层面空间进行整合设计，明确景观设计目标及各地块分区主题，确定空间结构及形态、步行通道、景观绿植、铺装选材、景观设施的统一布局，通过景观总图指导街坊各地块景观的整体布局。

（2）多元主体合作开发

在小地块、多业主开发背景下，深圳前海十九单元03街坊项目通过"政府—市场"二元治理，形成了多元主体合作机制，以有效推进工程进度和提高工程效率（图4-11）。

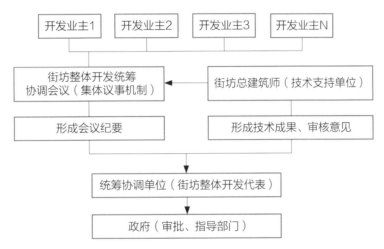

图4-11　街坊整体开发多元主体合作机制

从重大工程的制度理论视角来看，深圳前海十九单元03街坊项目的组织管理需要考虑行政、市场以及两者的综合作用。在项目建设前期，主要由前海管理局统筹协调单元规划、土地出让等相关工作；在工程施工阶段，主要由前海管理局局属企业前海控股统筹协调各用地单位共同推进项目建设。在水平治理方面，多家业主单位协商签订一系列的双边和多边协议，并约定产权、设计、施工和运营中的界面分工，形成多元主体合作的组织模式。同时各方贯彻"街坊整体开发"的思想，建立起平等协商机制，通过合同与关系来约束和协调行为。在垂直治理方面，形成了政府主导机制，即借助前海管理局、区府会议等多类行政机构进行协调推进，在项目建设目标、土地出让决策、项目审批、规划设计审批、建设推进和创新政策支持方面发挥效用。

前海控股作为前海管理局局属企业和前海新城建设的主力军，承担了十九单元03街坊整体开发统筹协调工作，包括设计、施工和运营的统筹协调。在设计统筹阶段，前海控股开展整个街坊的城市设计，并委托一家设计公司为设计总体统筹单位，负责全过程管控各地块设计统筹工作，编制方案设计、初步设计、施工图设计阶段《实施导则》作为设计工作指导文件，并在各阶段对不同设计单位进行要点控制，保证了项目设计的统一性、协调性和完整性。在施工统筹阶段，重点统筹问题是整体场地布置、交通布置。垂直运输机械的布置是项目协调的难点。对于十九单元03街坊中紧邻的7个建筑单体而言，塔吊位置的布设会影响各个地块内的现场材料仓库、堆场、搅拌站、水、电、运输通道的布置。在各地块桩基施工阶段、总包单位进场前，项目统一布置塔吊群，将各地块预计使用的塔吊数量、位置进行统一布置、统一编号，充分考虑各个业主需求和意见后定稿发布，并将此文件放入各地块施工总承包招标文件中。在地下室施工期间，为统一施工运输通道管理，建立了一条经过各地块的地下室施工公共运输通道。深圳前海十九单元03街坊项目通过统筹布置施工设备及公共运输通道，使得地盘的管理井然有序，公共运输的效率得以大大提高。在运营统筹阶段，地下停车库由前海控股组织统筹规划，统一聘请运营单位。

立足于深圳前海"街坊整体开发"的实践经验，本节应用扎根理论系统梳理了街坊整体开发模式的概念，凝练出"一个共享愿景、二元治理、三维视角、四个统一、五个一体化"的街坊整体开发模式框架体系。

（3）全过程逐步寻优

深圳前海十九单元03街坊项目秉承"逐步寻优"的理念，通过"单元规划—城市设计—工程设计"分阶段导控的逐步深化、概念方案到工程方案的逐步优化，实现区域整体开发品质的提升，有效保障了工程质量和街坊整体开发理念的落实。街坊整体开发模式的全过程寻优强调在项目全生命周期中，需要全过程地依据工程实际情况和阶段目标对设计导控、工程实施方案以及组织模式等进行优化，具体表现为"分阶段导控的逐步深化"和"实施方案的系统优化"。

深圳前海十九单元03街坊项目通过"单元规划—城市设计—工程设计"分阶段导控的逐步深化，实现系统优化和区域整体开发品质的提升。2013年10月，SOM建筑设计事务所和新城市规划建筑设计有限公司编制街坊开发导控文件，从单元规划层面明确深圳前海合作区的区位定位及整体开发理念，为街坊整体开发模式的应用奠定了坚实的基础。2014年1月，前海管理局组织编制街坊城市设计，启动"前海十九单元03街坊整体城市设计"竞赛，整体把控街坊内各地块的设计，指导后续地块的开发建设，并将单元规划导控进一步聚焦到十九单元03街坊层面，形成了城市设计导控。2014年7月，筑博设计股份有限公司（以下简称"筑博设计"）编制完成了《前海十九单元03街坊地下空间及地上公共空间开发导控文件》（以下简称《导控文件》），为各地块开发主体进行地下空间及地上公共空间的开发建设提供了参考，为创造良好的空间形态和建筑品质奠定了基础。《导控文件》核心内容为"一图一表一书"，其中，"一图"为导控简图，"一表"为导控总表，导控简图与导控总表为十九单元03街坊的整体开发建设提供指导，灵活扼要地控制街坊关键框架；"一书"为导控详书，导控详书对十九单元03街坊地下空间与地上公共空间的出入口设置、通道设置以及标高等进行了详细规定，刚性条款与弹性条款兼具，刚弹结合地引导街坊各要素。此外，《导控文件》提出了街坊整体开发的四大规划策略，即集群造型、多层地面、快速通行以及整体地库，通过功能规模、公共空间、建筑形态、交通组织、地下空间、市政工程、低碳生态、开发建设等方面的灵活控制实现区域整体品质的提升。为落实《导控文件》要求，筑博设计进一步编制了工程设计导控文件，如《方案设计阶段实施导控细则》《初步设计阶段实施导控细则》《施工图设计阶段实施导控细则》等，明确了工程设计阶段不同设计单位的控制要点，保证了设计的统一性、协调性和完整性（图4-12）。

在项目建设过程中，深圳前海十九单元03街坊项目基于工程实际情况对实施方案进行了系统优化，保证街坊整体开发理念的落实。例如，概念方案明确了出入口设置等基本要求，但对于接口设置等具体要求并无详细规定，具备一定的弹性与灵活性。在工程方案阶段，深圳前海十九单元03街坊项目对概念方案进行了优化。在地下交通组织设计方面，工程方案规定了各地块之间的人行、车行需衔接顺畅，地下人行系统应与地铁站点人行系统一体化衔接以及各地块之间预留的人行通道接驳口的具体位置等，实现了区域交通体系与城市交通体系的有机衔接以及区域交通组织的优化，最大限度满足轨道交通出行者的基本服务需求。此

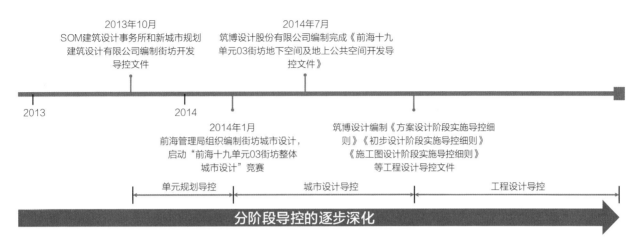

图4-12　分阶段导控的逐步深化

外，工程方案基于建筑、结构、给水排水、电、暖通、停车场管理系统、消防专篇等方面的设计导则，明确了街坊内地下室、二层连廊等地下和地上公共空间重点部位的技术措施，实现公共开放空间体系的系统优化，提升街坊公共空间的开发品质（图4-13）。

　　"一个愿景"是指通过街坊整体开发模式实现空间、资源、设施等多维共享经济的建设愿景。

　　"二元治理"是指政府主导、市场化运作的二元治理模式。深圳前海十九单元03街坊等街坊整体开发项目具有典型的"政府—市场"二元治理特征，行政、合同与关系三种治理机制的存在使得项目垂直指令与水平协调相配合，实现了良好的治理效果。

　　"三维视角"是指理解街坊整体开发模式深刻内涵的过程、对象、组织三维视角。从过程角度审视，街坊整体开发模式是通过概念方案到工程方案的逐步寻优，"单元规划—城市设计—工程设计"分阶段导控的逐步深化，实现系统优化和区域整体开发品质提升的开发模式；从项目对象角度审视，街坊整体开发模式是

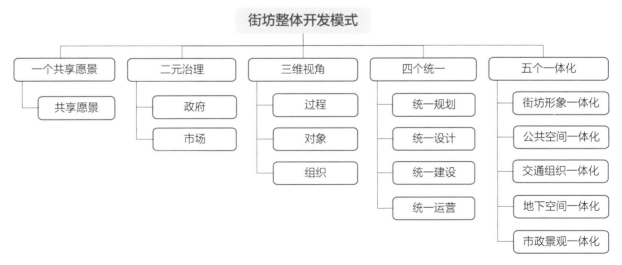

图4-13　街坊整体开发模式概念的内涵

在多地块共同开发背景下，从区域整体的角度考虑规划设计、施工建设以及运营管理，通过地下空间高强度开发和公共资源统一配置，实现街坊形象、公共空间、交通组织、地下空间和市政景观五个一体化，土地节约集约利用以及土地经济价值最大化的开发模式；从组织角度审视，街坊整体开发模式是在多业主开发背景下，通过"政府—市场"二元治理，协同各地块开发主体，协调各参建单位，协商公众利益，实现项目多重目标和提高项目组织效能的多元主体合作开发模式。

"四个统一"是指统一规划、统一设计、统一建设、统一运营的街坊整体开发实现途径。统一规划从区域整体角度考虑落实开发强度、公共空间及市政交通等强制性控制要求，将交通出入口、人防、停车位、绿化面积、能源供应等重要技术指标与公共设施进行整体统筹规划，实现区域统一平衡、公共设施集中设置。统一设计通过整体性的方案设计保证项目设计整体性，并通过设计导控统筹各环节的设计工作质量。统一建设从施工组织、各地块开发进度控制等方面对项目建设工作进行统筹安排，是统一规划和统一设计落实、提高建设效率以及协调多元开发主体的必要条件，是项目有序建设以及城市高质量建设的重要保障。统一运营从建设项目全生命周期的角度考虑总体效益，对停车场实施整体统筹管理，以统一的物业管理标准实现建筑与公共空间在运营期的持续健康发展与协调发展，有助于提高项目整体品质。

"五个一体化"是指街坊形象一体化、公共空间一体化、交通组织一体化、地下空间一体化、市政景观一体化。街坊形象一体化通过对各地块建筑立面整体性的控制，形成以地标为核心的街坊集群造型，实现连续流畅的街道空间形态；公共空间一体化是指多层地面通过下沉广场、二层连廊和垂直交通整合成一体化流线，形成开放共享的公共空间，实现与城市公共空间的有机衔接；交通组织一体化结合地块建筑方案和外部交通条件，对内部交通设施布局和组织进行系统规划设计，打造绿色、高效、畅通的综合交通体系；地下空间一体化通过集中地下人防布置、统一地库标高以及地下空间统一管理等措施，打造互联互通、舒适宜人以及功能完善的地下空间，实现土地的节约集约利用与土地经济价值的最大化；市政景观一体化通过景观整体设计、市政管网统一布置以及道路标识统一设置等措施实现街坊景观与城市多层面空间景观的有机整合。

综上所述，本书提出的"街坊整体开发模式"是相对于传统单地块分散开发模式的一个概念，指在城市核心区一定范围（街区或多地块）内，以城市片区高质量发展为目标导向，深度应用五大新发展理念，从大街坊整体的角度开展统一规划、统一设计、统一建设和统一运营的一种开发模式。

街坊整体开发模式是以空间、资源、设施等多维度共享为建设愿景，通过构建"政府—市场"二元合作治理和多元利益主体统筹协调机制（组织维度），通过街坊形象一体化、公共空间一体化、交通组织一体化、地下空间一体化和市政景观一体化等五个一体化统筹（对象维度），采用分阶段设计导控逐步深化和优化建设方案（过程维度），最终实现规模化设置公共资源、高效率利用土地、打造成片连续开放的公共空间、提升城市核心区域整体品质效果的一种多元主体合作开发模式。

4.4　街坊整体开发模式的特征

4.4.1　共享性

街坊整体开发模式采用地下空间整体开发的开发模式，根据地面建筑功能与运营管理情况的异同将相同类型资源进行整合，在街坊地下空间内建立公共联络系统，统一配置资源，区域内单地块在特定时间内不足的配套服务需求，通过地下空间的公共联络系统，有效实现地下空间资源的跨地块调用与区域交通整合，从而实现地下空间资源共享，达到地下空间资源需求与资源供给的动态平衡。此外，街坊整体开发模式强调停车管理系统的统一配置，不仅实现了停车效率的有效提升，而且保证了停车费用的合理分摊，在空间与运营管理方面体现出鲜明的共享性特征。前海十九单元03街坊停车场在地下空间一体化、交通组织一体化的规划要求指导下，全程统筹设计施工和管理运营协同，打破传统模式引入专业停车场运营团队的限制，创新停车场行政许可"一证通办"、导入智能管理和清分结算系统、创建业主联盟共商共管机制，真正实现了多业主停车场的互通互

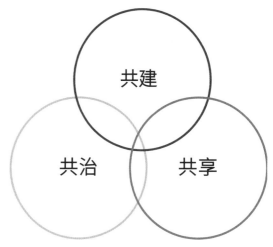

图4-14　"共建、共治、共享"的新模式

联、统一管理、一体运营，体现了"共建、共治、共享"的新模式、新理念，为高品质停车服务和车位资源高效利用奠定基础。其中，"共建"是指多个建设主体共同建设地下空间，"共治"是指通过智能管理和清分结算系统以及业主联盟共商共管机制实现停车场的统一管理和一体化运营，"共享"是指多个建设主体实现空间、资源、设施等多维度共享（图4-14）。

4.4.2　协调性

街坊整体开发模式通过"政府—市场"二元治理，协同各地块开发主体，协调各参建单位，协商公众利益，在多业主开发情境下体现出协调性的特征，主要表现为多元主体协调性、设计协调性与施工协调性。

街坊整体开发模式通过"政府—市场"二元治理，以政府为主导实现多元主体的统筹协调。对于地块之间的统筹以及影响公共空间开发品质的事项，在项目前期阶段，街坊整体开发模式坚持政府主导的原则，通过多个重要的政府平台进行协调推进，充分发挥政府在项目的建设目标协同、项目行政审批、项目的创新政策支持、项目的建设推进以及规划设计方案的优化等方面的关键作用。对于各开发主体建设用地的具体事宜，街坊整体开发模式坚持市场化合作的原则，各开发主体间通过构建市场合约治理机制，协商签订一系列的双边、多边协议，约定各建设单位在产权、设计、施工和运营中的界面分工，实现项目的协调统一推进。

街坊整体开发模式通过分阶段设计导控的逐步深化实现各地块、各系统的设计整合，实现各子项设计与总体设计的协调。街坊整体开发模式将街坊内各地块作为整体进行规划设计，街坊整体和项目单体之间存在着大量的系统整合工作。为统筹协调各地块的设计工作，街坊整体开发模式设置一家设计总集成单位进行各地块、各系统的设计整合，编制统一设计规则指导设计工作开展，通过设计统筹协调会议协调各子项设计工作。

街坊整体开发模式对建设时序提出了一定要求，因此，体现出一定的施工协调性。在街坊整体开发模式下，各地块在土地出让阶段基本保持同步，且出让时需秉承"带方案出让"的原则，明确一体化建设要求，从而保证建设时序基本同步。此外，街坊整体开发模式通过例会、决策机制等措施统筹协调项目建设，实现各地块在施工阶段的同步性。

基于组织协调、设计协调与施工协调的多维度协调，街坊整体开发模式逐渐实现个体理性（地块开发

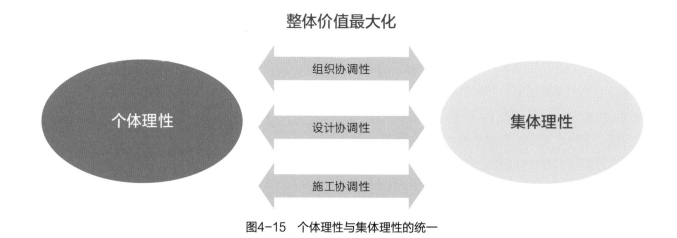

图4-15 个体理性与集体理性的统一

商个体利益）与集体理性（街坊整体利益）的平衡。以整体价值最大化为导向，街坊整体开发模式通过分阶段设计导控的逐步深化和建设方案的系统优化实现了个体价值的优化与整体价值的提升，通过多维协调机制实现了价值创造（图4-15）。

4.4.3 系统性

从项目规划到工程施工阶段，街坊整体开发模式通过从概念方案到工程方案的系统优化，实现区域整体开发品质的提升。在项目规划阶段，街坊整体开发模式突破传统单地块自成系统、地块间互动联系薄弱的限制，从区域整体角度考虑一系列的指标设置、公共资源配置以及公共服务提供。对于出入口、人防、停车位、绿化面积、能源供应等重要技术指标与公共设施，街坊整体开发模式实现区域统一平衡，统一设置区域内各地块的重要技术指标，集中配置公共服务设施。与此同时，建筑功能配比、建筑高度及形式等具体指标由各地块开发主体进行弹性的安排，从而在保证区域规划整体性的基础上鼓励建筑的多样性，打造宜人舒适、充满活力的城市空间。在街坊多业主开发的背景下，为保证项目开发系统性，街坊整体开发模式通过设立地下空间开发统一标准以及构建统筹协调机制实现各建设主体在施工建设过程中的协同推进，有效避免由于不同建设主体各自管理而造成的同一地块范围内建筑间的接口矛盾与冲突。在施工组织设计方面，街坊整体开发模式通过合理工况优化控制流水搭接，最大程度创造各基坑同步施工作业条件，并通过各地块间项目进度的整体统筹实现项目的整体进度管理以及统一推进，避免各建设主体间工作面冲突以及工作面不能及时有效提供等问题，从而有效缩短工期并降低开发成本。

4.4.4 高效性

街坊整体开发模式通过大规模、高强度的地下空间统一开发实现城市地上、地面与地下空间的全方位、集约化利用，构建了立体化、高效化的步行、车行交通系统，在空间利用以及区域交通整合方面体现出高效性的特征。

在小地块和"窄路密网"规划背景下，街坊整体开发模式通过地下空间的高强度开发实现土地的节约集约利用和土地经济价值的最大化。大规模、高强度的地下空间整体开发实现了地下空间最大化联通，不仅增强各地块之间的有机联系，减少步行距离，而且能够释放地面原用于步行的空间，将更多的地面空间用于生态建设以及公共开放空间建设，充分发挥城市地上、地面与地下空间的集约化效能，体现街坊整体开发模式空间利用的高效性。

街坊整体开发模式从地下空间、地面空间、地上公共连廊等维度打造多层立体空间，实现人流、车流、数据流的多种互通模式，强化地块与综合枢纽的联系。公共节点与空中连廊的设置既能建立有趣的空间形态，又能促进区域内部的资源整合协同、提升区域活力、创造空间价值。在多地块多主体开发背景下，街坊整体开发模式创造"地面+二层连廊+地下"跨多层的步行网络，串接成立体的多层开放空间，强调人行系统洄游性，并创新地通过政府主导的统筹协调机制保障落地实施，体现区域交通整合的高效性。

4.4.5 人本性

街坊整体开发模式的步行网络一方面强调平面上的大范围，将多个分散的地块通过步行空间串联为一个整体系统，同时与区域交通枢纽形成便捷联系，与各功能地块实现多层面的无缝衔接，另一方面又借助下沉广场等垂直联系形成竖向的多基面跨层系统。在应连尽连方面，地下一层与二层连廊的人行主通道可通达各地块地下公共设施、商业、办公等多样设施，为区域提供了整体的无风雨、高品质通行环境。街坊整体开发模式以100m步行距离为间隔，通过下沉广场等设施，引入"风光水绿"，形成跨多层、地上地下一体化的人行体验，赋予地下空间地面感，从而提升空间品质、创造活力。围绕轨道站点、绿地、商业裙房等公共空间布局步行系统，设置地下商业、休闲、文化等设施，引入公共活动。此外，街坊整体开发模式还通过下沉广场、阳光井的设计形成竖向节点，弱化地上地下的界限，创造宜人的地下空间环境和独具特色的一体化统筹设计节点，充分体现街坊整体开发模式的人本性特征。

4.4.6 "政府—市场"二元性

重大工程涉及政府、企业、社会公众等多类主体，各主体拥有其独特的制度逻辑，在建设过程中多重逻辑交织互动，占据主导地位的逻辑即决定着组织治理结构/模式的演化方向（周雪光，艾云，2010；李迁等，2019）。根据Friedland和Alford（1991）的研究，制度逻辑是指能够诱发或塑造主体认知与行为的社会文化、信念及实践规则。在我国，重大工程通常有着"政府—市场"的二元治理特征，具备公共和市场双重性质，因此涵盖政府逻辑、市场逻辑和社会责任逻辑三个层面（李迁等，2019）。在街坊整体开发模式下，对于政府主体，主要通过垂直方向的行政指令参与治理，是出于国家/区域发展考虑的统筹规划，为政府逻辑；而对于以合同为纽带建立联系的业主、设计、施工、监理等单位，其行为动机主要为经济利益，因此是典型的市场逻辑，并有益于优化市场资源配置。深圳前海十九单元03街坊项目具有典型的"政府—市场"二元治理特征，行政、合同与关系三种治理机制的存在使得项目垂直指令与水平协调相配合，实现了良好的治理效果。以集中供冷站为例，集中供冷能够带来环保优势。水蓄冷技术避开用电高峰，夜间采用冷水机组在水池蓄冷，日间则放冷与大楼内进行热交换，以此提高能源使用效率、促进电网正常运行，具备良好的社会效益。

第五章

街坊整体开发模式
践行的发展理念

面临高复杂性、高模糊性、高变动性、高不确定性的市场竞争环境，为形成整体性强而又具备多样性的建筑特色、有特色内涵、高品质的公共空间、解决前瞻的规划理念与常规配套技术规范不匹配等难题，本章系统梳理街坊整体开发模式所践行的主要发展理念，以建设人民城市为导向，围绕高质量发展（人民城市理念、高效集约理念、立体城市理念、活力循环理念以及可持续发展理念）与组织管理层面（整体统筹理念、多元共治理念以及控制与弹性的权变理念）展开分析。

5.1　城市建设高质量发展相关理念

当前我国城市的发展正处于从高速度增长到高质量发展的转型时期，新的发展格局逐步形成，经济发展向更高水平迈进，在面临着众多挑战的同时也蕴含着新的发展机遇。粤港澳大湾区是我国开放程度最高、经济活力最强的区域之一，建设粤港澳大湾区是一项重大国家发展战略。必须牢固树立创新、协调、绿色、开放、共享的新发展理念，紧紧围绕高质量发展这一根本要求，在全面建设社会主义现代化国家新征程上率先形成可复制可推广的经验。前海深港现代服务业合作区作为深圳城市新中心、自贸试验区和深港合作区，承载着国家和公众对前海高端城市形象水平的极大期望。近年来，前海"依托香港、服务内地、面向世界"，不断强化其先导作用，积极探索粤港澳深度合作、协同发展新模式，为解决城市建设与土地开发面临的开发超高密度化、地质条件复杂化、开发主体多元化、立体空间复杂化等问题，创新性地运用了街坊整体开发模式。街坊整体开发模式坚持以人民为中心，坚持创新、协调、绿色、开放、共享的新发展理念，坚持深化改革开放，坚持系统观念，准确把握习近平总书记深刻总结的经济特区建设规律，遵循整体性、复合性的原则，充分考虑街区的交通系统、步行系统等与整个城市的关系与现实意义，从而实现科学的开发建设，实现地上地下空间的整体开发和充分利用，以营造有特色的公共空间和提升城市交通系统的活力。

5.1.1　人民城市理念

（1）人民城市理念背景

2015年，习近平总书记在中央城市工作会议上强调："做好城市工作，要顺应城市工作新形势、改革发展新要求、人民群众新期待，坚持以人民为中心的发展思想，坚持人民城市为人民"。在我国全面建成小康社会、乘势而上开启全面建设社会主义现代化国家新征程之际，习近平总书记提出"人民城市人民建，人民城市为人民"的命题具有重大的理论意义和实践意义，是新时期城市建设工作和城市治理工作的根本遵循。"人民城市人民建，人民城市为人民"深刻回答了城市建设发展依靠谁、为了谁的根本问题，深刻诠释了建设什么样的城市、怎样建设城市的重大命题，充分体现了"人民是历史创造者"这一历史唯物主义的根本观点。

（2）人民城市理念内涵

"人民城市"理念的核心是人。城市是人民的城市，人民城市为人民。无论是城市规划还是城市建设，无论是新城区建设还是老城区改造，都要坚持以人民为中心，聚焦人民群众的需求，合理安排生产、生活、生态空间，走内涵式、集约型、绿色化的高质量发展路子，努力创造宜业、宜居、宜乐、宜游的良好环境，让人民有更多获得感，为人民创造更加幸福的美好生活。习近平总书记的"人民城市"发展理念可以从"three people"的视角全面理解和准确把握（诸大建，孙辉，2021）。一是"for people"，在城市发展的目标上，要坚持以人民为中心，让人民有更多获得感，为人民创造更加幸福的美好生活；二是"of people"，在城市发展的内容上，要聚焦人民群众的需求，合理安排生产、生活、生态空间，努力创造宜业、宜居、宜乐、宜游的良好环境；三是"by people"，在城市发展的路径上，要履行好党和政府的责任，鼓励和支持企业、群团组织、社会组织积极参与，发挥人民群众主体作用（图5-1）。

"人民城市人民建"与"人民城市为人民"之于"人民城市"，犹如鸟之两翼、车之双轮，两者缺一不可。城市是人民的城市，需精准把握城市性质、规律、"生命体征"、战略使命，建设让人人都有人生出彩机会、人人都能有序参与治理、人人都能享有品质生活、人人都能切实感受温度、人人都能拥有归属认同的城市生命体和有机体（金云峰等，2021）。"一切为了人民、一切依靠人民"这是我们党在近百年奋斗征程中带领人民攻坚克难、不断前进的一大法宝，是中国特色社会主义国家制度的重要优势，也是城市走向美好的保证，这也正是"人民城市人民建，人民城市为人民"的内涵所在（解放日报社评员，2020）。顺应城市工作新形势、改革发展新要求、人民群众新期待，坚持以人民为中心的发展思想，坚持人民城市为人民。

（3）人民城市理念应用

深圳作为中国特色社会主义先行示范区、社会主义现代化强国的国际化大都市范例，理应在践行人民城市理念上走在前列、做出示范，加快建成高品质生活环境新标杆，打造一流新型智慧城市。以人民为中心是深圳城市高质量发展建设的出发点。在深圳前海建设中，人是城市最根本、最重要、最鲜活的元素，是城市的灵魂和主人，街坊整体开发模式践行"人民城市人民建，人民城市为人民"的规划理念，将交通、环境、公共服务等作为重要内容与核心指标，提升区域承载力和包容性，不断强化其先导作用，探索粤港澳深度合作与协同发展模式，推动共建共享方式变革，推进深圳成为全球新型智慧城市标杆。

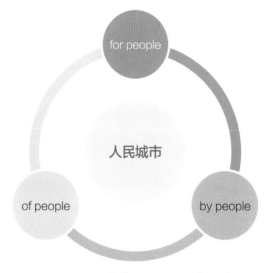

图5-1　人民城市"three people"概念图

5.1.2   高效集约理念

（1）高效集约理念背景

随着改革开放以来我国城市化的高速推进，新时期城市发展已出现土地资源紧缺、空间利用效率低下、土地增值收益分配不公、土地制度与城市化节奏不相协调等阶段性问题。在此背景下，超大型城市中心城区土地资源稀缺问题更加突出，高效集约、节约利用土地资源已经成为规划建设者的共识和城市重点区域开发建设导向（郭军等，2020）。

（2）高效集约理念内涵

为了高效利用有限的土地，开发建设用地常常被划分为若干个小地块，出让给不同主体开发使用。传统的开发模式下，地块开发商在城市规划指标控制下自主开展地块开发工作，地块与地块之间的统筹协调机制较为薄弱，容易造成城市中心区域各地块之间功能和形象不协调的情况，地块之间各项配套设施难以共享，造成使用功能的"碎片化"，甚至造成资源的巨大浪费。因此，城市更新建设需要在稀缺土地资源开发要求与城市发展的推动下，通过一定的建筑手段避免功能空间同质化、空间利用低效和缺乏体系化等开发问题，建立一种集约共享、灵活可变的规则对城市空间进行整合，以城市功能综合化为核心，对城市交通、社区配套、商业价值等要素实现功能复合化，集约利用土地资源。

（3）高效集约理念应用

为构建更具活力的体制机制，推动现代服务业集聚发展，促进珠三角地区产业结构优化升级，提升粤港澳合作水平，努力打造粤港澳现代服务业创新合作示范区，需集约发展、统筹规划深圳市紧缺的土地资源，面对土地、资源、环境、人口四个"难以为继"发展瓶颈，必须在"紧约束"条件下求发展，全面发展循环经济，加快建设国家创新型城市。实施最严格的土地管理制度，推进节约和集约利用土地，全面贯彻落实市委市政府《关于进一步加强城市规划工作的决定》精神，充分发挥规划对土地利用的先导和统筹作用，在规划编制、实施中贯彻节约集约用地的原则。

深圳前海合作区吸取了国内外先进开发经验，重视整体开发建设，多层次集约利用土地。运用街坊整体开发模式在保证城市规划功能全面实现的同时，可以实现土地高效、集约利用，打造高品质的街坊整体形象，提升物业价值，促进区域经济发展与生态、社会的动态平衡。

5.1.3   立体城市理念

（1）立体城市理念背景

城市立体化是当代城市高密度环境中开展城市生活的必然需要。城市的紧凑性会带来城市的拥挤，主要表现在公共活动空间的拥挤。城市人口密度的提高，虽然可以通过增加建筑高度、提升开发强度来解决，然而，城市地面空间是有限的，为了容纳越来越多的城市要素、功能和行为，必然产生各种矛盾甚至冲突。例如，随着机动车数量的大量增加，道路空间不敷使用，无节制地增加道路空间又会不断蚕食步行空间，减少绿化和活动广场的面积，不但会降低城市的运行效率，更会影响环境品质和市民的生活质量。在工业化的后期，很多城市的中心区都出现了上述问题，导致环境劣化，居民搬离，活力丧失。总而言之，城市空间的发展和变化落后于人们对于城市的空间需求，产生了诸多空间矛盾，矛盾主要聚焦在以下三个方面：第一，紧凑地面空间与杂乱无序商业之间的矛盾；第二，行人和日益增多的汽车之间的矛盾；第三，增长的城市中心停车需求与城市有限空间的矛盾。为了缓解以上矛盾，解决城市高密度发展中地面空间有限的问题，立体化这一城市空间形态组织的理念和策略应运而生。

（2）立体城市理念内涵

随着城市的发展，为了有效利用城市空间资源，满足城市生产和生活的需求，需要突破近地面的发展模式，在更大范围的三维空间内开展土地利用和建造行为，也就是城市的立体化发展（薛名辉，胡佳雨，2021）。城市立体形象的塑造是一个动态的、弹性的、持续的过程。"立体城市"不仅是指城市空间的立体化利用这一一般现象，更是指当代城市体现出的城市公共空间和公共活动组织的立体化特征。

立体城市的形态能够更加有机、高效地组织城市要素和功能，从而优化城市行为环境，有利于城市活力的提升（卢济威，王一，2021）。以交通要素为主要内容的城市基础设施立体化组织是立体城市发展的催化剂和基础。在当代城市高密度的环境中，为了有序、高效地组织各种各样的城市要素和功能，特别是组织汽车、轨道交通、步行等大量的交通要素，必须突破依托有限的地表为主在二维空间内组织交通要素的模式，从地面向空中和地下（从浅层到深层）发展。总而言之，交通系统的立体化促进了城市日常行为空间的变化。这样一种以城市公共空间和公共活动组织的立体化为主要内容的城市形态，是当代城市的突出特征。

（3）立体城市理念应用

深圳前海倡导土地混合高效利用，实施都市综合体开发模式，建设互联互通、均衡多元的立体城市空间，并促进人才、资本、信息等要素高水平集聚，实现产业与城市协调发展。

1）功能空间的立体复合：每个开发单元合理安排办公、商业、居住、政府社团等多种城市功能，提升城市公共生活品质和综合服务能力。同时，运用建筑手法将供市民进行公共生活的部分进行立体化组合形成公共空间，使基础设施、公共空间、建筑单元等元素紧密联系，构成层叠式功能结构，并将地下、地上空间通过整合、连接的手段进行综合开发，成为充满流动性和活力的多维公共系统。

2）交通组织的立体分层：有效连接地铁保护区、地下通道、地面通道、一体化二层连廊，避免衔接不畅、重复建设，构建立体分层的交通连线，以高效集约、整体开发作为地下空间统筹的基本原则，合理高效利用市政道路下部空间；同时，利用二层连廊将7栋塔楼连在一起，多层空间、多位一体，有机融合商务与休闲，无缝衔接绿化与交通，形成整片多维立体商务休闲领域，为周边提供全方位便捷服务，联合衍生的廊桥商业，将商圈资源协调联动起来，共同增强整个商圈的丰富度和竞争力，实现空间利用高效率，创造高密度商业空间价值。

5.1.4 活力循环理念

（1）活力循环理念背景

新型城镇化背景下，社区生活圈作为重要的规划创新理念，被运用到各类生活性地区的提质实践中，被普遍认为是满足人民美好生活需求、促进城乡协调发展、完善地区治理的基础平台。是空间规划向人民城市为中心，高质量发展、高品质生活转型的重要理论支撑。

2018年12月住房和城乡建设部颁布《城市居住区规划设计标准》GB 50180—2018，引发了业内对于生活圈的广泛讨论。与过去的《城市居住区规划设计规范》GB 50180—1993相比，《城市居住区规划设计标准》GB 50180—2018最大的不同在于将以往"居住区—居住小区—居住组团"的居住空间组织模式转变为"十五分钟生活圈—十分钟生活圈—五分钟生活圈—居住街坊"的分级模式，以期为居民提供更加精准的服务内容、创造绿色健康的出行条件，以及营造幸福、和谐的生活氛围（黄明华等，2020）。

中国城市发展已进入内涵提升阶段，关注点由经济空间转向生活空间，由土地开发的管控转向空间资源的优化配置和人民生活质量的提升。所以，我国的城市发展也逐渐从关注大尺度的宏大叙事转变为重视小微尺度的社区空间品质提升。居民对美好生活的向往，逐渐明晰为人们对高品质人居环境的追求，即对社区宜居环境的高品位与社区服务的高要求（黄瓴等，2021）。2021年7月1日自然资源部发布并正式实施《社区生活圈规划技术指南》，推动社区生活圈规划正式成为国土空间规划体系中的重要内容，在"五级三类"中有效传导。近阶段，国内许多城市已逐步开展了社区生活圈规划工作，然而当前城市群、都市圈发展迅速，大都市具有更为复杂的人口结构和城市空间结构（金云峰等，2021），这要求社区生活圈不仅要与大都市宏观尺度的发展相协调，与社会公共资源配置等要素融合，更要保证精细化和可持续性，使最好的资源长期有效地服务人民（图5-2）。

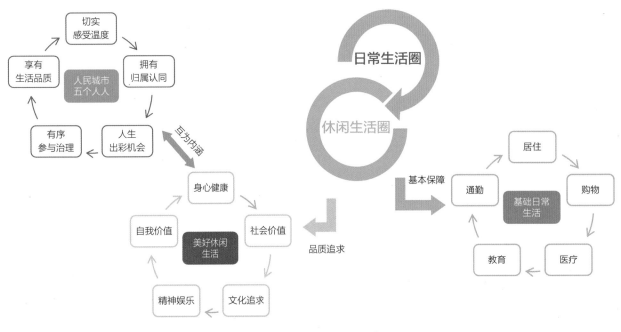

图5-2　活力循环示意图❶

（2）活力循环理念内涵

城市作为一个提供居民日常所需各种服务的系统，其中的住宅、学校、交通、医疗设施、社会服务设施和文化设施是人们日常生活中必需的组分。

生活圈概念最早始于日本，随后扩散至韩国以及我国台湾等亚洲国家与地区，其研究与实践的空间尺度涵盖了区域、城市到社区各个层面，且均有不同的适用内涵（李萌，2017）（表5-1）。其中社区层面的生活圈又称作社区生活圈，是指居民以家为中心，一日开展包括购物、休闲、通勤（学）、社会交往等各种活动所构成的行为和空间范围。生活圈概念的提出和应用主要是为了更好地以人为本组织社区生活空间，其

---

❶ 金云峰，万亿，周向频，等. "人民城市"理念的大都市社区生活圈公共绿地多维度精明规划[J]. 风景园林，2021，28（4）：10-14.

内涵的实质是以人的尺度和体验来重新认识社区、改造社区、重塑社区。基于社区空间规划与居民实际生活的互动关系，一方面通过居民日常生活规律的提炼，转译为空间规划配置依据，从而确保规划更好地贴近和匹配日常生活；另一方面通过空间规划改变居民生活习惯和生活方式，引导其向更加健康、绿色和活力的方式转变。

亚洲地区（中日韩）不同层次生活圈划分[1]　　　　　　表5-1

生活圈层次		服务功能	时间频率	出行时间	出行距离	全域规模	人口规模
社区生活圈	组团生活圈	居住、绿化、幼托、老年设施	一日	步行5min内	200～300m	约30hm²	5000～1万人
	邻里生活圈	小学、日常购物（邻里中心）		步行5～10min	500～800m	约200hm²	1万～2万人
	小生活圈（韩国首尔）	初高中、少量就业、较高级别的购物（地方中心）	一日～一周	步行15min内	1～2km	约5～8km²	3万～6万人
	定住圈（日本）						
城市生活圈	大生活圈（韩国首尔）	主要就业、更高级别的购物需求（城镇中心）	一周～一月	公共交通或小汽车30min～1h	韩国（首尔）5～7km	韩国（首尔）约60～150km²	韩国（首尔）60万～300万人
	定居圈（日本）				日本20～30km	日本约200km²	日本15万人

　　社区生活圈既是组织城市生活，统筹居住、就业、游憩、出行、学习、康养等物质与文化要素的基本单元，也是城市治理的基本单元，以社区生活圈构建平台，培育社会自治环境，推动社会治理重心向基层下移，打通共享共建的互动路径。未来社区生活圈应围绕居住、就业、服务、交通以及休闲五个系统，重点从开放活力、功能复合、服务精准、步行可达和绿色休闲五个方向突出对社区空间的内涵式完善和品质提升。

　　1）倡导宜人的街区尺度和步行网络密度

　　创造开放活力的生活街区中，住宅街坊制度和路网格局在其中起到决定性作用。从人的体验和使用角度出发，注重居住社区内道路与公共活动中心区道路的间距，结合步行路口间距控制，鼓励形成2～4hm²的住宅街坊规模，既有利于塑造开放共享的城市空间，又不影响住宅地块塑造安全舒适的内部环境。

　　2）打造开放连续的街道界面，塑造街区活力

　　便捷连续的高密度步行网络是鼓励居民选择步行出行的基本条件，在此基础上，沿步行网络提供丰富多样的街道生活界面和空间愉悦感则是提高居民步行满意度、塑造街区活力的关键。

　　（3）活力循环理念应用

　　社区生活圈规划应坚持以人民城市为中心思想，贯彻新发展理念，突出问题导向和目标导向，强化系统治理，因地制宜塑造特色生活圈。深圳作为中国最有活力的城市，为落实社区生活圈，近年来也逐步开展了生活圈与城市规划相结合的研究和实践。具体落实包括以下三个方面。

---

[1] 李萌. 基于居民行为需求特征的"15分钟社区生活圈"规划对策研究[J]. 城市规划学刊，2017（01）：111-118.

1）丰富居住社区服务类型，满足居民美好生活需求

围绕深圳人民美好生活需求，以人为本，按照步行15分钟可达的空间范围，以居住社区为单元，打造开放共享、包容混合的舒适居住环境，满足各类人群差异化住房需求；建设功能混合、高效通达的人性化社区公共空间网络，促进社区开放共享，形成富有活力的便捷出行环境；构建高效复合、共享共赢、多层次多类型的社区服务体系，在保障基础之上，丰富服务类型，统筹兼顾品质提升和特色建设；满足不同类型社区、全年龄段人群、差异化、多层次的社区服务需求，完善并提升居民生活服务"最后一公里"的品质。

2）完善产业社区服务要素，打造创新活力的产业社区

按照步行15分钟可达的空间范围，以产业园区为中心，构建支持创新创业的生产服务支撑，满足不同类型产业发展需求；提供涵盖文化活动、体育健身、健康管理、职业培训、商业服务等要素的便捷生活服务体系，满足就业群体多样化、多层次的生活需求；强化由公园绿地、街道空间等组成的公共空间网络，作为园区公共生活核心，为企业交流互动、合作共享提供多样化的空间载体；重点依托轨道交通站点与公交换乘站，集中配置社区配套设施，适当增加居住空间，推动传统产业园区向产城融合、功能完善、环境宜人的产业社区转型，塑造更具创新活力、健康可持续发展的产业社区。

3）强化社区生活圈空间指引，促进设施均等化、精准化配置

建立均衡布局、集约使用、弹性适应的5分钟、10分钟及15分钟生活圈，推进公共服务设施的均等化配置。到2035年，卫生、养老、教育、文化、体育等社区公共服务设施15分钟步行无障碍可达覆盖率达到90%左右。同时，依托社区生活圈对城市更新、土地整备、棚户区改造等下位规划实施性项目形成强有力的设施统筹和空间管控，以15分钟生活圈现状评估为基础，明确"缺什么补什么"，统筹落实社区生活圈各类功能用地的布局及各类服务要素配置的具体内容、规划要求和空间方案，避免实施性项目公共设施类型、规模、空间布局的碎片化和杂乱化，促进高品质社区生活圈建设。

5.1.5 可持续发展理念

（1）可持续发展理念背景

在城市的长期发展中，普遍存在着重结果、轻过程，重效益、轻环境保护的环境问题，这直接导致了城市自然生态环境的不断恶化（石晓宇，王巍，2021）。城市是由城市社会、经济和自然生态系统组成的大规模复杂资源生态系统。通过城市人的自然生产和日常生活活动，整个城市规划中的社会资源、环境和城市自然资源生态系统相互联系、相互整合，形成了城市人与自然、经济社会发展与城市资源和生态环境之间的关系和矛盾。

近年来，气候变化和生态环境污染等灾害对全球各地城市的抵抗能力造成了越来越严重的冲击。水资源匮乏、结构性缺水、季节性内涝是目前我国许多城市面临的灾难性问题（刘颂，陈长虹，2016）。同时，为贯彻习近平总书记在2013年12月12日中央城镇化工作会议上"建设自然积存、自然渗透、自然净化的海绵城市"的讲话精神，落实"创新、协调、绿色、开放、共享"五大发展理念，2014年住房城乡建设部发布了《海绵城市建设技术指南——低影响开发雨水系统构建（试行）》，并在迁安等16个城市进行海绵城市建设试点。城市发生内涝，表面上是由于城市地下排水系统落后于城市建设，但究其根源却是建设和建筑改变了地表径流量，增加了地下管网的负担。城市面临的水生态问题以及水资源短缺和水安全问题，主要归咎于传统城市工程的管道式灰色排水基础设施、防洪规划和排水工程规划的落后及雨水资源合理利用意识的

薄弱。作为一种改变传统城市建设模式的生态化、景观化的雨水管理方法，海绵城市建设正在全国范围内推广。

（2）可持续发展理念内涵

建设新型可持续发展的生态城市是推动新型工业化和新型城镇化、促进社会和谐稳定和民族团结、建设资源节约和环境友好型社会的重要任务。海绵城市的理念和技术措施是实现这些任务目标的主要手段之一。总的理念就是将城市的规划建设与生态环境保护有机结合，提高对各种资源的有效利用，既减轻人类活动对自然的干扰，也能显著增强城市防灾抗灾能力。以海绵城市建设为例，海绵城市建设的核心是低影响开发的理念和景观方法。国家提出的建设海绵城市是一种以"慢排缓释"和"源头分散式"控制为主要规划设计理念。低影响开发雨水系统，即一种生态绿色的雨水收集利用系统，是我国新型城镇化顺利开展的重要保障。从生态效益来看，建设海绵城市一方面缓解了城市雨洪危害，减轻了市政基础设施的排水压力；另一方面将收集的水资源初步净化，进行多次利用，最大程度节约城市资源，保护生态环境，是建设生态文明城市的重要组成部分。从经济效益来看，构建海绵城市大大减少了排水管道等的工程量，净成本比较低，还能大幅减少水环境污染治理费用，降低用于内涝造成的巨大损失。

（3）可持续发展理念应用

深圳坚持新发展理念，将海绵城市建设与治水、治城深度融合，纳入建设项目审批管理机制，实现了全域推进。特别是在高强度、高密度的已建城区，将海绵城市要求落实到老百姓身边的黑臭水体治理、内涝点治理、基础设施补短板、公共空间营造、城市品质提升等工作中，全面"+海绵"，建成了一大批深受市民好评的优质生态产品，海绵惠民效果凸显。自2016年4月成功申报为第二批全国海绵城市建设试点城市以来，深圳市及时总结光明凤凰城试点建设经验，采用了"+海绵"的实施方式在全市范围内推进海绵城市建设，即新建、改建、扩建项目均需结合项目特点落实海绵城市建设要求。在与项目融合推进的基础上，深圳市以重点建设发展区域、城市更新区域、水问题集中区域为抓手，成片组织实施，形成了从项目到片区，"点、线、面"结合的海绵城市建设全域推进态势。

在项目融合推进的基础上，前海街坊整体开发模式综合规划提出了应建立统一、高效、协调的环境保护长效机制，全面改善区域环境质量，促进生态环境的保护与利用，实现可持续发展。以高标准推动海绵城市建设，构建完善的城市低影响开发系统、排水防涝系统、防洪潮系统，并使其与城市生态保护系统相结合，逐步建立"制度完善、机制健全、手段先进、措施到位"的管理体系，为建设经济发达、社会和谐、资源节约、环境友好、文化繁荣、生态宜居的中国特色社会主义示范市和国际化城市提供安全保障。通过海绵城市建设，综合采取"渗、滞、蓄、净、用、排"等措施，最大限度地减少城市开发建设对生态环境的影响，将70%的降雨就地消纳和利用。到2020年，除特殊污染源、地质灾害易发区外，城市建成区20%以上的面积达到目标要求；到2030年，城市建成区80%以上的面积达到目标要求。通过构建"自然海绵与人工海绵"的城市海绵系统，提升城市生态品质，增强风险抵抗能力。

具体利用绿化街道实现水资源的可持续利用。减少雨水径流和管道基础设施，通过天然水处理过程，最大限度地使用地上雨水系统，绿化街道及生态过滤池（图5-3、图5-4）。同时，绿化路网将设置生态调节沟、植被过滤带、人行道植被和雨水花园等对开发造成较小影响的雨水设施。生态过滤池（一个面积200m²，一个面积500m²）将适当种植低养护草坪，确保其保水输水能力以及对流经道路及铺筑区水的基本生物修复功能。

图5-3　绿化街道示意图❶

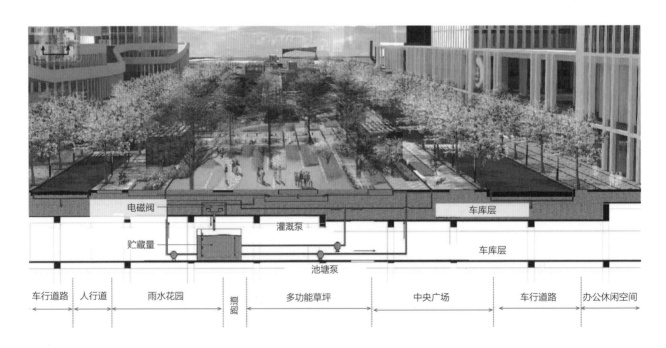

图5-4　绿化街道详图

5.2 组织管理相关理念

5.2.1 整体统筹理念

（1）整体统筹理念背景

统筹发展，对于完整、准确、全面贯彻新发展理念，坚持系统观念，加强前瞻性思考、全局性谋划、战略性布局、整体性推进，具有十分重要的意义。城市是一个开放、动态的复杂系统，其体系结构具有高复杂和高维度的特性，城市系统内部各种要素和单元表现出结构和层次的复杂性，它们相互之间以及与外界环境之间不断进行着物质、能量和信息的交换；另外，城市系统中的主体——各参与方是具有认知能力的适应性主体，系统的整体行为符合复杂系统的特性和机制。在城市发展与建设实践中，要求规划者从满足整体、统筹全局、将整体与部分辩证地统一的视角看问题，从系统的观点出发，在系统与要素、要素与要素、系统与外部环境的相互关系中揭示对象系统的系统特性和运动规律，从而最佳地处理问题。目前，在高质量城市建设进程中，存在着碎片化开发、开发商"挑肥拣瘦"、蓝绿空间和遗产保护缺位、容积率过高公共利益受损、结构性失衡等困境（戴小平等，2021），同时面临着传统单地块开发过程中各单位衔接不利等问题，整体开发统筹建设显得尤为重要。

（2）整体统筹理念内涵

整体目标讲求宏观全面，是国家总体发展战略的一个重要坐标位。牢牢把握整体目标，就是从全局上把握事物的联系，立足全面，统筹兼顾各方，选择最佳方案，实现整体的最优目标，从而达到整体功能大于部分功能之和的理想效果。为实现高质量发展的美好蓝图，突破城市建设的巨大挑战，迈出助力"十四五"规划的第一步，需要以人民城市为中心思想，全面推进整体统筹。用发展的眼光看问题，加强联动、统筹规划、达成共识，凡是现在能依法依规解决的问题，决不能向后拖。要加大城市更新模式探索与研究，土地整备要做好利益统筹，把各方利益都"摆进去"，综合运用"土地整备+利益统筹"等多种二次开发手段，寻求公共利益、社区利益、市场利益、个人利益之间的平衡，综合解决社区历史遗留问题，实现社区转型发展，优化原有土地利用结构和空间，有效盘活土地资源，把片区做"活"。

城市建设发展中单地块的建设与发展不仅与自身的基础条件有关，同时也受到区域内临近地块的作用与影响，自顾自地"闭门造车"只会削弱地块发展的动力与竞争力，而在高质量发展目标要求下，城市更新的相关规划与建设更应当从全局性、整体性的视角出发，关注地块与地块之间，单位与单位之间的联系与协调。在市场主导的城市更新建设中，因为市场主体对利益的追逐，在利益平衡机制、公共服务设施供给、整体环境质量等方面都不尽如人意。为保障公共利益，在规划前期就应树立统筹"规划和管理"及"一体化建设"的理念，综合考虑规划功能、交通组织、公共配套与自然生态等因素，以统一规则协调多元利益，统筹解决开发区域内的历史遗留问题。改变传统的"先规划后统筹"思路，以"先统筹后规划"的城市更新统筹思路，通过利益统筹，实现土地增值部分的多主体共享、空间规划方案多方满意、各潜在更新项目的利益平衡，并以空间、利益、实施三方面的互动反馈，实现区域开发和整体品质的提升（图5-5）。

（3）整体统筹理念应用

在"坚持高起点，高标准，统一规划，统筹协调，整体推进，分步实施"的原则下，为防止存在碎片化开发、公共利益受损与结构性失衡等困境，基于统筹"规划和管理"及"一体化建设"的先进理念，保证

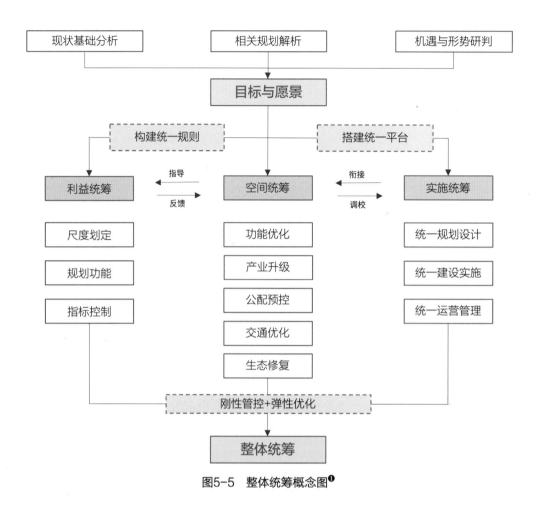

图5-5   整体统筹概念图❶

深圳前海街坊项目开发和建设的节奏有序、协调地推进，需对其进行整体统筹开发。而整体建设中最显著的特点就是相关利益方多，建立一个成熟、中立的协调机制，协调相关利益平衡点，降低各方的沟通成本。以"单元+街坊"尺度地块的整体统筹开发为核心，单一或多个市场主体在已有规划条件约束下，由深圳市前海深港现代服务业合作区管理局与前海开发投资控股有限公司负责牵头、组织实施和协调其他相关部门及市场主体，对若干个街坊进行统一规划设计、统一建设实施、统一运营管理，从而构建高度整体的城市立体空间系统，实现城市立体空间系统的效益最大化，深化打造深圳高质量发展高地。

5.2.2   多元共治理念

（1）多元共治理念背景

改革开放40多年，治理结构变革使基于官僚权威的行政方式向依法行政、更多公民参与转变。与此同时，特定条件下形成的改革措施已成为刚性制度，使对利益结构的调整变革困难重重，碎片化的公共政策使局部性、适应性的改革和"打补丁"的做法难以为继。当前，制度转型问题、资源污染与资源约束的矛盾、

---

❶ 戴小平，许良华，汤子雄，等. 政府统筹、连片开发——深圳市片区统筹城市更新规划探索与思路创新[J]. 城市规划，2021，45（09）：62-69.

既得利益主体结构调整等问题突出，建立在法治基础上的多元主体共同治理成为深化中国改革的必然。尽管尚未形成国家、市场和社会三大独立的体系，但是随着外部制度环境的逐步改善，市场特别是社会组织体系的独立性和功能发挥日益显著。社会组织在数量、结构优化、社会创新和内部管理等诸多方面呈现出积极繁荣的景象，各类社会组织之间的网络体系和结构框架已初步成型，社会组织不断涌现、能力不断提升，参与国家和社会治理的需求和动力日渐增强。因此，在政府、市场和社会三重体系日臻完善的条件下，以政府或市场为主的一元治理模式已不能满足经济和社会的发展需求，由政府、市场与社会组成的多元主体共同治理的社会共治模式"呼之欲出"（王名等，2014）。

城市更新与开发也是一个多元利益主体共生的复杂过程，它是城市发展到一定阶段必然经历的再开发过程。城市更新涉及社会、文化、政治、经济、历史、建筑等多元因素，包括社会民生、历史文化保护与复兴、经济结构升级与经济增长、可持续发展与环境保护等多元发展目标。这必然会形成多元利益主体并存、共生与相互矛盾的复杂构成关系。这种多元利益关系的相互协调经常是城市更新项目能否取得预期效果的关键前提（中国城市更新论坛白皮书，2020）。现阶段城市更新正向多元价值观、多元更新模式、多学科交叉与合作、多元主体参与和共同治理的方向转型。不同时代背景和地域环境中的城市更新具有不同的动因机制、空间类型、权力关系，进而产生不同的城市更新模式。城市更新与开发应结合经济与社会环境，建立与之相匹配的更新治理模式。

（2）多元共治理念内涵

以多元主体共同治理为特征的社会共治并非来源于西方实践，也不是西方社会治理模式的总结，而是我国实践探索的经验总结。多元共治是多元力量的有机整合而非机械限定与简单叠加，其本质是多治理主体间互动有序、合作充分的集体行动网络的构建（刘波等，2019）。对话、竞争、妥协和合作是多元协调中的核心机制，其中合作是最重要的机制之一。城市更新与开发的过程是多元利益主体共生的过程，还是不断在"破"与"立"中实现探索与创新的过程。在这个过程中，多元的利益主体不仅要努力实现己方的利益目标，而且要找到与其他利益主体共同的利益目标。在竞争中寻求共生，在协调中实现发展，这是城市更新项目顺利推进的必要基础。根据参与治理的社会主体的构成不同，城市更新主要可分为政府主导的模式、以市场为导向的模式、社区自主更新模式等（张帆，葛岩，2019；Xun等，2021）。政府主导的城市更新是指由政府直接发起项目并组织实施的更新，包括研究制定政策指引、组织编制规划、与承担更新任务的国有企业签订土地开发合同并实施更新。市场推动的城市更新主要是利用市场化运作方式。社会自主的城市更新是"自下而上"的一种更新方式（张帆，葛岩，2019）（图5-6）。

而在具体的城市更新实践中，不同的模式也有不同的弊端。政府单向主导模式基于社会稳定的土地再开发利益分配方案难以获得参与者的集体认同，使城市更新陷入"政府不放权，改造无动力"的困境（姚之浩等，2017）。虽然市场主导模式中社会资本参与城市的积极性较高，大大提高了资源配置效率，但是在小型化的更新单元开发中，难以实现利益共享和责任均摊，降低了整体建成环境的质量（戴小平等，2021）。现有研究提出城市更新管制模式应从单向治理走向多元合作治理，努力达成各方成本——利益平衡，争取总体效益最大化。无论是何种城市更新模式，都必须达成政府、市场、原业主等多方共识。在此背景下，相关主体的理念和角色也进行了转变，即政府职能从"多头管理"向"协同治理"转变，企业责任从"单求盈利"向"兼顾公益"转变，社会公众从"表达诉求"向"深度参与"转变，专业群体从"技术理性"向"多元定位"转变（张帆，葛岩，2019）。

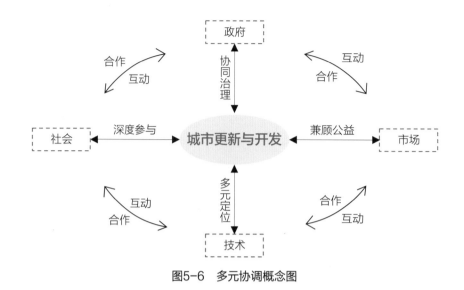

图5-6 多元协调概念图

（3）多元共治理念应用

深圳前海十九单元03街坊项目通过"政府—市场"二元治理，形成了多元主体合作机制，以有效推进工程进度和提高工程效率。多元主体街坊整体开发是指在一个选定的规划街坊内，在规划建设主管部门的指导下，以打造统一、高效、便捷、人性化的高品质街坊公共空间、整体形象，提升整体建设水平和物业价值为目的，各地块的开发单位以约定好的统筹协调机制为核心，共同落实整体规划，同步进行设计、施工，并统筹运营的开发建设运营模式。同时，这种开发以市场化企业为投资主体，以政府规划指导为必要控制，实现了市场资本投资、政府规划落地、公众人性化体验的多方共赢。

5.2.3 控制与弹性的权变

（1）控制与弹性的权变理念背景

改革开放四十余年来，如何处理政府与市场的关系是中国经济体制改革的核心和经济发展的关键。单一的政府机制或者单一的市场机制都不能有效处理中国发展经济问题。需要两者融合，并根据具体的社会经济现实，不断调整彼此的作用强度，找寻彼此良性替代的最佳平衡点（崔慧霞，2014）。同时，随着全球经济进入充满变化性（Volatility）、不确定性（Uncertainty）、复杂性（Complexity）和模糊性（Ambiguity）的乌卡（VUCA）新时代，高度复杂的社会治理也面临诸多偶然的、非结构性的问题。在"乌卡"环境中，事件的发生或发展过程是易变的，行动的后果是不确定的，现状和问题的性质是难以理解的，问题背后的因果关系和相关因素是矛盾或未知的，决策人要解决的不是某一个问题，而是问题与问题之间、问题背后的因素之间、问题与环境之间的相互交织带来的困境，并在困境中做出判断、选择或行动（杨黎婧，2021）。面临高复杂性、高模糊性、高变动性、高不确定性的环境，如何在城市的建设与开发中处理政府与市场的关系，对政府的治理能力提出了挑战。

（2）控制与弹性的权变理念内涵

1）动态变化

政府治理通常是指政府等公共部门为实现政策制定的特定目标，满足公众需求和社会经济发展，以政策的分析、制定、发布、实施、调整为主要内容的行动或过程（李大宇等，2017）。城市的建设与开发不能脱离社会环境而存在，每个组织都是一个环境的分系统，这个环境为其提供资源投入，并利用其产出。它与外部的环境之间的关系是动态的，而非被动地适应环境。面对不同的环境，政府决策者会"权变性"地展现出与环境相匹配的行动策略。这一系列行动策略能够让组织控制其与生存环境之间的不确定性，对环境的各类资源进行转换，以维持组织的生存与运转（刘晶晶，2013）。这种资源的转换，呈现为一系列不断变化的治理过程，而不是一种静态状态。政府治理的目的不是实现政府目标，而是实现具有不同意图的不同行为者之间互动的结果（Yao等，2021）。在具体城市建设与开发项目中，对于政府而言，如何在不确定性中把握机会，制定适宜的组织行动策略至关重要。在不同的治理过程中，政府的角色也相应地发生了变化（图5-7）。在此期间，他们往往要承担多种角色。

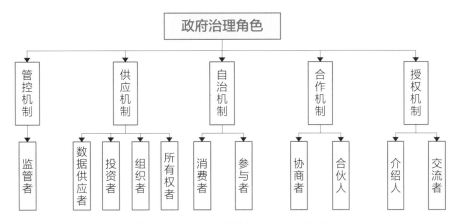

图5-7　不同环境机制下政府治理角色

2）弹性变化

城市建设与开发项目中涉及的政府与市场的互动可以解释为弹性治理，因为政府不再是公共事务中唯一的主导者，而是以一种高度灵活和弹性的方式适应着外部的挑战（Yao等，2021）。在过去，虽然市场是资源配置的决定性方式，其作用不断上升，但地方政府作为其行政范围内的权力中心，仍然牢牢控制着关键性经济资源，如资金、土地、产业政策、经营环境。地方政府是行政范围内资源的掌控者和政策的制定者，处于辖区经济的枢纽，决定了地方政府对辖区内企业、产业发展和市场经济增长的重要影响力。但随着经济发展阶段的变化，曾经的"强政府"主导模式，特别是地方政府的直接介入或资源控制的市场导向的行为选择成为地方新发展阶段中发展动力提升、结构升级和方式转变的障碍（李港生，2019）。

当前是我国经济发展向更高水平迈进的关键时期，政府与市场的互动也需要适应高质量发展的目标和条件诉求，两者应有效融合互动。政府和市场都是市场经济社会内生的组织和协调经济活动的制度安排，所以现实社会的资源配置也必然是市场和政府相互结合、互融互动的结果，而非两者之间非此即彼的单项选择过程。政府与市场既各有其独立性和自主性，又具有一定程度的相互嵌入性和共生性。动态的资源配置效率也就是一个国家的发展效率，它不仅依赖于市场机制的功能发挥，还依赖于政府作用及其与市场的融合互动（胡乐明，2018），而这种融合互动是弹性的。政府与市场的互动随着新的发展阶段、发展目标、发展条件下经济领域的职能转型和行为调适的变化而变化。

（3）控制与弹性的权变理念应用

在新的发展阶段，深圳政府不断寻找一种更好地与市场互动的切入点，从而履行其在高质量发展阶段的政府职能。

前海作为"特区中的特区"，一直备受关注，最关键的原因是，习近平总书记曾经两次亲临前海视察并作重要讲话，充分肯定"前海模式是可行的""深圳前海生机勃勃"。前海的"生机勃勃"可以体现在十年间，前海合作区注册企业增加值增长44.9倍，年均增速高达89.2%。对标全国同类新区和开发区，在这么短的时间内，发展建设达到这样的高速度、高质量、高效益、高水平，前海的发展延续了深圳的发展态势，再造了新时代的"深圳速度"和"深圳奇迹"。

这份奇迹离不开深圳体制机制的大力创新。借鉴香港地区经验，前海成立全国首个以法定机构模式主导区域开发治理的公共组织——前海管理局，形成"政府职能+前海法定机构+咨委会社会机构"的市场化政府治理新格局，为全国构建开放型经济新体制积累了有益经验。前海蛇口自贸片区综合执法局，就是综合执法改革的重大成果。执法联动，信息共享，联合监管已成为前海的运作机制之一。

上篇小结

本篇是本书的重要内容，它构建了街坊整体开发模式的基本概念与重要理论体系，通过对街坊整体开发模式的时代背景、研究问题、文献综述与理论基础、概念探讨、发展理念五个方面的系统梳理，以深圳前海十九单元03街坊项目为研究对象，聚焦街坊整体开发模式国内外思想起源、发展过程等，从过程、对象、组织三个维度界定了街坊整体开发是逐步寻优、工程实体一体化、多元主体合作的开发模式。本篇建立了街坊整体开发模式的认知范式，从而奠定了街坊整体开发模式在实践应用的理论认识基础。

首先，本篇在充分研究国际国内一线城市在高密度核心区对整体开发模式项目的尝试，基于国际、行业与区域三个层面，细致分析了新时代城市建设高质量发展理念对街坊整体开发模式形成与发展的深刻影响，结合我国传统的割裂式单地块开发模式的不足，如土地资源紧张、交通拥堵等一系列"大城市病"，表明了街坊整体开发模式适应了新发展理念下高质量城市建设的时代发展潮流，具有强大的生命力。

其次，本篇详细介绍了本书的研究问题及与之相应的完整的设计和总体上的解决路径，形成具体的、专门针对街坊整体开发模式独特性的研究方法。基于重大工程管理理论、扎根理论、权变理论、资源依赖理论、利益相关者理论等多学科视角，对街坊整体开发模式的概念、适用条件、治理结构以及实施机制进行深入剖析，确定了对象研究、环境研究、顶层设计与实践应用的逻辑结构，并将完善它们之间逐步递进的逻辑关联性，为进一步推动城市高质量发展、实现土地的高效集约利用以及缓解"城市病"问题提供有益启发。

再次，为回顾城市区域开发研究的发展方向与趋势，本篇基于城市区域开发的理念、城市区域开发模式与适用条件、城市区域开发组织与治理以及城市区域开发的统筹四个维度对现有文献进行梳理，并采用文献计量分析法确定国内外城市区域开发的演进热点与图谱，体现研究热度由平缓到持续加强，研究热点不断细致、涉及范畴愈发广泛的特点，指导街坊整体开发模式从经济与社会发展、城市更新与规划以及组织与治理层面对城市区域开发进行研究。并从空间尺度、实施模式、投融资模式以及导向维度对城市区域开发的模式进行分类，进一步探讨街坊整体开发模式适用条件问题、治理结构问题以及落地机制问题，以期对深圳前海街坊整体开发模式进行指导。

在梳理街坊整体开发模式理论基础与实践基础的文献后，本篇运用扎根理论系统分析了街坊整体模式概念的内涵，提出了街坊整体开发模式"一二三四五"内涵框架体系，即"一个共享愿景、二元治理、三维视角、四个统一、五个一体化"。此外，本篇进一步探究街坊整体开发模式形成的上位规划基础，分析国家政策法规以及各大城市的城市更新政策法规对采用街坊整体开发模式的引领和促进作用，其目的是清晰界定本书研究对象以及基本特征，为进一步设计与构建街坊整体开发模式的后续研究做好必要的准备。

最后，随着经济社会的不断发展，城市开发需求和整体开发思想的应用在不同时期发生了一定的变化，城市区域开发在建设规模、关联结构、技术要求、工程方案及建设环境上千差万别，为探究街坊整体开发模式的区域适用条件，本篇系统梳理街坊整体开发模式所践行的主要发展理念，以建设人民城市为导向，从高质量发展与组织管理层面展开，遵循整体性、复合性的原则，充分考虑街区的交通系统、步行系统等与整个城市的关系与现实意义，从而实现科学的开发建设，实现地上地下空间的整体开发和充分利用，营造有特色的公共空间和提升城市交通系统的活力，塑造开放、共享、集约、绿色的城市形态，推动城市高质量发展。

综上所述，本篇梳理了街坊整体开发模式的理论基础与实践基础，系统分析了街坊整体开发概念的内涵，凝练出"一个共享愿景、二元治理、三维视角、四个统一、五个一体化"的街坊整体开发模式内涵框架体系，结合前海实践提出街坊整体开发模式的概念。基于城市规划、城市开发、城市更新相关理论以及组织与管理理论与文献的研究分析，本篇实现了对街坊整体开发模式概念的全局性、整体性把握。在与城市规划紧密联系的背景下，街坊整体开发模式如何将理论与实践紧密结合，详见本书中篇。

中篇

内容与方法

第六章

街坊整体开发模式的
适用条件

作为前海开发模式创新的先行者，十九单元03街坊项目按照统筹开发、协调推进的整体思路，率先实践了"街坊整体开发"的理念落地，由街坊统筹建筑师进行全过程协调，是当前深圳乃至全国最具典型性的街坊整体开发案例，适应本书研究情景。因此，本篇以十九单元03街坊案例为主，前海交易广场和前海二单元05街坊案例为辅，开展模式适用条件、治理结构演化以及实施机制研究。

目前，我国各大城市积极开展街坊整体开发模式的实践探索，北京、上海以及深圳等城市推出相应政策积极推行街坊整体开发模式，街坊整体开发模式逐渐受到学界和实践界的广泛关注。但是，街坊整体开发模式的情景适应性研究仍较为缺乏，不同情境下的应用深度与广度也存在差异，急需对街坊整体开发模式的适用条件进行深入探讨，形成可复制可推广的"前海经验"。因此，本章运用扎根理论分析凝练了街坊整体开发模式的区域适用条件、规模适用条件、规划适用条件、建设时序适用条件、制度环境适用条件以及开发组织适用条件，为进一步理解街坊整体开发模式的适用条件奠定了理论基础。

6.1　研究设计

6.1.1　研究方法和数据来源

本章主要采用扎根理论（Ground theory），通过对文本进行开放编码（Open coding）、主轴编码（Axial coding）、选择性编码（Selective coding）总结凝练街坊整体开发模式的适用条件，资料分析过程中采用持续比较（Constant comparison）的分析思路，提炼修正理论直至理论饱和（图6-1）。

本节选取深圳前海十九单元03街坊项目为研究对象，数据来源为：（1）访谈数据；（2）内部档案数据，包括建设过程中会议纪要、建筑设计等；（3）已有的公开文献资料。其中访谈数据为通过半结构化访谈获取的原始资料，访谈对象主要为深圳前海十九单元03街坊项目的设计方、施工方以及业主方。访谈内容主要围绕该项目中街坊整体开发模式的特征、内涵、建设统筹机制，引导访谈人讲述自己在建设过程中的心得并阐述对于街坊整体开发模式的理解。在访谈结束后，再次向受访者叙述并总结访谈信息与内容，确保访谈内容的精确性与完整性。本研究所涉及的具体数据来源详见表6-1。

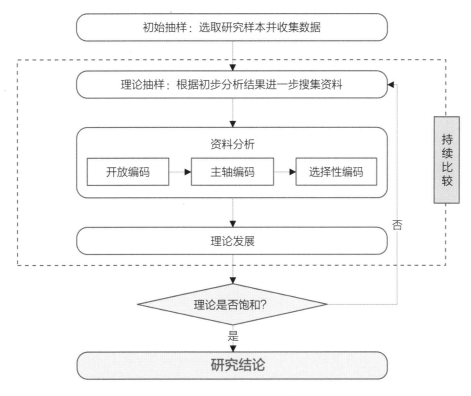

图6-1　扎根理论研究流程

<table>
</table>

数据来源　表6-1

数据来源	数据分类	数据编号
访谈数据	与十九单元03街坊城市设计负责人等（2021.04）	FT01
	与十九单元03街坊工程设计负责人等（2021.04）	FT02
	与十九单元03街坊统筹单位负责人等（2021.04）	FT03
	与十九单元03街坊项目经理等（2021.05）	FT04
	与十九单元03街坊施工单位负责人等（2021.05）	FT05
	与前海管理局负责人等（2021.05）	FT06
内部文档	规划与设计类基础资料	NB01
	施工与监理类基础资料	NB02
	工程管理类基础资料	NB03
公开文档	学术论文：与十九单元03街坊相关的文献	AP01
	新闻报道：与十九单元03街坊相关的专访报道等	NP01

6.1.2　范畴提炼和模型建构

（1）开放式编码

开放式编码通过对原始访谈资料逐字逐句的编码、标签，进而从原始资料中产生初始概念、发现概念范畴，为后续文本资料的范畴化和收敛化奠定坚实基础。为减少个人主观偏见的影响，本章以受访者的原话作为标签，并从中发掘初始概念。本节通过ATLAS 8.0进行原始访谈资料的概念化，将相似的内容编码至同一概念下，并将类似或者相关原始概念编码合并形成范畴。进行范畴化时，剔除重复频次极少的初始概念（频数少于2次），选择重复频次在3次以上的初始概念。此外，个别前后矛盾的初始概念也被剔除。由于原始概念数较多无法全部列出，为了节省篇幅，对于原始概念数大于3个的范畴，表中仅节选3条原始资料语句及相应的初始概念（表6-2）。

开放式编码范畴化　　　　　　　　　　　　　　　　　　表6-2

范畴	原始语句（初始概念）
一线、二线城市	• 深圳具备一定的经济实力（经济基础雄厚） • 深圳的公共基础设施建设比较完善，为项目开发提供了很好的条件（软硬件配套条件完善） • 深圳市政府颁布了一些关于提升建设工程质量水平、打造一体化街坊形象的政策，这也促使我们采用街坊整体开发模式（城市形象与建筑品质要求）
城市核心区域	• 深圳前海合作区的商业需求比较强烈（商务商业需求强劲） • 作为国家重点发展的区域，深圳前海合作区的土地资源其实是很稀缺的（土地价值高） • 有很多改革创新成果在深圳前海应用，"前海模式"为很多创新实践提供了可能（政策利好）
具有一定的规模效应	• 整体开发以后基坑支护成本降低了大概80%左右（规模效益） • 如果地块太多、规模太大的话，协调难度是大大增加的（规模过大将导致协调难度增加） • 地下空间的整体开发成本是很高的，所以也要考虑开发的规模问题（规模不经济）
考虑市场去化能力	• 作为服务业企业集聚区，深圳前海合作区存在一定的写字楼需求（建设规模与市场需求相匹配） • 但是前海目前的写字楼供应量是比较大的，面临一定的去化压力（建设规模应考虑市场存量）
"窄路密网"的小街区模式	• "窄路密网"的规划布局使得地块尺度普遍较小，独立配置停车位等基础设施困难（停车位等基础设施配置） • 地块尺度小使得单地块按规范配置停车库出入口浪费空间（停车库出入口设置） • 地块尺度小还使得地块平面布置捉襟见肘（地块平面布置）
重视区域整体品质	• 规划中强调了公共开放空间的开发（重视公共开放空间建设） • 共同委托一家公司系统规划设计了内部交通设施布局和组织，形成了系统规划方案（打造高效便捷的交通体系） • 单元规划阶段就明确要形成一体化的街坊形象（重视打造统一的街坊形象）
前期筹备同步	• 首先在招商的时候就要保证招商同步，确保引入的产业是符合区域整体发展要求的（招商同步） • 土地出让阶段同步实行"带方案出让"来保证一体化建设（土地出让同步）
项目实施过程同步	• 统筹设计单位根据有关文件要求组织完成设计方案（设计同步） • 各地块主体按照设计方案，统一施工时序，协调施工步骤，保障地下空间的一体化建设（施工同步） • 各项目保持验收同步，根据验收意见进行调整（验收同步）
透明高效的政务环境	• 行政审批方面的创新加快了统筹协调进程（透明高效的政务环境）
竞争有序的市场环境	• 各地块主体签订了协议，明确各自的权责（竞争有序的市场环境）
良好的营商环境	• 前海大力支持实体经济的发展，优化营商环境（良好的营商环境）
开发企业间具有合作开发的成功经验	• 各地块开发主体有着合作开发的经验（合作开发经验）
开发企业间具有相同或类似的经营战略	• 企业之间的经营战略比较相像（经营战略相同或类似）
开发企业间具有相同或类似的品质要求	• 对建筑品质等也有着相似的追求（品质追求相同或类似）

（2）主轴编码

主轴编码指将开放性编码中概念或类属彼此联系在一起（Glaser，Strauss，1967）。为了形成更具综合性和概念化的编码，本节在开放性编码的基础上进行主轴编码，将开放式编码中被分割的资料，通过类聚分析，在不同范畴间建立联系，形成更概括性的范畴。本研究对开放性编码得到的概念和范畴进行重新归类，逐个详细分析（表6-3）。

主轴编码形成的主范畴

表6-3

主范畴	对应范畴	概念
区域适用条件	一线、二线城市 城市核心区域	街坊整体开发模式适用于一线、二线城市的核心区域
规模适用条件	具有一定的规模效应 考虑市场去化能力	街坊整体开发模式适用于一定的开发规模，既应具有一定的规模效应，也应考虑市场去化能力
规划适用条件	"窄路密网"的小街区模式 重视区域整体开发品质	街坊整体开发模式适用于"窄路密网"、注重区域整体开发的规划布局
建设时序适用条件	前期筹备同步 项目实施过程同步	街坊整体开发模式需保持前期筹备和项目实施过程的同步性
制度环境适用条件	透明高效的政务环境 竞争有序的市场环境 良好的营商环境	街坊整体开发模式适用于透明高效的政务环境、竞争有序的市场环境、良好的营商环境
开发组织适用条件	开发企业间具有合作开发的成功经验 开发企业间具有相同或类似的经营战略 开发企业间具有相同或类似的品质要求	街坊整体开发模式要求开发企业间具有合作开发的成功经验、相同或类似的经营战略、相同或类似的品质要求

（3）选择性编码

选择性编码，即进一步系统地处理范畴与范畴之间的联系，在合并形成的主范畴的基础上按照一定原则进行进一步的挖掘和整合，梳理出能囊括最大多数研究结果、起到提纲挈领作用的核心范畴，并发展出系统理论（Glaser，Strauss，1967）。将本章的核心研究问题范畴化为"街坊整体开发模式的适用条件"，通过开放式编码、主轴编码以及选择性编码及相关分析，总结凝练出相关范畴以及范畴间因果关系及其逻辑顺序（图6-2）。

（4）理论饱和度检验

为了检验理论模型的饱和性，通过其余1/3的访谈记录进行理论饱和度检验。结果显示，模型中的范畴已经发展得较为丰富，均未发现形成新的重要范畴和关系。因此，可以确定已获得的街坊整体开发模式适用条件理论模型是饱和的。

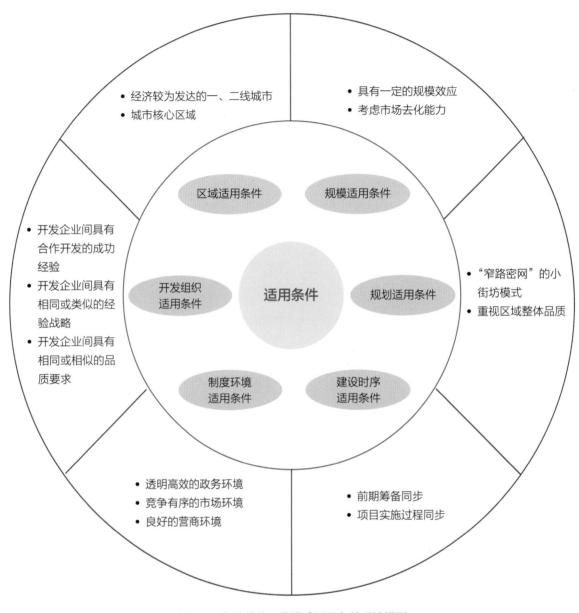

图6-2　街坊整体开发模式适用条件理论模型

6.2　街坊整体开发模式的区域适用条件

6.2.1　经济较为发达的一、二线城市

在街坊整体开发模式背景下，多个业主共同进行开发建设，项目的施工难度和成本都显著增加，因此，街坊整体开发模式应充分考虑区域适应性问题。街坊整体开发模式的特征决定了其主要适用于一线、二线城市。例如，地下空间高强度开发是街坊整体开发模式的一大特征，一定程度上导致了施工难度与成本的上升，因此，地下空间高强度开发主要适用于经济效益好、资源聚集性强的区域，以实现良好的投资效益。一线、二线城市具有经济基础雄厚、资源集聚性强以及公共基础设施完善等特点，同时也存在土地资源紧缺、

交通拥堵以及环境污染等"城市病"问题。地下空间高强度开发有助于缓解一线、二线城市的土地资源紧缺问题，实现城市的立体化发展。因此，一线、二线城市为街坊整体开发模式的应用提供了良好条件的同时，街坊整体开发模式的应用也将使得一线、二线城市实现高质量、立体化以及可持续发展。

在深圳前海十九单元03街坊案例中，深圳的区位优势为街坊整体开发模式的应用奠定了良好的基础。首先，深圳市于2009年就提出了"政府引导、市场运作、规划统筹、节约集约、保障权益、公众参与"的城市更新原则，确立了"政府引导、市场运作"的更新机制，明确了以城市单元为核心的片区统筹开发模式，为街坊整体开发模式的应用提供了政策指引，积极鼓励各城市单元通过区域整体开发实现建筑品质与街坊形象的有效提升。其次，《深圳市战略性新兴产业发展"十三五"规划》中明确深圳市以信息经济、生命经济、绿色经济、创意经济等为重点，提高创新能力，培育骨干企业，优化产业生态体系，引领产业向高端化、规模化、集群化发展，为十九单元03街坊引入产业集群、打造成为高水平现代服务业集聚区提供了支持，也在一定程度上保障了街坊整体开发模式效益的实现。再次，深圳市住房和建设局于2017年发布了《深圳市住房和建设局关于进一步提升建设工程质量的实施意见》，明确提出要将深圳建设成为更高标准的"品质之城"，更具活力的"绿色之都"，更有幸福感的"安居之城"的城市建设目标，要求实现建筑品质和工程质量的有效提升。而街坊整体开发模式能够实现街坊形象、公共空间、交通组织、地下空间以及市政景观的一体化，有效改善建筑品质并提升工程质量。在此背景下，街坊整体开发模式有助于实现深圳的城市建设目标，助力深圳的高质量发展，适用于深圳城市单元的开发建设。最后，街坊整体开发模式的地下空间高强度开发特征不仅能够提高土地资源利用效率，而且能够打造高效、便捷、一体化的城市空间，促进城市高质量发展。与此同时，深圳具有丰富的劳动力资源，良好的经济基础与较强的产业吸引力，能够承担地下空间一体化开发的高开发成本，实现地下空间高强度开发的良好效益。

6.2.2 城市CBD、CAZ核心区域

对于适用城市区域而言，街坊整体开发模式主要以人口相对集中、充满活力的城市CBD（Central Business District，中央商务区）、CAZ（Central Activity Zone，中央活动区）核心区域为适用对象。地下空间整体开发往往涉及多种空间功能，商业、休闲、办公等功能对区域的人口密度以及经济活力提出了一定要求，人口相对集中、充满活力的城市CBD、CAZ核心区域采用街坊整体开发模式有助于提供功能复合、充满活力的城市公共空间，在较短的出行距离内满足人们的日常需求，充分发挥商业、办公以及娱乐等多种功能；而对于人口密度相对较低的城市次要区域而言，采用街坊整体开发模式的土地开发成本较高，且难以有效发挥地下空间各功能空间的效用，运营效益较低。

在深圳前海十九单元03街坊案例中，深圳前海合作区的区位优势为街坊整体开发模式的应用奠定了良好的基础。首先，深圳前海合作区是集前海深港现代服务业合作区、前海蛇口自贸片区、粤港澳大湾区核心区、中国特色社会主义法治示范区、国家化城市新中心、高水平对外开放门户枢纽等六大国家战略平台为一体的示范开发区，以建设成为国际一流城区为目标。为落实产业导入政策，十九单元03街坊需要在有限空间内引入多样的产业实体，将街坊的地块分别出让给不同的业主开发。而街坊整体开发模式能够在多业主共同开发背景下，实现多元主体合作开发，打造立体化、一体化和人性化的城市街坊形象。因此，十九单元03街坊项目积极应用街坊整体开发模式，以实现多元主体的统筹协调与高建筑品质、高工程质量的建设目标。其次，深圳前海合作区人流较为集中，人们对商业、办公以及娱乐等多种功能的需求较为强烈，需要在

较短的出行距离内满足人们的日常需求。而街坊整体开发模式能够提供功能复合、充满活力的城市公共空间，实现土地功能混合，满足人们的日常需求。因此，街坊整体开发模式适用于深圳前海合作区的开发建设。最后，深圳前海合作区作为国际化城市新中心，探索形成并深化拓展了"前海模式"，制度创新取得重大突破，为街坊整体开发模式的应用奠定了良好的基础。例如，在行政审批方面，深圳前海合作区简化审批程序，大幅度提升了行政审批效率，为深圳前海十九单元03街坊项目施工阶段统筹协调的快速推进提供了支持。此外，深圳前海合作区实行"总师制"，赋予专家决策权，为提升建筑品质和工程质量奠定了良好基础，同时保证了街坊整体开发模式应用过程中技术和街坊形象的统筹协调。

6.3 街坊整体开发模式的规模适用条件

6.3.1 具有一定的规模效应

街坊整体开发模式对建设规模提出了一定的要求。一方面，街坊整体开发项目应具备一定的建设规模，保证规模效益的实现。对于规模较小的项目而言，街坊整体开发模式难以提升投资效益，也较难实现人防、基坑支护等地下空间开发成本的降低。当项目具备一定的建设规模时，地下空间整体开发具有降低人防、基坑支护成本的优势，有效提升投资效益。另一方面，当街坊整体开发项目建设规模过大时，协调难度、开发成本将会大幅度提升，项目难以有效推进。因

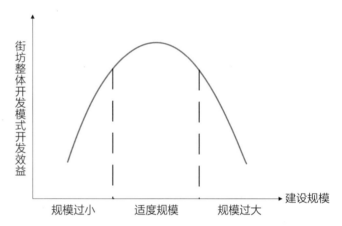

图6-3 街坊整体开发模式开发效益与建设规模的"倒U形"关系

此，街坊整体开发模式的开发效益随建设规模呈现"倒U形"变化（图6-3）。

在深圳前海十九单元03街坊案例中，通过采用街坊整体开发模式，不同地块的开发主体能够共享基础设施等资源，并形成产业集聚效应。十九单元03街坊项目地下空间采用了机动车位街坊内共享、整体平衡的策略，进行地下空间整体设计，利用市政道路下部空间建设三层大地库，提供约2000个机动车位，可以满足整个街坊的需要。此外，由于对地下空间进行整体开发，停车出入口可进行统一配置，实现了单地块开发模式下14个车库出入口到街坊整体开发模式下6个车库出入口的转变，不仅最大限度减少了对地面交通的影响，而且大幅度降低了开发成本。

在深圳前海十九单元03街坊案例中，项目分别由前海控股、世茂、香江、顺丰、金立、香融、信利康等7家建设单位共同开发建设。为了实现街坊形象、公共空间、交通组织、地下空间以及市政景观五个一体化目标，街坊整体开发模式要求各地块开发主体在项目招商阶段、土地出让阶段、设计阶段、施工阶段以及验收阶段保持建设时序同步。此外，在多业主共同开发背景下，随着开发主体的增加，利益协调难度也将随之增大。因此，若项目建设规模过大，各地块开发主体建设时序以及利益的协调将成为巨大挑战。

6.3.2 考虑市场去化能力

在街坊整体开发模式背景下，为实现良好的投资效益，建设规模的确定还应考虑市场去化能力，一方面，项目的建设规模要与市场需求相匹配，另一方面，建设规模还应考虑市场存量。

首先，在考虑市场去化能力的前提下，建设规模应与市场需求相匹配，市场需求量增加时，建设规模可随之适度增大；市场需求量减少时，建设规模应随之适度减小。在深圳前海十九单元03街坊案例中，深圳前海合作区作为拉动深圳市经济增长的引擎，已逐渐成为投资的"热土"，吸引海内外更多的企业和人才。2021年9月6日，中共中央、国务院印发的《全面深化前海深港现代服务业合作区改革开放方案》明确指出前海合作区总面积由14.92km²扩展为120.56km²，进一步增强前海合作区对深圳市经济增长的促进作用。因此，深圳前海合作区具备一定的市场需求，为实现建设规模与市场需求量的匹配，十九单元03街坊项目规划计容面积为46.8hm²，其中办公空间面积约41.8hm²，商业空间6hm²（含地下商业1hm²），满足区域办公及商业需求。

其次，建设规模还应考虑市场存量。作为中央直属规划建设"特区中的特区"，深圳前海合作区在人才、财税、金融等多方面享有优势，对企业具有较强的吸引力，形成了大量办公租赁需求。然而，深圳前海合作区仍处于深化拓展阶段，还存在较大的发展空间，当前的市场存量尚不能满足区域办公需求，这就要求深圳前海十九单元03街坊应具备一定的建设规模，以满足区域办公及商务需要。

6.4 街坊整体开发模式的规划适用条件

6.4.1 "窄路密网"的小街坊模式

传统规划的"宽马路、稀路网、大街坊"模式不仅没有解决城市交通拥堵问题，反而容易导致城市空间割裂、商业活力降低等问题（申凤等，2016）。此外，在街坊整体开发模式下，大街坊规划下的各地块的互联互通需要花费较多资金，不利于整体开发规划。相较于传统的大尺度街区规划，适度减小街区尺度、增加路网密度的新街区规划形式，即"窄路密网"的小街坊模式，可有效缓解城市主干道支路体系不足而导致的交通拥堵问题。同时，"窄路密网"的模式提倡绿色出行，更符合如今的新城市发展理念。

然而，基于"窄路密网"规划下的建设地块尺度较小，若对各地块进行单独开发容易导致三方面问题。第一，地块尺度小使得各地块独立配置停车位等基础设施较困难。停车空间一般分为地上空间和地下空间。在小尺度地块规划和绿色出行方式的倡导下，停车空间主要以地下空间为主，地上空间主要配置为路内停车。由于地块面积小，各地块独立配置地下停车位容易导致地下空间利用率较低，同时给地上路内停车配置带来困难。第二，地块尺度小使得单地块按规范配置停车库出入口浪费空间。各地块单独开发停车空间导致街坊车库出入口的不必要分散，造成一定程度的空间浪费。第三，地块尺度小使得各地块的平面布置捉襟见肘。地块面积小，可使用空间不足，容易导致平面布置的矛盾，给地块平面布置带来困难。综上，"窄路密网"的小街坊模式并不适用于地块单独开发。

街坊整体开发模式以打造统一、便捷、高效的高品质街坊公共空间、整体形象为目的（郭军等，2020），将街坊内各相邻地块作为整体进行统一规划开发。"窄路密网"的小街坊模式所具有的特点能较好地契合街坊整体开发的目标。首先，"窄路密网"的小街坊模式具有提升空间连接性的特点。"窄路密网"模式通过增加道路密度、调整街区道路尺度有效缓解了空间割裂问题。空间有效连接为街坊内部交流互通提供支持，为街坊整体开发的"一体化"建设提供保障。其次，"窄路密网"的小街坊模式具有提升步行性的特点。"窄路密网"模式下的道路设计更注重"以人为本"，在符合道路设计标准的前提下减少行人过街步行距离，提高行人过街安全性，保护和鼓励了步行出行的方式（申凤等，2016）。"窄路密网"的小街坊模式所具有的步行性特征在一定程度上增强了街坊整体开发空间的街道活力和商业活力，为公共空间的后续运营打下基础。再有，"窄路密网"的小街坊模式具有提升社会性的特点。"社会性"与"步行性"一同被认为是街道作为城市重要公共空间的属性所在（任春洋，2008）。"窄路密网"的小街坊模式开放街区部分内部通道，使得原本封闭性的道路既可为街区内部服务，也可为城市发展服务，打造出开放共享的公共空间。同时，道路设计减少了行人步行距离，方便了邻里交流。空间社会性的提升为街坊内部生活与发展注入活力，为打造高品质街坊公共空间和整体形象提供保障。

6.4.2　重视区域整体品质

区域整体开发已成为推动城市转型发展、实现有机更新的主要方向，是提升城市功能内涵、塑造地区特色品质的重要手段（丁翠波，2021）。传统的单地块开发多呈现开发"碎片化"的特征，不利于区域整体功能与品质的提升。因此，为打造统一、便捷、高效的高品质街坊公共空间与整体形象，在规划上应重视区域整体形象与品质的发展，其具体表现为重视公共开放空间建设、打造高效便捷的交通体系、重视打造统一街坊形象以及地下空间整体开发。

深圳前海十九单元03街坊作为街坊整体开发模式的典型案例，在区域规划上就体现了对区域整体品质与形象的重视程度。在公共开放空间建设方面，前海十九单元03街坊通过下沉空间、二层连廊以及垂直交通共同构成多层地面的一体化流线，形成了整片多维立体的商务休闲区域，创造了高密度的空间价值。此外，公共空间的景观设计更加注重立体化，将景观要素与多层空间相结合，在一定程度上提升了空间活力。在打造高效便捷的交通体系方面，十九单元03街坊通过建立多层步行系统，实现了街坊内的人车分流与便捷通行，避免了高强度开发所造成的人车干扰、通行效率低下问题。同时，注重街坊内部的互联互通系统以及内部与外部道路结合，实现交通组织一体化，营造高效便捷的交通体系。在打造统一街坊形象方面，《导控文件》对十九单元03街坊的建筑形象做了统一规划，要求以"现代简洁、一体化的建筑组群形象"为主旨，采用相同风格的体量与造型。由管理局、设计统筹单位、各开发主体以及各地块设计单位共同协调探讨建筑立面造型等，保障了街坊形象的一体化建设。在地下空间整体开发方面，十九单元03街坊首先将各地块基坑进行"合并"处理，既在一定程度上解决了地下空间利用不合理现象，大幅提高了地下空间利用率，还节约了时间和金钱成本。同时，也避免了各地块独立建设地下空间产生的冲突和矛盾，降低各开发主体之间的协调成本。基坑合并开挖为地下空间整体开发提供了前提。其次，十九单元03街坊建设了三层地库，机动车位多达2000个左右。地下步行空间发达，即使7个地块当中仅有一个地块与地铁站相连，但其他地块通过公共通道可与地铁站无缝衔接（郭军等，2020），满足街坊群众的出行需求。地下空间的良好规划为地下空间的引流提供前提，促进地上地下空间协同发展，强化公共设施共建共享，打造更具活力的街坊新形式。

6.5　街坊整体开发模式的建设时序适用条件

6.5.1　前期筹备同步

为确保街坊整体开发的一体化形象和高品质空间，持续有效推进项目整体进展，需要从项目建设的前期筹备阶段开始有意识地把控建设时序问题。其中，街坊整体开发模式的前期筹备阶段可大致分为项目招商阶段与土地出让阶段。

街坊整体开发模式要求各地块在项目招商阶段保持基本同步。现如今，区域整体开发形式是促进城市更新发展的有效手段之一，区域的商业活力可在一定程度上推进城市总体发展。基于此，区域规划应在城市规划的基础上，结合该区域自身的地理环境、发展现状等特征，吸引合适的产业入驻，激发该区域的商业活力。保持项目招商同步，最大的优势是确保引入产业均符合区域整体发展的要求，在打造统一、便捷、高效的高品质公共空间和整体形象的同时，为城市发展注入新活力。

街坊整体开发模式要求各地块在土地出让阶段保持基本同步。由于街坊整体开发模式中各地块的开发主体存在差异化需求，为最大化减少差异性，降低项目实施过程中的协调难度，保证一体化建设和项目整体进度，各地块在土地出让阶段需保持基本同步，且出让时需秉承"带方案出让"的原则，明确一体化建设要求，控制建设计划大致同步。此外，多元主体下的统筹协调机制需要各开发主体共同商议决定。为避免项目建设过程中出现大量矛盾冲突，各地块开发主体确定后需集中商议决定统筹协调机制，如例会周期、决策机制等。及时制定统筹协调机制为街坊整体开发项目的有序推进提供前提和保障。

深圳前海十九单元03街坊在前期项目筹备阶段就采取了"带方案出让土地"的方式，整体把握街坊内各地块的设计方向，并指导后续的开发建设工作。十九单元03街坊中7个地块，除前海控股、世贸、香江较早拿到土地外，其余4块土地均于2014年8月拍卖出让，7块土地基本于同一时期出让完成。2014年12月，7块土地全部出让完成后，由前海管理局牵头，前海控股组织其余6家业主召开十九单元03街坊开发统筹协调会，确定筑博设计为总体设计统筹单位，相关费用由各开发主体按照建筑面积比例以众筹形式分摊。该统筹协调会的召开为十九单元03街坊的后续统一协调建设奠定了基础。可见，各地块土地基本同步出让保证了后续相关工作的及时开展，减少时间消耗。各开发主体共同商议街坊整体开发相关事宜，为街坊一体化开发建设提供前提，从而实现打造统一、便捷、高效的高品质街坊公共空间和整体形象的最终目标。

6.5.2　项目实施过程同步

不同地块由不同开发主体组织开发建设是街坊整体开发模式创新的特征点之一。但由于各开发主体存在的需求差异以及能力差异对各主体建设项目的建设时序产生的影响，容易导致各地块建设项目之间难以较好衔接。因此，各开发主体之间的沟通协调问题成为项目实施全过程中最大的难点。为配合好街坊整体开发，强化一体化建设，避免沟通协调不当而导致建设项目出现重大损失，项目实施过程中需要统一各地块的建设时序、同步进行开发建设。

首先，设计阶段应大致同步，需确定好统筹设计单位，由统筹设计单位根据相关文件要求统一组织完成设计方案。在街坊整体开发模式的实施过程中，同步完成设计方案是保证街坊一体化建设与整体项目持续推进的关键，其主要体现在两个方面。一方面，各地块的人防、消防等功能分配需统筹协调安排，局部地块的设计延后会对项目的整体进展带来一定的负面影响。例如，前海十九单元03街坊的人防布局采取集中布置的方式，若局部地块设计进度较缓慢，会对设计进度快的地块造成影响，从而延后整体项目的进展。另一方面，基坑开挖深度与建筑边界需统一协商确定。在"窄路密网"的小街坊模式规划以及地下空间的整体规划下，建筑边界与开挖深度的标准与传统规划下的标准有所不同。基于此，对于基坑开挖深度、建筑边界等标准需要管理局、设计统筹单位、各开发主体以及各地块设计单位共同协商确定。基坑开挖深度与建筑边界的不明确会导致基坑设计无法顺利推进，从而延后项目整体进度。其次，施工阶段应大致同步。各主体应按照设计方案，统一施工时序，协调施工步骤。施工步骤同步化可在一定程度上避免因协调不当带来的损失，保障地上地下空间的协调建设。其中，地下空间的建设施工同步尤为重要。街坊整体开发模式重视地下空间的整体开发，与各地块单独开发地下空间不同，在整体开发规划下的多种地下结构施工工序需同步进行，否则会限制地下结构的施工条件，对整体施工产生不利影响。因此，施工时序同步是保证顺利完成街坊一体化建设的重要条件。最后，项目验收阶段应大致同步。项目验收阶段的同步与否会对各地块功能使用产生影响。例如，街坊整体开发模式下的交通组织更加注重地块间的互联互通以及街坊内部与外部道路的连接，实现交通组织一体化。因此，在对街坊进行交通评价时需要各地块全部通车完成。若各地块验收不同步，部分地块较晚完成验收，容易对之前完成验收的地块的交通使用造成负面影响。因此，在项目验收阶段，各地块应尽量保持同步，避免因时序不同步而带来的损失。

6.6　街坊整体开发模式的制度环境适用条件

6.6.1　透明高效的政务环境

在大力深化行政审批改革的推动下，优化政务服务开始成为现阶段项目建设的工作改革重点，前海管理局对行政间的职权体系进行合理分工，集中于营造公平的政治环境。第一，政府基于统筹"规划和管理"及"一体化建设"等先进理念开发新型街坊整体开发模式。由前海管理局规划建设处牵头，前海控股组织其余6家业主实施并协调其他相关部门及市场主体，对街坊内若干个地块进行统一规划设计、统一建设实施、统一运营管理，实现城市立体空间系统的效益最大化（叶伟华等，2021）。第二，政府与市场建立良好合作基础。从横向看，各业主之间信息数据互联互通、协调配合。从纵向看，政府通过加强顶层设计，实现政府与市场之间信息的共享与交换。第三，加强公共基础设施优化，实现公共利益最大化。政府是公共基础设施的主要建设者，前海管理局决定街坊整体开发生活生产使用基本要素的物质情况。地下停车场的进一步统筹极大提升了街坊的互联互通互用水平，促进了要素的自由流动，为在公共环境优良的区域打造高质量的街坊奠定基础。

在街坊整体开发模式下，政府和市场是"主—从"的合作关系，政府享有项目决策的"话语权"，在一定程度上起到宏观调控、激励监督、协调发展的主导作用。因此，要维持好市场间的良好经济秩序，政府必须承担建立、规范和保护市场秩序的责任。政府通过协同配合、共同承担关系全局的任务，在利益分配方面，项目产生的利益更多地从公共利益出发，提高地块商业价值；在政策环境方面，营造有利于创新的环境以最大限度地汇集优质资源，形成创新性研究成果，构建透明高效的政务环境以提高行政效率；在市场协调统筹方面，形成资源共享的发展局面。

6.6.2　竞争有序的市场环境

优化营商环境有利于调节政府与市场的关系，减少政府对经济秩序的过度干预，形成开放的市场环境，使市场化进程全面推进，提升资源配置效率。政府通过建立竞争有序的市场环境以处理好与市场的关系，不仅可以激发市场活力，还可以为市场提供一个完备的制度环境，健全监督体系（宋林霖，何成祥，2018）。首先，尊重市场本身的内在规律。前海管理局不仅通过宏观的调控作用协调好市场环境，还明确自身的权利和义务尽最大努力发挥市场在资源配置中的作用。其次，健全市场监管体系。通过对市场制定科学化的监管规则、流程及标准，健全市场监督责任制。

在十九单元03街坊项目案例中，前海管理局以实现街坊整体开发为目标，把政府和市场紧密联系在一起，使每个业主都为目标的完成付出各自的努力，发挥各自的潜能，承担各自的责任。在前期开发建设中，政府通过例会机制和决策机制解决问题冲突点，解决衔接不畅、重复建设、形象混乱等问题，充分发挥各利益相关者的积极性、创造性与主动性。竞争有序的市场环境为项目顺利推进奠定了良好基础。随着街坊整体开发项目建设的稳步推进，政府发挥的主导作用逐渐减弱，区域环境发生变化，增强了市场间的创新热情及主动性，刺激产生了创新意识及行为，驱使市场为行为创新做出积极贡献。

6.6.3　良好的营商环境

营商环境的内涵包括影响企业活动的经济要素、社会要素、政治要素及法律要素等多个方面，是一项对中国现代化经济体系建设、经济社会变革、发展动力转变和对外开放发展等领域具有深远影响的系统性工程（李志军等，2019）。良好的营商环境能够为市场提供一个公平的环境获取生产要素，最大限度地实现生产要素的市场化配置。政府作为营商环境的主体，政府的作为是影响营商环境的关键性因素。为加快打造良好的营商环境，党中央、国务院做出了一系列重大部署，出台了许多优化营商环境的政策文件。2020年10月29日国务院审议通过《深圳经济特区优化营商环境条例》。条例参照世界银行营商环境评价指标体系，从市场主体全生命周期角度出发，对市场准入、企业开办、生产经营、破产重整、退出等重点环节进行规范，激发了市场活力和社会创造力，加快了建设现代化经济体系，推动了经济高质量发展，为市场主体营造公平竞争的市场环境。

6.7　街坊整体开发模式的开发组织适用条件

6.7.1　开发企业间具有合作开发的成功经验

十九单元03街坊作为前海创新开发模式建设的先行先试者，率先实践了"街坊整体开发"的开发理念，各开发业主间在实践过程中积累了诸多经验，避免了在相对长期的开发过程中，参与方对相关决策及管理者的建设目标产生理解上的偏颇、规划理念不能落实、各干系方不能达成共识、各地块在功能上产生冲突、各主体在工程组织及施工上相互影响、项目在资源分配上产生重复或浪费。街坊整体开发的目的是实现区域创新能力的提升，通过培育和提升市场的自主创新性，使市场间形成一种稳定、长期的合作。街坊整体开发的核心技术是以突破为中心提升技术创新能力，以资源配置为中心提升管理能力，为街坊整体开发在提高创新能力中发挥重要作用。

2014年12月，由前海管理局规划建设处牵头，前海控股组织其余6家业主召开十九单元03街坊开发统筹协调会，经各用地主体商议，确定筑博设计为十九单元03街坊的总体设计统筹单位，费用需要由各用地主体按照建筑面积比例分摊。筑博设计以令本街坊建筑地下空间协调统一为指导原则，重点在各地块交接界面构造处理上给予指导，同时对本街坊内相连续的空间各专业相关内容做出导控。十九单元03街坊建设过程中，自贸大厦承担街坊统筹职责，牵头协调单元各建设主体相关事宜，倡导产城融合、紧凑集约、以人为本、互动并进的建设要求，避免各地块在功能上产生冲突、在工程上相互影响、在资源上产生浪费。各地块用地主体在项目推进过程中，积极对接《前海十九单元03街坊地下空间及地上公共空间开发导控文件》，协调各自设计单位在方案设计中提供本地块的城市设计专篇，通过众筹的方式，不断回应、落实、完善整体城市设计，实现多层地面和公共空间环境一体化、交通组织一体化、地下空间一体化。

6.7.2　开发企业间具有相同或类似的经营战略

整体建设中最显著的特点就是利益相关方多，最终需要找到相关利益平衡点。建议成立整体开发协调委员会，由牵头单位牵头，组织开发商、政府、投资者、公众组成的委员会共同参与整体设计、建设和运营工作。"二元主体众筹式城市设计"通过建立一个成熟、中立的沟通机制，使各个用地主体之间的协同机制贯穿街坊整体开发全过程，充分发挥用地主体的议事能力和决策能力，在企业层面不断发现问题、解决问题，充分调动用地主体的积极性。协同创新是以一定的协同机制作为保障，协同机制缺失会使开发企业间沟通不畅，导致企业间无法进行信息和资源的及时传递，创新效率会因此而降低（谢婕，2020）。

有效的协同机制的构建对街坊整体开发模式创新性的提升具有重要意义。第一，协同机制签订合作协议。在十九单元03街坊开发过程中，开发企业间协商签订《前海合作区19单3街坊02-05地块基坑工程委托代建协议书》《前海合作区19单元03街坊人防工程委托代建协议书》等，明确合作目标，既保证推进协同的开展也明确了协同过程中问题的处理流程，为开发企业间的成功合作做出贡献。第二，协同创新过程中良好的激励机制。激励机制可以提高合作各方资源投入的积极性以促进知识和技术的共享，加快项目开发进度，提高创新绩效，有利于开发企业间长期稳定的协作关系的构建。综上所述，协同机制的完备使共享信息、加强管理、资源整合等方面变目标为可能。

6.7.3　开发企业间具有相同或相似的品质要求

随着绿色建筑要求的深入发展，前海城市新中心的发展对街坊整体开发模式提出了更为严苛的品质要求，它迫使开发企业间建立良好的合作基础。只有在全面而深入的配合下，才能对后期工作的正常进行做出合理的规划。

在街坊整体开发建设过程中，各开发企业间具有相同或相似的品质要求为开发建设的高效进行奠定了基础。其一，开发企业对街坊整体开发的工期、造价、维护成本提出了更高的要求。在牵头单位的统筹管理下，形成整体且衔接性较好的规划设计、建设与运营管理方案，对工程总投资和进度予以控制。其二，要求施工组织高效率推动项目进行。由统筹牵头单位通盘管理设计及施工，减少重复设计及施工，避免不必要的返工，保质保量完成工作计划，力争评选建筑工程相关奖项。其三，要求正常营运、维护方便快捷。由牵头单位提前厘清公共空间系统的权利与义务，避免管理纠纷，营造一个幸福文明的生活环境。其四，要求后期使用灵活高效。其五，要求满足绿色建筑目标。

第七章

街坊整体开发模式背景下的
项目治理结构演化

街坊整体开发模式不仅需要政府或者准政府组织推进工程进度和提高工程效率，也需要市场调用大量的社会资源实施项目建设，必然是政府—市场二元合作治理的产物。但是，由于项目不同阶段治理需求的不同，政府、市场以及二者的综合作用会发生动态变化。本章将案例研究定性分析与社会网络定量分析相结合，基于深圳前海十九单元03街坊案例，探讨街坊整体开发模式背景下的项目治理结构演化机理，初步构建了街坊整体开发模式背景下治理结构网络的动态演化模型，对不同项目建设阶段治理结构与协调机制的动态演化过程进行了深入分析，并进一步探究治理结构动态演化的驱动因素。

7.1 研究设计

项目的治理是一个动态的过程，案例研究有助于详细地描述该过程，并厘清其中的内在逻辑。本章的研究问题是：（1）十九单元03街坊的组织治理结构是如何在项目各阶段发生演化的？（2）为什么十九单元03街坊的组织治理结构会以上述路径演化？驱动因素是什么？由此可见，研究的本质是在回答"如何（How）"和"为什么（Why）"的问题，因此，可以选择单案例的纵向研究方法。该方法提供了"过程"型的研究视角，有助于明确治理结构演变产生的原因、过程及对治理行为产生的影响。相对于多案例研究而言，单案例研究可以避免多个分析对象之间由于差异而导致的差异聚集效应，可以使得分析更加深入和透彻。同时，纵向研究遵从时间序列，有利于按照项目治理的时间顺序所涉及的关键事件进行逻辑上的复盘与推理，提高分析的清晰度、提升研究的内部效度。综上所述，本章通过纵向的单案例方法构建演化的过程模型。

一手资料与二手资料数据之间的"三角验证"能够为相关研究主题提供更丰富、更稳健的解释。具体而言，本书的案例资料一手资料来源于深圳前海十九单元03街坊的项目档案文件及半结构化专家访谈；而二手资料主要包含十九单元03街坊参建单位的汇编资料、会议记录、网络宣传资料等公开信息。通过结合文档分析，利用多种互联网检索工具进行公开信息检索，以深入了解项目治理的全过程，通过多元化的数据保证资料的完整性和丰富性。

本书作者也多次参与国内诸多类似项目治理的实践和研究，对区域整体开发各个发展阶段的项目参与主体互动细节等相关情况较为了解，案例素材比较丰富。本研究最重要的数据来源是半结构化深度访谈。基于项目治理研究主题，访谈对象主要考虑项目参与主体所在企业的中高管理层人员，因而本研究的调研主要围绕着政府、项目设计单位、建设单位、监理单位等单位及相关核心团队人员展开。本研究利用线下实地访谈和线上会议对全程参与该项目治理的专家总共进行了三个阶段的半结构化访谈，对讲话内容的要点进行记录，当次讨论结束后立即进行梳理归纳，形成文本文档。第一阶段：进行实验性访谈，主要是本书作者在项目实地调研时开展集体访谈、小组探讨和部分问题单独访谈，目的是进一步界定研究主题，为后续研究做全局性的铺垫。在对项目调研情况分析后，课题组发现该案例的治理环境与治理结构演化具有高度研究价值。第二阶段：进行针对性深度访谈，根据第一阶段确定的研究问题，本研究首先对政府、设计统筹单位、设计单位、建设单位、施工单位、监理单位等核心成员进行逐一访谈，以了解项目各阶段的参与主体互动细节；此外，还通过对后续运营期的相关单位负责人进行深度访谈，以了解项目全过程中参与主体在项目建设过程的遗憾和对未来发展的建议。第三阶段：主要是作者与被访谈的专家对之前的案例访谈所获得资料的准确性进行确认，对于项目治理方面的经验和细节，尽可能多、尽可能准确地收集各类典型事例。

另一方面，本书收集到包括项目档案文件、公开发表的专著、单位高管及政府官员的讲话、文献资料及新闻报道等在内的二手资料。首先，对十九单元03街坊的过程资料进行归纳分类，摘取出其中与项目治理、组织协调相关的文件。除了会议纪要、往来函件及统筹指导文件，十九单元03街坊参建者和研究者将其特色的开发模式、工程管理、工程设计及施工的内容形成了若干公开发表的学术文章。在项目基本竣工后，其全过程的建设和管理经验也被作为示范性案例并编写成总结报告。其次，十九单元03街坊的社会报道主要来自搜狐、网易、新浪等多家媒体，经筛选将有价值的内容收藏归类，作为案例分析的补充资料。

对于文本资料分析，本章借鉴周翔等（2018）的做法，在认真研读访谈文本与二手资料的基础上，厘清深圳前海十九单元03街坊项目在时间维度上的建设过程、关键事件及内在逻辑。根据项目的任务性质和特点将其建设期划分为不同阶段。基于划分的项目阶段，本章将文本分析与社会网络分析相结合，构建了深圳前海十九单元03街坊治理结构社会网络动态演化模型。首先，基于项目会议纪要、往来信函以及档案资料，对跨组织间存在的协调关系进行编码。其次，根据文本分析结果，分析深圳前海十九单元03街坊治理结构网络随项目阶段等级度、密度以及点度中心性等网络属性的动态变化。最后以"目标与主体变更—矛盾与平衡—结果"的逻辑对深圳前海十九单元03街坊项目组织治理结构的演化规律进行分析与讨论。

7.2　政府主导与市场化运作的治理环境

7.2.1　"政府—市场"二元作用

（1）"政府—市场"二元作用的理论基础

从经济学角度，对于政府—市场关系理论一直发生着演进，政府和市场的作用与地位也不断变化。

1）政府作用

在西方经济学说中，政府职能定位是不断变化并充满争议性的观点。Smith（1776）在其《国富论》一书中主张政府的职责包括三个方面：一是保护社会不受其他独立社会的侵犯，二是社会成员不受其他成员的欺辱，三是建立和维持某些对于一个大社会有很大利益的公共机构和公共工程。Mill（1848）在《政治经济学原理及其在社会哲学上的若干应用》一书中明确指出政府职能的目的是"增进普遍的便利"。在

1929~1933年世界经济大危机后，需要政府对市场进行干预这一观点逐渐被各资本主义国家接受。而另一方面，在大萧条的教训反思后，Keynes（1936）在《就业、利息和货币通论》一书中强调产品供需失衡和失业单靠市场机制的自动调节是不够的，必须在发挥市场调节经济资源基础性作用的同时，实施国家对经济的有力和有效的干预。政府的干预应是全面的干预，对市场失灵部分进行干预、对市场成功部分进行保护。20世纪70年代，"新自由主义"思潮应运而生，该理论反对任何形式的政府干预。Douglass等（2009）在《西方世界的兴起》一书中认为人民雇佣政府建立和实施所有权，即政府是一种保护产权的组织。马克思主义政府职能观中，政府职能分为两个方面：公共管理职能和政治统治职能。马克思认为国家的公共职能体现在3个国家部门：财政部门、战争部门和公共工程部门。综合来看，政府的作用体现在两个方面：一是建立有利于公平竞争的市场环境，让一切创造社会财富的源泉充分涌流；二是弥补市场失灵，提供公共产品和公共服务。具体来看，政府作用主要体现在创造制度环境、编制发展规划、建设基础设施、提供公共服务、加强社会治理等方面。

2）市场作用

对市场作用的研究和实践，发达资本主义国家优于发展中国家。从古典经济学到庸俗经济学，对于市场及其作用的研究都强调市场，特别是资本主义特有的市场更有利于国民财富的生产与分配。Smith（1776）更是将市场称为"看不见的手"，并认为每个人都是追求个人利益的"经济人"，"个人的利害关系与情欲，自然会引导人们把社会的资本，尽可能按照最适合于全社会利害关系的比例，分配到国内一切不同用途"。由于市场具有竞争的本质属性，市场的作用首先体现在促进经济发展方面，同时也推动了生产社会化的横向、纵向发展（乐云，刘嘉怡，2017）。新古典学派Marshall（1890）运用均衡价格论，认为"经济人"是有理性的，市场可以实现社会资源的优化配置。由于各种商品经济信息可以在市场上得到传导和扩散，市场可以有效地调节供求、促进社会资源配置趋向合理。之后的新自由主义者主张市场机制是解决所有经济问题的良药，其中几位奥地利学派学者甚至将市场及其作用扩展至政治、文化、社会等各个领域。综合以上观点，市场在经济领域作用体现在四个方面：促进经济发展、推动生产社会化发展、调节供求关系和优化配置社会资源，同时，市场作用也可扩展至政治、文化、社会等层面。

（2）复杂工程"政府—市场"二元治理必要性

随着计划经济向市场经济的转变，设计公司、工程施工承包公司、物资供应、项目服务公司等社会化的企业组织越来越多地参与到城市开发项目中。合同治理已成为项目治理的重要方式。尽管如此，合同治理永远也不可能完全替代政府的权威治理。这是因为：其一，合同阶段之前的治理，必然要依靠政府。这是城市开发项目具备的公共属性的本质要求。其二，政府的建设行政管理部门作为行业管理职能机构和权威治理主体之一，其对项目的行政管理贯穿于项目的始终。上述两方面因素决定了项目治理的常态：权威治理与合同治理共存（李善波，2012）。

在政府作用方面，政府在工程决策和建设中的角色及重要性是不可取代的，尤其在大规模城市区域开发以及国家重点开发项目中，政府必须起到引导作用。在这一背景下，政府对资源的控制、政府的直接干预都会对城市开发的组织模式产生影响。在我国，政府组织及准政府组织在推进工程进度和提高工程效率上具有显著成效。但同时，过度的政府参与也出现了诸如权责分配失衡、以权谋私、社会矛盾激化以及寻租等政府作用失灵现象。因此，如何通过制度安排，构建城市的顶层治理机制，平衡工程效率与抑制行为异化之间的关系，就成为城市开发组织模式设计的关键制度性问题。

在市场作用方面，由于城市开发项目具备的商业属性，以及其规模巨大、技术复杂，需要调用大量的社会资源来完成，又往往具有一次性，故过度的政府参与会降低项目的成功率，基于契约的市场机制被认为是资源高效配置的基础性治理手段。但这一机制同样是复杂的，基于交易成本理论的研究认为，单纯的合同治理（正式治理）无法有效解决重大工程的不确定性问题（乐云等，2018），会带来项目决策和实施的低效率，基于信任和合作的关系治理（非正式治理）是提高项目绩效的重要中介变量。但是市场手段在项目组织中应用必须有相应的配套制度条件来保障，当市场制度环境不完善时，一些大型企业会通过加强内部关系来确保其竞争优势，并可能出现信息不对称、公平失范、寡头垄断和项目低效等市场失灵现象。因此，需要通过组织间良好的治理设计，来构建高效的城市开发组织运作机制，以提高项目的综合绩效（李永奎等，2018）。

在我国特有的"政府—市场"二元体制作用下，城市开发组织模式呈现多样性和复杂性，受到外部制度情境和项目特性的显著影响。

7.2.2　行政治理

行政治理（Administrative governance，AG）是相对于项目治理传统的"合同治理"和"关系治理"两类机制而言的，特指"政府对重大项目的建设推进所开展的积极管控行为与机制"。行政指令是指行政主体利用组织的权威，运用包括行政命令、指示、规定、条例及规章制度等措施的行政手段进行行政管理活动的方法。也称政府治理（Governmental governance），指项目中政府积极参与项目，政府利用自身权威身份，对重大项目的建设推进所积极进行的监督、管理和控制（Zhai等，2017）。与已有学者提出的概念"权威治理""科—层治理"类似。访谈专家认为"行政治理，主要通过政府用行政命令要求执行，但这个行动命令更多的是战略性的，往往都是区域行政发展目标；对其他参建方来讲，主要就是服从，因为政府的指令具有强制性，不管建设方、施工方、监理方都得服从。"

7.2.3　合同治理

合同治理（Contractual governance，CG），又称为契约治理或正式治理，主要基于正式的、具有法律效力的协议来约束和管理各个组织间的交易。合同协议与市场机制的运作联系在一起，市场机制的行为是由理性经济和价格引起的。合同通过施加明确的、在法律上可执行的合同条款来确保治理效果（Caniëls等，2012）。Cox（1993）认为合同治理的核心要素包括组织间关系、双方的责任、应对风险的措施和合同补偿办法等四个方面。通过专家访谈，一致认为"合同方面，主要是签约，包括合理的风险分担、收益共享、合同的完善程度、合同对项目执行过程中环境变化的适应程度等，在合约流程方面需要反复讨论决策，包括采购的方式，采购对象的范围等，基于利益共同体视角，不同部门从不同角度考虑。其他如合同制度、管理规定，补充协议、会议纪要、工作联系单，这些都属于合约性质。"

7.2.4　关系治理

关系治理（Relational governance，RG），也称为关系契约治理或非正式治理，是指通过不同于正式合同的关系规则来实现交易的机制。关于关系治理的构成维度，Poppo等（2008）认为包含信任、共享目标和合作；Fink等（2009）基于供应链视角将其划分为冲突解决、关系聚焦、权力限制、团结、角色完整、依赖性和灵活性等；董维维和庄贵军（2012）将其分为关系状态、关系规范和关系行为三个维度。在工程项目领域，Faisol等（2005）认为建设行业内组织间的关系契约包括长期合作倾向、团结、互惠、灵活、角色完整性、信息交流、冲突解决、权力限制、监督行为和关系计划；邓娇娇（2013）认为公共项目的关系治理机制分为信任、承诺、沟通、合作和行业惯例；Wang等（2006）认为包含信任、承诺、协调和联合解决问题；刘常乐（2016）认为项目外部关系治理机制的维度包括信任、共享愿景和共同解决问题三个维度。访谈专家认为"关系治理，就是为了推进项目的顺利实施，为了更和谐、更融洽的工作环境，从而使得我们的合约和工程目标推进得更加顺利。具体包括已有的合作关系、长期合作单位、良好的沟通协调、互相信任、良好的企业文化和个人私人关系等。"

7.3　街坊整体开发模式的治理结构演化

7.3.1　项目阶段划分与任务目标

深圳前海十九单元03街坊项目由最初政府的开发概念设想提出到如今大部分工程竣工交付已有10年，在此期间参与主体数量增加、角色变更，组织治理结构呈现出以核心伙伴为中心向外扩展的状态。系统集成被认为是降解重大工程复杂性和不确定性、促进目标实现与创新绩效提升的有效方式（Sergeeva & Zanello，2018）。系统集成的内涵是针对不同系统和项目的集成，涉及主体间的分工协作与项目治理，因此关注于组织结构、关系建构等内容（Davies & Mackenzie，2014）。基于重大工程组织复杂、任务依赖的特点，系统集成商可能由多主体共担，为系统集成治理带来挑战。十九单元03街坊由众多子项目构成，各主体间相互交融，具备系统集成商性质的核心主体包括三个方面：政府、前海控股及社会资本高层。随着审批、监管和落地实施的需要，发改、规划、建设等政府职能部门进一步参与，到施工阶段则主要由业主、设计、施工、监理及材料供应商等单位承担首要任务。纵观整个项目时间轴，研究表明深圳前海十九单元03街坊项目参与主体的动态演化过程如图7-1所示，项目可根据关键事件与主要目标、条件的变化划分为以下三个阶段。

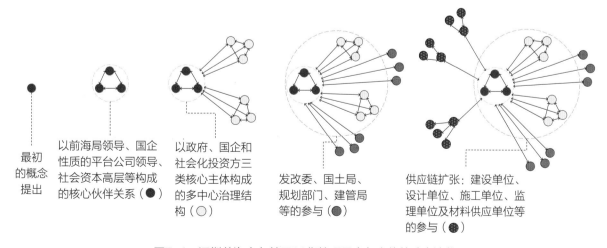

图7-1　深圳前海十九单元03街坊项目参与主体的动态演化

（1）统筹规划阶段（2013.10~2014.07）

前期统筹规划始于项目构想，目的是确定开发模式、总体规划设计方案等内容，该阶段的协调目标是通过项目前期整体规划明确街坊整体开发模式的"蓝图"，为后续街坊整体开发理念的落实提供指导和依据。在统筹规划阶段，参与主体主要为政府、国企。随着规划的逐步深化，发改委、国土局、规划部门以及建管局等主体逐渐加入项目参与主体网络。在深圳前海十九单元03街坊案例中，为实现高质量发展的街坊整体开发理念，前海管理局组织了"前海十九单元03街坊整体城市设计"，在规划的过程中积极落实"三规合一"工作，推动各规划互动协调，强化上下联动，保持高效对接。2013年10月，依据《深圳市前海深港现代服务业合作区十五、十九开发单元规划》，前海管理局委托深圳市新城市规划建筑设计有限公司和SOM建筑设计事务所编制完成了《前海深港现代服务业合作区开发单元十九03街坊开发导控文件》。2014年6月项目的控制性详细规划获市政府批复通过，最终前海管理局决定将导控文件作为土地出让合同的附件，明确了项目整体开发实施在规划管理、设计管理、建设管理以及项目运营管理方面的要求与实施要点。

（2）土地出让至施工图设计阶段（2014.08~2015.06）

土地出让至施工图设计阶段的协调目标是通过统一设计和统筹协调各方利益进一步落实街坊整体开发理念，从而保证项目整体效益的实现。在土地出让至施工图设计阶段，参与主体主要为政府、国企、各地块业主、设计单位以及部分项目外部环境利益相关者等。在确定土地出让方式与相关实施要点的基础上，2014年8月，十九单元03街坊正式开展土地集中出让工作。7家开发单位分别获得1块土地的使用权。此外，该阶段同步展开地块的设计（方案、初步、施工图）与施工单位、监理单位的招标工作。在项目整体开工前，首批地块已获得施工图设计文件审查合格书，并取得桩基工程许可证。

（3）施工阶段（2015.07~2019.04）

施工阶段的协调目标是积极推进项目建设，在保障工程质量和落实街坊整体开发理念的基础上按时竣工交付。在施工阶段，参与主体主要为各地块业主、设计单位、施工单位、咨询单位、监理单位、材料供应商以及项目外部环境利益相关者等。十九单元03街坊按照"先成熟先出让"的分批原则进行土地出让，在完成部分土地出让、敲定设计图纸、施工方案、中标单位并取得部分工程的施工许可后，2015年7月，前海自贸大厦在十九单元03街坊开工。为实现土地效益的最大化，十九单元03街坊采取"小地块、多单位、整体开发"的开发模式，施工场地的同一空间内可能面临众多独立立项项目同时作业的问题，同时部分项目又包含多个标段，施工阶段呈现出多主体参与建设的特点，给协调工作、施工安全及施工效率带来巨大挑战。对此，十九单元03街坊强调安全优先，在保证工程质量的基础上实施保障措施、确保安全文明施工。结合项目的创新开发模式、体量、复杂结构及多主体的特点，各地块与各单位工程的方案设计有先后、建设周期同步性控制难度较大。2019年4月，前海自贸大厦工程档案移交市档案馆，标志着项目正式建成。

7.3.2 项目组织治理结构的演化

中国情境下的重大基础设施工程大多由政府部门或其授权的分支机构（如管理局、政府出资成立的项目公司等）直接管理，而类似十九单元03街坊项目这样商业性较强的工程则更加重视市场化运作。基于此，类似十九单元03街坊这样的整体开发项目，属于"多元利益主体合作治理"的组织情境，相对应地，应建立起"行政—合同—关系"的三维治理结构（谢坚勋等，2018）。

十九单元03街坊项目在治理问题上体现出高度复杂性，本章将政府角色与传统的合同、关系治理机制合并讨论，根据政府的参与程度及各阶段的任务性质将复杂的治理分解为垂直与水平两个治理维度。在水平治理方面，多家业主单位协商签订一系列的双边和多边协议，并约定产权、设计、施工和运营中的界面分工，形成"联盟"性质的合作，贯彻"整体利益高于一切"及合作开发思想，建立起平等协商机制，通过合同与关系来约束和协调行为。例如，2018年7月，前海控股、深圳前海香融中盛供应链管理有限公司以及福建省惠东建筑工程有限公司（以下简称"惠东建筑"）签订了三方协议，明确01地块与02地块地下室底板交界处共承台钢筋混凝土工程交由惠东建筑施工，以解决整体开发模式下的施工衔接问题。在垂直治理方面，深圳前海十九单元03街坊形成了政府主导机制（表7-1），即借助前海管理局行政审批多层级会议等多类行政机构或机制进行协调推进，在项目建设目标、土地出让决策、项目审批、规划设计审批、建设推进和创新政策支持方面发挥重要效用。

在深圳前海十九单元03街坊项目开发建设过程中，随着各阶段建设内容、参与主体、建设目标的变化，合同、关系与行政三种治理机制将发挥不同程度的作用（表7-2、表7-3）。

政府主导机制　　　　　　　　　　　　　　　　　　　　表7-1

行政主体	具体表现
深圳市政府	制定开发目标、决策土地出让、建设机制创新、城市规划调整等议题；处理突发/重大事件
深圳前海管理局	负责前海深港合作区的开发建设、运营管理、制度创新、综合协调等工作
前海管理局局属企业	统筹协调十九单元03街坊的建设工作

各阶段参与主体与行政参与情况表　　　　　　　　　　　表7-2

时间	阶段	主要参与主体	部分行政参与事项
2013.06~2014.07	统筹规划阶段	市政府、前海管理局、前海控股、保税港处等	• 2013年6月，深圳市政府审议通过《前海深港现代化服务业合作区综合规划》； • 2013年10月，前海管理局委托企业编制完成了《前海深港现代服务业合作区开发单元十九03街坊开发导控文件》； • 2014年5月，前海管理局明确由前海控股牵头负责十九单元03街坊一体化开发统筹工作； • 2014年5月20日下午，深圳前海管理局主持召开了十九单元03街坊01地块前期策划初步方案汇报会，规建处、保税港处和前海控股项目负责人参加了会议
2014.08~2015.06	土地出让至施工图设计阶段	前海管理局、前海控股、各地块业主、设计单位等	• 2014年12月5日，前海局规建处组织召开深圳前海十九单元03街坊规划建设统筹协调会，明确01~05地块室外景观设计单位； • 2015年3月4日上午，前海控股公司与前海管理局规建处主持召开十九单元03街坊关于地下室统筹阶段工作汇报及人防集中建设的专题讨论会
2015.07~2019.04	施工阶段	前海管理局、各地块业主、设计单位、施工单位、监理单位、咨询单位、材料供应单位等	• 2017年3月14日，深圳市京圳工程咨询有限公司组织开展各地块业主协调会议，进一步协调人防工程代建费补偿支付、相邻地块共承台施工费用清算、支付以及03街坊内两条港城路施工等事宜； • 2017年4月24日，深圳市京圳工程咨询有限公司组织开展各地块业主协调会议，进一步协调给排水管道和燃气管道、市政接驳通水以及通气等事宜

深圳前海十九单元03街坊项目参与主体间的互动形式　　表7-3

互动主体 / 组织治理结构	统筹规划阶段	土地出让至施工图设计阶段	施工阶段
政府与前海控股公司	行政指令、会议	行政指令、会议、项目月报	行政指令、会议、项目月报
政府与各地块业主	—	土地出让协议	合同、会议、必要时政府参与协调
政府与设计单位	—	合同、接受政府协调	合同、接受政府协调
政府与参建单位	—	—	必要时政府组织会议、参与协调
各地块业主之间	—	—	会议（包括会议纪要）、往来文件
各地块业主与参建单位	—	招标投标文件、中标合同	会议、合同、关系协调
各地块业主与前海控股公司	—	会议、双边协议 （费用分摊、产权界面划分等）	会议、双边协议

　　为进一步分析深圳前海十九单元03街坊项目治理结构的动态演化过程，本章结合内容分析法与社会网络分析法，构建了深圳前海十九单元03街坊跨组织项目网络。为明晰不同建设阶段项目治理结构的动态演化，本节采用等级度与密度来表示不同项目阶段的垂直治理水平与水平治理强度水平。其中，等级度表示跨组织项目网络中在多大程度上非对称地可达，它反映网络中各组织的等级结构（刘华军等，2015），因此，可以采用等级度衡量不同项目阶段的垂直治理水平，等级度越高则跨组织项目网络中项目参与主体之间的等级结构越森严，垂直治理水平越高。密度反映跨组织项目网络的紧密程度（朱庆华，李亮，2008），因此，可以采用密度衡量不同项目阶段的水平治理水平，密度越大则项目参与主体间的联系越密切，水平治理水平越高。本节基于深圳前海十九单元03街坊项目会议纪要、组织间往来信函以及其他档案资料，以季度为基本分析单位，深入分析深圳前海十九单元03街坊项目跨组织网络等级度与密度的动态变化。为在不同季度间进行无偏比较，本节对等级度以及密度数值进行标准化处理。以等级度标准化值为例，等级度标准化值等于等级度减去各季度等级度的平均值，再除以等级度的标准偏差，深圳前海十九单元03街坊跨组织项目网络等级度与密度随季度的动态变化过程如表7-4所示。

深圳前海十九单元03街坊跨组织项目网络的季度分析　　表7-4

	PⅠ		PⅡ				PⅢ							
	Q1	Q2	Q3	Q4	Q5	Q6	Q7	Q8	Q9	Q10	Q11	Q12	Q13	Q14
等级度	0.78	0.78	0.78	-0.28	0.13	0.01	-0.65	0.78	-2.66	0.78	0.78	0.78	-0.73	-1.27
密度	-0.43	1.45	-1.33	-0.51	-0.41	2.87	0.10	-0.16	0.37	-0.75	-0.26	-0.12	-0.65	-0.17

注：PⅠ表示统筹规划阶段，PⅡ表示土地出让至施工图设计阶段，PⅢ表示施工阶段。Q1表示第一季度，以此类推。表中等级度与密度均为标准化值，标准化过程为$z=(x-\bar{x})/SD$。例如，第一季度项目网络的密度标准化值=（0.111-0.146）/0.081=0.43。

　　系统集成商在跨组织项目网络中发挥着统筹协调的作用，系统集成商的协调职能在不同项目参与主体之间的动态演变反映了项目治理结构的动态演化过程。因此，本节通过对深圳前海十九单元03街坊点度中心性的分析探究协调职能在不同项目参与主体间的动态演化过程。点度中心性通过项目网络中的连接数来衡量各参与主体在深圳前海十九单元03街坊跨组织项目网络中处于中心位置的程度，点度中心度越高，说明该组织在深圳前海十九单元03街坊跨组织项目网络中与其他组织间由于协调产生的联系越多，该组织也作为项目网络中的统筹协调主体协调其他组织。由于本节构建的跨组织项目网络为有向网络，网络节点出度越高表示该组织的主动协调性越强，承担着越多的协调职能；网络节点入度越高，表示该组织与其他组织间的协调联系越多。因此，为探究协调职能在不同项目参与主体间的动态演化，本节主要对跨组织项目网络节点出度的点度中心性进行深入分析（表7-5）。

深圳前海十九单元03街坊跨组织项目网络点度中心性（出度）分析 表7-5

	PI	PII			PIII									
	Q1	Q2	Q3	Q4	Q5	Q6	Q7	Q8	Q9	Q10	Q11	Q12	Q13	Q14
政府														
前海控股														
各地块业主														
设计单位														
施工总承包单位														
咨询单位														

注：在深圳前海十九单元03街坊项目建设过程中，前海控股既作为政府下属授权单位发挥统筹协调职能，也作为01地块开发主体发挥市场协调职能，因此，表中将前海控股单独列出，以进一步探究前海控股协调职能行政属性与市场属性的动态演化。表中颜色越深代表点度中心度越大，即该类型组织承担越多的协调职能。

基于项目在各阶段面临的各种目标与挑战的动态演变，以及上述图表中反映出的政府参与、组织间互动的特点，本章归纳出十九单元03街坊组织治理结构的演化路径。具体内容如下：

（1）统筹规划阶段（2013.10~2014.07）：垂直主导型治理

由表7-4可知，在统筹规划阶段，等级度为正值，密度为负值，表明垂直治理处于较高水平，水平治理处于较低水平，该阶段治理结构主要为垂直主导型治理。此外，由表7-5可知，政府与前海控股在该阶段承担较多的协调职能。结合深圳前海十九单元03街坊项目具体分析，在统筹规划阶段，前海管理局与前海控股就十九单元03街坊单元规划以及控制性详细规划等事宜召开多次统筹协调会议。例如，2014年5月20日，前海管理局组织召开十九单元03街坊01地块前期策划初步方案汇报会，明确"*由前海控股牵头负责十九单元03街坊开发建设统筹工作，并对项目经济测算、功能定位、统筹开发和建筑设计提出了具体的要求*"。由此可知，在统筹规划阶段，治理结构主要为垂直主导型治理，治理主体主要为政府及政府下属单位，前海控股在该阶段主要作为政府下属授权单位发挥统筹协调职能。

十九单元03街坊是深圳前海发展规划中的重点项目，具有深远的社会经济影响，因此，政府的参与度会较一般项目更大，在前期决策及整体把握时也更为审慎。统筹规划阶段的参与主体主要为前海区政府、前海管理局等职能部门及国企性质的前海控股。因此，该阶段以垂直形式的治理为主，市场机制为辅（图7-2），市场参与更多地在确定方案设计单位时以及后续建设过程中得以体现。前海控股经前海管理局授权，负责前海合作区内土地一级开发、基础设施建设和重大项目投资。行政机构在前期阶段占据主导性地位，在项目整体设计、把控上具有决策权和审批权。

例如，在统筹规划阶段，深圳市、前海管理局两级政府发挥综合协调统筹作用，在制定开发目标、建设机制创新方面，深圳市规划和国土资源委员会与深圳市前海深港现代服务业合作区管理局编制的《前海深

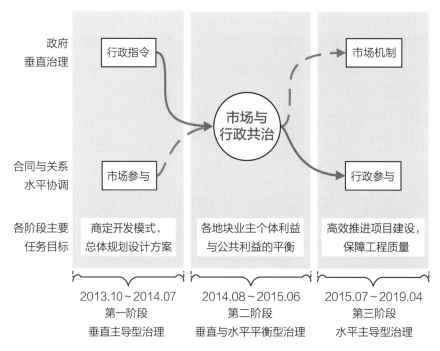

图7-2　深圳前海十九单元03街坊项目治理结构演化

港现代化服务业合作区综合规划》提出*"街坊是前海合作区开发单元的空间控制基本单位""统筹规划和管理"*的实施原则和*"一体化建设"*等先进理念。

（2）土地出让至施工图设计阶段（2014.08～2015.06）：垂直与水平平衡型治理

自正式开展土地出让工作起，项目即进入垂直与水平平衡型治理阶段，此时政府层面的行政介入与合同、关系治理机制并存，形成共治状态（图7-2）。如表7-4所示，在土地出让至施工图设计阶段，第二季度的网络密度存在明显的上升趋势，表明水平治理水平呈上升趋势。结合深圳前海十九单元03街坊案例具体分析，在该阶段前海管理局与各地块业主签订土地出让协议；前海控股与顺丰、世贸等单位分别签订合作框架协议等双边协议，共同约定合作要点；各地块业主与设计单位签订双边协议，开展设计工作。在土地出让至施工图设计阶段，各地块业主及其设计单位作为项目参与主体加入深圳前海十九单元03街坊跨组织项目网络，与前海管理局和前海控股建立协调联系。例如，2015年3月4日，十九单元03街坊统筹协调会议指出*"由筑博设计负责人防概念性方案，各地块设计单位落实具体设计及地块间协调，筑博设计对阶段成果图纸进行审核把关，实现街坊内人防集中建设、整体报审的目标。"*

在土地出让至施工图设计阶段，各业主单位和设计单位更多地不是直接受政府的指令办事，他们经合同获取各自的权益，并通过合同条款进行约束。但合同是不完善的，缺乏灵活适应性，各主体在互动过程中仍需以关系作为重要的协调手段。同时，由于项目涉面广泛，对于政府提出的要求或意见，这些单位也会倾向于配合，但不一定会无条件配合，他们主要协调目标仍是个体利益最大化。因此，该阶段治理结构为垂直与水平平衡型治理，合同治理机制与关系治理机制在该阶段逐渐发挥协调作用，同时政府也发挥着重要的控制作用。例如，2015年3月24日，为确保街坊整体开发理念的落实和项目社会效益的实现，前海控股在十九单元03街坊统筹协调会议上指出*"筑博设计接下来的协调工作将以《十九单元03街坊地下空间方案阶*

段导控细则》为指导进一步推进。导控细则包含建筑专业导控细则、结构专业导控细则、给排水专业导控细则等内容，对街坊整体开发各个细项做了具体要求，各个地块开发必须依照导控细则执行，以确保'整体开发'目标的实现"。2015年4月1日，各地块开发主体就连廊系统设计事宜达成共识："*连廊系统的设计合同由筑博设计与六家开发主体分别签订，采用统一的合同模板，具体内容由筑博和前海控股沟通协商达成。现合同当中的各家所需支付的设计费用按照已明确的分配原则计算得出*"。

在土地出让至施工图设计阶段，政府、前海控股以及设计统筹单位承担着较多的协调职能（表7-5）。其中，政府协同前海控股主要发挥行政协调职能，例如，2015年4月10日，前海管理局与前海控股在十九单元03街坊统筹协调会议上明确提出"*前海十九单元03街坊以打造一体化街坊为主旨，其中灯光的整体效果是一个重要的环节，街坊灯光效果必须整体协调*"，以保障街坊形象一体化与市政景观一体化的实现；设计统筹单位主要发挥市场协调职能，例如，筑博设计作为统筹协调单位，与各家相关开发主体分别签订了统筹合同，负责"*依据各地块设计单位提供的地下三层设计图纸进行人防分区的协调，确定每个地块的人防分区方案*"等统筹协调事宜。在该阶段，政府的行政协调目标是街坊整体开发理念的落实与公共利益的保障，筑博设计的市场协调目标是统一各地块设计理念，有序推进工程设计进程，保障后续施工的高效推进。而前海控股则在政府与市场两者之间起到了承上启下衔接作用。

（3）施工阶段（2015.07~2019.04）：水平主导型治理

在施工阶段，总体来说，深圳前海十九单元03街坊项目跨组织网络等级度有所下降，密度有所上升（表7-4），表明在该阶段项目垂直治理水平呈下降趋势，水平治理水平呈上升趋势，项目治理结构主要表现为水平主导型治理。十九单元03街坊建设规模大，施工阶段持续时间长。在施工阶段，咨询单位、施工单位以及材料供应单位进一步加入深圳前海十九单元03街坊跨组织项目网络，这些市场性质的参建主体以合同治理机制和关系治理机制为基础进行协作，形成复杂的网络结构；同时，该阶段还涉及与市政管网部门、消防部门等项目外部利益相关者的统筹协调。因此，该阶段的主要目标为实现多主体协同推进，并保障工程品质与质量。如图7-2所示，在施工阶段，市场机制占据主导地位，政府则相对退居幕后，以履行监管职能为主，仅在有需求或必要时（产生矛盾或纠纷）组织统筹协调会议进行协调。

在施工阶段，由于临近项目建成，各方将更紧迫地思考和更密集地协调物业运营问题。例如，深圳前海十九单元03街坊多业主互联共享停车场停车费用清分机制是多地块业主横向协调的典型体现，停车费用清分原则/方法的合理性直接关系到合作积极性，并对项目建设进程产生重要影响。在深圳前海十九单元03街坊地下空间一体化开发和地块尺度较小的背景下，停车区域互联互通与停车资源共享共用成为缓解土地资源紧缺问题和降低地下空间开发成本的有效解决方案。然而，停车费用如何分摊是项目运营管理需解决的重点问题，也是各地块业主关注的焦点。对此，深圳前海十九单元03街坊基于对现有国内外停车费用清分机制研究的总结凝练，结合项目具体情境，明确以车辆停泊位置来判定停车费用的归属。为实现车辆停泊位置信息的采集，深圳前海十九单元03街坊通过全视频检测技术采集停放车辆的车牌号信息，同时为车位引导和反向寻车提供基础数据。停车场根据宗地红线进行分区，某宗地红线内的车位即归属该宗地（开发商），在车辆停车过程中进行入场信息与出场信息的匹配、车位使用信息与停车分区信息的匹配，以确定车辆停车费用并根据车辆停车时所属停车分区进行收益分配。采用一系列的技术与管理措施后，各方终于对停车库统一运营达成共识。虽然停车费用清分机制是运营阶段采用的实施机制，但其机制设计、研究讨论和各方之间协调工作都在施工阶段完成。

在施工阶段，咨询单位、设计单位以及各地块业主的点度中心度（出度）较高，表明该阶段各地块业主委托的咨询公司、施工单位以及各地块业主承担着较多的协调职能。其中，各地块业主及其委托的咨询公司（如项目管理单位）在该阶段作为系统集成商发挥着明显的协调作用，作为统筹协调主体协调各地块施工单位、设计单位以及材料供应商等多个项目参与主体。此外，前海控股在该阶段主要发挥基于市场机制的统筹协调职能，协调目标主要为高效推进自贸大厦建设进度，保障工程品质与质量。例如，前海控股委托的咨询单位深圳市京圳工程咨询有限公司（以下简称"京圳咨询"），在2017年4月24日就自贸大厦场地内、港城十七街与兴海大道交接处垂直交叉冷冻水管施工相关事宜，组织召开协调会议，明确*"中建三局应按时交出施工面，中铁上海局应尽快进场施工"*。前海控股为确保项目进度目标的实现，就给水管道相关事宜与06地块业主前海世茂发展（深圳）有限公司（以下简称"世茂"）进行多次协商，明确要求*"世茂在加快施工进度的同时，须与相关供排水务部门联系办理通水相关手续，确保按时供水，以保证自贸大厦项目的消防验收要求"*。

综上所述，从统筹规划阶段到施工阶段，项目治理结构呈现"垂直主导型治理—垂直与水平平衡型治理—水平主导型治理"的动态演化趋势。在统筹规划阶段，治理主体为政府及其授权委托的前海控股，主要任务目标为商定开发模式与总体规划设计方案；在土地出让至施工图设计阶段，治理主体为政府、前海控股、各地块开发主体，主要任务目标为实现各地块业主个体利益与整体利益的平衡以保障上一阶段的整体开发成果高效落地。在施工阶段，治理主体主要为各地块业主与咨询单位，主要任务目标为高效有序推进项目建设，保障建筑品质与工程质量。总体而言，在治理结构随着项目开展阶段动态演化过程中，项目垂直治理强度逐步减弱，水平治理强度逐步增强。在多元利益主体合作治理情境下，政府与统筹单位在项目建设前期阶段引导各利益主体形成一致的价值创造目标，以整体价值最大化为价值引领；随着项目的推进，各利益主体充分发挥主观能动性，在整体价值最大化的项目目标下追求个体价值的进一步优化，实现参建单位的"众筹式"自治（图7-2）。

随着项目治理结构的动态演化，协调职能也在项目参与主体间动态演化。在统筹规划阶段，政府与前海控股发挥行政协调和统筹推进职能，主要协调目标为就项目实施街坊整体开发模式达成共识，明确街坊整体开发规划，选定城市设计方案；在土地出让至施工图设计阶段，政府发挥行政协调职能，各地块业主发挥市场协调职能，前海控股则是政府与市场间衔接的重要环节，总体上形成"行政—市场"二元平衡协调机制，主要协调目标为平衡个体利益与集体利益，实现项目一体化开发；在施工阶段，各地块业主及其委托的咨询单位（系统集成商）发挥市场协调职能，主要协调目标为保证建设时序同步，保障建筑品质与工程质量。从统筹规划阶段至施工阶段，前海控股作为既具有政府下属授权单位的准公共属性，又具有地块业主市场属性的项目参与主体，协调职能呈现出"行政协调职能—行政协调职能—市场协调职能"的动态演化趋势（图7-3）。

7.3.3　组织治理结构演化的驱动因素

重大工程项目对社会影响巨大，项目复杂程度高，涉及政府、企业、社会公众等多类主体，各主体拥有其独特的制度逻辑，在建设过程中多重逻辑交织互动。在中国情境下重大工程项目具有政府主导作用（罗岚等，2021），占据主导地位的逻辑即决定着组织治理结构/模式的演化方向。根据Friedland和Alford（1991）的研究，制度逻辑是指能够诱发或塑造主体认知与行为的社会文化、信念及实践规则。

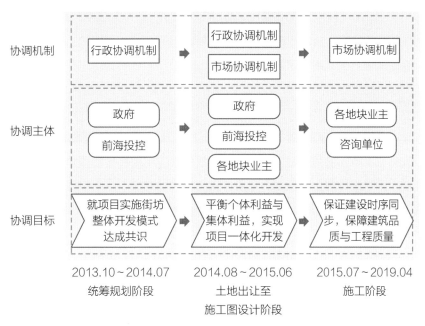

图7-3　深圳前海十九单元03街坊协调机制的动态演化

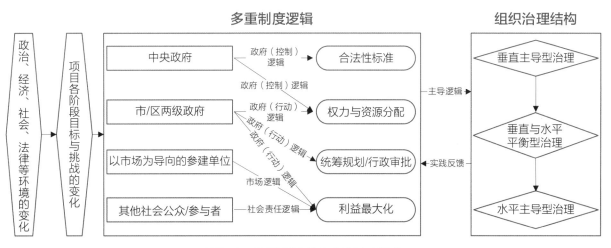

图7-4　多重制度逻辑与组织治理结构

在我国重大工程建设领域已初步探索出"政府—市场二元作用"的中国特色重大工程组织模式，其具备公共和市场双重性质，因此，重大工程组织模式形成的多重制度逻辑涵盖政府逻辑、市场逻辑和社会责任逻辑三个层面（李迁等，2019）。对于政府主体，主要通过垂直方向的行政指令参与治理，是出于国家/区域发展考虑的统筹规划，为政府逻辑；而对于以合同为纽带建立联系的业主、设计、施工、监理等单位，其行为动机主要为经济利益，因此是典型的市场逻辑，并有益于优化市场资源配置。此外，重大工程广泛而深远的社会、经济及环境影响为其绿色环保、社会公共利益创造等层面提出要求，为社会责任逻辑。这些不同的制度逻辑间交互作用，主导地位变更，由此带来项目组织治理结构的演化。在本案例中，多重制度逻辑与组织治理结构的关系如图7-4所示。

综合上文的分析和讨论可以发现，政府在项目建设各阶段的介入和管理有效保障了十九单元03街坊多主体开发下社会公共利益的实现，其退出则对多主体统筹能力造成了负面影响。那么，拓展到整个街坊整体开发模式下，组织治理结构演化究竟有何驱动因素？

十九单元03街坊的组织治理结构在各阶段发生演化，该过程中政府的作用逐步减弱。访谈中提到："三个治理机制的混合中国之治中的一大特色，今后政府及其下属企业在这类项目中的参与度还应更大，这是由高质量发展理念和开放协调理念所强调的'社会公共利益'驱动的"。以十九单元03街坊为例，如果政府不参与多主体开发的统筹与决策，那么就没有单位愿意牺牲自己的利益共建整体地库项目。而基于社会责任逻辑，政府进一步开发项目的正外部性，通过协调主体利益和弹性的地下空间布局实现了百姓在街坊内慢行交通的可达性，事实上也为相关企业和产业带来利益。

政府在十九单元03街坊中扮演"参与者"与"监督者"的角色，然而"政府究竟应该多大程度上参与"取决于前一阶段政府作为的质量。具体而言，前期统筹规划阶段以政府逻辑为主导，如果在此阶段提出的方案计划已经十分详细、能够解决关键问题，那么政府就无需参与第二阶段。同理，如果在设计阶段政府把控、审批不到位，设计存在错漏空缺，那么这些问题就将进一步遗留到施工阶段，显然政府的力量仍需介入。十九单元03街坊项目中的"带方案出让"即指政府事先做出某些强制性规定，目的是为减少其在后期阶段的参与度，更大地发挥市场机制的灵活性。但这些强制性规定也需要找到平衡点，过度限制可能导致没有愿意接手工程的企业，由此看来，在土地出让与设计阶段政府、市场逻辑交互的治理状态似乎是难以避免的，因为工程建设的复杂性客观存在。

此外，政府参与度减弱也与"决策机制"问题相关。在多重制度逻辑下，组织间难以形成普适性的决策机制来进行协调。我国十分尊重产权，前期阶段产权掌握在政府手中，其决策权最大，因此为主导性逻辑。在重大工程决策过程中，政府必须站在社会公众的立场，为重大工程决策行使必要的公共事务管理权，成为社会公众利益的代表。然而一旦发生产权转移，政府就无法再对其余主体发号施令，制度逻辑的主导地位随即发生演化，带来决策机制的难题。对于面积大小不一的两个地块，无论以产权或是面积定票数均有失公允，因此，在组织决策时难以取得双方满意的结果，这也就意味着政府参与协调的必要性，完全放手不太现实。社会公众与政府间的委托代理关系是重大工程决策中最具代表性的政府式委托代理关系（盛昭瀚等，2020）。为落实重大工程决策事务，政府作为一级次代理人，将依次委托政府职能部门、项目公司与各类社会专门机构形成"社会公众—政府—政府职能部门—项目公司—各类社会专门机构"的完整递阶委托代理链（张劲文，盛昭瀚，2014）。由于上述委托代理关系是在市场环境下进行的，故应更全面的表述为市场环境下政府式递阶委托代理关系。

项目目标往往随着前一阶段目标的完成情况发生改变，每个时期的工作重点不同，组织管理方式也不同。从重大工程的全生命周期看，不同阶段的组织既有区别，也有联系。由于各阶段面临的环境条件、参与主体、协调难度不尽相同，单一类型的组织治理结构很可能出现"适用性"上的矛盾。因此，对重大工程组织而言，不仅要思考工程全生命周期不同阶段的挑战、关键目标和组织应对策略，还要研究不同阶段组织的转换方式以及组织能力的继承方法，以提升重大工程组织的适应性。为有效避免目标与结构不匹配的问题、提高项目治理效率，"演化"是必然存在的，并且各参与主体，尤其是政府的角色变化将保持一定程度的规律性。

第八章

街坊整体开发模式的
统筹组织

街坊整体开发需突破传统常规开发模式，基于统筹"规划和管理"及"一体化建设"等先进理念展开探索。打造统一、高效、便捷、人性化的高品质街坊公共空间、整体形象，提升整体建设水平和物业价值是街坊整体开发的重要目的（王东，2015）。街坊项目各方利益诉求复杂多样，投资额大且合作周期长，兼具准公共性和商业性，合作边界较为不确定，这对统筹组织建设和统筹组织机制设计提出了更高的要求。基于此，本章将以项目的不同参与主体与不同阶段为视角，从政府—企业间、开发主体间以及设计、施工、运营阶段入手，结合前海及其他国内外项目的实践，对街坊整体开发模式的统筹组织展开系统阐述。

8.1　政府—企业间虚拟统筹组织

8.1.1　街坊整体开发的多元目标

在北京、上海、深圳、广州等我国一线城市新区开发或大规模城市更新过程中，片区整体开发模式正日益典型化，涌现出来各种因地制宜的整体开发落地模式，深圳前海街坊整体开发模式正是其中的典型代表之一。城市片区开发是政府—市场合作的过程，整体开发项目具有突出的"政府—市场"二元治理特征，参与开发的各方利益诉求呈现复杂多样的特点，组织协调的难度大幅度增加，项目成功难度颇高。此类项目往往承载着政府和市场两方面的诉求（图8-1）：

一是在某种程度上城市片区建筑产品具备准公共产品的特征，其肩负提升区域整体品质的任务，应当成为产业载体和创造性开发模式的典范，以满足政府作为公共利益代表人的目标；

二是城市整体开发作为市场化运作的项目往往规模巨大、投资额巨大、回报周期长，其开发过程必须在经济上满足市场化开发单位的商业利益诉求，只有"双重目标"都得以

准公共产品	市场化运作项目
满足公共利益代表人目标	满足市场化开发单位商业目标

图8-1　街坊整体开发的多元目标

满足，实现经济效益与社会效益的统一，项目才能被视作是成功的。

因此，从片区开发的过程角度来看，政府的参与意识、参与程度和协调控制力度与常规项目相比大幅增加；从组织角度来看，政府与企业间的统筹组织及其运作效率成为项目推进的基本保障。

8.1.2　政府—企业二元统筹的必要性

街坊整体开发模式中，由于目标的多元性以及诸多参建方的存在，利益协调问题较为复杂，因此，多个企业和政府部门之间的协作是不可或缺的，而以往将项目局限于项目团队和某个企业便显得过于狭隘，亟待从机制上对传统开发模式进行创新。整体开发模式一般是在政府主导下，由代表公共利益的政府平台型企业和社会资本开发企业合作完成。

如前所述，获取商业利益是整体开发项目的重要目标，但由于其具备一定的公共性特征，不能将之完全等同于商业项目。因此，应坚持"政府主导"，由政府积极行使治理职能，为项目开发进行制度创新。而作为市场化运作的项目，在开发过程中也必须遵循市场规律，建立合理的合约体系与有效的协调体系，发挥政府和市场各自的优势，整合双方资源，承上启下地推进项目建设。

一方面，市场企业主体的参与至关重要。企业与开发商作为城市的基本经济细胞，是片区开发不可或缺的重要参与主体。企业的参与虽然本质上是逐利，但是其作用却不可否认。首先，私人资本的投资是对公共部门投资的有力补充与帮助；其次，开发商的参与对于解决开发过程中的公共服务设施建设、社会住房供应等一系列市场化问题都具有重要的意义（王雅韵，宋立焘，2019）。由于重大工程的规模巨大、技术复杂，需要调用大量的社会资源来完成，基于契约的市场机制被认为是资源高效配置的基础性治理手段（李永奎等，2018）。

另一方面，政府作为特殊的建设单位以及公共利益代表者与公共权力掌握者，应当立足城市发展整体战略，进行与城市功能相协调的战略性统筹，做出前瞻性、长远性决策，同时通过规划管理手段对城市空间资源进行科学化的合理开发利用，处理好短期利益与长远利益、私人利益与公共利益之间的关系。由于政府行政指令在项目治理机制中可有效调节组织间关系，因此，通过政府主导，可以协调政府有关职能管理部门为项目推进服务，也可以解决项目因主体分割而产生的许多新型问题，必要时甚至可使用强制性手段进行干预，使项目开发建设与城市规划和设计的最初意图相契合（谢坚勋等，2018）。因此，政府统筹既能高效推进项目，也能实现对公共利益冲突的有效平衡，是非常有必要且有效的途径。考虑到政府的公共性、社会作用以及在区域规划建设和重大工程中的极高话语权，政府行政统筹应当成为整体开发模式统筹组织的重要方面。

由此可见，街坊整体开发模式下政府与企业间应当在政府的主导下建立互动机制，并进行互动紧密的市场化运作。政府与市场可以通过直接、高效的沟通，协调彼此间的差异化利益诉求，整合各自资源优势，确保项目顺利推进（许世权，2019）。通过政府主导与市场协商机制，协调项目与政府管理层以及各业主之间的关系，进而充分调动开发主体的积极性。成熟、中立的政府—市场二元统筹机制应当明确各方在整体开发中的权利与义务，使各开发主体之间的良好协商贯穿街坊整体开发全过程，充分发挥其议事能力和决策能力。通过构建政企协调平台，在政府和企业层面不断发现与解决问题，借助管理部门对企业协调的适度干涉，在不影响公共利益的前提下充分激发各主体能动性，在制度化的流程保障下，实现各方间的求同存异与利益平衡，最大可能寻求市场利益与公共价值的最优解（叶伟华等，2021）。

8.1.3　政府—企业间统筹组织机制

上述讨论中，政府一定程度介入、参与整体开发过程，形成政府—企业间协调统筹的重要地位和作用已得到充分论证。事实上，在目前的项目开发中已形成了诸多政府—企业间统筹组织的宝贵实践经验。具体来看，政府在组织编制相应的发展规划、开发导则等指导性文件的基础上，通过自上而下的实体或者虚拟统筹组织（指挥部、领导小组、管委会、办公室等）以及相应的协调、会议机制，并建立政府平台型企业作为政企沟通的重要载体，来实现对整体开发项目的主导性统筹。在工程项目中，虚拟组织区别于一般的传统组织，在形式上没有正式的规范进行约束，组织成员通过高度自律和价值取向实现组织的共同目标。

（1）政府统筹组织建设

包括城市片区整体开发在内的重大项目，对国家具有重大战略意义，但也因为如此，无论是计划体制还是市场体制，都不会自发地识别、提出并完成此类重大任务。重大任务的提出和执行只能通过政治过程，取决于政治领导层的远见、战略意志和实现国家远大目标的决心。要完成重大任务就必须超越现有的运行体制——无论是计划体制还是市场体制的局限性，于是政府便需要设立由国家或地方最高决策层直接领导并对任务结果直接负责的特殊统筹组织（路风，何鹏宇，2021）。设立此类跨部门统筹治理组织，可提高项目决策效率，保障项目实施的顺利推进。政府的介入并不是替代业主方完成现场项目管理工作，而是从更高的层面对项目总体实施进行协调支持和资源保障，形成项目顶层治理机制，对传统项目管理组织提供重要的补充。

整体开发项目中需要政府统筹的事务纷繁复杂，客观上需要职能专门化的各个部门实现良好的协作及对各项工作的统筹安排。然而，由于处于平级地位的单个部门相对缺乏要求其他部门积极协助的资源和能力，这使位于其上的更高层领导进行组织协调成为一种必要。政府统筹组织的结构特点恰恰满足了这一需求。此类组织的成员包括了与特定事务相关的各部门负责人，而一把手又具有更高的职权，能够调动社会中有限的资源集中于该事务，其亲自参与势必使政府统筹组织的决定具有较强的权威性并能得到较好执行，从而使该项事务得以高效开展，这在很大程度上得益于政府统筹组织（如指挥部、领导小组等）所能发挥的独特功能——集中力量协调解决重大问题，完成重大任务（图8-2）。

政府的项目统筹组织成员由各部门领导组成，以会议、文件等形式进行沟通、协调并做出决定，形式较为松散，因而需要有处理常规性事务的人员和机构，这就使办公室的存在成为必要。通常情况下，办公室设在与管辖事务最密切的主要责任部门，并由该部门的正职或副职领导人兼任办公室主任，以发挥其专业优势（赖静萍，2009）。办事机构设在某个部门，主要是政府统筹组织所协调事务与该部门原有职责联系最为紧密，而此前该部门很可能欠缺获得其他部门支持和协助的资源，使问题的解决具有较大难度。

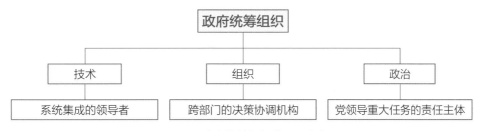

图8-2　政府统筹组织的三重角色

其他部门与该项具体工作的关联则相对较弱，但参与其中后也能在这个权力场中提出自己所在部门的意见与要求，同时协助主要责任部门开展工作，这便形成了政府统筹组织的"中轴依附结构"（图8-3）。在这一结构中，职能和权力重心主要集中于"领导成员—牵头部门—办事机构"这条线上，它们构成了领导小组在实际运行过程中的一条中轴线，承担了绝大部分工作，发挥着主导性作用；而其他组成部门只是处于外围，"依附"于这条中轴线开展工作（周望，2010）。由此可见，成立政府统筹组织，将具有实权的相关部门领导人纳入其中，并由职权在普通成员之上者予以统驭，可以充分调动和运用政治资源协调各成员单位的行动，从而保证协调机制的有效运作（赖静萍，2013）。

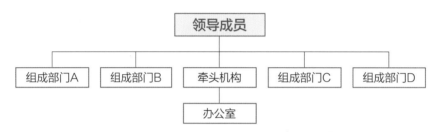

图8-3　政府统筹组织的"中轴依附"结构❶

政府统筹组织既承担着决策拍板前的决策评估和决策咨询功能，又担负着协调监督功能。其议事协调的基本功能是常规治理手段的有效补充、沟通并列机构间的信息联系，决策形成过程中的前期准备以及决策实施过程中的重要组织保障。

前海项目设立有深圳市前海深港现代服务业合作区开发建设领导小组和前海城市新中心建设指挥部两大政府统筹组织。领导小组是前海深港现代服务业合作区的最高决策机构，负责研究决定前海开发建设过程中的重大事项，协调解决重大问题，其具体职责涵盖体制机制创新、产业发展、招商引资、人才政策和区域规划、土地管理、开发建设等方面的关键问题。领导小组组长及副组长由深圳市党政一把手担任，此外，在领导小组下还设有办公室。办公室设在市前海管理局，作为领导小组的日常办事机构，由前海管理局局长兼任办公室主任（深圳市人民政府，2010）。指挥部则主要负责举全市之力，统筹好规划、建设、管理三大环节，负责审议前海城市新中心的重要规划、城市设计、建设计划和重大公共设施布局，统筹协调推进前海城市新中心规划建设工作，研究解决建设过程中的重大问题（前海年鉴编纂委员会，2019）。其成员包括深圳市发展改革委、市规划和自然资源局、市住房建设局、市水务局、市城管和综合执法局、市建筑工务署、市轨道办等单位人员，并在前海管理局内设置办公室承担具体工作。

（2）设立法定机构

法定机构（Statutory board）脱胎于政府，是政府"瘦身"和转型的产物，常见于我国香港、新加坡及欧美发达国家，类似机构在英国被称为"执行局"，在美国被称为"独立机构"，在法国被称为"独立行政机构"，在日本被称为"独立行政法人"。这种机构既不同于过去纯粹的行政管理机构，也不单纯地按纯企业化管理，其定位介于两者之间，既有行政管理职能，又按照企业化运作，是两种模式结合的公共机构（前海管理局，2016）。

❶ 周望. 中国"小组机制"研究[M]. 天津：天津人民出版社，2010.

前海合作区承载巨大历史意义和重要使命，主要体现在前海是发达市场经济条件下公共管理和服务体系创新和示范区，具备现代服务业管理体制机制创新区、现代服务业集聚发展区、香港与内地紧密合作先导区、珠三角地区产业升级引领区的功能。它将为我国经济和社会的进一步改革开放，探索新理念、新体制、新规则和新方向，努力构建世界一流的区域治理格局，为国家治理现代化提供先行先试的经验（深圳新闻网，2011）。

前海深港现代服务业合作区是中国内地首个以法定机构模式主导开发治理的区域，前海管理局成立预示着前海开发建设进一步提速和落实，是标志性事件。它全称为深圳市前海深港现代服务业合作区管理局，是依据《深圳经济特区前海深港现代服务业合作区条例》《深圳市前海深港现代服务业合作区管理局暂行办法》设立，实行企业化管理、不以营利为目的、履行相应行政管理和公共服务职责的法定机构，从性质来说，跟一般的政府机构有很大的区别，它不属于一种纯行政机构，而是一种在我国正在孕育中、生长中的非政府的法定机构，是"企业化的政府"。

前海管理局主要职能是协调、统筹、招商等公共服务，因此，设立理事会决策，执行机构执行的法人治理模式是符合其公共服务机构性质的。但是，《前海深港现代服务业合作区总体发展规划》的获批意味着赋予了前海管理局具有相当于计划单列市的非金融类产业项目的审批权限，同时，为保证前海合作区的集约式快速发展，市政府将土地出让、规划管理、土地管理、财政管理等政府职能交由前海管理局负责。由于前海管理局掌握了许多政府资源同时履行诸多行政管理职责，为提高行政管理效率，保证政府资源的合理利用，前海管理局应当建立相当于行政机关的法人治理模式，即行政首长负责制。因此，《深圳市前海深港现代服务业合作区管理局暂行办法》放弃了理事会决策的法人治理模式，采用前海管理局局长负责制的法人治理模式。

做出这样的制度安排，一是符合前海开发实际。市委市政府已经成立了前海工作领导小组，对前海开发建设和管理的重大问题进行决策，在政府主导的原则下，前海管理局没必要再成立集体决策式的理事会内部决策机构。二是符合法定机构制度理论。理事会决策的法人治理模式不是法定机构的固有特点，应当视乎法定机构本身的性质设计相符合的法人治理模式。由于前海管理局当前主要承担政府行政机关的职责，需要提高行政效率并且权力适当集中，因此，当前选择与其机构定位相适应的行政首长负责制的法人治理模式（深圳市司法局，2018）。

前海管理局的设立从三方面推动前海合作区的发展，主要体现在制度、服务与理念。制度主要体现在国务院赋予它特殊的权利上，即在经济建设方面享有除金融以外的副省级城市管理权限，从服务上它将为企业提供更多优质高效的服务，更多地对企业进行指导、协调和监管，尽量减少行政管理特别是行政许可的权限。而这个法定机构的成立本身就是一种创新理念（深圳新闻网，2011）。

2015年，前海管理局加挂中国（广东）自由贸易试验区深圳前海蛇口片区管理委员会（简称"前海蛇口自贸片区管委会"）牌子；2018年中共深圳市委批复成立中共深圳市前海深港现代服务业合作区工作委员会（简称"前海合作区党工委"），作为中共深圳市委的派出机构，明确与前海管理局一体化运作。同年，中国（广东）自由贸易试验区深圳前海蛇口片区管理委员会（简称"前海蛇口自贸片区管委会"）、深圳市前海深港现代服务业合作区管理局（简称"前海管理局"）合署办公，对外两个牌子。经过10年发展，前海管理局已逐步建立健全涵盖决策、执行、监督、咨询的治理结构，构建完善以法定机构承载区域政府治理职能的体制机制创新格局，推动前海深港合作区与前海蛇口自贸片区实现跨越式、超常规发展，形成了独具特色的"前海模式"（前海管理局，2021）。

（3）统筹组织议事制度

整体开发项目的建设过程中，存在众多影响整个项目进程的全局性或关键性问题。这些问题需要依托集体智慧解决，因此，整体开发项目往往以各类会议为载体，形成了定期或不定期的议事机制，以确保决策的科学化、民主化、规范化，从而促进项目的顺利推进和成功实施。

整体开发项目的政府统筹组织中往往会根据国家、省、市有关法律法规，参照政府常务会议工作规则，结合自身与项目的工作实际制订会议规则，并在其指导下召开定位与议题各异的会议。以前海为例，在前海城市新中心建设指挥部和前海管理局内部，均建立了两级协调会议机制（图8-4），以满足街坊整体开发的统筹过程对权责对等、分级授权、优化决策程序、提高工作效率的要求。

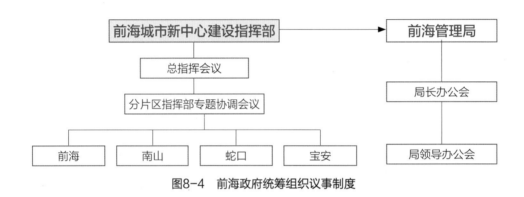

图8-4　前海政府统筹组织议事制度

1）指挥部会议

前海新城市中心指挥部建立起总指挥会议和前海、南山、宝安、蛇口分片区指挥部专题协调会议两级议事协调机制，确保信息畅通、协调有效、推进有力。这种会议机制是政府各相关部门负责人统筹与沟通的桥梁，同时招商局集团、前海开发投资控股公司、前海蛇口自贸投资公司等企业的相关负责人员也是会议的重要成员。在指挥部较高的政治站位下，协调推动南山区、宝安区和前海的政府部门与相关企业共同努力、密切配合、高效联动，促进部门单位加大支持力度，解决企业层面无法攻克的问题，共同推动前海城市新中心建设。

2）局长办公会

前海管理局于2018年印发了《深圳市前海管理局局长办公会议工作规则》以及《深圳市前海管理局局领导办公会工作规则》，对该两类会议的议题、召开流程、决定、督查跟踪、纪律等进行了说明。其中，局长办公会是讨论决定前海管理局工作中重大事项的决策性会议，实行行政首长负责制，会议成员由局长、副局长、廉政监督局局长（前海监察专员办主任）组成，局长召集，必要时局长可以委托临时主持工作的副局长召开，原则上每周召开一次。2018年，前海管理局召开局长办公会议50次，审议有关前海建设发展重要事项250余项，对规划与审批、土地出让、重大项目支出、财政性资金投资、局属公司重大事项等企业层面无法解决的问题进行讨论与决策（图8-5）。

局长办公会已成为前海管理局进行项目统筹的重要机制，并且对涉及全局性工作安排、关乎重大体制、政策调整以及重大文件出台和财政、投资、土地等资源配置等方面的重大问题都能够在会上按照严格流程进

时间	次第	主要议题
1月4日	1次	传达贯彻李希书记重要批示精神和有关会议文件精神；审议《关于提请审议前海合作区十一号路市政工程施工图总预算的请示》；审议《关于提请月亮湾立交一桂庙路主线跨线桥项目立项的请示》；审议《关于修订〈前海管理局局属企业外派监事、财务总监管理暂行规定〉和〈前海管理局局属企业外派财务总监工作指引〉的请示》；审议《关于提请补签T102-0257地块产业监管协议的请示（前海恒昌）》；审议《关于提请局领导签署T201-0080产业用地监管协议的请示》；审议《关于前海金控参与发起设立中保车服科技服务股份有限公司的立项请示》；审议《深圳市前海控股公司关于提请审议前海合作区区域集中供冷项目10号供冷站投资立项的请示》
1月23日	2次	传达有关会议精神；通报2017年计生奖励情况；审议《关于审议〈前海管理局配合"改革开放再出发"中央电视台"心连心"赴深圳前海慰问演出工作方案〉的请示》
2月7日	3次	传达上级有关会议精神和局党组有关决策部署，通报有关情况；审议《关于提请审议〈需南山区支持解决的相关事项〉的请示》；审议《关于开展"2018年度前海蛇口自贸区统计服务外包项目招标工作"的请示》；审议《关于开展〈前海商业（含准公益设施）业态发展研究与策划〉公开招标工作的请示》；审议《关于报请审议月亮湾立交一桂庙路主线跨线桥工程土地整备补偿方案等事项的请示》；审议《关于前海金控参与发起设立深圳前海股权交易中心有限公司的立项请示》
2月14日	4次	学习习近平新时代中国特色社会主义思想和党的十九大精神；传达有关会议精神；通报《关于〈改革开放再出发〉——中央电视台"心连心"赴深圳前海慰问演出参办参演单位的表扬通报》；审议《关于开展前海拟出让用地规划条件研究的请示》；审议《关于提请局长办公会审议前海管理局建设工程服务平台招标事项的请示》
2月28日	5次	学习习近平新时代中国特色社会主义思想和党的十九大精神；传达有关精神；审议《关于提请管理局审定前海产业引导基金拟合作子基金管理机构及投资方案的请示》；审议《关于尽快开展香港建筑师前海建筑设计比赛的请示》
3月2日	6次	学习习近平新时代中国特色社会主义思想和党的十九大精神；传达市委常委会精神；审议《深圳市前海管理局局长办公会议工作规则》《深圳市前海管理局局领导工作会议议事规则》；审议《关于核发前海港货购物中心项目及深港创新中心项目建设工程规划许可证的请示》；审议《关于提请审定〈深圳前海深港现代服务业合作区产业投资引导基金管理办法〉的请示》；审议《深圳市前海管理局关于牵头研究招商局集团前海土地整备实施初步方案的函》

图8-5　前海管理局局长办公会2018年部分议题❶

行审议，并对会议决定事项和交办事项进行跟踪督查（前海年鉴编纂委员会，2019）。

　　3）局领导办公会

　　局领导办公会根据工作需要随时召开，由局长或副局长召集并主持，相关部门参加。涉及两位以上分管局领导的，可共同召开会议，必要时亦可委托处级以上领导主持召开。会议对管理局日常工作重要问题进行部署协调，对土地和房地产相关事项、财政性资金投资事项以及达到一定额度的项目支出进行审议，并研究需提请前海合作区党工委、局长办公会、其他重要会议审议的重要事项。作为研究、协调决定前海管理局

---

❶ 深圳前海蛇口自贸片区管委会（前海管理局）办公室. 前海年鉴2019[M]. 北京：中国文史出版社，2019.

日常重要问题的专题会议，局领导办公会兼具决策和上传下达的作用，是实现政府—企业间统筹的重要手段（前海年鉴编纂委员会，2019）。

除依托政府统筹组织内部的会议机制外，政府—业主层面的统筹协调也可建立相应的议事平台，比如管委办会议、重大办会议以及专职推进小组会议等多种形式的协调会，按照协调的议题，可邀请相关审批部门和相关项目的业主单位参加。会议主要对审批事宜、重大方案决策、各方建设目标协同、项目整体推进、施工安全共建等问题进行协调统筹（谢坚勋等，2018）。基于此，项目形成的政府与市场的互动关系可以直接、高效地沟通协调政府与市场之间的不同利益诉求，整合政府和市场各自的资源优势，为项目的整体推进起到了关键作用，从而体现区域组团式整体开发的"政府主导、市场化运作"的开发理念（许世权，2019）。

（4）政府平台型企业：牵头者与界面角色

地方政府平台公司在推动城市基础设施建设、改善民生、支持我国经济的快速发展中发挥着重要作用。它实际上是由政府出资设立，通过资本金、土地或优质资产注入等方式壮大平台公司实力，并以地方政府的信用作为背书，为实现地方政府意志、加快地方基础设施建设、提供保障民生公共服务、调整地方产业布局、带动地方经济发展而进行市场融资的法人主体。政府平台公司包括不同类型的城市建设投资、城建开发、城建资产公司等企（事）业法人机构（夏冰，2020）。

街坊整体开发项目普遍表现出投资额大、合作周期长、参与主体众多、子项目多而杂以及项目合作边界不确定、涉地性、准公共性等特点。考虑到城市的发展战略、平台的资源禀赋和政策优势，政府平台公司往往会成为重要的开发主体，担任统筹的牵头角色。

2011年12月28日，为顺应国家开发建设前海的战略需要，根据国务院批复及市政府出台的相关办法，前海管理局出资成立前海控股。前海控股的具体职责和使命是：负责前海合作区内土地一级开发、基础设施建设和重大项目投资（图8-6）。作为前海开发建设的法定主体和规划落地的执行单位，前海控股自成立以来始终秉承践行国家战略，与前海共生长，在一片滩涂上起步筹建新城，承担了众多急难险重任务，开

图8-6　前海新城建设实景图

展了众多重大工程项目，现已发展为由一个支持系统（总部9个职能部门）、六大业务板块（基础设施建设、置业开发、城市运营、能源服务、人才住房、景观环境）、十余家参控股公司组成的多元化平台化企业集团（前海管理局，2021）。

前海控股这家政府平台型企业因其独特的地位与优势，成为前海管理局局属企业和前海新城建设的主力军。作为前海管理局全资控股的平台型企业，前海控股在政府与企业的统筹协调中承担着重要的界面角色，承担了整体开发统筹全过程中的许多牵头工作，包括设计、施工和运营的统筹协调。

以十九单元03街坊为例，在项目推进前期，由前海管理局规划建设处牵头，前海控股组织其余6家业主召开十九单元03街坊开发统筹协调会，经各用地主体商议，确定《导控文件》编制单位筑博设计为十九单元03街坊的城市设计统筹单位，各用地主体按照建筑面积比例以众筹的方式分摊相关费用（叶伟华等，2021）。设计阶段前海控股牵头组成业主联盟，并负责统筹街坊整体形象、公共连廊一体化设计以及街坊景观一体化。施工阶段前海控股牵头各业主间协调统筹，是协助管理局落实导控、协调施工阶段分歧、实现建设效率和公共效益最大化的重要力量。前海控股组织编写《前海十九单元03街坊整体统筹协调服务建议书》，制订施工协调会议机制并组织会议召开。运营阶段，地下停车库由前海控股组织统筹规划，统一聘请运营单位，着力打造地下空间整体化人行、车行系统。同时，前海控股统筹前海产业空间和配套资源，发挥公司平台企业优势，完善区域配套服务功能，有效推进产业落地，优化营商环境。此外，前海控股还可代表前海管理局与其他企业采取合资合作模式，搭建"小政府 + 大企业"的企业化管理、市场化运作平台，从而更好地整合政企资源。

8.2　开发主体间统筹组织

开发主体之间的重大分歧事项是通过政府—业主协调机制开展协调的，但仍有大量的项目目标协同、技术配合、界面分工、经济分摊等事宜需要在各项目业主之间统筹解决。在街坊整体开发模式的背景下，各个开发主体需要通过自身的自利性和决策的分散化来争取更高的市场份额和更优的资源分配，这势必会存在分散和整体的"协调"问题。因此，如何做好街坊各开发主体间的统筹组织工作就成为街坊项目成功交付与运营的关键所在。本小节即以开发主体间虚拟统筹组织为核心，首先介绍开发主体间虚拟统筹组织的必要性，之后介绍开发主体间虚拟统筹组织及其运作机制。在说明组织与机制的过程中，将通过前海十九单元03街坊项目以及一些其他相关项目的实际案例，介绍开发主体间虚拟统筹组织的优秀实践。

8.2.1　开发主体间虚拟统筹组织的必要性

项目开发模式需要以需求导向进行延伸和探索，开发主体间虚拟统筹模式与街坊整体开发模式的必要性是密不可分的，本部分主要对开发主体间虚拟统筹组织建立的必要性进行分析，旨在明确多开发主体间统筹协调的难点与痛点。

（1）多主体开发过程中的目标独立性

虽然同属于一个街坊内部，但是各开发主体间在项目愿景、项目定位、项目功能要求、项目管理所需达到的最终目标及利益诉求都是迥异且独立的，也拥有各自的责权利特点（孙洪洋，2015）。作为项目开发的顶层设计，项目愿景及目标的独立势必会为项目开发过程中设计、施工、运维等阶段的统筹工作增加难度。在街坊整体开发模式的情境下，虽然各开发项目有着相对独立的目标，但是统筹协调可以在一定程度上提高项目管理的效率，使得各个项目在街坊整体建设的"保护伞"下更好地实现各自的项目愿景。

（2）多主体开发过程中的信息私有性

参与方根据不同项目采用不同的信息模式与交流方式，互相之间容易形成隔阂，最终形成一个个信息孤岛，不利于信息的流通和确认，阻碍项目进展（包俊，2017）。另外，街坊整体开发项目建设团队往往具有临时性，团队成员来自不同的单位与部门，项目内部的信息沟通与交流也将面临极大的挑战。如何保证组织内信息传递速度和知识共享效率，如何应对突发性的紧急情况而快速反应，是值得每一个复杂项目管理者思考的问题。

在前海十九单元03街坊项目中，由于体制和机制方面的原因，项目计划管控的职能分散在前海控股等政府和地块业主之中，各业方的交流方式与交流频率各不相同，如何理顺上下左右关系，加强交流，形成前海合作区全区合力，实现全过程计划综合管控，是前海十九单元03街坊项目管理的难点和关键（谢春华，2019）。

（3）多主体开发过程中的边界封闭性

多元主体开发模式对街坊整体开发的另一个影响体现为边界的封闭性，即用建筑实体将街坊界面围合起来，并禁止外部人员进入，以此实现使用空间的私有化和排他性。从经济学的角度来看，封闭型空间的形成源于市场供给结构的失衡与空间分配的不均（任常历，2016）。传统街坊的内部开放显然已无法满足更高层次的商业品质需求。于是，多主体开发过程中容易产生边界的封闭性，业主可能为了防止其他人对项目内部空间的侵占，也为了保障建筑使用者对建筑优质环境的绝对享有权而在项目开发过程中采用一种相对封闭的姿态，这样势必会影响到街坊整体统筹开发的效率问题。

（4）多主体开发过程中的决策自主性

开发主体间的分散化决策虽然从出发点来看是没问题的，但在街坊整体开发模式的背景下也存在较为显著的问题。虽然各个主体的决策目标是自身效率最大化，但是对于街坊整体而言，可能存在着效率低下以及分散化等问题（谢春华，2019）。诸如景观设计、部分施工活动等问题在项目范围内进行统筹组织可以得到更好的解决。对于推动项目整体进度的统筹协调，可能并非是各开发主体的主观能动意愿，甚至可能与其局部利益相抵触，于是参与方之间容易出现竞争与矛盾。因此，街坊整体开发模式中的决策自主性反而会降低项目整体开发的效率。

（5）上述特征体现了虚拟统筹组织的必要性

综上所述，街坊整体开发模式的多开发主体系统作为一种临时的合作体，各建设主体的目标独立性、信息私有性、边界封闭性以及决策自主性等因素，使得项目开发过程中大量的协调、沟通以及共同决策过程存在，在项目运作过程中往往很容易产生各种冲突和摩擦（图8-7）。

各开发主体间的活动只能通过协调方式进行管理，无法像层级组织中垂直的权力分配体系一样使用命令、控制等管理手段，协调难度和重要性远远超过传统组织中的协调职能，亦不存在一个绝对权威的组织可以切实协调各方的冲突。冲突的协调应由各开发主体经过充分协商一致产生，是一个满足各方约束和偏好的统筹过程（何清华等，2014）。因此，迫切要求进一步研究信息沟通与协调背后的机制，提出一些有效的协调策略，以达到参与各方的信息集成。为了顺利完成街坊整体开发项目，就要求多开发主体统筹的顶层设计具有前瞻性和可操作性。因此，就势必存在适用于街坊整体开发项目的开发主体间统筹组织。

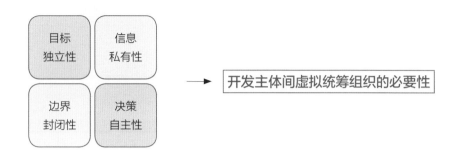

图8-7　开发主体间虚拟统筹组织的必要性

8.2.2　开发主体间统筹组织——业主联盟

开发主体间虚拟统筹组织是一种承上启下的关键组织模式。项目推进过程中产生的一些分歧，可先通过设计和施工管理单位进行初步协商并制定可行方案，解决不了的问题再通过开发主体间虚拟统筹组织进行决策；在解决大量界面、协作问题的基础上，对于涉及重大利益调整、政府部门支持、开发主体协调机制无法达成共识或难以直接解决的事项，都应再通过政府—业主层面的协调机制加以解决（温斌焘，2020）。

由此可见，以多开发主体间沟通协作机制为核心的开发主体间虚拟统筹组织是街坊整体开发项目成败的关键所在。各开发主体间可通过共同组建业主联盟这一临时性的虚拟组织，运用契约精神或合作伙伴关系对各开发主体的行为进行约束和调节，使得各开发主体之间形成一个虚拟的"建设单位联盟"。因此，业主联盟可以被视为将街坊整体开发模式中开发主体间统筹组织从理论转变为现实的关键性统筹组织。

（1）开发主体间虚拟统筹组织结构

对开发主体间虚拟统筹组织结构而言，在业主联盟的基础上，亦需要确定牵头的统筹单位，该统筹单位原则上应为街坊内有丰富相关经验和实力的某地块开发主体。各街坊成员单位应按照政府部门相关的指导意见，与统筹单位签订《街坊整体开发统筹协调协议书》，明确各方在整体开发中的权利义务及相关的协调机制，建立"街坊整体开发统筹协调会议"制度（邓斯凡，2020）。在进行具体事务决策时，可按照少数服从多数的原则进行投票，设置投票权重时可将土地使用权人的项目建设规模作为一个考量因素。

在前海十九单元03街坊项目案例中，主要通过前海管理局局属企业的牵头来实现多开发主体间的统筹合作。根据前海管理局的工作部署，前海控股作为前海管理局局属企业和前海区域新城建设的主力军，承担了从规划、设计、施工到运维各个阶段的全过程统筹工作，组织其余6家业主形成了"业主联盟"的虚拟组织，按照统筹开发、协调推进的整体思路，对用地实施了一体化开发建设工作（谢春华，2019）。

业主联盟这一临时组织主要以牵头的企业前海控股为中心，由其他各开发主体的相关代表组成。具体职能应以项目整体开发、整体竣工为前提，针对前海十九单元03街坊的总体开发方向、里程碑节点、协调框架以及费用分摊等开发主体需要率先明确达成共识或较为关心的工作内容进行协调沟通。业主联盟通过例会形式开展工作，参与人员主要为各开发主体的高层管理人员（图8-8）。

（2）开发主体间虚拟统筹组织功能

在前海十九单元03街坊项目案例中，开发主体间虚拟统筹组织的功能主要包括以下方面（谢春华，2019）：

图8-8 前海十九单元03街坊项目业主联盟组织

1）设计统筹。以前海控股牵头的业主联盟负责统筹整个街坊的设计工作，并委托一家设计公司为设计总体统筹单位，负责全过程管控各地块设计统筹工作，编制方案设计、初步设计、施工图设计阶段的《导控文件》作为设计工作指导文件，并在各阶段对不同设计单位进行要点控制，保证了项目设计的统一性、协调性和完整性。其中，作为牵头主体的前海控股主要负责：①街坊整体形象统筹，包含街坊整体功能规模、建筑形态、公共空间、交通组织及市政管线一体化控制及实施；②公共连廊设计及施工一体化统筹，从街坊整体效果出发，控制二层连廊系统的形态位置等方面；③街坊景观一体化统筹，将"云端生活"主题理念贯穿整个空间，体现现代感、科技感、前卫感的景观风格（郭军等，2020）。

2）施工统筹。多元主体合作情境下的整体开发，在施工阶段的重点统筹问题是整体场地布置、交通布置。垂直运输机械的布置是项目协调的难点。在各地块桩基施工阶段、总包单位进场前，项目统一布置塔吊群，将各地块预计使用的塔吊数量、位置进行了统一布置、统一编号，充分考虑各个业主需求和意见后定稿发布，并将此文件放入各地块施工总承包招标文件中。项目统一布设施工通道。在地下室施工期间，为统一施工运输通道管理建立了一条经过各地块的地下室施工公共运输通道。通过统筹布置施工设备及公共运输通道，使得地盘的管理井然有序，公共运输的效率得以大大提高。

3）运营统筹。地下停车库由前海控股组织统筹规划，统一聘请运营单位。作为业主联盟的牵头单位，前海控股在整个街坊整体开发过程中进行了大量的协调工作，如组织日常协调会议、统筹协调公共空间、景观设计和建筑选材，上传下达企业诉求和政府要求等。以营造"地下空间统一管理运营"为目标，打造地下空间整体化人行、车行系统，同时依靠地下空间整体设计和开发，实现开发成本的最优化。

8.2.3 开发主体间虚拟统筹组织运行机制

开发主体间虚拟统筹组织运行的核心是建立开发主体间的沟通协作机制。本部分即结合前海十九单元03街坊及其他街坊整体开发项目的具体案例重点介绍街坊整体开发模式下若干种重要的开发主体间虚拟统筹组织的运行机制。

（1）多开发主体间统筹协调会议机制

开发主体间虚拟统筹组织往往通过开发主体间统筹协调会议（又称"集体议事机制"）的形式实现整体推进和利益协调，各建设主体通过共同协商进行影响建设项目进程的重要决策。产生及实施此类重要决策的途径是直接的、多边的、面对面的协商会议，会议的实际参加者是经各建设主体内部授权的代表。项目协商会议的核心议题是项目的利益分配问题——即寻求项目建设的合理的、为各方所共同认可的利益分配方案。如果各方对所讨论的议题获得一致意见，则各方将签署项目协调会所产生的体现决议文件——利益平衡方案或者会议纪要，并赋予其项目建设纲要的性质，作为项目决策及项目建设中原则性问题的指导文件。这一会议协调过程由开发主体间的统筹协调单位负责统筹管理，并由政府相关部门进行审批、指导等工作（何清华

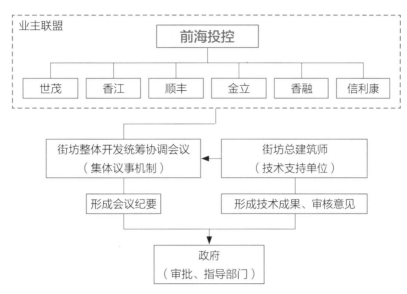

图8-9 街坊整体开发统筹协调会议机制

等，2014）。图8-9概述了前海十九单元03街坊中由前海控股牵头运用统筹协调会议机制的具体流程。

业主例会是一种多边的协调机制，由牵头开发主体间统筹组织的前海控股公司组织召开，由各项目的业主参加，按照协调议题，也可邀请相关设计单位和施工单位参加；专题会议机制是在面临具体的临时性问题时所组织的一类协调会议机制，会议模型及会议时间可能比较灵活，主要由涉及该临时性问题的利益相关方参与，统筹解决针对性的问题；采用街坊整体开发模式后，大量的技术对接和经济协商工作在地上项目和地下空间项目之间产生，因而地上与地下业主之间的双边协商也是非常重要的协调机制。

（2）多开发主体合约统筹机制

合约是合同的基础，是约束各开发主体行为的重要载体，也是公司和项目治理的重要组成部分。街坊整体项目各开发主体在各自签订的土地出让协议以及街坊整体开发项目导控文件的指导下，通过协商一致的双边、多边协议，约定市场各开发主体在产权、设计、施工和运营中的界面分工，特别是约定了各项公共设施费用分摊的原则和具体的实施办法。通过合作开发框架协议和实施细则，将组团式整体开发、地下空间统一建设的理念落实到可操作的做法、细则和措施，并统一了各地块项目建设的步骤（许世权，2019）。通过契约精神对各建设单位的行为进行约束和调节，是将街坊式整体开发、地下空间统一建设从理论转变为现实的关键性统筹机制。多开发主体在统筹协调会议中所产生的会议纪要，及其在统筹过程中签署的相关决议文件，都可被视为开发主体统筹过程中重要的合约文件。

（3）多开发主体关系统筹机制

仅仅依托合约规定的义务不足以完全实现开发主体间有效统筹的目标，因此，借鉴英国旧城改造的经验，前海十九单元03街坊项目中提出在各建设单位之间建立和维护一种伙伴式合作开发关系。伙伴式关系一般被定义为：当项目成功成为各利益相关者的共同目标时，各开发主体之间通过建立利益相关者之间的良好的伙伴式关系，通过社会的、道德的、软性的机制来制约、协调和监督利益相关者的行为，使之产生合作，避免采取投机行为，以保证项目间的顺利进行。各开发主体在项目建设中表现为相互独立、相互协作、相互补充、风险共担、利益共享、彼此信任又相互监督的关系（谢坚勖等，2018）。

　　具体而言，前海十九单元03街坊项目开发建设的过程中，地上各个单位之间是平等的法律主体，相互之间是一种"相邻关系"，但为了项目的整体目标，以及与地下空间建设的接口，需要紧密配合、高度协同，这种平等的关系从地块与地块之间的纵向界面关系演变成复杂的、立体的交叉界面关系。研究表明，信任关系是合作开发绩效的重要影响因素。在项目建设过程中，明确伙伴式合作开发的战略构思，建立平等协商机制，形成高层沟通协商常态化、工作沟通例会制等工作手段，逐渐向建立伙伴式合作开发关系而努力。这也符合中国建设环境中的常规做法，即当业主方为了降低风险时，往往会采用非正式机制来增强企业间的信任，有时还会建立管理者间的私人关系来解决合同之外的问题。

　　（4）多开发主体文化建设机制

　　此外，文化建设机制也是推动项目开发主体间良好统筹组织的重要机制。其中，倡导"整体利益高于一切"的项目文化至关重要。街坊整体开发模式从单项目的视角来看，其整体设计、施工方案的优化往往引起传统开发视角下单项目的利益调整。因此，整体利益与局部利益的平衡至关重要，这往往是撬动工程协调的关键因素（温斌焘，2020）。传媒港项目始终倡导以项目整体利益为导向的项目文化，依托业主联盟，联合党建，以劳动竞赛等形式，不断宣贯项目整体利益高于一切的文化理念，这在促进多开发主体统筹协调的过程中起到了重要的作用。

　　（5）四种运行机制相辅相成

　　由此可见，开发主体间虚拟统筹组织的运行机制主要有统筹协调会议机制、合约统筹机制、关系统筹机制以及文化建设机制。其中统筹协调会议机制又可以看作是其余三种机制健康运作的重要载体。四种运行机制相辅相成，互相促进，共同服务于联盟这一开发主体间虚拟统筹组织，较好地解决了开发主体间的沟通与协调问题（图8-10）。

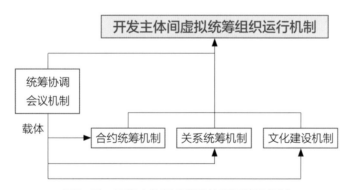

图8-10　开发主体间虚拟统筹组织运行机制

　　十九单元03街坊是前海多元主体间统筹开发的初步实践，基本取得了预期效果，多元主体间统筹开发模式已经成为"前海模式"的重要组成部分，它可以促进高效集约利用土地，提升土地和物业价值，创造更加人性化的生活、工作环境，成为我国超大型城市中心区域高品质、精细化开发建设的创新动力。

8.3　设计统筹组织

　　大量研究与实践表明，作为项目开发的前期阶段，设计阶段在很大程度上影响了复杂项目的成本绩效即项目实施成果。街坊整体开发模式下的设计统筹组织，充分发挥了城市设计的平台协调作用，在制度化的流程保障下，已然成为各用地主体、设计统筹单位与规划主管部门三方之间沟通与协调的重要平台。该小节会结合深圳前海十九单元03街坊及其他街坊整体开发项目，重点介绍几种具有街坊特色的常见的设计统筹组织及其机制（叶伟华等，2021）。

8.3.1　以政府机构为基础的城市设计统筹组织

政府机构在城市设计中扮演着重要角色。从全世界范围的街坊整体开发项目来看，在城市设计运作中政府机构的组织形式灵活多样，政府规划主管部门也会牵头统筹城市设计的重难点问题，为城市设计的表现形式把关。

（1）城市设计运作中灵活多样的政府机构组织形式

政府部门应该针对街坊项目开发建立与市场相对接的管理机构，一方面可以建立起与市场更紧密的联系，提高城市设计的高效性，另一方面这一部门由政府主导，可以保障项目开发的公平性，由此达到整合多方资源、协调各方利益的目的。美国许多地方政府都为房地产开发成立了专门的统筹组织机构（表8-1）。这些统筹机构兼规划设计、招商引资、实施管理功能于一体，在开发前期，可以在购买或征用土地的过程中协调土地所有者与开发商的利益关系，并组织设计单位共同协商制定符合各方利益的规划方案。在项目开发后期，还可以通过组织设计评审委员会来落实城市设计成果（任常历，2016）。

城市设计实施运作中灵活多样的机构组织形式[1]　　　　　　　　表8-1

组织性质	机构组织	波士顿	纽约	旧金山	巴尔的摩	明尼阿波利斯	圣保罗	西雅图	波特兰	达拉斯	辛辛那提	杰克逊维尔	密尔沃基
建立集权式的"指挥中心"	规划与都市研究协会	✓			✓								
	都市开发局		✓										
	再开发管理局	✓					✓						
	联合工作委员会											✓	✓
设置综合协调的监督机构	保护区核查委员会									✓	✓		
	历史地标委员会		✓					✓	✓				
	公共艺术协会			✓									
	历史街区协会								✓				
	滨水开发委员会				✓	✓							
组织跨学科设计小组	建筑与城市设计办公室						✓					✓	
	城市设计小组		✓		✓					✓			

---

❶ 任常历. 城市街坊形态塑造的内在机制及其协调策略研究[D]. 哈尔滨：哈尔滨工业大学，2016.

一般而言，采用整体开发模式的项目的城市设计都是政府进行主导，由政府机构的规划主管部门或委托功能性平台组织开展，十九单元03街坊项目亦不例外。

（2）政府机构牵头统筹协调城市设计的落地

作为十九单元03街坊的政府规划主管部门，深圳前海管理局在土地出让、建设工程规划许可等各阶段，落实城市设计管控要求（叶伟华等，2021）。十九单元03街坊项目中，作为政府机构的前海管理局所采取的具体实施策略如下。

1）组织编制街坊城市设计及深入落实《导控文件》

2014年1月，前海管理局组织编制街坊城市设计，整体把控街坊内各地块的设计，指导后续地块的开发建设。基于整体开发的理念，前海管理局深入落实《导控文件》，将城市设计落实到土地出让合同、用地规划许可证等规划管控层面。

2）牵头协调建筑组群及立面形象

在设计阶段定期组织工作方统筹协调设计起到了关键作用。由前海管理局牵头组织，定期（约每两周）组织街坊建筑方案设计工作方汇报方案设计进展情况，各单位进行充分研讨，不断提出优化完善意见，使建筑设计与《导控文件》中的街坊城市设计要求达到更高契合度（图8-11）。

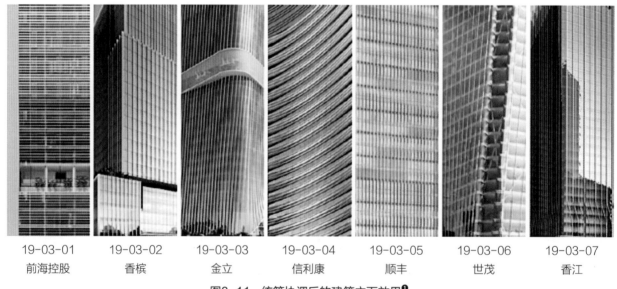

| 19-03-01 | 19-03-02 | 19-03-03 | 19-03-04 | 19-03-05 | 19-03-06 | 19-03-07 |
| 前海控股 | 香槟 | 金立 | 信利康 | 顺丰 | 世茂 | 香江 |

图8-11　统筹协调后的建筑立面效果❶

3）要求提供城市设计响应专篇

在建筑方案报建时，前海管理局要求各项目提供本地块的城市设计响应专篇，以审核《导控文件》的设计深化情况，确保街坊城市设计要求实施。

---

❶ 叶伟华，于炯，邓斯凡. 多元主体众筹式城市设计的编制与实施——以深圳前海十九开发单元03街坊整体开发为例[J]. 新建筑，2021（02）：147-151.

8.3.2　以设计统筹单位为核心的设计统筹组织

在设计统筹协调过程中，以设计统筹单位为核心的设计统筹组织发挥了关键的作用。街坊整体开发项目设计统筹组织的关键是各开发主体共同协调委托了一家设计总体统筹单位。设计统筹单位应根据规划部门提供的街坊整体开发规划设计相关文件，进行街坊公共空间（含地下空间）的规划、建筑、景观等方面的整体设计和设计统筹工作。除了考虑建筑之间的统筹，还应考虑建筑与市政基础设施（如公共绿地、市政道路等）的一

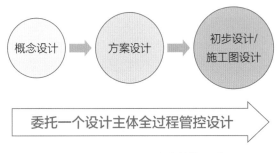

图8-12　一个设计主体管控设计

体化。与一个牵头单位类似，采用如图8-12所示的"一个设计主体"负责编制项目的总体设计，统一设计标准、规范、深度和要求；并对项目设计的合理性和整体性负责（温斌焘，2020）。一个设计主体能充分发挥设计的主导作用，对设计进行有效的整体和系统的控制和管理，有利于控制工程的总工期和提高设计的总体质量，实现对工程造价的控制。

2014年12月，由前海管理局规划建设处牵头，前海控股组织其余6家业主召开十九单元03街坊开发统筹协调会，经各用地主体商议，确定筑博设计为十九单元03街坊的设计统筹单位，负责设计的总体统筹，各用地主体按照建筑面积比例以众筹的方式分摊相关费用。7个地块项目通过地下空间、市政道路形成了一个区域整体（大系统）。各地块根据自身的功能需求和设计导控文件的约定，完成了地块设计，但与此同时，这也给相互整合带来了非常大的工作量。在单体向区域集成的过程中，涉及大量的技术对接和设计工作的调整和反复（一个技术衔接有时需要经过几个整合、分解过程才得以解决）。在此过程中，设计统筹单位就起到了极为关键的统筹作用，通过对7个地块建筑设计、施工全过程进行协调，并在方案设计、初步设计及施工图设计阶段分别编制相对应的《导控细则》，对设计统筹要求进行不断的细化，确保打造形象一体化、公共空间一体化、交通组织一体化、地下空间一体化的整体性和多样性相统一的建筑组群。以设计统筹组织为核心的设计统筹组织结构主要体现于设计统筹单位、开发主体以及设计主体三者的统筹。

在对7个地块的项目总体情况进行一定的分析后，筑博设计撰写了《前海十九单元03街坊整体统筹协调服务建议书》，对规划专业、建筑专业、结构专业等提出明确的协调统筹意见，并给出相应理由，以多样化的成果形式进行共享。

8.4　施工统筹组织

8.4.1　政府总体统筹推进

考虑到在整体开发模式下，项目设计方案和施工界面在很多方面都超越了传统模式下的常规做法，政府在施工阶段仍然发挥着重要的统筹作用。政府可通过其项目管理机构中的施工统筹部门进行施工总体策划，对建设情况进行监督检查并解决统筹协调中的重大难题。政府作为能力最强的建设主体，可利用行政审批手段把控建设节奏，推进市政配套相关建设、协调安全生产和应急管理等工作，并组织构建施工协调平台和会议机制等。

以前海项目为例，在前海管理局内设有规划建设处（现为住房建设处），承担城市新中心建设指挥部的日常工作。其工作内容包括统筹协调城市建设工作，研究拟订建设的总体思路、计划、政策和开发策略，部署和落实建设任务分工，督促检查和通报城市建设情况，协调解决城市建设中的重大困难和问题。

不过，由于建设主体多、工程体量大、开发强度高、项目交叉施工普遍、统筹协调难度大、安全生产风险高等特点，常规的"指挥部式"管理体制已无法满足统筹区域建设、完善城市新中心功能和打造一流建设品质的要求。前海对政府推进区域开发建设的机制体制进行深入探索，在指挥部决策机构基础上，引入第三方安全巡查平台和统筹协调平台，推出"指挥部+两平台"建设管理模式。

8.4.2　企业牵头多元主体开发

对于整体开发项目，其施工阶段的统筹难点在于整体工程建设问题。面对众多总承包商及分包商，需要明确其在工程建设进度衔接中的各类接口关系，合理进行施工场地布置、交通组织设计、安全文明施工协调等内容，从而尽可能地减少各工程在施工过程中彼此间的负面影响，使现场管理井然有序，效率得到提高。

在业主层面，整体开发模式主要是通过业主、承包商及监理三方的负责人召开定期或不定期的例会、专题会议等统筹施工安排、协调界面衔接、解决矛盾冲突。针对承包商众多带来的统筹难题，业主可委托数量较少的几家承包商，并共同商议由一家牵头企业进行统筹，缩短协调的长链。这种形式有利于整个项目的统筹规划和协同运作，顺利解决施工方案中的实用性、技术性、安全性之间的矛盾。有效的多方会议机制有利于最大限度地发挥工程项目管理各方的优势，实现工程项目管理的各项目标。

（1）现场管理统筹

前海项目中，前海控股牵头协调街坊各地块建设主体，避免设计、建设等冲突，提升街坊开发建设品质，实现建设效率和公共效益最大化。首先，街坊整体基坑统一开挖，各地块同时开发建设，大幅缩短工期，避免街坊各地块基坑先后开挖互相影响甚至冲突；其次，开展主体施工统筹，保障街坊塔群布置方案的统一性，协调街坊大基坑内各地块公共运输通道，确保外围水、电、通信、排污等接口畅通。此外，前海控股还建立施工协调工作机制，组织双周街坊各地块业主协调统筹会及双周联合安全检查，确保建设顺利推进（叶伟华等，2021）。

（2）施工统筹会议机制

前海十九单元03街坊以打造一体化街坊为主旨，是前海街坊模式建设的先行者。由于03街坊同时涉及多家业主单位与设计单位，仅依靠管理局前期的总体把控是不够的，整体统筹协调的任务必不可少且非常紧迫。这种情形下，前海控股作为管理局的全资企业，便承担起牵头施工阶段各业主间协调统筹的职责，动态化、精细化地协助管理局落实导控，协调施工阶段的冲突与分歧。在与管理局及各业主单位协商后，前海控股组织编写了《前海十九单元03街坊整体统筹协调服务建议书》，明确统筹会议召开的频率、方式、目的及形式，由总负责人、项目负责人、相关专业负责人与工作联系人按需要出席相关会议。会议以实时把控、及时处理为目的，以协调为主要手段，减少过多的强制性的导控内容、要求与统一标准，增加弹性；在统筹内容不减少的基础上，方式上以整合成果、提供专业技术意见与建议为主；协而不同，在统筹街坊共性的同时，给各业主单位留足个性的余地（表8-2）。

施工统筹会议机制　　　　　　　　　　　　　　　　　　　表8-2

频率	方式	目的	形式
周例会	协调会	及时把控街坊一体化的程度，处理近期面临的问题	与各设计单位开会，协调其之间的矛盾或信息不对称。按实际需要，可集体或分别、正式或私下地进行
月例会	工作坊	把控街坊一体化的原则性方向，处理影响较大的问题	集中管理局、各业主与设计单位开放性地出谋划策，有针对性地共同探讨相关问题。按实际需要可邀请相关专家参与，提供咨询与评审意见
	成果汇报会	校核街坊整体协调成果，裁决无法达成一致意见的问题	整合街坊整体协调成果向管理局汇报。对无法达成一致意见的问题，在会议上由管理局裁决或集体投票裁决
季度会（阶段性会议）	重大审批会	分别对设计方案、扩初方案、施工图进行整合汇报，报管理局审批	按实际需要安排

此外，前海控股作为牵头企业承担会议记录的责任，根据会议议题向前海管理局进行汇报，汇报内容包括其统筹工作的完成情况，正在启动的相关工作以及工作中存在的问题与相关的建议等。

8.4.3　"政府+第三方"施工监管

整体开发模式对工程施工统筹和监管提出了更高的要求。此类项目中往往同时存在着众多的在建工程，涉及房屋建筑、地下道路、地铁隧道及站点、电力、燃气、水廊道等多个专业，地上、地下同步实施，建设密度高、空间利用紧张、相互影响性大、危险源多、危险性高，但相关职能部门有效的安全监管人员不足，难以实现全方位监管。政府可以向社会招标，引进建设工程第三方专业巡查机构，协助、补强相关职能部门开展工程质量安全监督工作，为整体开发建设提供安全、质量、进度实时性监管服务，提高工程质量安全监管专业化和精细化水平。这也是国家"大社会、小政府"工作要求下的大势所趋。

具体来说，政府可要求第三方专业巡查团队配备充足人数，且必须工程经验丰富、具备涵盖工程建设类所有相关专业执业资格（土建、结构、给水排水、机电安装、安全等）的人员才能开展工作，针对在建项目的规划落实情况、工程质量状况、安全生产状况、工程进度情况等进行巡查，发现问题并提出解决方案，从而有效促进各项目参建主体履行并落实质量安全主体责任。通过第三方巡查机构、政府相关职能部门建立相应联动机制，按要求明确工作职责和内容，对发现的问题及时协调处理，避免工作内容重复与冲突，增强相关职能部门质量安全管理强度和力度（图8-13）。巡查后可进行公示监督，每月（季度）编制第三方巡查报告，对建设工程质量、安全问题隐患和亮点汇总，根据巡查结果系统评定，出具当月（季度）安全和质量指数，反映当月（季度）在建工程项目实际状态。公示每季度建设工程质量、安全指数，接收社会与舆论监督，便于更好提升管理水平。

"政府+第三方"监管新模式，可有效缓解政府有关职能部门建设工程质量安全监管人员不足、巡查频次过低、问题不能及时发现等痛点，有利于整合各监管部门的信息，加强事中、事后监管，推动整个前海合作区建设工程质量品质的提升和安全工作的开展，这种效果在前海十九单元03街坊项目体现得较为显著（前海年鉴编纂委员会，2019）。

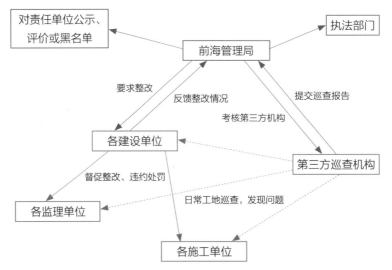

图8-13　前海"政府+第三方"施工监管模式❶

8.5　运营统筹组织

运营统筹组织主要从前海合作区及十九单元03街坊两个尺度开展工作。于前海合作区而言，归巢行动计划与前海产业促进团队的建立对前海区域的招商管理及产业配置升级起到了关键的作用；于十九单元03街坊而言，统筹单位与各业主单位可建立业主联席会议制度以进行协调沟通，代表街坊业主处理公共事务，整合街坊运营资源，对运营提出建议，同时负责与政府协调街坊有关诉求问题。街坊公共空间具备运营条件后，各街坊成员单位可签署统一运营的相关管理协议，共同聘请相关运营单位，在明确运营主体及运营模式的前提下对公共空间某部分进行共同运营。在运营过程中，通过精心的机制设计与技术、管理等手段，实现地下车库的高质量、智慧化统一运营，解决业主间利益分配以及个性化需求等难题。

8.5.1　归巢行动及前海产业促进团队

对前海而言，2018年是地区招商稳商极为关键的一年，在十九单元03街坊项目逐步投入运营之际，前海企业注册地与经营地分离的问题已经成为制约前海发展的软肋，包括深圳园区在内的全国范围的竞争都为前海带来了优质企业流失的风险。经过"新城建设大会战"，十九单元03街坊等项目又创造大量的优质办公空间，前海注册企业分散区外与物业大量空置矛盾急需破题。为此，2018年6月，前海管理局组织开展了"前海企业归巢三年行动计划"相关主题会议，着重强调了现阶段前海的营商形势。现阶段前海招商引资竞争加剧，前海企业流失严重，迫切需要安商稳商，促进注册企业回归，建立高质量的现代化产业体系。会议一方面同意开展"前海企业归巢三年行动计划"，做好供给侧与需求侧关系的平衡，另一方面亦明确需组建企业化运作的前海产业促进团队，切实做好产业服务与园区运营。

（1）归巢行动

归巢行动是一项系统、复杂的工程，其重点内容可以概括为六个方面：

---

❶　深圳前海蛇口自贸片区管委会（前海管理局）办公室. 前海年鉴2019[M]. 北京：中国文史出版社，2019.

1）顶层设计方面：一方面强调需抓好重点区域，强调十九单元03街坊以及桂湾金融峡谷为当前产业空间集中的供应区域，要集中力量，逐个解决这两个片区内企业集中反应的市政配套、公共交通、商业配套、绿化设施等短板问题；另一方面需强调"政府规划先行"，应由政府部门作为头等大事来推动，政府部门也成立了前海"企业归巢"行动工作领导小组，并真正做到全局参与。

2）招商机制方面：要做到政企合作、协同招商。既要充分发挥前海管理局及前海控股的协同能力，逐步完善楼宇经济补贴方法，也要充分发挥开发商资源整合作用，抓住重点企业，重点引进平安、前海国地税等一批带动力强的企业机构和行政单位，加快片区内人气集聚。在此过程中，前海控股形成的优秀招商资源也应为其他业主所共享，从而形成良性的各方互动。

3）政策方面：真正做到政策扶持与市场运作相结合，充分发挥"政府—市场"二元力量。政府需要在价格方面做到基于大致评估价格的隐形统筹，并在此基础上进行补贴，以达到各方利益的平衡。

4）策略方面：旨在满足"重点突破，供需同步"的要求，以重点企业及重点项目为突破口，形成集聚效应。需针对供给侧（各项目开发周期、入市节点）和需求侧（注册上市企业回归前海的意愿、时间等）进行广泛摸底，充分提高各企业落地前海的效率，也更利于双方达成默契。

5）配套服务方面：做到产城融合，配套先行。若配套跟不上，则会陷入优质企业和人才流失的死循环。需针对交通、地铁、路网、人才住房及商业设施等方面进行统筹，每栋楼宇都应设有专业人员对相关问题进行协调解决，高层领导对应到具体楼宇，真正做到问责制。配套服务的关键在于让企业在经营过程中遇到的问题得到及时的解决。

6）统筹运营一体化管理：主要针对停车场的一体化运营管理。因为不同业态的收费标准不同，需建立统一的运营收费机制。在此过程中，前海控股的统筹发挥了重要作用，这部分内容将在8.5.3章节进行详细介绍。

（2）产业促进团队

在归巢行动的基础上，前海深港现代服务业合作区决定在控股公司内设立聚焦于前海的运营统筹组织——产业促进团队。产业促进团队秉承着四大基本原则（图8-14）：

1）政府支持，市场主导：充分发挥政府宏观调控和综合协调作用，整体谋划、有序推进；遵循市场规律，运用市场机制，发挥市场在资源配置中的决定作用。

2）研用结合，聚焦产业：宏观研究与微观探索相结合，推进产业研究、招商引资、企业服务的落地执行，推动产业促进团队功能完善，聚焦产业结构和营商环境优化。

3）招商协同，创新平台：建立面向全球现代服务业的局企招商协同，成为产业培育、产业发展、产业集成的创新平台。

4）开放发展，成果共享：遵循"五大发展"理念，秉承开放发展、成果共享，发挥配建支持产业、调控市场作用，创新产业促进团队运作新模式。

产业促进团队的发展愿景可以概括为"致力于成为国际领先的产业发展商和服务运营商"；主要使命包括承接前海地区产业研究、招商引资、企业服务等公共服务事务转移，执行产业空间（含配建）的

图8-14　产业促进团队四大基本原则

运营、管理、服务以及落实产业引导培育，促进产业集聚发展；核心业务主要包括两部分，一部分是从事公共服务转移事务（产业研究和招商引资），另一部分为经营业务（企业服务和空间运营）。

产业促进团队实行市场化运作、企业化管理；业务范围为招商咨询服务、物业租赁经营、房地产咨询、企业服务咨询、商业咨询、商务咨询、代理服务、广告业务等。产业处（总部办）通过委派董事和监事、任职主任等方式对产业促进团队实施业务指导（图8-15）。

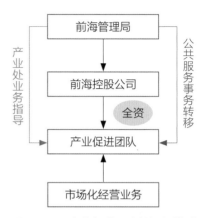

图8-15　产业促进团队的组织模式

在国际投资竞争明显加剧的今天，国内各大城市对优质企业和人才资源的争夺也日趋白热化。这势必对区域的招商管理带来挑战，在政府加持的产业促进团队的引导下，包括十九单元03街坊在内的前海地区解决了企业服务力量薄弱、产业空间缺乏统筹、政策更新相对滞后等问题。通过组建专业的机构组织，增强招商服务能力，统筹产业空间配置，加快产业政策更新，加速前海企业回归，稳定经济增长、进一步引领前海地区的产业发展。

在"归巢行动"及前海产业促进团队的共同努力下，十九单元03街坊近年来不断涌入大量的优秀企业及杰出人才（表8-3）。根据2021年10月的相关统计，预计在2021年底十九单元03街坊提供的工作岗位会突破两万大关，进一步为街坊及前海地区注入"新鲜血液"。

十九单元03街坊入驻企业数量、类别及就业人数　　　　　　　表8-3

年份	入驻企业数量（家）	行业类别	就业人数（人）
2018	15	金融、科技、商业、餐饮、信息	1001
2019	88	金融、科技、贸易、生物、零售、供应链、信息、餐饮、专业服务业	7685
2020	178	金融、科技、物流、贸易、生物、零售、餐饮、专业服务业	11952
2021	195	金融、科技、物流、贸易、生物、零售、供应链、信息、专业服务业、能源	13400

8.5.2　业主联席会议机制

联席会议制度往往在政府指导下由牵头企业组织建立，是一种肩负重要运营职能的议事制度，其作用广泛且深远。在十九单元03街坊项目中，在前海管理局的指导下，各项目业主共同筹建业主联盟，确立组织机构、商议机制和决策原则，实现片区一体化运营管理，有效解决立体连接系统权利义务以及利益分配问题，实现整体互联互通和功能互补。前海控股作为政府和市场的连接点，需要做好建机制、做摸底等协调工作。因此，十九单元03街坊在运维方面有着优秀的体制创新机制。前海管理局作为政府政策的规划者，前海控股作为政府规划的落地者，完成了十九单元03街坊"做规划、招优商、招大商"的基本运营路线。因此，想要充分发挥前海地区的运营优势，需要结合前海自身情况建机制、编政策，真正做到"政企分离"，统筹协调各开发主体之间的关键工作界面。对体制机制的重视也是其他街坊项目需要了解学习的关键所在。

8.5.3 通过联合委托实现地下车库统一运营

2018年，前海管理局编制印发《前海深港现代服务业合作区地下停车场智慧共享工作指引（试行）》（以下简称《工作指引》），这是国内首套城区级别的停车管理领域工作指引。《工作指引》贯彻国家相关政策要求，通过顶层设计，为搭建智慧停车乃至智慧交通体系开创新的模式。该指引针对地下停车场一体化建设运营提出从规划设计、土建施工、智能停车到运营管理等全周期各个方面的技术要点，使地下停车场一体化建设运营落到实处，

图8-16 深圳前海十九单元03街坊地下停车场互联互通

为优化前海地下空间与公共空间设计、提升整体管理效率提供保障；科学指导前海配建停车场规划设计、开发建设、后期运营，统筹交通组织和设施布置，实现地下停车场互联互通和停车资源的智慧化联网运营（图8-16）。

以前海十九单元03街坊为例，其地下停车库由前海控股组织统筹规划，统一聘请运营单位。前海控股在整个街坊整体开发过程中进行了大量的协调工作，如组织日常协调会议、统筹协调公共空间、景观设计和建筑选材，上传下达企业诉求和政府要求等。在前海控股的统筹下，同属业主联盟的7家业主也签署了《前海合作区十九单元03街坊地下停车场停车自治组织规约》，成立了停车自治组织，明确自治组织的组成方式、运行机制、议事规则、权利义务等内容（前海年鉴编纂委员会，2019）。

停车场由七家业主共同委托深圳市前海智慧交通运营科技有限公司（以下简称"前海智交公司"）开展专业的一体化运营，创新共商共管机制，构建智慧交通前海模式。前海智交公司主导编制了《前海智慧停车规划建设导则及运营方案》（以下简称《导则》），得到来自深圳、香港等地专家，深圳市规自局、深圳市交通局、深圳市交警局等政府部门相关领导的高度评价，为前海构建"智慧停车一张网"提供了切实可行的技术标准。《导则》以"打造高品质建设、智慧化运营的区域停车体系"为总体目标，明确"全过程管控、实时联网、智慧共享"三大策略，从规划建设和运营管理两大方面提出实施要点和具体标准（图8-17）。

规划建设方面，《导则》全面厘清停车库（场）规划建设各个环节涉及的技术要求，形成13项共计80条指导要求，覆盖停车场七大应用场景，实现全过程科学管控。运营管理方面，《导则》针对前海合作区内停车库（场）产权类型复杂、区域一体化管控要求高、运营协调难度大等问题，创新提出"业主联盟、统一运营"等运营措施及要求，助力前海率先建成国内首个城区级别智慧停车示范区（前海科控，2019）。

在此基础上，该停车场根据地下空间一体化、交通组织一体化的规划要求，打破传统模式，引入前海智交公司这一专业的停车场运营团队，创新停车场行政许可"一证通办"、导入智能管理和清分结算系统、创建业主联盟共商共管机制，真正实现了多业主停车场的统一平台、统一标准、统一管理、一体运营的"四统一"，体现了"共建、共治、共享"的新模式、新理念，为高品质停车服务和车位资源高效利用探索突破并奠定基础（图8-18）。

十九单元03街坊多业主互联共享停车场由于独特的设计理念，整个停车场完全互联互通，各宗地边界上没有物理隔离，无法通过在各宗地边界上的连通道加装道闸的方式来实现停车费用的清分结算，与传统停

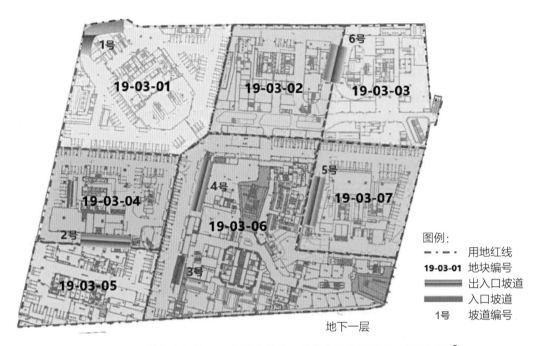

图例：
— ·— ·— 　用地红线
19-03-01 　地块编号
▬▬▬▬ 　出入口坡道
▬▬▬▬ 　入口坡道
1号 　坡道编号

地下一层

图8-17　前海十九单元03街坊多业主互联共享停车场地下一层平面图❶

车场有着巨大的区别，多业主互联共享停车场停车费用的清分结算涉及多家开发商的利益，因此，如何保证停车收入公平、合理分配给各家开发商成为停车场顺畅运营的一大挑战。"由于出入场信息采集、车位信息采集受设备性能和使用环境影响，信息采集精度无法达到100%，可能导致少量数据缺失或数据错误的情形。"前海智交公司有关负责人表示，该公司在管理系统中设计了对应的容错机制，对因信息采集问题导致无法匹配的费用按照一定的规则进行二次清分，为多业主停车场一体化运营顺利落实提供了技术支持（季楷丰等，2018）。

图8-18　地下车库交通组织一体化措施

　　综合来看，停车场联合运营具备很强的经济效益。一方面，联合运营提供了部分比例的公共月租车位，有效缓解街坊内办公企业员工停车难的问题，联合运营也可以充分利用五栋楼宇丰富多元的业态，实现停车需求"峰""谷"错开，相互补偿。前海十九单元03街坊在启动一体化运营后，平均车位周转率较一体化运营之前增长了近40%，车位共享比例高达94%；另一方面，前海控股通过比对停车场单独运营与联合运营的相关成本（表8-4），发现联合运营将在人力资

❶ 季楷丰，钟尖，耿军. 前海19-03街坊多业主联共享停车场停车费用清分机制设计[C]//中国智能交通协会. 第十三届中国智能交通年会大会论文集. 北京：中国智能交通协会，2018：8.

源使用以及应急管理方面具备很强的经济效益优势，最大程度上节省成本，从而实现个体理性与集体理性的最终统一。

此外，前海控股通过一系列政策、管理和技术上的创新应用，多元主体合作开发、产权多元化以及创建业主联盟共商共管机制，使得前海十九单元03街坊地下停车库实现了互通互联、统一管理、一体运营，体现了"共建、共治、共享"的新模式、新理念，为国内类似项目建设运营提供了良好的示范效应。

停车场单独运营与联合运营成本分析　　　　　　　　　　　表8-4

分项	单独运营（元／年）	联合运营（元／年）	单独运营	联合运营	对比
			单个车位摊销（元／月）		
人力成本（元/年）	1446600	2805498	293	118	175
办公成本（元/年）	17988	221600	4	9	-5
设备维保成本（元/年）	92360	1078510	19	45	-26
管理费（元/年）	155694.8	410600	31	17	14

第九章
街坊整体开发模式的
统筹方法

在街坊整体开发统筹组织的基础上，街坊整体开发建设项目亦需重视在方法层面的统筹。街坊项目的良好开发需要兼顾各主体的目标、需要考虑主客体与环境的统一、需要寻求方法多样性与综合效果的一致。方法层面的统筹需厘清解决问题的具体方法和手段，体现了对街坊整体开发项目复杂性的全局把握与科学思维。本章结合前海十九单元03街坊等项目实践，系统介绍街坊整体开发模式在项目生命周期各个阶段的具体统筹手段，以期更有效、更深入地理解街坊整体开发建设项目的统筹工作。

9.1　规划统筹方法

规划统筹即是做出统一安排计划，从整体上做出规划，考虑全局，兼顾细节，对总体规划、详细规划以及各专项规划的编制时序、范围、内容等做出规定，实现整体与局部规划的衔接统一。实现各规划协调的重要创新方法即"多规合一"。

基于Ebenezer Howard的田园城市理论以及Johan Heinrich von Thunnen的区位理论提出的"三规合一（多规合一）"有利于在空间上统一国民经济和社会发展规划、城市规划和土地利用规划的相同内容，形成共同的空间规划平台，然后根据各自专业要求补充各规划的其他内容。"三规合一"的各项实践表明该类规划方式存在规划"一张图"与传统的城市规划、土地利用规划以及各项专项规划之间衔接不紧密、规划涵盖的内容和对象不全面、技术成果缺乏系统性和稳定性等问题，同时"三规合一"并没有减轻以往规划行政审批的程序。"多规合一"即是在"三规合一"的基础上，以控制性详细规划和土地利用规划为载体，将文化、教育、体育、交通、市政、水务、林业园林等在内的14个专项规划融入"一张图"中，实现"一张蓝图干到底"（李晓晖等，2017）。而建立"多规合一"空间信息平台有助于"一张图"的实现，该平台即是以各类规划的数据、成果等资料为基础资料，建立一个基础数据、目标指标、技术规范、空间坐标相统一衔接的数据库，从而使得各要素在空间上有效叠加、各信息资料在部门间更新共享（孙中原等，2018）。在空间规划信息平台的数据支撑下，城市在决策、规划审查、重大项目规划管理、规划实施监督、体检评估等方面变现更佳，同时公众参与得以保障，从而确保规划、建设、管理、评估环节的全面监督和实时更新（杨柳忠，2018）。

"三规合一""多规合一"其实都是构建空间规划体系的技术手段，通过这些手段，使得思维定式、体制掣肘以及"部门独奏"等问题得到解决，从而构建"一张蓝图"，实现从"独奏"到"协奏"的转变（邱衍庆，姚月，2019）。

前海遵循系统性、前瞻性、实用性和时效性原则，初步建立了"1（主干体系）+6（支干体系）+3（基础研究）"的规划编制体系（图9-1），基本实现各层次规划的全覆盖。其中，"1"指前海主干规划体系，"6"指六大专项规划构成的支干体系，包括近期建设规划和年度实施计划、单元规划和城市设计、交通及市政专项规划、景观及绿化专项规划、绿色建筑专项规划、其他功能空间

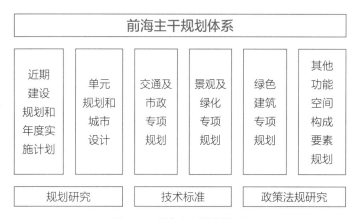

图9-1 前海规划编制体系

构成要素规划等，"3"指由规划研究、技术标准和政策法规研究构成的基础研究支撑系统（叶伟华，黄汝钦，2013）。

深圳市前海合作区独特地采用街坊为开发单元，继而规划也遵循总体规划—综合规划—专项规划—单元规划的独特编制顺序，形成了完善的规划体系。

其中，综合规划统筹安排前海合作区的发展格局，指导单元规划和专项规划的编制；相邻或功能一致的单元共同规划，促进单元直接协调发展，增加单元之间的协同性，保障整体发展格局的实现；前海合作区统一编制专项规划，涉及市政和交通设施、水系统、地下快速通道系统、景观和绿化、绿色建筑、轨道交通枢纽站等一体化专项规划，不仅各专项规划之间统筹协调、互动衔接，而且单元规划也符合专项规划的要求，确保前海合作区规划的整体性。上级规划部门控制、监督、审批下级规划的编制，具体层级如下（叶伟华等，2021）。

（1）《总体发展规划》

于深圳经济特区30岁生日之际，国务院批复实施的《总体发展规划》中指明了前海合作发展现代服务业未来发展的指导思想和战略定位，在提出的战略地位中，"体制创新""统筹规划"等原则无疑指明了前海总体规划的发展方向。

（2）《前海深港现代化服务业合作区综合规划》

在《总体发展规划》的指导下，前海进一步编制了《综合规划》，该规划于2013年6月27日由深圳市人民政府批复。该规划中指明前海合作区未来将构建"三区两带"的城市规划格局，其中"三区"是指桂湾片区、铲湾片区和妈湾片区，"两带"是指滨海休闲带和综合功能发展带。同时，规划运用"规划—开发—管理"一体化理念，提出以都市综合体为主体的单元开发模式（采用15分钟步行易达、国际产业社区为特色的单元开发模式），以街坊为前海合作区开发单元的空间控制基本单元，使得基于"单元+街坊"尺度的"街坊整体开发"开发模式浮出水面。

（3）专项规划

在前海合作区专项规划中，市政和交通设施、水系统、地下快速通道系统、景观和绿化、绿色建筑、轨道交通枢纽站等采取一体化专项规划，以《综合规划》为指导，采用竞赛、招标等方式分别委托不同的规划设计单位进行编制，然后对竞赛、招标得到的多种规划方案进行评比，择优作为前海合作区法定专项规

划，并以各专项规划作为单元规划的一项指引。在各专项规划中，地下快速道路系统、慢行系统、绿色建筑专项规划具有较为明显的特点。首先，地下快速道路系统满足了前海进出客运交通快慢分离的需求，有助于协调处理好地上与地下交通组织，以及与共同沟、水廊道等市政设施的空间关系，指导下阶段工程设计与实施（图9-2）。其次，慢行系统规划强调在非交通性道路上、慢行与机动车交通冲突最严重的区域，以及片区支路交叉口上，合理布设各类交通设施和社区层面的交通宁静化设施（如减速垫、路段口高抬、道路收窄、道路中间岛等），为慢行交通提供一个安全的交通环境。绿色建筑专项规划规模化集中分布绿色建筑，并对各地块建设项目的绿色建筑评定星级，从而缓解城市高强度开发对资源环境的压力，并创造高效、舒适、健康的生产、生活、游憩环境。

（4）单元规划

前海合作区以街坊为空间控制基本单元，为了保证各街坊之间的规划相互衔接、各片区内的规划相互统筹，前海选取相邻或功能一致的单元进行统一规划，如第十二、十三、十七、十八、二一开发单元位于前海合作区妈湾片区，是前海现代物流产业发展的核心地带，统一规划强调融入湾区整体秩序、融合协调。又如十五、十九单元为前海三大片区之一的产业服务核心，因此两个单元采取统一规划，编制的《深圳市前海

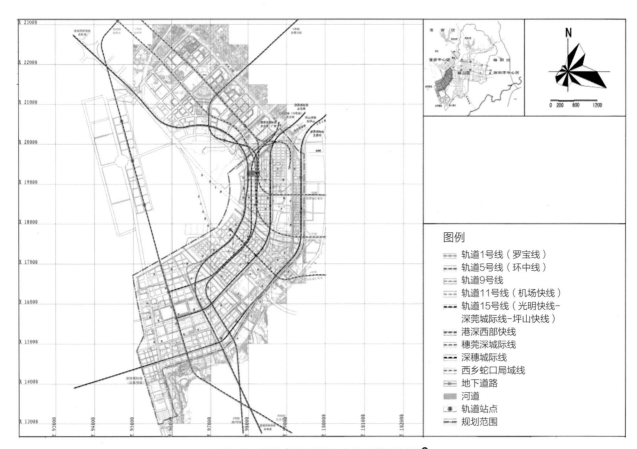

图9-2　前海合作区地下交通系统规划图❶

---

❶《前海深港现代化服务业合作区综合规划》附件1：图集及附表。

深港现代服务业合作区十五、十九开发单元规划》旨在将两个单元发展为具备区域生产组织中枢和国际供应链管理中心功能的综合城区，同时规划区内投入多种绿色先进技术，实现"产城融合、特色都市、绿色低碳"目标（深圳市前海管理局，2014）。在选取单元统一规划的过程中，要紧扣单元的功能定位，以综合规划、专项规划为指导，以竞赛、招标的方式选取规划单位或者直接由前海管理局制定规划部门或单位编制单元规划，前海管理局监督规划过程并审批得到的方案。

9.2　城市设计统筹方法

城市设计在建筑学和规划学之间建立起了一架桥梁，通过城市设计，事物之间创造了相互联系的新价值。针对前海合作区十九单元03街坊进行的城市设计属于地块城市设计，该类城市设计包括目标定位、开放空间、建筑群体、交通组织、环境景观设施、地下空间等内容，通过城市设计可以有效约束开发商在拿地之后按照政府规划要求进行建设，保证空间的合理有效利用。

（1）城市设计统筹目标

城市是一个复杂系统，其规划的过程中需要统筹考虑交通、景观、建筑、人文以及经济、政治等关联因素，而只重视局部的设计思想势必会造成资源浪费、环境破坏、分工不协调、管理不便、互动不紧密、信息沟通不及时等问题。因此，只有从全局出发，发挥城市设计的整合作用，沿袭城市设计统筹的思想方法，综合分析城市设计的各要素，才能把握好上位规划的实质和内涵（于世豹，2016）。

在进行前海合作区十九单元03街坊城市设计的过程中，地块小、路网密、地上地下空间错综复杂、客货交通拥挤缓慢等问题较为突出，并且十九单元03街坊涉及7个分属不同使用者的地块，分开进行设计的统筹难度较大，因此，采用城市设计统筹思想，在土地出让之前编制统一的城市设计导控文件，文件对城市设计的目标精细化处理成准确的技术描述、界定或控制（陈雄涛，2011），涉及功能规模、公共空间、建筑形态、交通组织、地下空间、市政工程、低碳生态、开发建设等内容，并且在工程设计的过程中也必须反映导控文件的思想、遵循导控文件的规划建设技术标准，以促进十九单元03街坊达成地上地下空间一体化发展。

（2）统筹的要素

城市设计统筹的主要环节是通过城市设计目标导向建立城市设计要素控制分级系统，并通过编制城市设计导则对各设计要素进行不同方式和程度地控制。而城市设计导则分为总体城市设计导则和详细城市设计导则，其中详细城市设计导则从中观和微观角度对城市空间要素进行把握，中观层面强调控制片区功能和公共空间等要素，达到引导城市重点地段的控制目标；微观层面则注重指引城市重要元素，如绿化植被、环卫设施、夜间照明、街道设施等（王博，2019）（表9-1）。

前海合作区十九单元03街坊带方案进行出让土地使用权，其导控文件在综合规划与项目落地之间起到承上启下的作用，直接关系地块的出让条件与规划的设计要点，因此，该导控文件的内容必须有效地指导后期工程设计以及建筑设计（何雨宵，2020）。十九单元03街坊属于新区建设，其城市设计导控文件注重创造城市空间形象，2014年7月，由设计统筹单位编制完成的《前海十九单元03街坊地下空间及地上公共空间开发导控文件》（以下简称《导控文件》）实现以一张导控简图及导控总表，灵活扼要地控制街坊关键框架，以一本导控详书，弹性结合地引导街坊各要素，该文件综合统筹了功能模型、公共空间、建筑形态、交通组织、地下空间、市政工程、低碳生态、开发建筑等要素，明确开发和设计的刚性控制内容和弹性引导内

城市设计导则统筹的基本要素列表 表9-1

统筹层次	统筹要素		
宏观	总体要素		人文要素
			自然要素
	总体功能划分		城市功能分区
			城市发展定位
			城市林荫道交通系统
	总体空间格局		城市空间结构
			城市形态
			城市色彩体系
	总体景观格局		景观分区
			景观结构
			景观视廊
中观	片区功能		历史街区
			历史地段
			城市新区
	公共空间		街道空间
			滨水空间
			广场空间
			绿地空间
			建筑空间
微观	建筑附属物		
	广告牌		
	标志系统		
	绿化植被		
	环卫设施		
	夜间照明		

容，为打造"一体化街坊"提供管制要求和设计指引。

（3）城市设计统筹方法

城市设计统筹的思想方法，即是先分析和判断城市各要素的价值，以此建立城市设计的目标，然后根据目标导向选择城市设计导控要素并建立要素分级系统，提出不同要素的管控方式，最后采取公众反馈、专家评估等方式进行城市设计要素系统内容和管控方式的优化（于世豹，2016）。

在统筹城市设计方案编制的过程中，可以从以下三个方面采取不同的统筹方式：其一，在编制主体方面，以土地出让人为主体进行编制，加强结果导向；其二，在编制方法上，采取"开门编规划"的办法，适当吸引有关企业和公众共同参与；其三，在编制深度上，根据不同方案实行差别化管理，方案中明确强制性指标和建议性指标（卢为民，蒋琪珺，2015）。

基于以上思想方法，深圳市前海合作区十九单元03街坊开展城市设计统筹，其具体机制如下：

1）编制预开发导控文件

2013年10月，根据《深圳市前海深港现代服务业合作区十五、十九开发单元规划文本》，前海管理局委托深圳市新城市规划建筑设计有限公司和SOM建筑设计事务所编制完成了《前海深港现代服务业合作区开发单元十九03街坊开发导控文件》，由该开发导控文件及《前海深港合作区十九单元03街坊地下空间及地上公共空间整体概念方案》，前海管理局确立十九单元03街坊总体形象目标，整体把控街坊内各地块的设计，指导后续地块的开发建设。

2）开展城市设计竞赛

2014年1月，前海管理局组织编制街坊城市设计，启动"前海十九单元03街坊整体城市设计"竞赛，各竞赛单位以《前海深港现代服务业合作区开发单元十九03街坊开发导控文件》为城市设计指引编制城市设计方案。根据对各参赛单位编制的城市设计方案进行评选，选出最合适的设计方案，同时要求该设计单位对方案中不合适的地方进行修改并且借鉴其他设计方案的优秀之处完善方案。

3）编制开发导控文件

根据前海管理局的委托，2014年7月，设计统筹单位根据城市设计竞赛择优方案中需要统筹的内容编制完成了《导控文件》，该文件不仅是十九单元03街坊城市设计的法定指导文件，而且是土地使用权出让公告的附件，要求各土地受让方必须遵循该文件内容开展建筑设计、施工等工作。《导控文件》倡导"整体开发"的模式组织多专业协作，通过道路与市政管线、地下空间及连廊的整体开发建设方式，打造"街坊形象一体化""公共空间一体化""交通组织一体化""地下空间一体化"。

9.3　土地出让统筹方法

（1）开发界面统筹

土地立体化开发利用使得项目建设涉及的业主、设计单位、施工单位比传统的工程项目更多，导致项目全寿命周期内产生关于投资、设计、施工、产权管理等界面的问题，并且各界面之间是互相影响、相互制约的，同时地上和地下空间可能存在的不同的开发利用模式加倍了界面以及界面问题的产生。因此，采用街坊整体开发模式可以极大减少界面的产生，使得界面统筹更加简便快捷，有助于协调各方项目参与者，同时，地上、地下一体化开发需要进一步分别梳理地上空间、地下空间开发企业之间的界面划分以及两个空间层面临界区域的各界面划分，明确划分投资、产权、设计、施工在物理空间、工作阶段、涉及专业等方面的界面关系及相互配合要求（图9-3、图9-4）。

街坊整体开发模式下，土地出让阶段的界面统筹主要包括"四大"统筹：产权界面统筹、设计界面统筹、施工界面统筹以及运营管理界面统筹。

"四大"界面统筹中，产权界面统筹主要包括土地（空间）产权和建筑物（包括构筑物以及其他附着

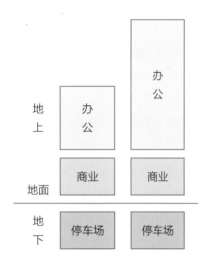

图9-3　传统开发模式下土地立体化利用

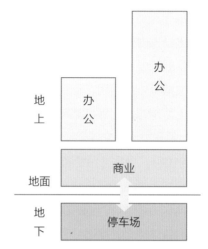

图9-4　街坊整体开发模式下土地立体化利用

物）产权界面统筹，其中地上、地下空间产权界面的划分、共有建筑物产权界面的划分以及未出让土地上建筑物的产权问题等是需要重点研究讨论的内容。而设计界面统筹和施工界面统筹的重点主要在于明确各界面的界线，以确保设计施工过程中各界面方协同工作；运营管理界面统筹主要是为了解决运营界面的划分、运营模式的选择等问题，其中对于各方都无产权的空间以及建筑物的运营管理是目前各建设项目运营管理都在探讨解决的问题。

1）产权界面统筹

产权界面包括土地（空间）产权界面和建筑物产权界面，随着土地立体化利用，土地利用在空间上出现分层，由之前的二维界面过渡为三维界面，在土地出让时就必须考虑不同空间的权属归属。在二、三维混合地籍管理模式下，地上、地表、地下建设用地使用权不再垂直划分，即拥有该部分土地地表建设用地使用权的受让人不再同时拥有地块地下建设用地使用权，而是地表土地使用权仍按照传统的土地出让方式进行出让，而地上及地下建设用地使用权单独出让给单个或多个受让人，或者地上、地下建设用地使用权归政府所有，政府用于建设市政基础设施以及商业设施，并将商业设施使用权以转让或出租等方式交于他人使用。

根据2021年7月1日开始实施的《广东省自然资源厅关于地上地下国有建设用地使用权及其所附建筑物构建物所有权确权登记暂定办法》，国有建设用地使用权在地表、地上、地下分别设立，可以分别确权登记。地上建（构）筑物、地下建（构）筑物出入口占用地表国有建筑用地使用权的，地表使用权属另外权利人时，应该协商取得地役权（广东省自然资源厅，2021）。地表、地下、地上建（构）筑物产权归土地权利人所有，其中用于营利性的建（构）筑物的全部或部分产权可通过转让、出售或出租等方式交与他人。

深圳前海深港十九单元03街坊各地块土地出让公告及合同中规定本宗地划定的建设使用权范围以及本宗地与周边地块的连廊、地下通道等，宗地范围内的产权归受让方所有。根据2021年印发的《深圳市前海深港现代服务业合作区立体复合开发用地管理若干规定（试行）》，以出让方式设立建设用地使用权的，地下空间的权属范围以按照规划指标要求建设的建（构）筑物的实际占用空间（不包含桩基）确定（深圳市前海管理局，2021）。而十九单元03街坊地下空间采取一级开发后形成的三层空间中存在未出让建设用地使用权的营利性工程建设，该部分建设的使用权、收益权等部分产权归开发者所有，以解决无出让土地的建筑物使用权问题以及建设施工的成本转化问题。

2）设计施工界面统筹

在传统的项目开发模式下，地块上各业主之间不干涉对方的项目设计，仅对临界地块的设计施工进行协商，导致设计界面众多，地块整体形象不统一、公共设施设计施工存在纠纷、设计施工时序不协调等问题。为了解决以上问题，创新的街坊整体开发模式旨在以统一整体设计方案以及各专项设计细则指导、约束各业主聘请的设计单位进行项目设计，以期统筹安排各项目施工时序，保证整体设计施工的协调，尽量各专项项目同时展开缩短总体建设周期。为了保证以上设计施工要求，前海管理局采取事前控制手段，委托设计统筹单位为前海十九单元03街坊编制《导控文件》，将该文件作为街坊整体开发的指导文件以及土地使用权出让公告的附件，并在出让合同中指明工程设计、施工需满足《导控文件》要求。该文件以一张图、一张导控表规定了十九单元03街坊的设计、施工界面以及负责道路与市政管道、地下空间、连廊等项目建设的地块用地单位。同时，规定地下空间的建设采用统一规划、统一设计、统一施工，极大地减少了设计施工界面，简化了工作内容。

3）运营管理界面统筹

不同的运营主体针对不同的项目工程会有不同的功能需求，因此，也会选择不同的运营模式，如自主经营模式、管理委托模式、运营委托模式。而运营管理界面有三种划分方式，不同的划分方式需要采取不同的界面统筹方式：按产权划分、按区域划分、按系统划分运营管理界面。前两种划分方式易于划分管理区域，管理界面清晰；而第三种划分方式按照各企业、各交通功能自成体系的运营管理系统来划分运营管理界面，减少了界面数量（王立光，陈建国，2008）。在街坊整体开发模式下，十九单元03街坊采用产权划分运营管理界面。

第一，业主拥有产权的建（构）筑物运营管理界面划分。首先，7家业主分别拥有产权的建（构）筑物运营管理界面，由各界面拥有者各自选择运营模式。其次，各业主共同拥有产权的建（构）筑物，如地下停车场、公共配套的消防总控室、冷却站等设施采取统一运营方式。如十九单元03街坊地下停车场的设计、施工、运营由前海控股实行全程整体统筹，并负责统一开挖，公共设施配套统一建设。建设完成的地下停车场通过招标选取符合资格的投标单位进行一体化运营管理，即7个地块地下停车场需作为整体统一委托一家运营管理单位进行运营管理（深圳市前海深港现代服务业合作区管理局，2019）。此种管理模式下不仅极大减少了运营管理界面的数量，使得界面统筹协调难度大幅度降低，同时提高了地下空间的利用效率、停车效率。

第二，业主未拥有产权的建（构）筑物运营管理界面划分。首先，位于道路上的中心广场、开敞空间、地铁集散广场、连廊系统以及室内步行通道等公共空间运营管理需符合《导控文件》的相关规定，连廊系统实现公共空间与商业服务设施的无缝连接，且须无条件对公众开放，确保开放性、互通性。土地使用权出让合同规定本宗地与周边地块的连廊、地下通道等，宗地范围内的产权归土地受让方所有并进行管理；宗地范围外的由土地受让方投资建设，无偿移交政府经营管理。其次，位于道路下的建（构）筑物，属于非营利性的设施归政府运营管理，有盈利属性的设施的使用权、收益权等部分产权归开发者所有，由开发者安排运营管理模式。

（2）土地出让合同条件统筹

统筹土地出让合同条件即是在土地使用权出让公告中明确土地出让的一些条件以及附件，并且在确定土地出让交易之后，将土地出让双方需要遵守的权利义务以及针对该出让地块的特定条件编制成为土地出让合同，待出让双方签署该合同之后必须履行合同条件。

统筹合同条件是保证规划目标实现的基本手段。在合同的法律属性层面，上节所述的开发界面统筹也属于合同条件统筹的范围。针对不同项目的规划发展目标，需要引用不同的土地出让、规划设计、建设运营等模式，为了保证土地受让方按照规划要求进行建设和运营管理，必须在土地出让合同中明确各阶段的要求，统筹规划、设计、建设、管理的流程，妥善处理好资金筹措、费用分摊、运营管护等问题。为了打造具备区域生产组织中枢和国际供应链管理中心功能的综合城区，十九单元03街坊的土地出让合同中除规定了一般的出让条件外，还明确各土地受让者的开发建设活动必须遵守《导控文件》的条款，逐步实现前海管理局的规划目标。

统筹合同条件是支撑街坊整体开发顺利实施的保障。街坊整体开发模式必须妥善处理好投资分摊、设计方案编制、工程施工安排、地上地下空间衔接、业主工作协调等问题，而最好的解决办法就是在土地出让阶段就对以上问题进行明确的解释和规定，以确保解决后期开发建设过程中出现各种矛盾时有据可循。在十九单元03街坊的土地出让合同中，明确规定在建设过程中，由前海管理局牵头进行工作部署，前海控股负责组织其余6家业主对用地实施一体化开发建设工作，统筹规划、设计、施工到营运阶段的全过程，实现统一规划设计、统一建设实施、统一运营管理目标。

1）合同条件的统筹内容

①导控文件

为保证街坊整体开发的落实，土地使用权公告中需要明确街坊开发导控文件作为附件，各土地使用权受让方在开展土地利用活动时需遵循街坊开发导控文件的要求。

②规划管理

土地出让合同条件中明确街坊整体开发的各地块土地受让方不仅需要严格遵守导控文件及其附加图则要求，并且在项目实施阶段必须遵守街坊整体开发地上及地下空间方案，同时街坊间公共空间、交通空间、地下空间进行一体化设计和统一建设管理，引用多种集约化技术实施和现代化公共空间，注重地下车位、出入口、人防设施、市政公用设施建设的统筹协调。

③设计管理

在进行工程设计时，街坊整体开发地块的土地各受让方保证地上、地下的设计需求符合导控文件要求、整体建设要求以及商业布局和经营计划各方面的需求，委托同一设计单位进行统一设计，由专门的管理单位统筹各业主以及设计单位协同工作。

④土地出让

合同条例明确地上、地下空间建设用地使用权的出让模式以及出让的建设用地使用权范围。

⑤项目建设管理

合同条件中规定街坊整体开发模式下地上、地下土地开发建设由谁负责管理、由谁组织开发、由谁实施建设、开发范围为多少等内容，并且对于地上、地下连接或者匹配的出入口、通风口、车位、商业或公共设施等的建设进行特别的规定和说明，同时为达成该开发模式下地下空间一体化以及地上地下空间相协调的目标，要求地上、地下各工作单位及受让方在项目建设时高度协同开展工作，在设计推进、施工协调、配套工程、成本控制等方面保持充分沟通并尽量为对方的开发建设工作提供便利。

⑥费用结算管理

明晰各类费用的组成、承担比例、承担方以及支付方式和支付节点，保证费用结算的公平、公正、合理、有效，其中区域整体范围服务的公共设施建设投资费用、各地块红线范围内地上地下建筑共同服务的专项工程建设投资费用等需各方共同承担的费用按照各自实际所得产权面积比例分摊，支付方式按照工程进度支付。

⑦项目运营管理

街坊整体开发模式下，各土地受让方在项目建设与后续招商过程中应遵守本项目开发定位，原则上本项目投资各方负责其专属产权范围内的运营与物业管理，但为了确保街坊一体化，地下土地受让方负责对地下车库与公共开放空间（包括地下、地面首层及二层平台）进行统一的运营与物业管理，同时，本项目建成后，地上、地下土地受让方需共同配合，在运营管理上实现地上建筑和地下空间联动。

2）统筹过程

十九单元03街坊上共有7家业主，分别为前海控股、金立、香江、香融、顺丰、世茂、信利康，其中前海控股、世茂、香江地块于2014年8月前已取得土地；金立、信利康、顺丰、香融地块于2014年8月带方案拍卖出让，其带的方案为《导控文件》，以此文件作为土地出让合同的一个条件，土地受让方在获得土地使用权之后必须按照城市设计方案开展后续的设计、施工、建设、运营等工作。

为保证《导控文件》的内容深入落实到土地出让合同、用地规划许可证等规划管控层面，前海管理局不仅将《导控文件》列为土地使用权出让公告的附件，并且在土地出让合同中明确该文件的法律地位，表明该文件与土地出让合同具有同等法律效力。在总体管理层面上，四宗土地出让条件中均明确规定"本次出让宗地地下空间和地上公共空间开发建设和运营管理，应满足《导控文件》的有关规定和要求。"在建设层面上，出让合同中规定总体布局、建筑退线、建筑覆盖率、机动车泊位数、车辆出入口等须同时满足《建设用地规划许可证》和《导控文件》的有关规定和要求。在同步开发的层面上，不仅土地使用权出让公告中规定宗地竞得人须签订《成交确认书》，也须与前海控股签订《前海合作区十九单元03街坊02—05地块基坑工程委托代建协议书》，而且土地出让条件中也规定该宗地与周边地块的连廊、地下通道以及公共空间的建设、维护和使用管理须无条件对公众开放，确保开放性、互通性（深圳市土地房地产交易中心，2020）。

9.4 工程设计统筹方法

（1）以设计导控文件的编制为抓手，以设计导控文件的审批为保障

为有效处理街坊整体开发模式所面临的设计分散问题，设计统筹单位应编制《街坊整体开发设计导控文件》，对设计方面的统筹协调问题提前做好规划。规划建设主管部门对设计统筹单位的工作提供相关业务指导，并对导控文件开展审核审批工作，以保障统筹协调工作的有效进行。因此，《街坊整体开发设计导控文件》也就具备了某种程度上的法律补充效力，各地块需要遵守，从而提高了其有效性。

在前海十九单元03街坊项目中，设计统筹单位编制完成了《前海十九单元03街坊地下空间及地上公共空间开发导控文件》，为创造良好的空间形态和建筑品质奠定了基础，描绘了蓝图。该《导控文件》提出以一张导控简图及导控总表，灵活扼要地控制街坊关键框架（图9-5）；以一本导控详书，刚弹结合地引导街坊各要素；并提出街坊整体开发的四大规划策略——集群造型、多层地面、快速通行和整体地库。《导控文

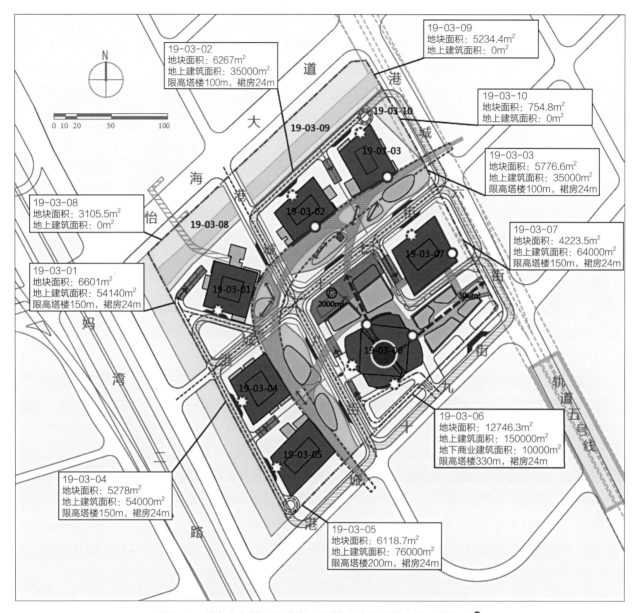

图9-5 前海十九单元03街坊项目地上空间建筑专业导控细则❶

件》共分为八大部分、71条导控细则，包括功能规模、公共空间、建筑形态、交通组织、地下空间、市政
工程、低碳生态、开发建设等方面。基于整体开发的理念，前海管理局通过深入落实《导控文件》，将城市
设计落实到土地出让合同、用地规划许可证等规划管控层面（叶伟华等，2020）。

　　设计统筹单位在负责全过程管控的具体设计工作过程中，编制了设计工作指导文件《方案设计阶段实
施导控细则》《初步设计阶段实施导控细则》《施工图设计阶段实施导控细则》，明确了各阶段及不同设计单
位的控制要点，保证了设计的统一性、协调性和完整性（邓斯凡，2020）。设计统筹单位的工作周期为工程
设计至施工阶段，工作内容包括01～05地块地上地下建筑、结构、水、电、消防、人防、绿色建筑等统筹

❶ 前海十九单元03街坊地下空间方案阶段导控细则。

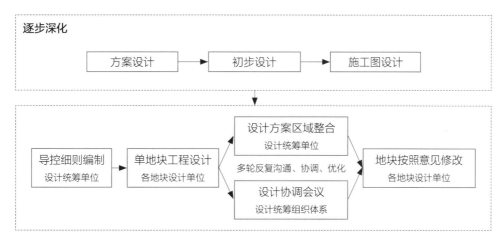

图9-6　设计统筹工作机制图

协调推进工作，求同存异、统一设计标准、规范、深度和要求，全过程管控指导设计工作。综上所述，十九单元03街坊项目的设计统筹协调机制如图9-6所示。

（2）以统筹协调会议为过程，以价值提升与利益平衡为本质

设计统筹组织是以统筹协调会议为过程的，其中划分为四个协调层次来解决统筹过程中遇到的问题与冲突：即设计单位之间的技术层面协调、开发主体之间的利益层面协调、设计单位牵头的开发主体与设计主体之间协调以及政府机构的总协调。

1）设计单位之间的技术层面协调

在不涉及利益与工作范围的情境下，可直接通过设计单位层面的协调解决问题，从纯技术层面对设计方案进行对接。在十九单元03街坊项目中，一个地块内部，地上建筑和地下空间项目采用"相互提资、相互确认"的工作模式（温斌焘，2020）。地上建筑和地下空间共同构成了一个地块的项目整体（小系统），地上建筑必须高度关注地下空间的设计工作。因此，"相互提资、相互确认"的模式比较好地解决了地上与地下的整合问题。这种机制虽然增加了地上、地下项目设计单位的工作量，但很好地解决了地块整体性的问题；此外，各项目之间也因边界问题需要针对设计主体进行协调工作。依据设计导控文件和十九单元03街坊项目总体设计方案，审查和协调地上各开发单位的设计文件，践行"统一规划、统一设计"的理念，重点解决上下、周边、单体同总体等关系，落实了二层平台、地下连通等重要事项（图9-7）。

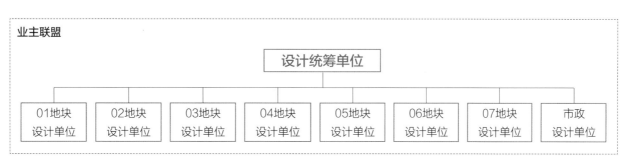

图9-7　设计单位之间的技术层面协调

2）开发主体之间的利益层面协调

某些情况下，可能涉及业主的利益问题，设计单位在技术层面并不能很好地解决冲突。此时，虽然设计统筹单位是设计统筹组织的核心，但设计统筹单位往往并不具有决策的权力，因此，还是需要开发主体来对设计统筹进行一定的管理协调。由于设计协调问题常常涉及开发主体决策，因而开发主体必须介入设计层面的协调机制。

各开发主体间通过共同组建虚拟的"业主联盟"，并在此基础上确定牵头的统筹单位。在前海十九单元03街坊项目案例中，主要通过前海管理局局属企业的牵头统筹来实现多开发主体间的统筹合作。根据前海管理局的工作部署，前海控股作为前海管理局局属企业和前海新城建设的主力军，承担了从规划、设计、施工到营运各个阶段中全过程统筹工作，组织其余6家业主形成了类似于业主联盟的"虚拟组织"，按照统筹开发、协调推进的整体思路，对设计统筹过程中所产生的问题进行归纳总结，并召集各项目开发主体通过例会或协调会议的机制进行协商解决。

开发主体之间的利益层面协调往往通过设计统筹协调会议的形式解决设计统筹单位解决不了的与设计统筹有关的利益协调问题，各建设主体通过共同协商会议的形式决定影响建设设计进程的重要决策。这一会议协调过程由开发主体间的统筹协调单位负责统筹管理，并由政府相关部门进行审批、指导等工作。

3）设计统筹单位牵头的开发主体与设计主体之间协调

第三个层次是对之前两个层次的整合，即设计统筹单位统筹各开发主体单位以及设计单位之间的协调。若开发主体与设计主体在建筑城市设计与方案设计方面遇到了技术层面及利益层面难以解决的问题，即需要设计统筹单位进行协调解决。产生及实施此类重要决策的途径是直接的、多边的、面对面的协商会议，会议的实际参加者是与该设计要点相关的各授权代表。如果各方对所讨论的议题获得一致意见，则各方将签署项目协调会所产生的体现决议的文件——利益平衡设计方案或者会议纪要，并赋予其项目建设纲要的性质，作为项目决策及项目建设中原则性问题的指导文件。通过设计统筹管理控制各单项、专项及各地块地上的设计过程，从整体上提升项目的设计质量，为实现国际一流的开发建设品质，实现"优质区位""优质产业""优质空间"三要素的有效结合提供保证（图9-8）。

4）政府机构参与的总协调

在涉及城市尺度的问题时，开发主体间的统筹也无法解决所有问题，这就需要政府机构进行总协调。政府机构的协调主要在两个方面：相关设计导控文件的审批以及参与设计协调会议。规划建设主管部门对设计统筹单位的工作提供相关业务指导，并对导控文件开展审核审批工作，以保障统筹协调工作的有效进行。

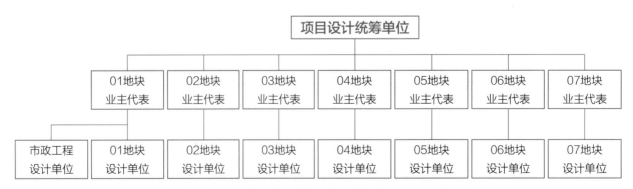

图9-8 设计统筹单位牵头的开发主体与设计主体之间协调

在规划许可审批的各个阶段，前海管理局严格落实《导控文件》的相关要求，为城市设计有效落地提供保证。因此，《街坊整体开发设计导控文件》也就具备了某种程度上的法律补充效力，各地块需要遵守，从而提高了其有效性。在十九单元03街坊项目中，作为政府机构代表的前海管理局也参与了日常的设计统筹协调会议，提供方向及政策方面的指导。

5）以价值提升与利益平衡为本质

四个层次的良好运行都是以统筹协调会议为核心条件的，而统筹协调会议的核心议题是与项目设计统筹相关的利益分配问题——即寻求项目建设合理的、为各方共同认可的设计方案。进行设计统筹协调的目的主要有两点。第一点即提升项目的价值，项目的价值是开发主体的直接诉求，是项目开发的根本出发点。在十九单元03街坊项目中，01~05地块的基坑统一开挖节约了工程造价；二层平台的协同设计成功地把所有地块都联系了起来，增加了双首层的价值；项目整体地下空间的资源共享使得配套的基础设施保障水平显著提高，这些都是通过统筹协调来实现价值提升的举措。

但是街坊开发是一个整体开发的过程，这样就必然存在个体需要服从整体的情况，这也就引出了第二个目的：利益平衡。协调过程可以理解为个体理性走向整体理性的过程，而各项目之间的个体利益达到平衡是各开发主体间走向整体理性的动力，这样才能在享受整体利益的前提下，最大化个体利益。例如在街坊模式下有些地块需要设置对其他地块服务的东西（如能源站等）。因此，四个层次的统筹组织相辅相成，各司其职，共同为街坊项目整体利益的最大化做贡献。

（3）以建筑统筹为主体，以专项统筹为辅助

建筑是整个工程设计的龙头，街坊整体开发项目的设计统筹是以建筑统筹为主体的。因此，《导控文件》的主要内容也是以建筑为主体，统筹单位也就是相关的建筑设计院。但对于一些专项的设计（幕墙、照明、园林、景观、交通组织及绿建等）来说，总体导控文件深度可能不能满足专业领域的细节要求，这就需要委托专业团队通过专项导控文件来进行专项统筹，十九单元03街坊中，街坊景观设计以及交通组织设计采用了这样的专项统筹模式（叶伟华等，2020）。

1）街坊景观专项统筹

由深圳前海管理局规划主管部门指导，各用地主体共同委托深圳市新西林园林景观有限公司对街坊进行景观整体设计，将景观要素与城市多层面空间进行整合设计，明确景观设计目标及各地块分区主题，确定空间结构及形态、步行通道、景观绿植、铺装选材、景观设施的统一布局，并合成一张景观总图。景观设计统筹工作在遵循任务书及导控文件的基础上，从整体效果出发，经整体统筹协调，提出了整体统一的景观环境营造思路。基于可持续景观设计的理念，主导了空间结构、空间形态、步行通道、景观绿植、铺装选材、景观设施配置的统筹与布局等；对景观设计中标识系统与灯光照明，场地标高与审核方案提出了设计意见；结合建筑尺度，强调二层连廊系统的体态位置与联系、二号渠的接驳及周边景观。景观专项统筹设计从整体上确保了街坊七个地块公共空间景观设计协调、统一。

2）交通组织设计专项统筹

为将《导控文件》中的交通组织理念落地，在深圳前海管理局规划主管部门的指导下，前海控股组织其余6家用地主体委托交通规划专业机构深圳市城市交通规划设计研究中心有限公司，启动了交通设计及影响评价工作，主要结合地块建筑方案和外部交通条件，对内部交通设施布局和组织进行系统规划设计，重点针对配套公交首末站、地下慢行（轨道接驳）和车行组织、地块（车库）出入口以及停车位规模等开展研

究，以期提出协调一致的规划方案。经统筹，街坊整体地下车库原有的14个出入口（常规条件下，7个地块各2个出入口）缩减为6个出入口（5个车库出入口及1个车库入口）。

9.5　招标采购统筹方法

招标采购过程中的具体统筹方法主要指的是联合招标。在十九单元03街坊中，地下停车场停车智能化系统的采购及安装就采用了联合招标采购的模式。停车场智能化系统是一体化的，涉及7个地块之间的系统安装、总体联合调试、联合验收，且深化后的方案需要满足各地块业主的实际需求。中标单位需向7家业主分别提交履约保函，并签订施工合同。前海控股作为牵头方，其他6家参照前海控股合同版本执行，具体形式内容以7家业主最终要求为准。

街坊整体开发模式下联合招标的统筹重点主要包括以下两点：

（1）统筹招标文件的确认工作。为使停车场能尽早投入运营，7个地块业主召开了两次专题会议，根据各业主发表的意见，增加和修改了招标文件。最终统筹决定定标方法为直接票决法（简单多数法）。准定标委员会，由前海十九单元03街坊各地块业主：即前海控股、香融、金立、信利康、顺丰、世茂、香江等7家、每家业主派出两位代表组成（由7家业主提供人员名单）。开标会前，如果7家业主全部到会，先在每家两名代表中抽取一人，抽取7人成为定标委员会。如果出现少于7家业主到会的情况，则先在每家两名代表中抽取一人，然后在到场的其余业主代表中再抽取定标人员，补足7人，组成最终的定标委员会。并最终通过答辩澄清及投票确定中标人的形式完成定标。

（2）统筹招标工程界面的工作。各地块负责人通过专题会议讨论了"十九单元03街坊地下停车场停车智能化采购及安装工程"与各地块总承包施工界面划分。其中，主要工作划分为各地块总包单位针对地下停车场的施工范围以及联合招标中标单位的施工范围，对诸多施工及安装细节进行了细致讨论并达成了一致意见。

实施联合招标模式，重要的是针对多标段统筹设置相同类型的付款方式及合同内容，并细化招标人之间联合招标的要求。项目要针对联合招标进一步明确管理制度流程，包括签章流程、文件报审流程以及决策流程等。此外，实施联合招标还要及早形成例会制度并建立协同工作组机制，就联合招标条件下拟派评审代表问题提出具体解决方案等。

9.6　施工统筹方法

（1）施工统筹的内容

1）基坑总平面的布置

前海控股和金立等4家业主单位于2014年9月签署了基坑统一开挖协议，由前海控股负责十九单元03街坊01~05地块基坑工程整体开挖工作。2015年4月，5个地块基坑土石方工程全部完成。

按照一般开发建设的做法，有多个建设主体参与的基坑施工过程往往变成"九宫格"，各基坑支护经常重复建设，互相严重制约。而在前海十九单元03街坊的开发过程中，基坑由前海控股统一组织实施，不仅缩短了工期（将一年左右的工期缩短至5个月），还避免单元地块基坑先后开挖出现混乱的情况，降低了成本，得到了管理局和其他6家业主的极大信任和高度认可。可见个体利益（特别是经济利益）与整体利益均得到优化的统筹内容是施工统筹应该关注的重点与重要抓手。对于街坊整体开发项目，基坑整体开挖是节约各地块工程成本的重要途径，合理的基坑整体支护与开挖方案将极大地促进各地块参与整体开发的积极性，应在统筹过程中予以充分重视。

２）交通和场地布置

在交通和场地布置方面，十九单元03街坊也有许多优秀的统筹方法，具体如下。

一是街坊大塔群统筹管理。在03街坊各地块桩基施工阶段、总包单位进场前，前海控股项目部针对大基坑内场地、各地块室外地坪场地情况，结合各栋建筑结构构造情况等因素，统一布置了03街坊大塔群，将各地块预计使用的塔吊数量、位置进行了统一布置、统一编号，征求各业主意见后定稿发布，并要求将此文件放入各地块建筑安装工程总承包招标文件中，注明中标总承包单位必须严格执行。

二是街坊大基坑内各地块公共运输通道统筹管理。地下室施工期间，为统一施工运输通道管理，前海控股项目部综合各业主需求，由原大基坑预留公共运输通道处，向下经过顺丰、信利康、自贸、香融、金立等多家地块，建立了一条地下室施工公共运输通道。在施工过程中强调各地块之间的沟通协调，运输通道使用前必须预先书面告知相关地块，使土方及各类施工材料得以顺畅运输。

三是地盘管理统筹。每两周的周一下午进行一次十九单元03街坊双周各地块业主协调统筹会和联合安全检查。针对十九单元03街坊地下室相互连通的设计，结合现场进度施工要求，召集各地块业主、总包等单位，建立共承台、后浇带等交界处先后施工、费用清算等原则与实际操作文件，规范各方行为，实施情况良好。

四是周边市政配套项目整体统筹。前海控股整合公司基础设施板块相关人力资源，于2014年11月启动了十九单元03街坊周边市政设施及公共配套工程（包含2号渠、4条外部市政道路和2条内部市政支路工程，含市政管线工程）相关工作。该项工作对7宗地块的开发建设，尤其是针对最早招商的香江地块的建设及运营期间道路交通及水电等配套设施进行了细致策划。其总体工作方案与各家业主经过多次沟通协调，基本达成了一致意见。

最后，街坊项目还要考虑周边实证配套项目的整体统筹。十九单元03街坊周边市政道路、管网为控股公司基建板块的市政V标，由中铁上海局进行施工，包含兴海大道和临海大道2条DN800供冷管和1条DN350的污水管。此3条管道将从街坊各地块目前的临时用地处通过，涉及世茂、顺丰、信利康、自贸等地块的现场钢筋加工场、现场道路、办公室、生活区等的搬迁协调，影响巨大。前海控股多次召集中铁上海局、上海市政设计院、其监理公司与街坊内各地块的业主等进行统筹协调，将场地移交、各类管线平面位置、标高、施工时间安排和顺序、成品保护等问题进行充分的沟通协调并形成相关意见参照执行。

（2）施工统筹的机制

1）政府总体统筹推进

考虑到在整体开发模式下，项目设计方案和施工界面在很多方面都超越了传统模式下的常规做法，政府在施工阶段仍然发挥着重要的统筹作用。政府可通过其项目管理机构中的施工统筹部门进行施工总体策划，对建设情况进行监督检查并解决统筹协调中的重大难题。政府作为能力最强的建设主体，可通过行政审批手段把控建设节奏，推进市政配套相关建设、协调安全生产和应急管理等工作，并组织构建施工协调平台和会议机制等。

以前海项目为例，在前海管理局内设有规划建设处（现为住房建设处），承担城市新中心建设指挥部、自贸新城建设指挥部的日常工作。其工作内容包括，统筹协调城市建设工作，研究拟订建设的总体思路、计划、政策和开发策略，部署和落实建设任务分工，督促检查和通报城市建设情况，协调解决城市建设中的重大困难和问题。

2）企业牵头多元主体开发

对于整体开发项目，其施工阶段的统筹难点在于整体工程建设问题。面对众多总承包商及分包商，需要明确其在工程建设进度衔接中的各类接口关系，合理进行施工场地布置、交通组织设计、安全文明施工协调等内容，从而尽可能地减少各工程在施工过程中彼此间的负面影响，使现场管理井然有序，效率得到提高。

在业主层面，整体开发模式主要是通过业主、承包商及监理这三方的负责人召开定期或不定期的例会、专题会议等统筹施工安排、协调界面衔接、解决矛盾冲突。针对承包商众多带来的统筹难题，业主可委托数量较少的多家承包商，并共同商议由一家牵头企业进行统筹，缩短协调的长链。这种形式有利于整个项目的统筹规划和协同运作，顺利解决施工方案中的实用性、技术性、安全性之间的矛盾。有效的多方会议机制；有利于能够最大限度地发挥工程项目管理各方的优势，实现工程项目管理的各项目标。

①现场管理统筹

十九单元03街坊项目中，前海控股牵头协调街坊各主体建设单位，开展现场管理统筹。以整体场地布置与交通布置这一施工阶段的重点统筹问题为例，在十九单元03街坊各地块桩基施工阶段、总包单位进场前，项目统一布置塔吊群，将各地块预计使用的塔吊数量、位置进行了统一布置、统一编号，充分考虑各个业主需求和意见后定稿发布，并将此文件放入各地块施工总承包招标文件中。项目统一布设施工通道。在地下室施工期间，为统一施工运输通道管理，建立了一条经过各地块的地下室施工公共运输通道。通过统筹布置施工设备及公共运输通道，使得场地地盘的管理井然有序，公共运输的效率得以显著提高。

②施工协调会议机制

前海十九单元03街坊以打造一体化街坊为主旨，是作为前海街坊模式建设的先行者。由于，03街坊同时涉及多家业主单位与设计单位，仅依靠管理局前期的总体把控是不够的，因此，整体统筹协调的任务必不可少且非常紧迫。这种情形下，前海控股作为管理局的全资企业，便承担起牵头施工阶段各业主间协调统筹的职责，动态化、精细化地协助管理局落实导控，协调施工阶段的冲突与分歧。在与管理局及各业主单位协商后，前海控股组织编写了《前海十九单元03街坊整体统筹协调服务建议书》，主要由周例会与月例会构成明确统筹会议召开的频率、方式、目的及形式，由总负责人、项目负责人、相关专业负责人与工作联系人按需要出席相关会议。事先预防，实时把控，及时处理，由总负责人、项目负责人、相关专业负责人与工作联系人按需要出席相关会议。会议以实时把控，及时处理为目的，以协调为主要手段，减少过多的细强制性的导控内容、要求与统一标准，增加弹性；在统筹内容不减少的基础上，在方式上以整合成果，提供专业技术意见与建议为主；协而不同，统筹街坊共性的同时，给各业主单位留足个性的余地。

此外，前海控股作为牵头企业承担会议记录的责任，根据会议议题向前海管理局进行汇报，包括其统筹工作的完成情况，正在启动的相关工作以及工作中存在的问题与相关的建议等。

9.7　费用统筹方法

多组织合作是城市高效建设的必由之路。城市建设用地的开发速度随着中国经济的持续高速发展和工程建设水平的提升不断加快，对于一块土地不再是简单规划单一用途而是集住宅、商业、娱乐等配套设施于一体的综合性开发建设（徐凤毅，2011）。实践表明，合作能使参与者获得比他们单独行动更大的收益或者降低成本。因此，一个建设项目由于经济、技术、社会及建设规模等多方面原因，往往有多个企业或组织参加，因而存在着投资费用如何在各参加者间分摊的问题（陈秉正，1990）。

共建共享是费用分摊的根本原因。当一类工程具有公共空间外部性或者在效益层面多个主体共享时，公共性区域增值的受益者需要共同承担相应的费用。深圳前海项目的工程建设工作由多家建设单位共同承担，建成后，多家单位共同享有服务设施与环境，并按照"谁受益，谁付费"的市场规律进行费用分摊。

某种程度上来说，深圳前海项目的费用分摊原则与方法是否合理，关系到分摊各方合作积极性，直接影响到分摊各方的建设意图与行为，甚至决定项目的最终成败。因此，合理的费用分摊机制有利于整体利益与个体利益的协调，实现双方利益的相对最大化。

值得说明的是，费用分摊和收益分享如同一个硬币的两面，具有内在统一性。各建设主体在承担费用分摊义务的同时，通过整体开发的系统优化，也享受了分享优化所得经济效益的权利。以基坑整体开挖为例，通过基坑整体支护方案的优化，相比于各地块基坑独立开挖，大大节约了工程成本。通过基坑工程造价的费用分摊，各地块实质性地节约了工程投资额。本书再次强调，需要以利益抓手来促进主体间统筹协调。通过整体开发，在经济效益方面，让各地块开发单位获得实实在在的利益，将极大有利于各主体间建立整体开发的共识，有利于营造合作的氛围，有利于提升统筹的效率。

（1）确定统筹对象

以前海十九单元03街坊项目为例，不同于传统的单一主体对多个地块进行整体开发，该项目的7个建设用地由7家用地主体开发，包括深圳市前海开发投资控股有限公司（以下简称"前海控股"）、世茂、信利康等7个不同的用地主体，主要通过前海管理局局属企业的牵头来实现多开发主体间的统筹合作。基于项目的整体开发模式，7个用地主体在基坑开挖和地下空间使用等方面实行共建共享，因此，项目的一些公共开发费用应由7家或涉及的部分用地主体分摊。

（2）确定费用分摊内容

费用分摊指标由前海管理局规划建设处牵头，前海控股组织其余6家业主召开项目开发统筹协调会商定。经各用地主体商议，各用地主体按照建筑面积比例以众筹的方式分摊相关费用。街坊整体开发模式下产生的公共费用一般包括如下几类：

①区域整体范围服务的公共设施建设投资费用

此部分费用除市政承担部分以外，汇总后宜由本项目各地块开发单位按照各自实际所得产权面积比例分摊。此类费用具体包括地下连接通道建设投资、基坑支护建设投资以及其他为区域整体范围服务的公共设施建设投资。

②人防建设投资费用

此类费用包括人防易地建设费用、人防措施增加费用及减少车位相应的空间费用与人防运营维护费用等，按各地块开发单位所核定的人防面积进行分摊，如有大街坊范围内相互代建的，费用支付给代建单位。

③区域有关相关公共配套费用

该类费用包括但不限于雨污水系统、供水、供电、供气、通信、公共交通、垃圾处理等，此类费用原则上由各地块开发单位按各自立项项目进行支付，若因政策原因必须由某一方统一支付或代为支付的，则纳入分摊范围。

（3）设定统筹原则

费用分摊关系到各相关主体的切身利益，各相关主体作为独立的主体，在保证传媒港项目顺利开展的同时，都希望少分摊公共区域的费用，因此进行费用分摊时可能会引起争议。为了解决各相关主体之间的矛盾，费用分摊必须设定统一的统筹原则。为大力推进项目建设，前海项目建立了公平原则、效率原则、专业原则、互惠原则四大费用分摊原则，以促进各相关主体之间的合作。

1）公平原则——"谁受益，谁分摊；多受益，多分摊"

街坊整体开发项目涉及费用庞大，为体现公平性，必须按照"谁受益，谁分摊；多受益，多分摊"的原则进行费用分摊，强调经济规律和市场规律。一个不公平的费用分摊方案，即使是有效率的，在实际工作中也是难以实现的，这是因为"公平"是分配原则中的核心，只有"公平"才能保证各个单位共同参与项目建设，而公平地分摊费用也是刺激各个单位和团体间进一步合作地动力，公平可以看作是检验分配方案合理与否的方法。

2）专业原则——第三方估算师咨询

为保证项目的顺利推进，可以聘请针对费用分摊的咨询公司。从理性的角度来讲，由于分摊各方均希望能够少分摊费用，因此聘请投资咨询公司有利于合理公平地进行费用分摊。第三方投资咨询的专业性、独立性与公正性有利于费用分摊公平与效率原则的实现。

（4）协商确定统筹方案

在"整体开发"模式下，多元开发主体的差异化诉求增加了业主之间对空间、费用等利益进行协调的复杂性。为保证费用分摊的公平性和高效性，前海十九单元03街坊项目采用"多元主体众筹式"的建设模式，即在规划部门指导下，以上位规划为依据，各用地主体共同聘请街坊整体开发全过程咨询单位进行全过程设计统筹工作，由街坊内各用地主体组织其设计单位实施；同时，规划部门在方案设计核查、建设工程规划许可证等阶段，参考全过程咨询单位的意见进行审批，落实城市设计要求，保证街坊开发的统一性、协调性和完整性（叶伟华等，2021）。

"多元主体众筹"采用政府与市场二元统筹的协同模式、个别组织牵头统筹的协调模式和多主体共话共商的协商模式。

三种模式从总体上划分为三阶段，分别是规划设计阶段、城市设计阶段和工程设计阶段。前两阶段（规划设计阶段、城市设计阶段）由规划部门牵头进行统筹和协调。第三阶段（工程设计阶段）细分为方案设计、初步设计和施工图设计三个小阶段，采用政府与市场二元治理的模式，由前海控股为主导进行统筹，政府规划部门仅参与方案设计和初步设计前两个小阶段。在三个阶段中，多主体协商通过召开技术统筹协调会或会议记录的形式对各相关者的问题进行反馈与协调。

在项目实施过程中，导控文件和方案审批是费用协调的依据。首先，《导控文件》提出街坊整体开发的四大规划策略，包括集群造型、多层地面、快速通行和整体地库，形成对土地出让、基坑开挖等后续工作费用分摊的初步依据。其次，在规划许可审批的各个阶段，项目通过方案审批的形式将编制的《导控文件》和商议的协调结果进行落实，并为费用分摊依据的有效性提供保证。

总体来说，"多元主体众筹式"通过建立一个成熟、中立的沟通机制，使各个用地主体之间的协调、协商贯穿街坊整体开发全过程，充分发挥用地主体的议事能力和决策能力，在企业层面不断发现问题、解决问题，充分调动了用地主体的积极性（叶伟华等，2021）。

9.8　运营统筹方法

对于采用街坊整体开发模式而产生的一些公共性基础配套设施，必须强调应以实现统筹运营为目标。项目建设有一个重要的原则，即运营导向建设。统一开发的目的是为了更好、更高效地实现统一运营。多元主体合作开发的情境下，由于工程实体在产权上的割裂，往往为统一运营造成了较大的障碍。当前，国内采用区域整体开发模式的项目成功实现统一运营的案例还不是很多，前海十九单元03街坊项目实现了停车库统一运营，是国内首个采用该种运营机制的项目，向大街坊公共配套设施统一运营的方向迈进了一大步。

（1）停车费用清分机制

实现停车场统一运营，关键在于实现停车收益的准确清分。多业主互联共享停车场由于整个停车场为全互通，各宗地边界上没有物理隔离，因此，无法通过在各宗地边界上的连通道加装道闸的方式来实现停车费用的清分结算，必须设计一种新的停车费用清分机制。

受目前国内外研究中对于多收益方的财务清分结算大多通过轨迹识别与匹配来判定收益归属的启发，可以通过车辆在停车场中的轨迹识别进行停车费用的清分。车辆停车过程可以分为车辆入场、找车位、车辆停泊、车辆出场四个过程，因此，车辆在停车场中的轨迹识别关键在于这四个过程中关键位置的识别和标定。车辆停泊过程是停车位最主要的消费过程，车辆在停车位停放时处于静止状态，在多业主互联共享停车场中任何一个停车位都有其固定属性，是与宗地分区一一对应的，因此，将车辆停泊时的位置作为判定停车费用的归属是最合理的，对车辆停泊位置的识别和标定也是停车费用清分的关键。

多业主互联共享停车场停车费用清分机制流程如图9-9所示，主要步骤包括停车分区、入场信息采集、车位使用信息采集、出场信息采集、车位匹配、容错机制设计等。

（2）多主体运营协调机制

街坊整体开发模式下，既要实现公共区域统一运营的形象，又必须尊重各产权主体的独立权利，因此，应由统筹单位牵头、各业主单位参加，成立"业主联盟"代表街坊业主处理公共事务，整合街坊运营资源，对运营提出建议。由此，各业主方在业主联盟的平台上参与街坊内公共事务的协商决策，代表各方表达诉求、推动协作。

1）决策机制

决策机制可以具备多个层次，第一是领导层面的协调决策机制，第二是运营机构与主管部门的协调决策推进机制。具体到决策方面，就需要在业主联盟认可的基础上做到"四统一"：统一平台、统一标准、统一管理以及统一运营。

2）合作机制

合作机制以项目的整体目标为基础，以调整利益主体及参与各方间的行为和资源配置为手段，最终实

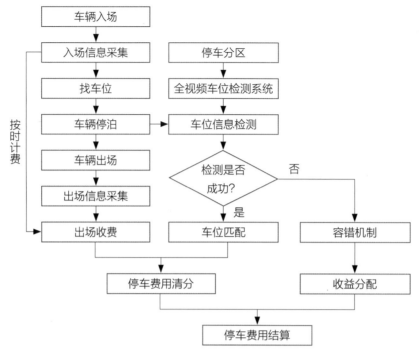

图9-9　停车费用清分机制流程

现项目目标和各参与方利益的多赢局面。合作机制涉及诸多方面，比如采用例会和一对一、一对多现场协调，建立定期检查督导、定期推进会，及时协调解决运营问题。此外，在十九单元03街坊的运营过程中，各项目业主还创建业主联盟共商共管机制，真正实现了多业主停车场的互通互联、统一管理、一体运营，体现了"共建、共治、共享"的新模式、新理念，为高品质停车服务和车位资源高效利用探索了新模式，奠定了基础。

3）沟通机制

一方面建立了各利益主体的沟通机制，采用灵活、多形态的方式，确定具体方案，解决运营过程中可能出现的矛盾。另一方面，注重在全体利益体间沟通理念、统一思想、形成共建合力。调集内部资源，实现管理经验共分享、专业队伍共利用，形成强大的合力。

第十章
街坊整体开发模式的
统筹内容

街坊整体开发模式包含多层次的内涵，它需要在社会经济发展中实现物质文明、政治文明、生态文明、精神文明的有序协调和互动。因此，街坊整体开发模式的统筹内容是一个全面而系统的工程。本章对前海街坊整体开发模式的统筹内容开展分析，包含街坊形象一体化、公共空间一体化、交通组织一体化、地下空间一体化以及市政景观一体化等方面。

10.1　街坊形象一体化

随着我国城市开发进程的推进，促进了产业升级与重大工程建设，但城市开发项目建设需综合考虑城市整体结构和重要功能，以提升城市形象。城市形象统筹的主要导控内容包括：建筑群体布局、地标建筑、建筑高度控制、立面形式及材料、地上建筑退线及贴线率等。

10.1.1　建筑布局统筹

城市核心区域高层建筑布局不合理带来的交通压力大、小气候环境恶化、景观形象不佳、邻里交往不足等"大城市病"问题不容乐观。高层建筑布局是多因素共同作用的结果，如土地价格、地质承载能力、建设需求、经济实力等（罗曦，2007）。在反思建筑布局规划的负面影响后，对于建筑布局统筹应有利于城市空间秩序、城市天际线和城市意象的组织（李阎魁，2000）。因此，如何在高层建筑日益扩张的大环境下，把握建筑布局方向，以及在地理位置优势上的空间架构，具有重要的研究意义。

在传统规划模式中，建筑是限定街道空间的要素，建筑与街道往往是相互割裂、缺乏联系的。此外，传统的建筑布局设计具有较强的可重复性，单一的建筑布局使得城市景观单调沉闷。现代城市开始呈现人口密度增加、功能多元化的改变，导致了高层建筑综合化和集群化的发展趋势（覃力，2003）。建筑集群类型可分为五种：轴线形、向心形、网格形、组团形、有机组合形等（图10-1）（于涛，2009）。

建筑集群使得高层建筑各单体间形成了一个相辅相成的统一功能组织体系，从而达到完整、统一的设计目的。由于高层建筑集群的整体规模较大，城市地标的建筑形象和城市交通系统的有机结合，使得整个集群成为城市中一个重要的空间节点，是经济、信息和人的集散中心。

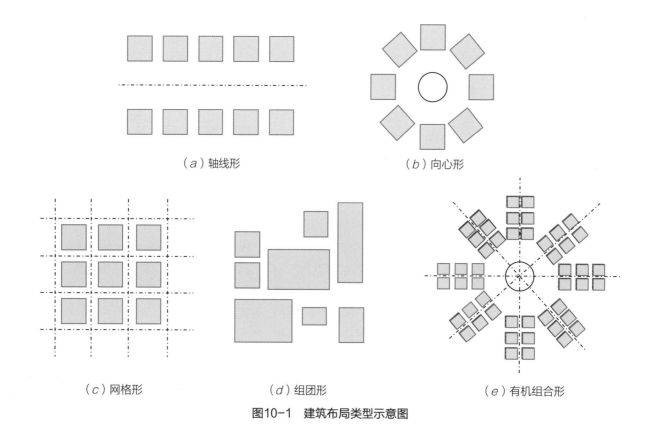

（a）轴线形　　　　　　　　　　　　　（b）向心形

（c）网格形　　　　　　（d）组团形　　　　　　（e）有机组合形

图10-1　建筑布局类型示意图

十九单元03街坊整体为鲜明的围合式街坊组团形象，采用"塔楼+地标+裙房"的集群造型，丰富了城市空间，提高了城市街道活力。平面为和谐共生的布局，通过中心广场组织街坊内的慢行空间系统，提供绿色开放空间缓冲，将公共交通、慢行系统、公共开放空间作为网络，形成紧凑立体的街坊布局；同时，塔楼对主要的公共空间和节点进行了一定的退让——以19-03-06的地标建筑为核心，适当扭转19-03-01地块的塔楼角度，使塔楼获得更好的日照和景观视野。弧形二层平台与塔楼布局相呼应，强化街坊整体感和律动感，形成一体化空间布局。如图10-2所示，这一布局一方面解决了高层群体建筑的间距问题，提升了土地使用效率；另一方面这种统一的形式将集群建筑更好地联系在一起，形成一体化建筑。

在高速城市化的今天，高层建筑已经成为城市建设发展的现实选择。由于城市空间一旦形成，就会在一定的时间内具有不可改变的特性（林胜华，王湘，2006），所以拔高楼层的同时，合理的规划建筑布局形式也应同样被重视。在相同建筑密度下，高层建筑不同的布局对土地利用与功能分区产生的影响十分显著。

10.1.2　地标建筑统筹

20世纪90年代后期以来，随着房地产开发热潮的到来和城市建设步伐的加快，高层建筑争相兴建地标性塔楼，使城市建设无秩化。21世纪是城市化建设的高潮期，原有城市地标性建筑逐渐被同质建筑所取代，城市天际线平缓单调、缺乏韵律，独立塔楼已经无法在城市形象中凸显其作用（郭星，高明，2019）。反观目前的地标建筑，其在设计选址上应满足以下条件：处于视觉中心点、不对城市交通产生不良影响、不影响城市环境、具有民众可达性、不影响地块文化肌理（魏欣等，2015）。

03街坊位于十九单元的核心位置，由6个高度在100～200m的背景塔楼和一个330m高的标志性塔楼

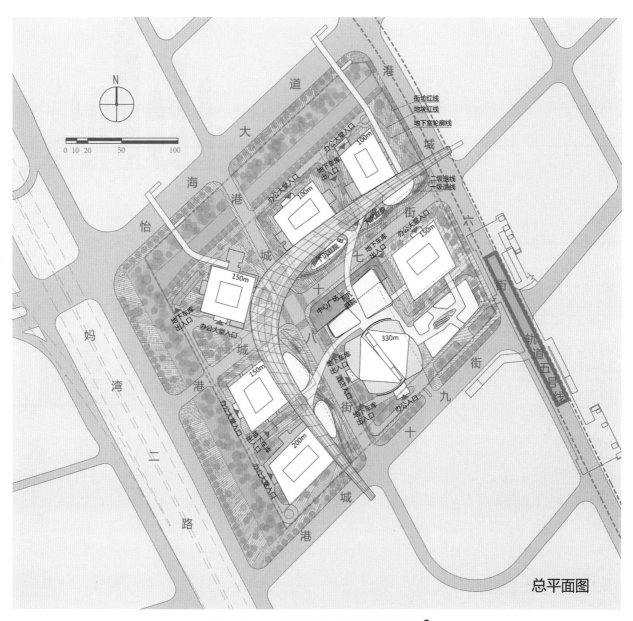

图10-2　十九单元03街坊建筑布局示意图❶

形成完整的组团。6栋背景塔楼采用整体的形象造型和富有韵律感的螺旋上升模式，强化街坊的整体造型感、烘托出超高层塔楼的中心地位，既塑造了完整的城市形象，又为中心塔楼提供最优的景观视野。综合考虑深圳城市空间形象设计、十九单元03街坊的交通区位和用地规模等因素，规划在03街坊的19-03-06地块设计一处超高层地标。除了高度突出外，19-03-06地块的建筑美感也格外出众，采用扭转的形态最大化视觉美感，随着高度的提升将面积达2500m²的办公标准层不断扭转及收分，从而得到一个旋转的整体形象（图10-3）。加之幕墙立面简洁，适当的造型使其成为本街坊集群的核心地标，在富有动感的城市天际线

❶ 前海十九单元03街坊地下空间及地上公共空间开发导控文件。

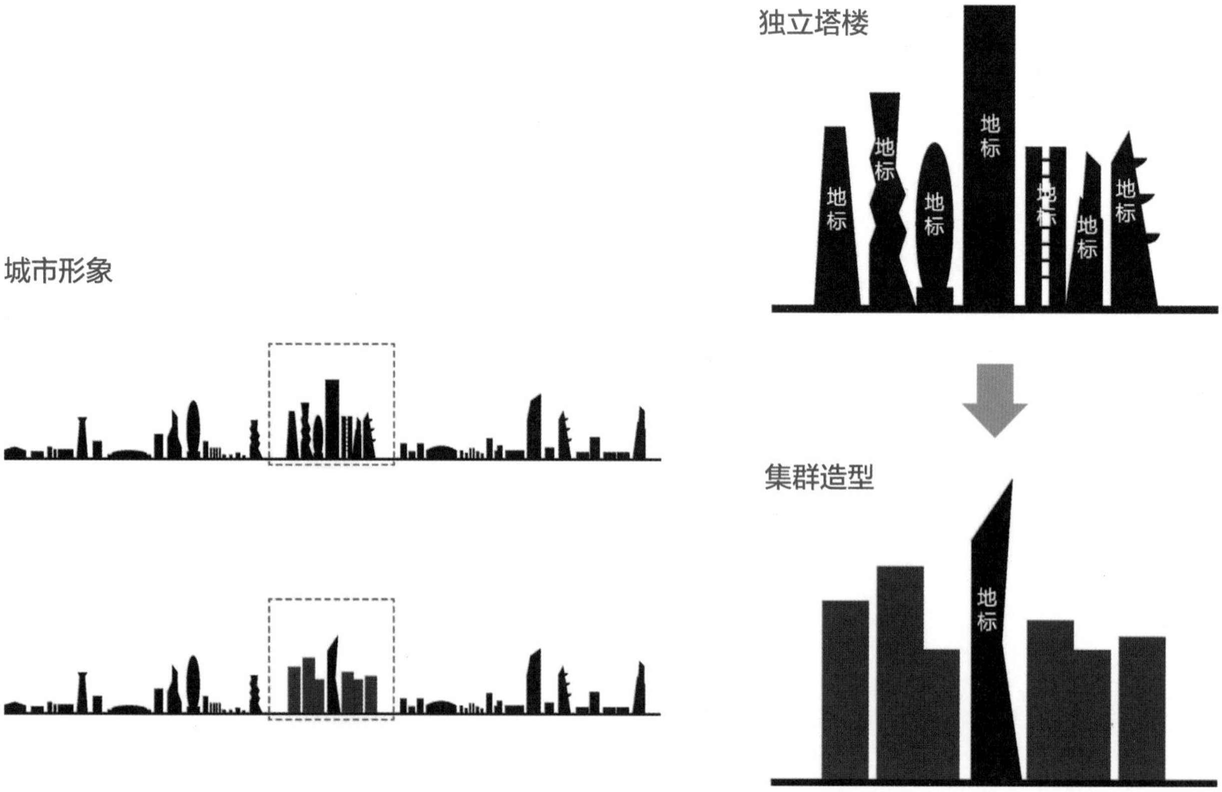

图10-3　地标建筑城市形象示意图[1]

中脱颖而出。其余地块塔楼采用简洁、近似方形的体量及造型，营造建筑组群的整体感。这一建筑作为前海地标级建筑，融合多种个性化设计需求，集"金融、企业展示、商贸"于一体，与周边的顺丰总部金立大厦、香江金融等多栋建筑贯连串通，形成立体式、多入口的循环商业中心的国际级湾区标杆（图10-4、图10-5）。

10.1.3　建筑高度统筹

　　建筑高度作为城市共建在垂直维度的外在表达，是城市整体风貌和形象展示的重要窗口。芦原义信在《外部空间设计》一书中提出高宽比的概念，这个概念成为街道设计空间尺度的一把标尺。由于高层、超高层及交通工具的出现，街道空间与建筑的尺度与规模都发生了变化。在一定的街道宽度下，适宜的街道高宽比是保证街道空间均衡性、围合性的重要指标（董程洁，2019）。《上海市街道设计导则》建议高宽比控制在1.5：1~1：2之间，较窄的商业街的高宽比可达3：1，交通性街道和综合性街道可控制在1：1~1：2之间。

　　由于前海有近三分之二的面积处于深圳机场净空保护区内，高楼规划已比设计初期"大幅缩水"，不少已出让用地的超300m建筑规划被限高。十九单元03街坊内的7栋塔楼限高需按导控文件执行，并满足前海的航空限高要求。其中，06地块的前海世茂大厦建筑层数为62层，建筑总高度近300m（图10-6）。前海

---

❶ 前海地下、地上空间及街坊整体城市设计。

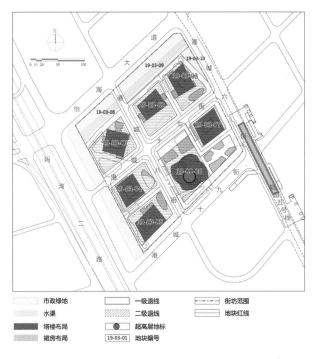

图10-4 十九单元03街坊地标建筑位置示意图❶

图10-5 十九单元03街坊地标建筑效果图

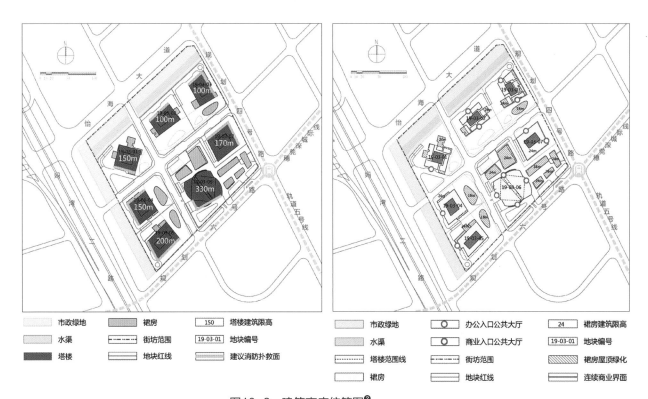

图10-6 建筑高度统筹图❷

---

❶ 前海十九单元03街坊地下空间及地上公共空间开发导控文件。

❷ 前海十九单元03街坊城市设计。

世茂大厦不仅是前海妈湾片区第一高楼，也是当前前海第一高楼，地标效应突出。

随着大规模、高速度的城市开发，城市形象受到城市开发特别是高层建筑的严重影响，极容易使街道空间产生压抑感。因此，需要围绕城市规划制定基于城市总体设计的精细化高度统筹方案，以提升城市眺望景观品质。

10.1.4　建筑立面统筹

在建筑立面的统筹方面，需要同时考虑立面的具体形式特征和风格、材料的选择、色彩的组合、各类细部构件等（谭小松，2019）。

（1）立面风格定位

风格的确定是外立面形式设计的第一步，对于外立面整体定位，起着先导作用。十九单元03街坊项目整体为现代风格，以办公、商业为主导功能，兼容服务配套功能，提倡"整体开发"模式，整体建筑风格高效、简洁，在其建筑材料、建筑色彩等方面都有针对性地进行了设计和统筹。

（2）建筑材料统筹

在高层建筑的外立面中，由于视线从内到外都很开阔，在进行高层建筑立面设计时，需要对立面材料的质感感官可达性有一定的分类。不同视域下的立面，可以有不同的存在方式。图10-7展示了高层建筑的视觉敏感区和非视觉敏感区，这可以作为高层建筑立面设计和材料搭配的设计分区依据。底层的视觉敏感区宜采用文化符号性的设计元素和富有质感的材料，非视觉敏感区则自由度较高（熊健，2019）。在设计高层建筑的底层空间时，应充分结合周边的城市街道以及广场等要素，合理采取缩进入口或者底层架空等设计手法，对人流进行有效引导，并改善建筑立面视觉效果。在高层建筑顶部的材料选择以及线条运用中要有立体层次感，避免其仅成为简单的轮廓线。在保证建筑使用功能以及结构安全的基础上，要注意材料的美观性，从而呈现出城市空间的美感。

十九单元03街坊塔楼单体采用整体形象设计，裙房的每个立面均不使用全玻璃，高度在150m以下（含150m）的塔楼除全玻璃幕墙外，与石材、金属构件等有质感的建材搭配使用，形成一定的实墙界面。为适应"整体开发"理念，在进行装饰

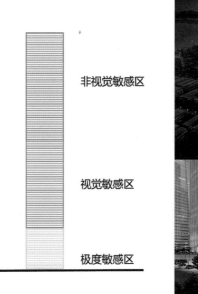

图10-7　视觉敏感分区示意图（前海世茂大厦）❶

<hr>

❶ BIM研究院. 前海十九单元03街坊整体城市设计[EB/OL]. https://mp.weixin.qq.com/s/2U-tc-rEd1x3Wbj4hOEKUw.

选材时，偏向于选择施工流程简洁，韧性较好的材料。其大量的装饰构件都以设计构成的方式呈现在外立面上，如屋顶架廊、屋顶折板等。在呈现诸如此类设计时，装饰选材偏向于柔性材料。

综上所述，现代建筑材料类型非常多，任何一种材料的使用都形成了建筑造型的视觉元素。正是由于不同建筑材料的存在，各个建筑之间才有了差别，才能够凸显出视觉元素在建筑造型中的价值。

（3）建筑色彩统筹

城市色彩关乎一个城市的面容，建筑色彩则是城市色彩的关键构成部分。建筑物表皮的一个基本要素为色彩，它能够表现建筑的感情，是建筑形态的重要组成结构。色彩能够灵活的表达出建筑的形体，使建筑与集群中其他建筑产生鲜明的对比，合理的色彩应用能够增强建筑集群的标志性。历史上的许多中国城市都具有独特的色彩魅力，而现在我国许多城市由于快速的城市化，其城市色彩环境品质的塑造往往跟不上城市建设的速度，城市色彩统筹系统不完善，当色彩过于复杂时，就会造成视觉污染；当色彩过于单调时，地域特色不够明显，就等于没有城市色彩系统。

基于对目前城市色彩现状的分析，未来的城市色彩规划的整体统筹思路是：突出城市的自然环境特色，保持原有色彩基调，关注高彩度、暖色调建筑可能引起的"色彩污染"问题（路旭等，2010）。

在建筑色彩的统筹方面，既要尊重当地文化、突出历史文脉，又要服从城市功能分区的原则、城市色彩和谐统一的原则。依据深圳市现代与历史并存、外来文化与本土特色相互融合的城市特色，在其城市形象塑造过程中，践行面向未来发展、商业时尚展示、城市特色彰显及外来文化融合等城市形象塑造的总体规划。在实际的建筑色彩运用中，可将建筑色彩详细的划分为三种类别，即基调色、辅助色和点缀色。深圳的建筑色彩普遍选择了高明度、低彩度的暖色调，同时采用中性色、中间色或无彩度色进行过渡。

街坊主色调的选择应当与所处环境融合，与建筑类型相契合，同时与街坊的定位、主题、风格相契合。十九单元03街坊作为前海"三城一港"现代自贸城的重要组成部分，色彩控制以现代简约的暖灰色调为主，且裙房色彩与塔楼色彩协调统一，同时以适当丰富的色相营造街坊繁华的氛围。

（4）其他建筑立面统筹内容

在进行高层建筑比例设计时，需要重视建筑各部分比例协调性。在十九单元的建筑设计中，建筑主体尺度一般为30～50m，平均为40m。在建筑尺度统筹中，应该避免很小或庞大的建筑，合适的楼板面积应为1600～2000m²，层到层的平均高度为4.2m。在塔楼部分，塔楼高宽比不低于4∶1，顶部采用特别造型凸显地标特色；错动的体块形成空中露台，增加与城市对话的空间，提升建筑整体品质感。为了营造一个绿色、高品质的办公空间，塔楼采用裙楼进行连接，建筑形体在简洁的方形体块基础上进行前后错动，这些错动在裙房处与空中连廊相结合，并退让出部分底层空间，形成活动场所。

通过加强线条韵律元素表现手段的应用，能够更好地与周围的建筑环境融为一体，使得建筑形象与城市形象一体化。就线条韵律与环境之间的具体关系而言，首先应该基于统筹的理念之上，在实际设计的过程中，对于一些固定的线条韵律就要加以重视，并且要综合考虑各种因素的影响，使得建筑风格与这些艺术表现手段能够融为一体，使得线条韵律与环境艺术之间的关系更为紧密。十九单元03街坊的立面设计使用建筑硬立面和软立面，硬立面包括直线和平坦表面，软立面更为灵活。如图10-8所示，前海金立科技大厦在整体形象上，结合金立集团"金品质、立天下"的企业精神，将设计理念定位于"立"字——扭转的竖线条极具动感、形态优雅、形神兼得，是金立总部最好的形象体现。为了使建筑的形象更加连续完整，塔楼四个角设计成圆角，并根据视线关系进行扭转，形成"立"字的形象。前海十九单元塔楼立面形态以"和谐"作

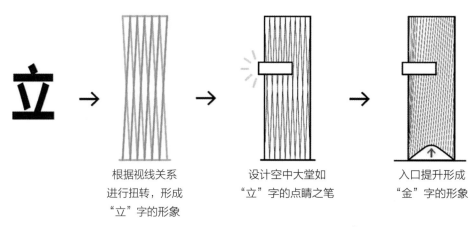

根据视线关系
进行扭转，形成
"立"字的形象

设计空中大堂如
"立"字的点睛之笔

入口提升形成
"金"字的形象

图10-8　金立科技大厦建筑线条统筹示意图❶

为表现理念——相互铰接的相同体量间构成微妙的视觉平衡。圆弧与45°直边倒角跟随整体体量均匀旋转，在立面上形成两条隽秀的立体控制线，以此强化项目的形态特性。在幕墙设计上，以层为板块单元，跟随塔楼平面的收分，使每层的幕墙板块尺寸也不断收缩，由底层1560mm收至顶部1250mm，拔地而起又逐层收缩的竖向杆件在人视角度有效地放大了高耸入云的感观效果。

十九单元03街坊通过深入研究、审慎设计，构筑了卓越街坊整体开发的新形象，通过外立面的统筹实现了建筑是可以阅读的，街坊是适宜慢行的，城市始终是有温度的。

10.1.5　建筑退线及贴线率统筹

为塑造城市特色风貌、提升城市环境质量，需要塑造步行优先、尺度适宜、以人为本的宜居城市。现有道路多采用"两条红线+标准断面"的标准，优先考虑和保障机动车的路权，对于其他要素则考虑不足，大量街道空间难以统筹利用，降低了街道空间的品质和使用效率（丁冉等，2018）。

退线距离直接关系到街道空间的尺度，规范且合理的建筑退线设计是提高街道空间质量和促进土地集约利用的有效措施。建筑退线是指建筑红线与地块红线之间的距离，分为地上建筑退线和地下空间退线。我国绝大多数的城市均编制了相应的《城乡规划管理技术规定》，其中对地上建筑退线的规定一般是根据道路宽度和建筑高度制定建筑退红线最小距离（董程洁，2019）。《城市居住区规划设计标准》GB 50180—2018第6.03条提出了道路两侧建筑退线与街道尺度相协调的要求。沿街的建筑退线和建筑界面被整合成"完整的街道空间"，是空间一体化设计和建筑整体氛围感的重要组成部分（赵春水等，2021）。根据《深圳市城市规划标准与准则》，街块的临街建筑原则上建筑退线为6m。为了形成具有差异化边界的建筑退线，面向边缘绿化带的建筑不宜与相邻建筑对齐，各建筑间的退线差异建议达到3m。

《深圳市城市规划标准与准则》第8.4.1提出，建筑退线一般按照两级退线进行控制，建筑退线距离应符合建筑间距及不同建筑类型的退线要求。十九单元03街坊的地上空间建筑退线一览表见表10-1。建筑大多与街道平行或垂直，较小的建筑退线可以使建筑尽量贴近街道布局，有助于街墙面的塑造，丰富街坊形态的多样性。

---

❶ BIM研究院. 前海十九单元03街坊整体城市设计[EB/OL]. https://mp.weixin.qq.com/s/2U-tc-rEd1x3Wbj4hOEKUw.

十九单元03街坊地上建筑退线一览表[1]　　　　　　表10-1

地块编码		03-01	03-02	03-03	03-04	03-05	03-06	03-07
一级建筑退线	东侧	6m	6m	9m	6m	6m	9m	9m
	南侧	6m	6m	6m	6m	12m	12m	6m
	西侧	3m	6m	6m	3m	3m	6m	6m
	北侧	10m	10m	10m	6m	6m	6m	6m
二级建筑退线	东侧	9m	9m	12m	9m	9m	12m	9m
	南侧	9m	9m	9m	9m	12m	12m	9m
	西侧	3m	9m	9m	9m	3m	9m	9m
	北侧	10m	10m	10m	3m	9m	20m	9m

实际上，贴线率的合理统筹，可以帮助街道空间变得有趣、特别，赋予城市形象更多活力。学术界有类似结论，简·雅各布斯在《美国大城市的死与生》中立足于城市活力的视角提出这一观点："如果一个城市的街道看上去很有意思，那么这个城市也会很有意思；如果一个城市的街道看上去很单调乏味，那么这个城市也会非常乏味单调"（金衡山，2010）。《伟大的街道》一书就提出，有趣的街道要具有很强的可识别性。美国著名规划学家凯文·林奇则认为，可识别的街道应该具有连续性。因此，为了对街道空间连续有切实的保障，不仅需要提出退线要求，在某些边界明确的地方宜提出贴线建造的要求。

贴线率指标在国外的城市设计中应用比较普遍，在国内的少数城市也有应用（图10-9）。目前，国内已将贴线率作为一项控制指标的城市有上海和深圳。在《深圳市城市设计标准与准则》中提出，商业街区建筑贴线率不宜低于75%。如图10-10所示，十九单元03街坊的裙房采用体块错落的形态，使街坊界面尺度舒适宜人，形态丰富多样。地块中的建筑以退台、架空、退让等多种设计手法形成了具有延伸效果的视觉通廊，在保证中央绿轴实现通透的同时，为二层平台及一层的步行空间带来更多的光线，形成了立体、丰富的城市景观；并在保证沿道路方向的贴线率的同时，实现了内柔外刚的设计效果。其中，具体的连续商业界面统筹，如沿港城六街及北侧水渠的裙房应设连续骑楼界面，骑楼净高不小于5m，净宽不小于3m，连续商业界面的贴线率不小于70%。

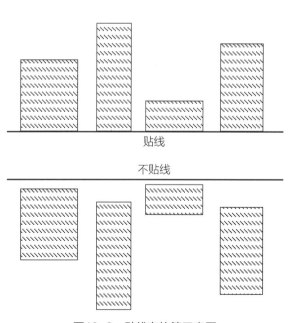

图10-9　贴线率统筹示意图

---

[1] 前海十九单元03街坊地下空间及地上公共空间开发导控文件。

图10-10 街坊实景图[1][2]

10.2 公共空间一体化

城市公共空间是市民交往和公共生活的场所，其质量的塑造直接影响到大众满意度和城市综合体竞争力，但城市建设中的高强度开发区外部开放空间资源极其稀缺，利用传统的开放公共空间模式步行路径层次单一，无法实现街坊内部的人车分流和便捷通行，故经常需要采用多层地面进行结构分解，保证片区从业态策划到开发运营一以贯之（图10-11）。

10.2.1 地下公共空间

伴随着城市的高速发展，城市土地可利用资源越来越局限，城市用地紧缺，资源紧张已经成为一个大问题，如果仅仅依照原来的模式继续发展高楼大厦，只会导致城市生态的进一步恶化，所以发展地下空间的必要性也越来越大。

十九单元03街坊的地下公共空间主要包括地下步行通道、下沉广场两种空间形态。

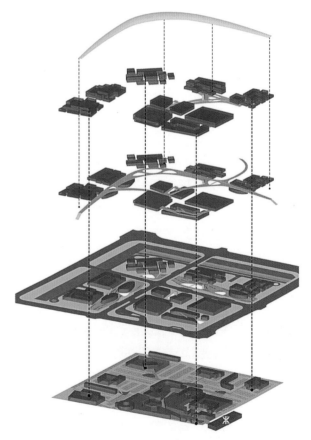

图10-11 多层地面示意图[3]

---

❶ 市前海管理局. 15+19单元规划[EB/OL]. http://qh.sz.gov.cn/ljqh/xcjs/ghgl/dyxg/content/post_4431413.html.

❷ SED新西林. 深圳前海十九单元03街坊景观设计　新西林景观[EB/OL]. http://www.landscape.cn/landscape/11768.html.

❸ 前海十九单元03街坊地下空间及地上公共空间开发导控文件。

图10-12　深圳前海十九单元03街坊步行通道

（1）地下步行通道

如图10-12所示，十九单元03街坊各地块与地铁站通过地下步行通道进行无缝对接，形成连贯的地下步行空间。

（2）下沉广场

下沉型广场的标高比一般地面标高低，这种类型的广场具有一定的天然优势。首先，它不会造成视线的阻碍，并且有助于整个场景的开阔和丰富建筑空间的层次，在体现创意性的同时，也改善了空间环境，更有利于提高人们的参与性和互动性。其次，由于下沉型广场和城市地面形成的高差，自然而然的避免了城市地面噪声和交通的干扰，更易创造安静舒适的空间（图10-13）。

下沉广场为地下空间引入人流，激活地下商业，并且下沉广场不得隔断地面公共空间，应布置扶手电梯实现地上空间与地下空间的便捷连通，布置垂直电梯实现无障碍连通。

10.2.2　地面公共空间

地面公共空间分散布局，形成多个次中心级特色空间。地面公共空间主要可分为中心广场、地面步行通道等。

（1）地面中心广场

广场通常作为建筑综合体的中心，其他功能则围绕其展开布置，在建筑综合体中通过广场这一形式的

图10-13　深圳前海十九单元03街坊下沉广场

介入，既提供了建筑综合体与城市交通系统相互转换的空间，又为建筑综合体的人们提供了游憩、集会的场所。十九单元03街坊地面公共空间的设计中配合地面综合体及地面公共空间景观轴线，考虑结合商业一体化设置有地面公共广场，提升空间活力。开敞的地面广场为向地下空间中引入光线的方法提供可能。对于地下为步行街及商业休闲功能的空间节点的相应地面广场，可以采用地下采光井的方式引入大量自然光，同时天窗的设计也可以将一部分自然景观引入地下，形成富有自然景观的地下公共空间。

（2）地面步行通道

地上综合体及开敞空间组成的步行系统作为以商业休闲娱乐功能为主的交通线路，为地下公共空间轴带提供业态支持、引入丰富功能，同时也为地下区域提供交通功能上的补充，连通地面无法全面覆盖的区域；综合来看，可以达到地上与地下空间互为补充、辅助，使得十九单元03街坊整个区域形成比较完整的立体化步行交通网络。地面步行通道强化建筑综合体空间的连贯性和秩序感，反映一个地区的文化特征等。

10.2.3　平台及连廊系统

近二十年来中国乃至世界范围内的相关设计已经由单纯的形式结合功能角度，逐渐转化到针对高层内部空间环境可达性、质量与心理健康等方面的研究领域（槐雅丽，2021）。这就导致先前在低密度环境中常见的开放空间和连廊系统等手法在高密度环境，尤其是垂直社区或办公环境中，在整个街区的人行通达性、与公共交通的关联及各地块的联系上起到了很好的作用，但对建筑的消防设计和机电设计也带来较大影响。

这对于在超高层综合体中将流线合理化、高效使用联系各复杂功能楼层的竖向交通体系等方面提出了要求。如前海十九单元03街坊，必须彻底考量使用人群如何能在公共空间的各个等级节点间流畅穿行，同时享受到低密度环境所具有的优越环境，将"一体化街坊"的理念落地。

（1）空中连廊

随着城市建设的加快，追求通行效率的机动车道在一定程度上对城市功能地块造成分割，破坏了城市间的紧密联系，影响了建筑间人群的交流互动。在当前城市中心区空间资源紧张、人车交通密集交织的背景下，空中连廊的建设在实现人车分流、缓解城市交通压力的同时，有效促进了城市空间的资源整合。同时，在有限的空间中，空中连廊为市民提供遮风避雨、欣赏城市景观和进行商品交易的场所。

如图10-14所示，在十九单元03街坊中，二层连廊环状连接各地块建筑，满足步行路径上的便利跨街需求，促进地块之间的协同发展。尺度收放有序，形成多个节点，可承载展示、游憩、交流等功能，丰富街坊生活，成为街坊共享平台。通过加强大流量裙房的楼层连接，使得商业流线一体化，强化商业集聚效应。

（2）平台

平台可供过往的行人休息，尺度收放有序，形成多个节点，可承载展示、游憩、交流等功能，丰富街坊生活，成为街坊共享平台（图10-15）。

成功的公共开放空间统筹应结合本地已有的步行系统进行系统规划，合理布设，构建适合各街坊自身特点的公共开放空间，使公共开放空间的规划建设在改善城市中心区慢行交通系统、提升环境品质、增强社会活力等方面发挥关键性的作用（图10-15）。

图10-14 深圳前海十九单元03街坊空中连廊

图10-15 深圳前海十九单元03街坊平台

综上所述，公共开放空间的统筹在城市土地与空间的综合利用方面起到重要的现实意义，为建筑综合体城市职能的良性发展提供了平台，同时也为市民拓展了城市公共生活空间。不同层面城市公共空间与建筑综合体的综合设计利用也为整个城市系统的协同运作，建筑综合体的公共性和开放性提供了条件和可能性，从基础和根本上推动了建筑与城市一体化的前进趋势。

10.2.4 公共空间业态

在践行新发展理念，倡导高效集约节约利用资源，统筹推进"五位一体"总体布局的当下，未来街坊开发建设注重土地混合利用、产能融合，应是题中应有之义。通过完善基本生活单元模式、推进15分钟生活圈的建设，实现新时期的城市生活方式、规划实施、社区管理的转型。人类居住活动的集约化是未来城市开发的建筑发展趋势，15分钟生活圈规划和建设需重点关注以下几个方面：

（1）通过交通、设施以及公共空间的分层级衔接，形成产能有机融合关系

15分钟生活圈是以步行15分钟作为社区生活的空间尺度，然而，将"15分钟社区生活圈"仅仅简单地定义为"将各种功能就近放在一起"是不够的，打通交通堵点、完善慢行系统、多层次布局基础设施是承载生活圈功能设施，实现城市合理均衡发展，营造低碳、健康的生活方式和便利、共享空间品质的关键。生活圈规划布局一般以层次明晰、使用便捷为原则，通过道路进行串联，并在内部构建安全连续的慢行网络（杨晰峰，2019）。

　　前海十九单元规划以打造具备区域生产组织中枢和国际供应链管理中心功能的生态城区为发展目标，以现代物流产业服务的商业性办公及生活配套为主导功能，通过地下交通、配套设施、公共空间统筹建设多功能尺度的便捷生活圈（图10-16）。

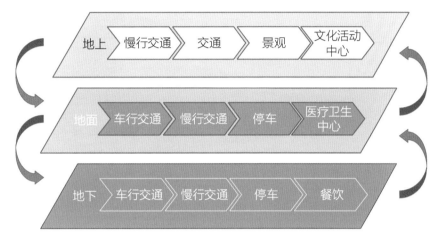

图10-16　十九单元03街坊产能融合示意图

　　1）交通将走向地下。必须提供高效、便利的交通方式才能确保街坊的活力，对外快速疏通和核心区到发交通功能都由地下轨道和地下道路来承担。前海综合规划成果规划了12条轨道，设置了37个轨道站点，轨道交通是前海交通的主要运力。前海还将社会车辆引导到地下行驶，规划了地下车行系统，打造了"地下道路—地下联络道—地下车库"三级逐级分流系统。此外，前海围绕轨道枢纽站点规划了总长度约24.3km的地下步行系统，服务地块面积达到4.78km^2，占前海可开发建设总用地面积的64%，可服务约65万人。这些地下步行系统直接连接轨道站点周边的商场、写字楼、停车场。在这些地下步行系统周边，地块之间的联系得到充分的实现。

　　2）商业配套设施将走向地下。前海规划结合轨道站点周边公共道路下方进行地下商业街开发，站点核心腹地的地块内地下商业空间相互连通（图10-17），形成发散步行通道。市政配套设施也将走向地下，包括停车位、垃圾场等公共设施很大程度上也都将在地下建设。这不仅能释放出土地资源，还有利于美化环境。

　　3）"多层地面"概念的街坊公共空间集约化。地下公共空间，引入餐饮、零售、新文创等商户，打造"前海好街"。地面公共空间，统筹整合养老、幼托、医疗等社区公共服务设施。二层连廊联通街坊塔楼，通过建立多层级立体化邻里共享空间体系，为居民提供"老幼乐"无缝衔接邻里生活。三、四层长廊空间，让居民漫步于"云中之境"，成为城市的新景观平台。15分钟生活圈建设的文化阵地规划方面，为满足居民15分钟文化生活需求、丰富文化服务产品供给，街道将整合多元资源，挖掘公共空间，建设多层次文化空间和活动阵地，融合公共服务资源，引导市场服务资源打造前海文化高地（图10-18）。

　　（2）鼓励政府—市场—公众—社区组织的协同工作，引入公众参与

　　人民城市人民建，人民城市为人民。在努力践行人民城市理念的过程中，首先要把老百姓支持不支持、满意不满意作为建设的基础和衡量政府工作成效的指标，让城市更有"温度"，人民更加幸福。从规划到实

图10-17　深圳前海十九单元03街坊地下商业空间

图10-18　深圳前海十九单元03街坊"多层地面"

施各参与主体的协同工作如下：首先是部门协同，各级自然资源主管部门要主动加强与相关主管部门的工作衔接，一同组织规划评估和实施行动；其次是发挥政府和市场机制的共同作用，协同做好规划实施，政府负责组织公众参与、需求调查、规划协商等工作，并可以引进投资主体，委托专业公司参与公益性设施的运营、管理和维护；最后，在生活圈的规划编制与实施过程中，最重要的是公众参与，需要广泛征求在地居民、企业、社会团体和相关部门、专家等意见，特别是社区居民的意见，积极向公众宣传推广相关成果，真正实现"人民城市人民建"。

10.3　交通组织一体化

协调整合城市、建筑与交通三者之间的关系，进行一体化规划设计是提高城市空间综合效能，促进其高效运转的保障。本节从街坊整体开发模式中的车行交通系统与慢行交通系统两方面系统阐述空间交通组织一体化统筹的内容。

10.3.1　车行交通系统统筹

对于高度集约的街坊整体开发项目而言，其最重要的功能是统筹不同的站点空间，高效地组织人流车流。而在商业综合体中，不同的标高层上都可能存在站点空间。如何合理地安排其中的人车动线，同时利用站点带来的人流集聚给综合体的开放空间带来人气，成为车行交通系统统筹的核心。

（1）整体地库

在街块尺度小、路网密集的情况下，易造成交通拥堵。因此，街坊交通以公共交通优先，以打造"高效复合、安全舒适的人性化交通环境"为目标，满足高强度城市开发带来的交通需求，提高片区交通接驳范围，改善片区交通出行结构，实现车流快速通行。构筑多模式便利交通，离不开地库的合理布置。合理的地库安排既能节约地位，也能使资源利用最大化。需要遵循上位规划高效集约、整体开发的原则。如图10-19所示，十九单元03街坊通过移除变电站、集中人防布局、统一地库标高等方式将地下空间开发成

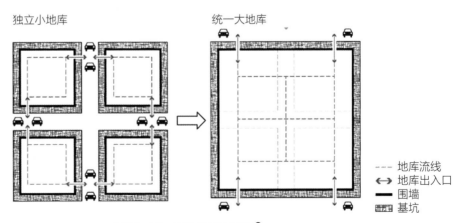

图10-19　整体地库示意图❶

---

❶ 前海十九单元03街坊地下空间及地上公共空间开发导控文件。

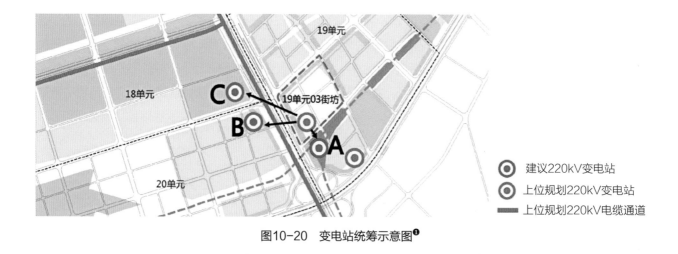

图10-20 变电站统筹示意图❶

整体地库，提高地下空间车行效率。

1）移除变电站

由于现行法规禁止、设备确实、前海台风盛行安全隐患、变电站建设工期禁止、上层建筑布局制约等现状条件的限制，十九单元03街坊并不适宜建设变电站。变电站要求布置于220kV电缆旁地块，且宜位于主要道路交叉口。为便于快速启动开发建设，宜选址现状无权属或易于土地整备的用地。如图10-20所示，A区域现状无权属，且规划为防护绿地，但现状内有仍在运行中的平南铁路（规划拆除）。B、C区域满足基本设置要求，但现状有权属，且为跨单元选址。根据地下变电站可行性研究，移除上位规划十九单元03街坊05地块的地下变电站，提升土地利用价值，方便土地出让。

2）集中人防布局

随着我国经济持续快速发展，尤其是工业化、城市化的加快推进，合理有序、科学布局人防工程是街坊整体开发模式下亟待解决的问题。十九单元03街坊是前海核心组团之一，集商业、办公、娱乐为一体，具有建筑密集、人流量较大、环境要求较高的共同特点。人防工程建设应与地下空间开发利用相结合，妥善解决人车分流、停车、防灾等问题。

如图10-21所示，基于对经济与用地权属的考虑，规划采用附建式人防，并集中设置于01～05地块最底层，通过建设补偿的方式，06、07地块向各地块增建人防进行补偿。集中设置人防将原本7个地块的人防指标归集到5个地块，提升了人防空间的利用率，降低了人防建设成本，同时也使得停车和商业空间布局更加完整（邓斯凡，2020）。

3）统一地库标高

互联互通是保障城市地下空间连通性开发的重要前提，然而，它也是地下空间网络化开发的薄弱环节。十九单元03街坊的地下空间采用"无高差连接"的方式，使街坊各地块通过地下商业与地铁站平接。统一控制地下一层标高，串联地下一层的地下商业、公共设施和过街通道，形成地下步行系统网络的骨架；向地面之上和地下二、三层延伸，形成地下步行系统的立体网络（图10-22）。

❶ 前海十九单元03街坊地下空间及地上公共空间开发导控文件。

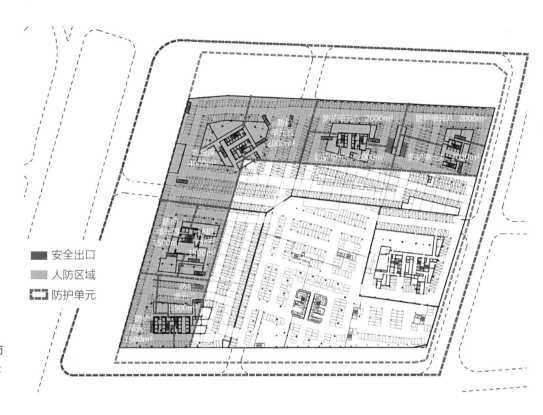

图10-21
十九单元03街坊
集中人防设置示
意图❶

安全出口
人防区域
防护单元

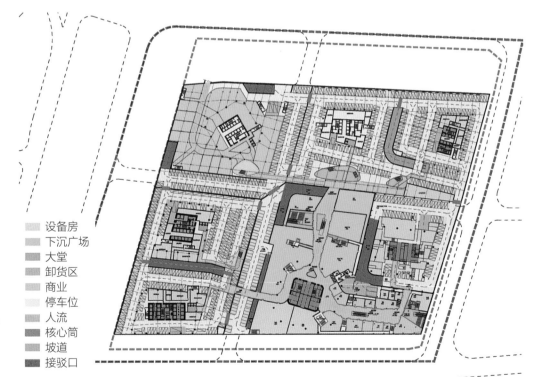

图10-22
十九单元03街坊
地下一层整体地
库示意图❷

设备房
下沉广场
大堂
卸货区
商业
停车位
人流
核心筒
坡道
接驳口

❶ 前海十九单元03街坊地下空间及地上公共空间开发导控文件。
❷ 前海十九单元03街坊地下空间及地上公共空间开发导控文件。

（2）停车出入口统筹

在"窄路密网、开放街区"的开发模式下，前海作为高强度开发区，街块尺度小，路网密集，易造成交通拥堵。需规划梳理街坊内部交通，减少停车出入口，设置停车落客区实现车流快速通行。如图10-23所示，在十九单元03街坊中，上位规划设定的8个地下停车出入口在开发建设过程中可减少到6个，地下车库整体开发完成后，最终街坊有5个停车出入口，并增加350个停车位。

地下交通设施的建设目的主要是为了解决人车分流和城市交通堵塞以及停车位严重不足等交通问题。通过地下停车场的互联互通减少地下停车库出入口的数量，不仅形成了地下交通体系，还实现地下停车库设施的共享，对解决出入口拥堵问题具有重要的实际意义。

（3）交通动线统筹

前海片区有着巨大的人流、车流、货流需求，需采取多种交通方式接驳，为前海创造高效、通畅、有序的道路交通条件。复杂的交通方式中既包括地铁、铁路、高速公路等城市交通便捷地与周边城市和地区衔接，又涉及以公共交通为主要的疏散途径，同时辅助多层次的交通模式的高效片区交通体系，合理的组织人流及车流。前海片区综合规划中明确指出前海片区在注重地面交通发展的同时，还应考虑形成网络化的地下空间布局结构，相互连通形成网络和体系，并与地面功能相衔接。

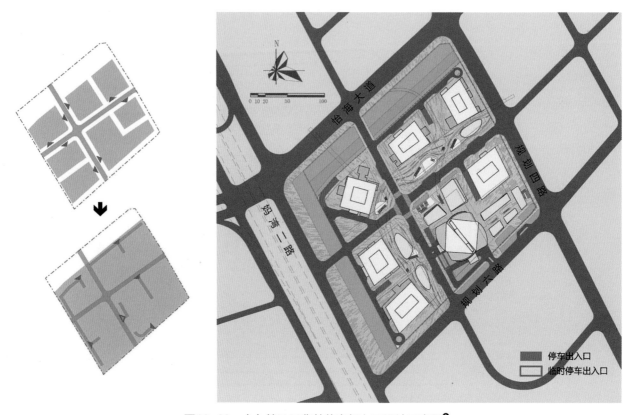

图10-23　十九单元03街坊停车场入口设计示意图❶

---

❶ 前海十九单元03街坊地下空间及地上公共空间开发导控文件。

1）人车分流

交通动线组织的核心问题就是分流设计，包括人行流线与车行流线的分离设计以及不同人流的分流设计。所以，动线组织的目的是通过分析建筑不同部分功能组合方式与基地临街情况，实现人车分流。

街坊中各种交通动线系统极为复杂，在做到人车分流的情况下，由于车行流线放到二层或多层的情况相对人流更为困难，而将人的步行流线放到空中疏散则更为便捷，综合体中的巨大人流也能更快的疏散到周边；其次，运用人行天桥、步行连廊等步行系统将建筑与周边环境连接起来建立多首层的步行环境也十分有利于首层的商业业态引入人流，同时也方便人们进入商业区（罗昊，2019）。

前海作为高强度开发区，街块尺度小，路网密集，易造成交通拥堵。十九单元03街坊规划通过将停车出入口与办公门厅沿街坊外围布置，减少车辆进入街坊内部，实现车流快速通行。为了方便车流更加便捷地进入综合体，03街坊内在地面层局部架空，用于机动车的进入和停放。而为了满足人行便捷性，地面车辆可通过城市道路直接开往建筑入口处（图10-24中①-⑥）。街坊内部两条市政道路路宽为10m，相对较窄，当上下班车辆高峰通行时，落客的车辆停靠对道路造成拥堵。在各地块适当设置港湾式停车落客区用于商业

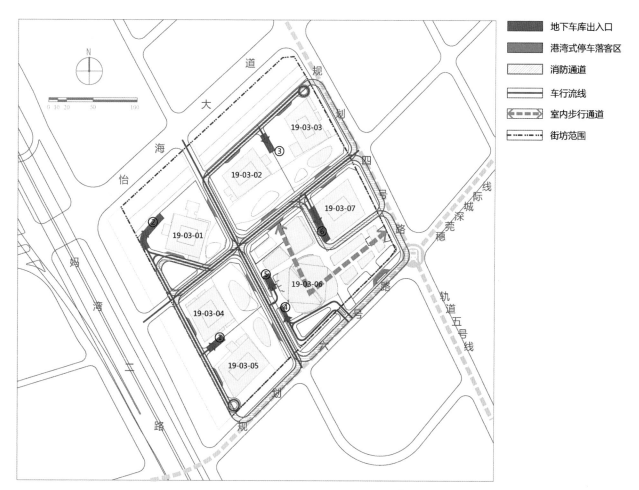

图10-24　车行流线统筹示意图❶

---

❶ 前海十九单元03街坊地下空间及地上公共空间开发导控文件。

停车，可避免地面交通拥堵。

2）与城市空间有机融合

十九单元03街坊从早期开发的时候就考虑其与城市之间的连接问题，街坊建筑群不仅发挥着连接公共交通的任务，也承担着连接城市空间的重要作用。此外，二层连廊也起到了与城市交通系统有机融合的作用。其在空间划分上，属于过渡空间，属于站点与交通空间一个连接空间。通过这个城市走廊，不仅达到了在垂直空间里的视线贯通，还在不同标高层面营造室外露台，并与城市在地面层的主入口广场联动，达到了与城市交通系统的有机融合。

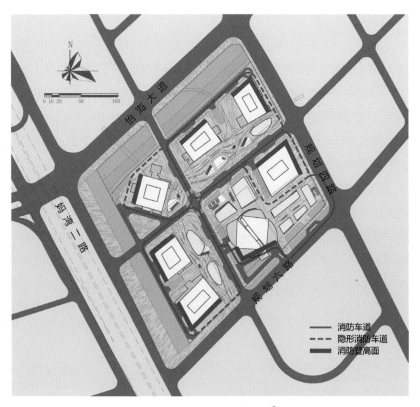

图10-25　消防动线统筹❶

3）消防动线

城市的有序进行，车水马龙离不开一个好的车行流线的布置，而消防通道则是保障市民安全的重中之重。消防分区不仅影响功能区的布局，还直接影响消防疏散的路线。

十九单元03街坊是集多种业态与使用功能为一身的城市综合体，人员密集，其消防流线设计也极为关键。其消防设计均按现行消防规范执行。室内步行街采用消防性能化设计，经过消防性能化论证达到满足消防疏散的要求。将室内步行街看作是亚安全区，可以作为人员临时避难的过渡区。由地上、地下疏散至一层步行街的人流经过步行街空间向室外疏散。同时加强室内消防措施，确保亚安全区的安全性（图10-25）。

10.3.2　慢行交通系统统筹

《深圳市城市交通白皮书》（2012年版）明确了慢行交通作为中短距离出行及轨道交通接驳功能的发展定位。结合慢行交通总体发展定位，深圳近年来持续构建"以轨道交通为骨干的公共交通+最后一公里慢行接驳"的一体化交通体系。

（1）步行系统统筹

1）空中步行网络

在街坊整体开发模式中，空中连廊系统有促进交通立体化、整合城市要素、复合多元功能等作用，使得城市开发过程能够摆脱用地紧张问题，并有效缓解了日益尖锐的人车矛盾，作为一种慢行交通形式，也为

---

❶ 前海十九单元03街坊地下空间及地上公共空间开发导控文件。

城市空间注入了人气与活力（田泓日，2015）。

《前海合作区步行和自行车系统专项规划》中打造的步行和自行车系统建议预先识别出商业需求旺盛的片区，提前规划预留空中连廊系统，将商业需求旺盛片区内的建筑二层相互连通，提供立体化、多方位连通的商业步行网络。按照"提前预留、逐步建设"的思路，未来随着商业人流增大、地面步行空间不足的问题出现，逐步实施空中连廊建设。

空中步行系统首先要在总体宏观层面规划，并形成完整独立的步行系统。空中步行系统的发展是开放式的，不仅是空中连廊自身形态的发展，还与其周边环境有关。前海十九单元03街坊的连廊以环状连接各地块建筑，满足步行路径上的便利跨街需求，从而促进地块之间的协同发展，在连廊内设置开放式商业内街连廊、商业展示平台、休息平台、过街天桥，形成多个节点，承载了展示、游憩、交流等功能，丰富街坊生活，成为街坊共享平台。街坊的东北方和东南方有两块大面积的绿地，03街坊应直接与它们连接，最大限度地利用这些休闲空间，连廊的设计能够分流地面人流量，从而释放地面空间。同时，连廊能够在高密度的办公用地内拓展室外活动空间，塑造具有整体性、标志性的街坊公共活动场所。

此外，公共交通是带来人流量很大的端口，尤其是轨道交通，因此，空中步行通道的位置接口还应考虑与交通枢纽的连接。前海合作区十九单元03街坊二层连廊平面如图10-26所示，这组互联互通的公共步

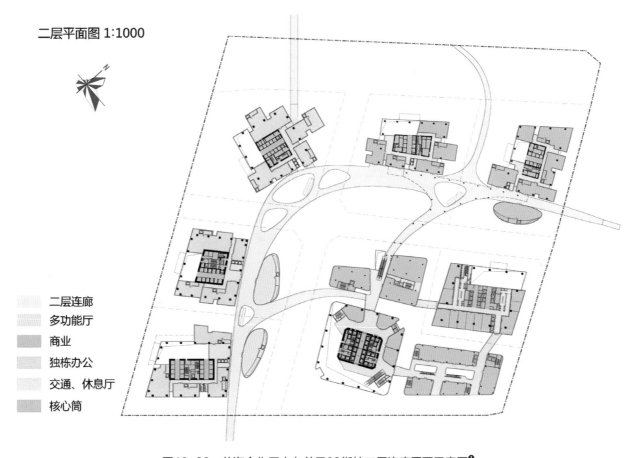

二层平面图 1:1000

二层连廊
多功能厅
商业
独栋办公
交通、休息厅
核心筒

图10-26　前海合作区十九单元03街坊二层连廊平面示意图❶

---

❶ 前海十九单元03街坊地下空间及地上公共空间开发导控文件。

图10-27　十九单元03街坊地下空间步行交通实景图

行网络串联起03街坊7大地块中的5个，而06地块则位于这道圆弧的圆心位置，通过若干条直线与其相连。其余地块经由06地块，与地铁5号线延长线怡海站以及铁路前南线相连接。这一先进的步行网络，还可为街坊中的公共设施、商业设施制造更多互通互达的出入口，将其彻底完成"一体化"。

2）地下步行网络

前海合作区十九单元03街坊通过地下步行通道将街坊各地块与地铁站进行无缝连接，融合商业、停车、交通功能，形成连贯的地下步行空间（图10-27）。

3）地面步行网络

在空间高强度开发的商务中心区，步行交通是主要的交通方式，同时，步行道与商业街区的紧密联系可以提高城市活力。前海合作区内，步行交通最主要的功能仍然是满足人们出行以及步行系统与其他交通方式的转换等交通网络组织功能。步行网络的选线应考虑商业活动密集区域和公共交通接驳核心点两大要素（图10-28）。

（2）垂直交通系统统筹

在多层及高层的垂直型商业中，垂直交通设计成为关键因素，建筑物的垂直动线设计把最终使用者从入口引导至各个商业楼层，使顾客无阻地在楼层间转换，进而实现空间活力和价值的提升。

1）扶梯垂直交通

大型公共建筑的垂直交通系统中，自动扶梯的存在是必不可缺的。对于使用者来说，自动扶梯不间断

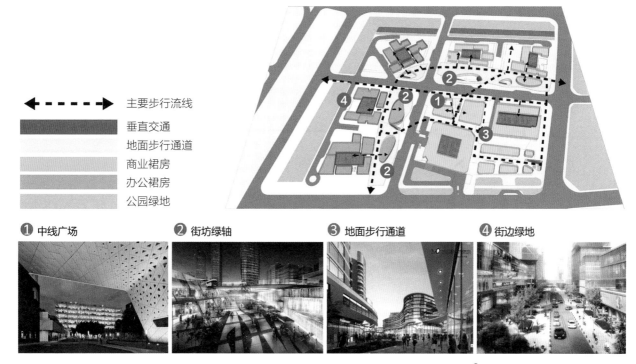

主要步行流线

垂直交通

地面步行通道

商业裙房

办公裙房

公园绿地

❶ 中线广场　　❷ 街坊绿轴　　❸ 地面步行通道　　❹ 街边绿地

图10-28　前海合作区十九单元03街坊地面步行通道示意图❶

运作，相比于电梯无等候成本，能在提升使用体验的同时最大限度减少跨楼层的难度。从空间氛围营造的角度，自动扶梯的布置与中庭空间形成了有趣的互动，人流借助自动扶梯的跨层活动能够带动更多游人进入室内并顺着人流的引导向上探索（何敏，2020）（图10-29）。

2）电梯垂直交通

世茂前海中心内部配备了34部品牌高速电梯，单位面积电梯数量远超国际标准。约6m/s的梯速构建高效率的垂直交通，约33秒就可直达天际大堂，节省更多等电梯的时间。其中还有2部VIP高速穿梭电梯，电梯内部宽敞空间可容纳更多人（图10-30）。

（3）非机动车系统统筹

针对前海国际化城市中心的战略目标和高强度、复合化的开发模式，《前海合作区步行和自行车系统专项规划》结合区域内的需求特征分析，确定前海步行和自行车系统的功能定位为：步行主要承担地铁、公交接驳、短距离通勤、商业购物和休闲出行；自行车主要承担休闲出行和中短距离通勤出行。

前海作为未来深圳的双中心之一，其就业岗位可辐射深圳全市，平均出行距离较远，不适宜以自行车作为主要的通勤工具。但十九单元03街坊公共交通发达，可通过自行车进行接驳，提升公共交通的覆盖效果和服务水平，同时，前海水域优势明显，水廊公园及海岸公园风景优美，适宜发展以休闲旅游为目的的自行车系统。因此，前海合作区的自行车发展模式为以接驳通勤模式为主、休闲旅游模式为辅。

（4）和城市快速交通系统的衔接统筹

前海地区具有完整的交通网络，地铁、铁路、高速公路和独具特色的街道等都汇集在这里，不仅能够

❶ 前海十九单元03街坊地下空间及地上公共空间开发导控文件。

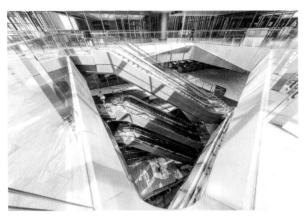

图10-29 扶梯垂直交通

图10-30 深圳世茂前海中心高速电梯实景图❶

便捷地与周边城市和地区衔接，还能为前海地区带来巨大的人流量，因此，做好街坊内慢行交通系统和城市快速交通系统的衔接统筹至关重要（图10-31）。

《前海合作区步行和自行车系统专项规划》提出，在前海合作区建立以轨道站点为核心，以地下通道为主、地面通道为辅的轨道接驳通道系统，实现轨道交通和步行系统的一体化。围绕轨道站点群，构建地下骨干人行通道，满足轨道站点群换乘需求和地下空间的开发要求。在轨道站200m核心圈层内，建立发散通道系统，确保所有建筑直达轨道站厅，实现与轨道站无缝衔接。在轨道站核心圈层外200～500m范围内识别出主要的地面接驳通道，要求完善指示标识、配建风雨连廊、实施稳静化措施等，保障主要接驳通道的舒适性与安全性（图10-32、图10-33）。

图10-31 十九单元03街坊二层连廊慢行交通

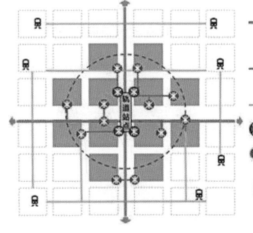

图10-32 轨道接驳——地下系统示意图❷

轨道接驳系统总体规划思路

—— 地下人行骨干通道：强制预留，应维持通道基本走向——实现轨道站连接成群、地下空间连接成片、轨道站与地下空间连接互通。

—— 强制预留发散通道：强制预留，线位可结合建筑设计进行微调——实现轨道站与地块之间的交通功能。

—— 建议预留发散通道：建议预留，结合骨干通道实现更远距离的交通集散功能。

⊛ 地铁集团建出入口：由地铁集团负责设计、建设和日后管理和维护。

⊛ 开发商建出入口：强制预留，由土地开发商负责建设和维护，位置可结合地块建筑设计另行确定。

🚇 建议出入口：建议预留，结合建议预留次通道，扩大服务范围，位置可另行确定。

---

❶ 乐居财经. 世茂前海中心丨当大湾区遇上世界级美学建筑[EB/OL]. https://www.123.com.cn/kline/259008.html.

❷ 深圳市城市规划学会. 前海合作区步行和自行车系统专项规划[EB/OL]. http://www.upssz.net.cn/newsinfo_803_976.html.

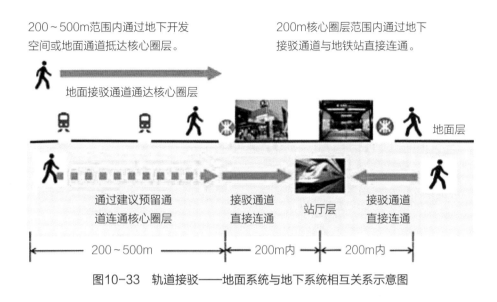

200～500m范围内通过地下开发空间或地面通道抵达核心圈层。

200m核心圈层范围内通过地下接驳通道与地铁站直接连通。

地面接驳通道通达核心圈层

地面层

通过建议预留通道连通核心圈层　接驳通道直接连通　站厅层　接驳通道直接连通

200～500m　200m内　200m内

图10-33　轨道接驳——地面系统与地下系统相互关系示意图

10.4　地下空间一体化

前海合作区的规划建设提倡建筑空间的高度复合开发建设，从而构筑多样化、系统化、复合化的城市空间结构。地下空间开发利用应和城市公共活动中心紧密结合。鼓励在轨道站点周边、商业密集区、大型综合性公共建筑以及大型换乘枢纽内建设地下街，地下街建设应结合商业、公共服务等需求配置功能，连通地铁站点、公交枢纽等地下公共设施与地面大型综合性公共建筑物、公共空间、下沉广场等，促成地下与地面空间网络化自由连通。因此，街坊地下空间统筹导控内容包含：地下空间开发策略、地下空间功能、地上与地下的协调衔接，保障"近地面—地下"公共活力基础空间的高质量、一体化设计与建设。

10.4.1　地下空间开发策略

小街块开发将会导致用地地块狭小，造成地下停车库基坑支护困难。同时，过小地块划分和复杂的建筑结构导致地下空间利用率不高、停车效率低下，市政道路下部空间在这种高密度开发下显得弥足珍贵。因此，设计确立高效集约、整体开发作为地下统筹的基本原则，可以有效节省基坑支护开发成本，增加地库面积，提高地下空间使用效率。03街坊开创性地将7个相邻的小基坑合并成整体大基坑，统一设计和开挖，大大缩短了工期，既避免了各地块先后开挖出现混乱的情况，大大降低施工风险，又提高了地下空间的利用率，节约了投资，降低了协调成本（图10-34）。

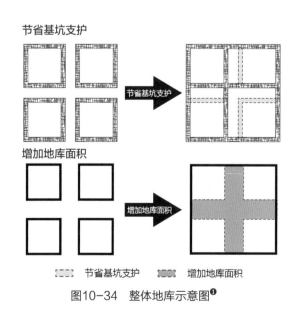

节省基坑支护

节省基坑支护

增加地库面积

增加地库面积

▓▓▓ 节省基坑支护　　▓▓▓ 增加地库面积

图10-34　整体地库示意图❶

---

❶ 前海十九单元03街坊城市设计。

10.4.2　地下空间功能

（1）商业

地下商业及步行活力空间主要是地下浅层开发的空间，商业功能依靠轨道交通带来的大量客流形成发展，同时，也通过丰富的商业吸引力为城市中心提供了强有力的聚集作用。另外，商业租金带来的收入也能弥补地下空间公共设施开发投资的成本（巫义，2019）。

对市场研究透彻和定位清晰是轨道交通地下商业成功的关键所在。地下商业形式一般分为三类：地铁内商业、地下公共通道商业、综合体地下商业。地铁站内商业往往零星分布、沿通道分布或区域集中分布，提供即时性、便利性商品或服务，以零售、饮食和服务为三大板块，进行均衡合理布局；地下公共通道商业分布于地铁车站和公共建筑的地下公共连接通道，一般以餐饮、休闲、零售为主，或经营流行性服饰、精品，强调小型、主题、特色经营；综合体地下商业围绕地铁站点，形成地上地下一体化的大型商业综合体，充分利用客流优势以及空间特色，融合文化、展示及体验的功能，提供更加丰富、综合、高层次的业态服务，包括娱乐、休闲、体验、大型超市等。

前海地区轨道交通密集，商务办公人群也高度密集，高强度的地下交通客流给车站区域及沿线地下空间带来巨大商机，地下商业具有典型的地铁商业利好特点。19-03-06地块地下负一层为综合体地下商业，布置餐饮、零售、文化娱乐等功能，塑造连续且具有活力的地下商业空间（图10-35、图10-36）。

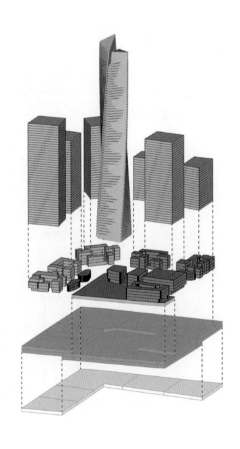

图10-35　十九单元03街坊空间功能示意图[1]

---

[1] 前海十九单元03街坊城市设计。

图10-36 十九单元03街坊地下商业空间

（2）停车

随着我国城市化进程的加速，用地资源日益紧张，在停车问题上，城市机动车库向地下转移已成为一种较为普遍的应对方式，并在设计和使用中显示出了明显的优势，不仅能够缓解地面动静态交通矛盾，节省城市用地，充分利用建筑物基础埋深，还能通过提供停车位吸引周边大量人流车流，带动地下商业，激发地下经济活力。地下停车空间主要是地下深层空间，空间开发应保证地下车行交通的高效有序。

十九单元03街坊的停车库在地下空间一体化、交通组织一体化的规划要求指导下，全程统筹设计施工和管理运营协同。车库整体统一设计、统一地下标高，利用了市政道路下部空间，建设了三层大地库，布置于负二层、01~05和07地块的负一层，以及06和07地块的负三层，共约2000个机动车位，能够满足整个街坊的需要。通过整体地库的统筹布置，整个大地库仅留5个车行出入口，这也在一定程度上减少了坡道对停车位的占用（郭军等，2020）。

运营期间，03街坊的地下停车库采用了机动车位街坊内共享、整体平衡的策略，打破传统模式引入智交公司这一专业的停车场运营团队，创新停车场行政许可"一证通办"、导入智能管理和清分结算系统、创建业主联盟共商共管机制，真正实现了多业主停车场的互通互联、统一管理、一体运营，体现了"共建、共治、共享"的新模式、新理念，为高品质停车服务和车位资源高效利用奠定基础（图10-37）。

（3）人防

03街坊的01~05地块负三层布置了26500m²的连续集中人防，非战时也可作为停车库使用。集中人

图10-37 深圳世茂前海中心地下车库实景图

防的布置不但大大提高了人防空间的利用率，还降低了人防建设成本，并减少空间割裂，使得停车和商业空间布局更加完整。

10.4.3 地下空间运营

2020年，十九单元03街坊成为全国首个正式启动地下停车库一体化运营的项目。地下停车场共三层，地下建筑面积约14.55万m²，停车位共2005个。地下车位分为由7家业主单位共同持有，各业主单位持有的车位数量不尽相同，详见表10-2。

该停车场在地下空间一体化、交通组织一体化的规划要求指导下，全程统筹设计施工和管理运营协同，引入专业停车场运营团队，创新停车场行政许可"一证通办"、导入智能管理和清分结算系统、创建业主联盟共商共管机制，真正实现了多业主停车场的互通互联、统一管理、一体运营，体现了"共建、共治、共享"的新模式、新理念，为高品质停车服务和车位资源高效利用探索突破并奠定基础。

十九单元03街坊多业主互联共享停车场由于独特的设计理念，整个停车场完全互联互通，各宗地边界上没有物理隔离，无法通过在各宗地边界上的连通道加装道闸的方式来实现停车费用的清分结算，与传统停车场有着巨大的区别。地下停车场的统一规划、统筹建管、设计一种新的停车费用清分机制是降低各业主建设与运营成本，提升合作区停车效率的必然选择（图10-38）。

停车场运营团队结合物联网、云计算等先进技术，设计出一套完整的费用清分系统。该系统结合高清

十九单元03街坊经济指标❶　　　　　　　　　　　　　　　　　表10-2

地块编号	权属单位	车位数	停车场运营情况
43525	前海建投集团	428	2020年5月1日启动收费
43526	香融中盛	254	2020年12月16日启动收费
43527	金立科技	170	项目停工阶段
43528	信利康电商	284	2020年11月1日启动收费
43529	顺丰供应链	171	预计2020年10月底完成停车场施工
43530	世茂集团	496	2021年1月11日启动收费
43531	香江供应链	202	2020年10月1日启动收费
总车位数		2005	

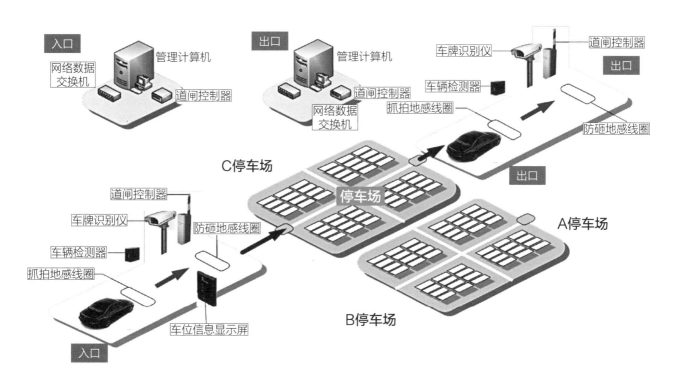

图10-38　多业主互联共享停车场示意图❷

车牌识别摄像机等物联网设备的应用，通过对车辆入场、找车位、车辆停泊、车辆出场等过程中车辆形成的轨迹进行识别与匹配，在管理系统中预设清分算法来判定停车费收益的归属。现已有序推动了5家业主停车场（自贸大厦、信利康大厦、世茂大厦、香江金融中心、香缤金融中心）一体化运营的落地实施。从表10-3可以看出，通过停车场一体化运行，在有效提升停车场使用的效率和便利性的基础上，还可降低运营成本。

---

❶ 前海十九单元03街坊停车场运营方案。

❷ 季楷丰，钟尖，耿军。前海19-03街坊多业主互联共享停车场停车费用清分机制设计[C]//. 第十三届中国智能交通年会大会论文集，2018：187-194.

运营方式成本费用测算[1]　　　　　　　　　　　　　　　　表10-3

分项	费用测算		
	一体化运营管理成本		自贸大厦独立运营
	7家合计费用	建投集团承担费用	建投集团承担费用
直接成本费用（万元）	410.56	89.3	160.68
管理者佣金（万元）	41.06	8.93	16.07
税费（万元）	27.1	5.89	11.88
总费用（万元）	478.72	104.12	188.63
单个车位综合服务费单价	202元/车位/月		367.26元/车位/月

10.4.4　地上与地下的协调衔接

　　开发和拓展地下空间是今后相当一段时间内扩大城市空间容量的唯一实现途径，但割裂地考虑地下空间是远远不够的，统筹地上地下开发才能更好地提升空间利用的品质和效率，因此，地上地下一体化开发已成为目前城市空间发展的一个趋势。

　　地上地下空间的过渡衔接关键在于消解两者边界的割裂感，从而增强地上地下垂直方向的渗透，使两者视线可见且流线通达，以加强两者的联系，这就需要关注地上地下过渡节点和地上地下空间界面等要素（邓斯凡，2020）。交通枢纽附近的地上地下过渡节点在地面与地下空间一体化设计中地位尤为重要，利用节点组织进行人流集散，可以使空间组织变化丰富、改善地下公共空间质量、吸引人群向下层空间流动（陶然，2014）。

　　要打破地下空间给人带来的封闭感和不适性，一方面要通过自然光的引入使得地下空间拥有与地面相同的环境品质，另一方面是要通过过渡手段自然地将人引入地下。地铁站是地下空间开发的催化剂，此外，宽敞的下沉广场、下沉街和下沉公园也是将人吸引到地下的介质（卢济威，陈泳，2008）。下沉广场在空间设计方面着重于消除使用者对于半地下空间的负面心理，因此，设计风格可以与地面建筑空间要素形成连续性，模糊地面与地下的空间界限，通过半地下的下沉广场将人流引入地下空间（巫义，2019）（图10-39）。

　　十九单元03街坊通过下沉广场，将地面的人流引入地下，同时，借助地下步行街，将地铁站与街坊各地块连接，利用地铁交通的巨大人流量，为地下商业激发活力（图10-40）。

　　城市空间的整体开发需要地上地下空间的协调，为此，需要运用城市设计手段整合地上地下空间，通过协调舒适的过渡方法将城市公共空间引入底下，打破地下空间的封闭性，建构地下公共空间，最终建成立体化的城市公共空间网络。

---

[1] 前海十九单元03街坊停车场运营方案。

图10-39　十九单元03街坊下沉广场

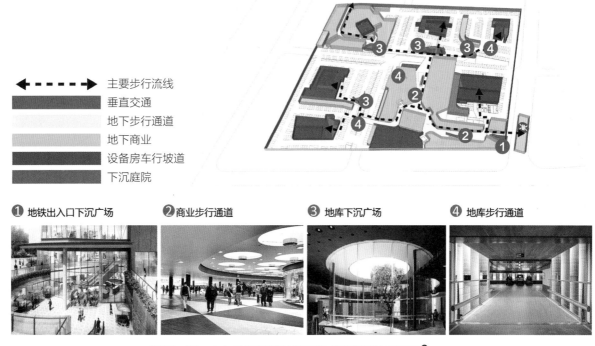

图10-40　十九单元03街坊地下公共空间形态示意图❶

---

❶ 前海十九单元03街坊城市设计。

10.5 市政景观一体化

对于城市建设发展而言，市政景观的建设不仅是城市文化、意识形态的集中反映，更是人们在追求精神文明、物质文明过程中对人与自然关系的重视。为实现市政景观项目设计质量的提升，必须科学开展项目设计工作，将市政基础设施、公共服务设施、景观绿化、泛光照明等进行一体化设计，促进城市可持续发展。

10.5.1 市政基础设施统筹

基础设施主要包括交通运输、机场、港口、桥梁、通信、水利及城市供排水供气、供电设施和提供无形产品或服务于科教文卫等部门所需的固定资产，它是一切企业、单位和居民生产经营工作和生活的共同的物质基础，是城市主体设施正常运行的保证（韩增林等，2021）。

市政设施是城市基础设施的重要组成部分，是确保城市运行安全的重要基础，也是城市现代化发展水平的重要体现（柴文忠，2018）。前海地区尝试采用绿色清洁的市政设施，以及智能化的市政管理技术，将原有污染严重的市政设施进行搬迁或改善。这些市政设施为前海的未来发展提供坚实的基础保障，同时促进新能源与新技术的开发使用，提高科学技术水平和生活质量。前海地区市政基础设施建设的目标是：依据国家战略导向，优化既有重大基础设施布局，全面改善地区城市环境质量；确定安全供给、面向未来的市政基础设施，卓越提升城市服务效能和空间使用效率；科学引进绿色先进技术，促进基础设施由"浅蓝"向"深蓝"转型。

前海深港的市政基础设施主要涉及以下八个方面：给水工程、排水工程、雨水工程、电力工程、通信工程、燃气工程、环卫工程和共同沟。给水工程的管网规划统筹充分利用现状，衔接远期供水规划，构建前海片区供水系统。如图10-41所示，远期供水系统由南山水厂沿前海东北侧水廊道处引入两根给水干管分别由振海路、航海路进入前海片区，加上现状月亮湾大道现状供水干管，构成前海自北向南的三条主干供水系统。部分地下快速路路段双侧布管，主干管尽量避免穿越地下快速路。规划区内部

图10-41 前海深港规划给水路径❶

---

❶ 前海深港现代服务业合作区综合规划。

敷设给水干管，干管连接成环，提高规划区供水可靠性。排水工程主要与污水设施相关，前海片区污水主要排入已建成的南山污水处理厂处理，收集范围包括皇岗路以西的福田区、南山区和蛇口工业区。为满足前海片区污水排放需要，通过扩建南山污水处理厂、新建福田污水处理厂调配污水等措施，优先保障本片区的污水处理。结合城市竖向，污水尽量按照地形重力自排，减少提升泵站的设置。由于地下快速路、水廊道的分隔，结合竖向设计方案，前海以听海路、航海路、振海路、沿江高速、水廊道为界，分为10个排水流域，雨水就近排入周边桂庙渠、铲湾渠及环形水廊道。桂湾、铲湾片区以新建为主，妈湾片区以保留现状为主。

近期电力负荷由500kV紫荆站和妈湾电厂提供，远期由妈湾西部电厂、500kV紫荆变电站和前海变电站联合提供，确保前海电力供应的稳定性和可靠性。前海及周边区域共有4座天然气高中压调压站可为前海地区联网供气，分别是南油调压站、宝中调压站、滨海调压站和留仙洞调压站。其中南油调压站位于前海地区的铲湾片区，是前海地区的主要气源。四座调压站主要供应南山片区和宝安中心区用气，除了滨海调压站外，其余3座调压站在用地和输送管网方面均有较大扩容空间，足以应对未来整个南山和宝安中心区的发展变化。现状次高压管道由北侧接入，沿月亮湾大道敷设，接至迁建后的规划南油区域调压站，末端管网根据调压站迁建站址调整。规划中压燃气主干管根据用气负荷分布呈环状布置，主要沿月亮湾大道、振海路、听海路、沿江高速等路段敷设。

基于深圳市生活垃圾处理设施的现状分布，结合《深圳市环境卫生设施系统布局规划（2006～2020）》和《深圳市城市总体规划（2010—2020年）》，如果南山垃圾焚烧发电厂二期工程可以顺利建成投产，而该厂设计处理能力能满足前海垃圾处理需要，则可考虑送往南山垃圾焚烧厂二期工程进行处理，南山区剩余的垃圾仍然送往下坪固体废弃物填埋场进行填埋处理。如果南山垃圾焚烧发电厂二期工程未能建设或建成后不能提供给前海使用，前海地区的垃圾建议送往下坪固体废弃物填埋场进行处理。东部垃圾焚烧发电厂建成投产后，前海地区产生的垃圾可考虑送往该厂进行处理（图10-42）。

前海合作区的高端定位决定了市政管线应尽可能敷设在共同沟内，以减少管线重建及维护等对前海生产、生活的影响，并且单元开发模式的普遍应用，需要通过共同沟提高市政干管的安全。地下快速路、现状建筑物及水廊道的分隔造成市政干管可用路由相当有

图10-42　前海深港燃气规划[1]

❶ 前海深港现代服务业合作区综合规划。

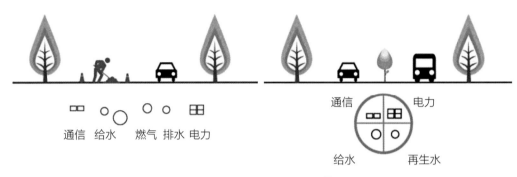

图10-43 共同沟示意图❶

限，需借助共同沟集中穿越或集约利用地下市政通道。前海合作区共同沟重点结合高压电力通道、市政干管走廊、水廊道以及其他地下空间开发进行建设。前海合作区共同沟线路布局为"E"形方案。共同沟规划总长为9.3km。单独设置的电缆隧道长度为11.9km。共同沟主要沿双界河路、航海路、东滨路以及兴海大道进行设置，重点结合航海路上高压电力通道以及从北环大道、月亮湾大道引入的市政干管走廊进行建设（图10-43）。

市政基础设施建设是城市市政发展的基础，是一项系统的工程，既具有公共性，也具有社会性（禹清，2020）。前海深港合作区运用先进的市政技术统筹安排市政基础设施的落地规划，保障城市的安全运行，促进资源高效利用、城市高效运行和提升城市管理水平，以期构建稳定可靠的市政廊道。

10.5.2 公共服务设施统筹

公共服务设施是公共服务的载体，作为一种社会公共资源，通常由政府通过城市规划进行空间配置。如何公平高效地配置、有效监管实施、动态监测城市公共资源的公平绩效是现今规划工作的重要环节（黄经南，朱恺易，2021）。随着我国城镇化快速推进，城市规模扩张，城市新区的公共服务设施是城市生产和生活中必不可少的重要物质基础与保障。

公共服务设施根据服务半径的不同，可分为市级、区级和邻里级（王曼，2018）。市级公共服务设施空间范围广，全市成员共享，如市政府、博物馆等；区级公共服务设施由全城市成员共享，如区级体育场馆、文化中心等；邻里级公共服务设施以小区成员共享为主，如小区活动中心、幼儿园等。

如图10-44所示，前海十九单元规划中涉及的公共服务设施有医疗卫生、文化娱乐、体育、管理服务和教育等。其中，十九单元02街坊是公共服务设施统一配置的典型，其设有社区老年人日间照料中心、居住区级文化中心、社区体育活动场地、警务室、管理用房、便民服务站和幼儿园，确保公共服务惠及大众。该街坊公共设施统筹布局的创新之一在于结合老年人的养老模式和对居住环境的要求等实际，进行相应的针对性完善，创造出适合老龄化发展的城市公共服务设施建设模式。除此之外，规划出特定的区级文化中心和社区体育活动场地，既满足城市居民多样化的需求，避免了不必要的安全隐患和公物破坏，也维护城市正常的生活秩序。对于警务室、管理用房和便民服务站，是基本公共设施之外必要、合理的管理维护措施，重视管理与维护工作，有利于提高城市对居民的安全保障水平。除了在十九单元02街坊设置幼儿园，在十九单

---

❶ 前海深港现代服务业合作区综合规划。

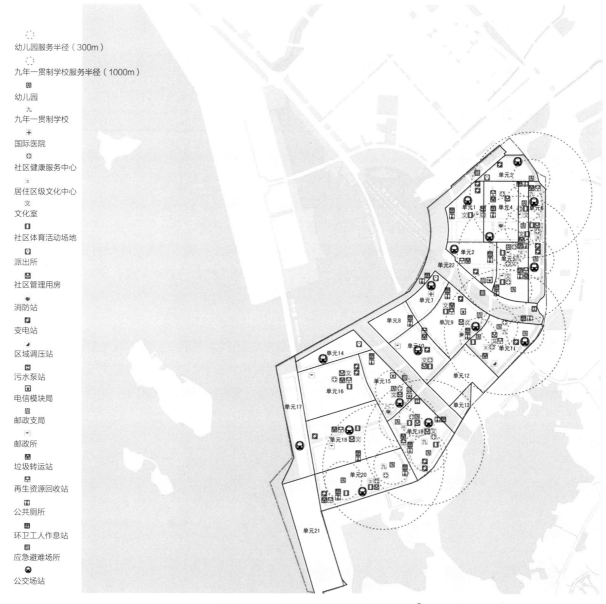

幼儿园服务半径（300m）

九年一贯制学校服务半径（1000m）

幼儿园

九年一贯制学校

国际医院

社区健康服务中心

居住区级文化中心

文化室

社区体育活动场地

派出所

社区管理用房

消防站

变电站

区域调压站

污水泵站

电信模块局

邮政支局

邮政所

垃圾转运站

再生资源回收站

公共厕所

环卫工人作息站

应急避难场所

公交场站

图10-44　前海深港公共设施配套布局❶

元05和十九单元07街坊同样配置幼儿园和九年一贯制学校。在对城市儿童公共设施进行设计时，街坊统一儿童公共设施配置的最低标准，对配置的规模，配置的设施进行统一，借助一定的强制性促进城市儿童公共设施的完善。儿童公共设施与其他休闲区域建立连接，加强城市居民的互动与交流，在分散与聚合中获得良好的效果。

　　城市的基本功能之一是为居民提供公共服务。在"以人为本"理念的影响下，城市规划和建设越来越关注公共服务设施配置的合理性与均等性（高军波，周春山，2009）。随着政府职能由管理型向服务型转变，完善公共服务体系成为国家重要的战略目标。在基本公共服务均等化的要求下，需要公共服务设施惠及广

---

❶ 前海深港现代服务业合作区综合规划。

大市民，应依照均衡性原则，配置与人口规模相适应的公共服务设施。深圳市前海深港现代服务业合作区在公共服务设施统筹中建立动态的分区、分级、分类公共服务设施配置体系；整合资源，合理布局，优化城市基本职能，健全各类公共服务设施，建立合理的集配体系，力求实现公共服务均等化；分级配置设施，形成公共设施网络体系。

10.5.3　景观绿化统筹

目前，前海各区域均存在不同程度的植被覆盖率低、多样性差、土壤盐碱化、水土流失严重等生态失衡问题。规划以景观都市主义理论与前海实践相结合，科学系统的构建城市绿色生态网络、修复生态系统与景观格局。这种模式一方面稳定了前海城市生态安全格局，另一方面，为深圳市民提供了一个多元活力、生态友好型的空间体验，一系列新颖的开放空间类型催生了新的城市潜力。

十九单元03街坊的景观绿化统筹方案如图10-45所示。根据上层规划景观新都市主义、可持续开发、低冲击开发的理念，十九单元03街坊根据渗透、统一、节能的理念打造了立体复合、尺度宜人的"一体化街坊"，实现了公共空间价值最大化。

（1）渗透景观策略

随着人们生活水平的不断提高，满足人们不同类别需求的各种类型商业空间孕育而生。如图10-46所示，以地标建筑为中心，向心式的景观与众星拱月的建筑布局相呼应。街坊内构建生态绿廊，绿化比例严格控制，街坊中心广场绿化面积比例不小于30%，开敞空间绿化面积比例不小于20%，地铁集散广场绿化面

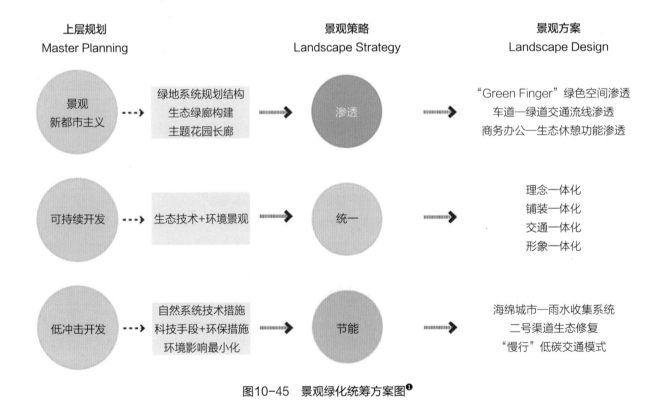

图10-45　景观绿化统筹方案图❶

---

❶ SED新西林. 深圳前海十九单元03街坊景观设计|新西林景观[EB/OL]. http://www.landscape.cn/landscape/11768.html.

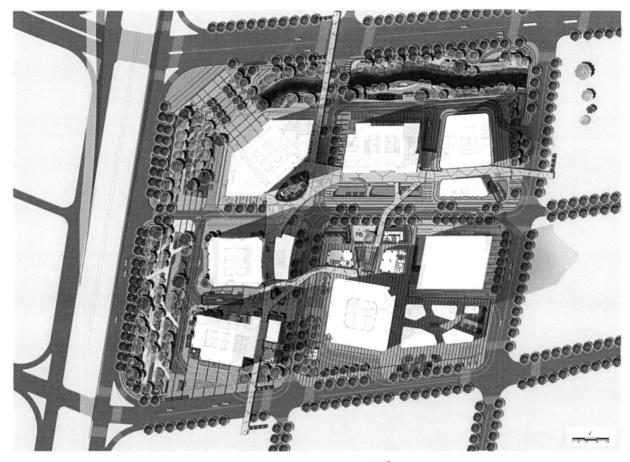

图10-46　景观平面示意图[❶]

积比例不小于10%。公共空间植物配置以抗风耐盐的本地庭荫乔木为主，辅以灌木、花镜、草坪、高大乔木的丰富绿化层次搭配，提供观感体验丰富的植物景观；林荫道绿化以8m为间距列植高大遮阴乔木。

　　为了给街坊提供更加舒适的环境，在景观设计中需要着重强调楼间空间与连廊的休闲交流空间。十九单元03街坊的云端连廊与宏大的俯冲层面蜿蜒相连，将所有建筑物紧密相连，犹如彩带飘浮空中，为人们提供方便和庇护。以林荫道、商业骑楼、中心公园和低密度景观建筑共同构建一条南北向通山达海的中央绿轴，通过绿轴串联单元内各个混合组团并衔接两侧产业和生活功能，车道与绿道的相互渗透使其成为单元内生态景观与公共服务的核心（图10-47）。

　　丰富的纵横绿化装饰由空中连廊自然过渡到花园，由花园渗透到市政公共绿地及市政，同时，适宜当地气候的花卉沿着空中连廊延及雨水花园尽情绽放，这将为街坊内带来更多的暖意、色彩和肌理。

　　（2）统一建筑策略

　　建筑中融入景观设计要实现建筑景观的统一，必须使建筑设计与景观设计紧密结合，两者相互影响，相互作用，密不可分。在景观设计的过程中，需要保持景观与办公对外展示面的协调一致，空间布局简洁统一，动线互相关联、互相吸引、互相渗透。注重景观空间的尺度、气氛、环境、视觉和场所转换的感觉，达

❶ SED新西林. 深圳前海十九单元03街坊景观设计 | 新西林景观[EB/OL]. http://www.landscape.cn/landscape/11768.html.

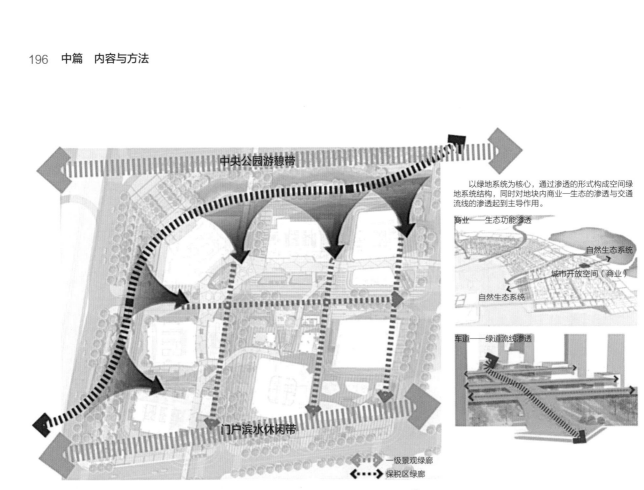

以绿地系统为核心，通过渗透的形式构成空间绿地系统结构，同时对地块内商业—生态的渗透与交通流线的渗透起到主导作用。

商业——生态功能渗透

自然生态系统

城市开放空间（商业）

自然生态系统

车道——绿道流线渗透

中央公园游憩带

门户滨水休闲带

一级景观绿廊
保税区绿廊

图10-47　渗透景观方案示意图❶

到美感与休闲舒适的结合。如前海自贸大厦下沉广场的设计，取意枯山水景观，为人们在喧嚣繁杂的都市工作环境里提供了一处安静、安全、具有较强归属感的休憩场所。

　　在景观绿化统筹中，对于屋顶的设计也是重中之重。十九单元03街坊的裙房屋顶露天部分通过绿化形成屋顶花园，绿化面积不小于裙房屋顶露天面积的40%（图10-48）。

　　地面铺装不论在建筑设计中，还是景观设计中都是必不可少的。它的形式成为城市公共空间的重要组成部分，尤其是色彩和图案的表现与搭配，是环境关键的造景要素。地面铺装通过其材料的不同给人们带来不同的触觉感知，通过色彩和装饰纹样的差异，向人们展示出独特的城市风貌。十九单元03街坊内公共空间以暖灰色调硬质铺装为主，带有简洁的几何图案以适应商务办公的现

图10-48　屋顶绿化效果图❷

❶ SED新西林. 深圳前海十九单元03街坊景观设计 | 新西林景观[EB/OL]. http://www.landscape.cn/landscape/11768.html.
❷ 前海十九单元03街坊地下空间及地上公共空间开发导控文件。

代高效的特征。铺装采用形式多样、透水防滑、舒适耐久的材料，多使用能融入公园氛围的自然环保材料（图10-49）。

前海是深圳建设的重点片区，在片区内将会有商业服务、商务办公、文化休闲等多种功能聚集，是体现各组团城市形象的标志性区域。片区内户外广告采取建筑与广告一体化设计，遵循"减量化、高端化、合法化"的原则，以国际化城市为发展标杆，提升环境景观品质，塑造城市整体形象。这部分导控内容包括广告设计、标牌匾额设计、铭牌设计以及城市标识与导向系统内容与设计要求等。同时，照明户外广告的设置和设计与所在区域的整体景观灯光设计环境氛围相协调，进行一体化设计，且户外广告灯光服从景观照明灯光所形成的环境氛围。建筑物广告照明与建筑照明统一，做到主次分明、整体协调。

（3）节能景观策略

该项目设计中的绿化概念创建了一个小型气候调节区以缓解密集的建筑带来的热效应。配备水利用和回收管理功能，打造低碳节能、生态环保的前海云端都会。SED新西林在项目中致力于为前海十九单元03街坊创建一个强有力的、引人入胜的现代身份。项目设计为该区域的工作者和参观者提供都市体验及便利并确保这样一个可持续发展和健康的都市社区得到好的管理和维护。

经过统筹后可以实现城市形象与街坊景观设计的结合，并带来多方面的社会、经济等效益。创造出一种商业空间生态植物景观打造的模范，不仅可以美化我们城市环境，也可以在不经意间改善我们的生活质量，这一统筹仍任重而道远。

图10-49 铺装效果图❶

❶ SED新西林. 深圳前海十九单元03街坊景观设计 | 新西林景观[EB/OL]. http://www.landscape.cn/landscape/11768.html.

10.5.4　泛光照明

十九单元03街坊的公共空间灯光照明采用高色温灯光烘托开放氛围，灯具结合建筑按现代简洁风格进行设计（图10-50）。建筑立面的细部特征同样也综合了灯光设计与产品标准化生产进行多方面考虑。早在方案初期就开始与灯光设计公司积极沟通，将建筑立面与夜晚的LED泛光照明进行一体化设计。在城市的夜晚，这一巨大的建筑发光体将具有极强的标志性，并对城市景观和商业氛围的塑造起到十分积极的作用。

图10-50　十九单元03街坊泛光照明效果图❶

---

❶ 深圳房地产信息网[EB/OL]. http://bol.szhome.com/house/5267.htm.

中篇小结

　　本篇是本书的核心内容，它是在初步构建街坊整体开发模式基本概念与重要理论体系基础上的一次深入探索，通过对街坊整体开发模式的适用条件、项目治理、统筹组织、统筹方法、统筹内容五个方面的系统剖析，实现了理论认知的深入与细化。本篇探讨街坊整体开发模式的适用条件、治理结构动态演化与实施机制三个层次的研究问题。

　　首先，本篇基于街坊整体开发模式地下空间高强度开发、公共资源统一配置以及多业主共同开发等特征，深度解析访谈数据，运用扎根理论凝练了街坊整体开发模式区域、规模、规划、建设时序、制度环境以及开发组织六大适用条件。经过理论验证，六大适用条件较完整地覆盖并解答了街坊整体开发模式适应性涉及的关键问题，有利于保证街坊整体开发模式的实践可操作性和项目成功的可靠度。各项适用条件之间形成了较为逻辑化和系统化的密切关联，促进了适用条件体系的稳定性和牢固性，为深入理解街坊整体开发模式的适应性特征提供了一个研究视角。

　　其次，本篇采用社会网络分析的研究方法，以深圳前海十九单元03街坊项目构建纵向的单案例演化过程模型，从全生命周期视角探寻行政治理、关系治理与合同治理三维度的治理机制的动态演化，研究发现政府在项目建设各阶段的介入和管理有效提高了多主体开发下的社会公共利益。同时，在进一步强调政府的控制与行动逻辑、市场逻辑、社会责任逻辑等主导逻辑和垂直、水平治理的实践反馈互联中，多视角、多因素地体现街坊整体开发模式在顶层设计中具有前瞻性和可操作性，进而更好地指导工程实践活动。

　　再次，遵循治理结构动态演化的规律，本篇从统筹组织的参与主体与统筹组织演化的不同阶段出发，结合前海实践，阐述了街坊整体开发模式的五大统筹组织，即政府—企业间、开发主体间以及设计、施工、运营阶段的统筹组织，进而深入探讨街坊整体开发模式组织内主体关联结构、事权配置及各类管理资源整合转换方式等的规律和规则，初步梳理了街坊整体开发模式的统筹组织体系。组织是决定项目成功的重要因素，对组织的研究可以为项目整体建设水平与物业价值的提升起到促进作用，更可为项目任务的高效推进与各开发主体间的利益协调提供坚实的组织基础。

　　最后，基于统筹组织与统筹方法，本篇细致梳理了街坊形象一体化、公共空间一体化、交通组织一体化、地下空间一体化及市政景观一体化的具体统筹内容，可为街坊整体开发模式进一步的实践应用提供经验借鉴。

　　综上所述，本篇明晰了街坊整体开发模式区域、规模、规划、建设时序、制度环境以及开发组织六大适用条件，对治理结构与协调机制的动态演化过程进行了深入分析，并系统梳理了街坊整体开发模式的八项统筹机制，总结了一批可复制可推广的"前海经验"，如"基于五个一体化的众筹式设计导控""大街坊基坑整体代建开挖""智慧停车系统联合招标""大街坊整体停车库统一运营"等。结合上篇的概念与理论研究，本篇提出"前海模式"的核心内容框架（图10-51），即"八大建设理念、六大模式特征、八项统筹机制、六大适用条件"。

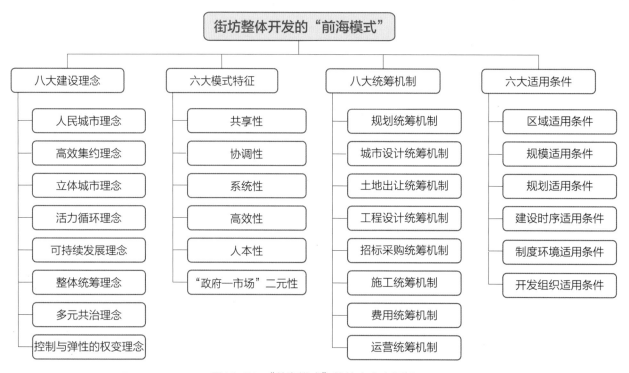

图10-51　"前海模式"的核心内容框架

下篇

案例与启示

第十一章

前海十九单元
03街坊项目

十九单元03街坊是前海地区首个由多家开发主体共同参与、同步整体式开发的典型项目，不同于传统的单一主体对多个地块进行整体开发，街坊内7个建设用地分别由7家用地主体开发，产生了真正的多元主体合作开发情境。该单元地块汇聚了多个重点产业项目，建成后将成为前海妈湾现代物流产业城一组至关重要的建筑群。本章主要介绍了十九单元03街坊项目的工程设计、工程施工、绿色建筑、BIM应用等相关内容，为未来类似街坊式整体开发项目提供参考。

11.1　项目概况、重难点与复杂性分析

11.1.1　项目概况

十九单元03街坊位于前海妈湾片区十九单元核心位置，为妈湾二路、怡海大道、港城六街和港城十九街围合的区域，项目开发时间为2014～2019年，项目实景图如图11-1所示。街坊用地面积6.42hm²，含10个地块（包括北侧水渠及绿地），其中可开

图11-1　十九单元03街坊实景图

发建设地块7个，总面积4.70hm²，项目地上建筑总面积46.814万m²，各地块建筑面积信息如表11-1所示。项目由前海控股、世茂、香江、顺丰、金立、香融、信利康7家建设单位共同开发，其中前海控股负责街坊整体开发的统筹协调工作。

各地块建筑面积　　　　　　　　　　　　　　　　表11-1

地块编号	总建筑面积（m²）	地上建筑面积（m²）	地下建筑面积（m²）
19-03-01前海控股	54140	28092	26048
19-03-02香槟	35000	17606	17394
19-03-03金立	52379	36908	15471
19-03-04信利康	54000	37625	16375
19-03-05顺丰	76000	61467	14533
19-03-06世茂	202600	160600	42000
19-03-07香江	81364	65358	16006
总计	555483	407656	147827

十九单元03街坊以办公及商业为主导功能，兼容服务配套功能，致力于打造妈湾片区以供应链管理、国际贸易和互联网金融等为核心的现代物流产业城。作为前海"三城一港"现代自贸城的重要组成部分，项目建设实现了高标准高质量推进的目标，已经打造成为城市功能完备、环境宜人、国际一流的标杆区域。

11.1.2　项目重难点分析

（1）整体开发模式下项目设计统筹和管理协调难度大

多元主体合作的街坊整体开发模式情境下，各地块项目设计的多样性和整体统筹的统一性之间的矛盾是客观存在的。为寻求一种大统一前提下又不失个体特色和多样性，实现个体理性与集体理性的统一，需要开展大量协调工作。

街坊整体开发为了优化整体功能，统筹考虑地库出入口、人防建设区域、消防疏散和消防分区等重要功能，其系统设计从原先建筑单体视角转为区域整体视角。而在实际项目执行过程中，政府审批的对象是单个单体项目，每个地块单独报建，在各建筑系统设计上经常突破现有规范，导致行政审批也需要配套以创新的整体性视角来思考问题。

为实现街坊形象一体化、地下空间一体化、交通组织一体化、公共空间一体化以及市政景观一体化的设计效果，无论从设计统筹的组织、设计统筹的机制和设计审批角度来看，都存在与常规项目不同的众多创新之处，设计统筹是街坊整体开发模式最重要的工作内容，也是项目建设过程中最大的难度所在。

（2）整体开发模式下项目施工统筹及总体管理协调难度大

十九单元03街坊项目作为街坊整体开发模式深度应用的项目，前海控股作为周边地块建设的统筹协调牵头组织，协调沟通工作量巨大，做好项目统筹及总体管理协调是保证该地块范围内所有7个建设项目顺利进行的必要条件，是本项目管理的重点也是难点。十九单元03街坊共7个地块，各地块地下室连通形成统一的大地下室，各地块建设范围内地下室的设计、施工由其自行组织。街坊内各地块建设期间的统筹协调工作，协调工作量巨大，且协调时段跨度大，一直延续至03街坊所有地块竣工投入使用。

本项目7个地块在一个大基坑中，周边已经有围栏封闭，通往工地基坑底只有一个通道即共用施工坡道，建设场地相对狭小，施工临设条件也较为严峻。因此，在众多塔吊平面布置、交通疏导、施工材料设备运输等方面均需进行事先沟通协调，才能保证项目建设的顺利实施。以垂直运输为例，由于项目建设周期较长，且多为超高层塔楼又附有较大的地下室和局部裙楼，各建筑施工塔吊必然长时间同时伫立，而楼群施工场地较为紧张，如在建设过程中没有统筹考虑区域整体的建筑塔吊平面布置，则很容易产生群塔碰撞风险。

可见，项目施工过程中，存在大量超过单个业主可以控制的区域整体施工场地布置、施工临时交通设置、垂直交通布置等协调工作，更为重要的是，这些布置方案在建设过程中需要根据不同地块施工工况的需要进行动态调整。另外，相邻地块之间存在大量的地下空间、二层连廊等工程实体连接，需要开展施工协调。本项目施工协调涉及单位多、协调事项点多面广、协调周期长。

（3）品质定位高，涉及专业多，工程工期紧，目标控制难度大

十九单元03街坊项目包含众多的超高层甲级写字楼和高品质商业设施，从概念设计开始到施工图设计通过第三方审图机构审核、各项政府报建手续、各种招标、包罗万象的采购、安装施工到竣工验收备案，是相当系统而复杂的过程，需要事先进行系统、严谨、周密的规划。而建设全过程需要正常沟通协调的单位包括但不限于：业主、设计单位、深圳市及前海局等政府报建审批单位、深圳市建设工程交易服务中心、质量及安全监督站、施工总承包商、专业承包商及分包商、材料及设备供应商等，作为自身地块项目建设，其协调工作任务也相当繁重。

因其使用功能需要，无论是地下室还是室外周边，项目都会有大量的给水系统、排水系统、电缆桥架与母线、消防水系统、通风、防排烟系统等专业管线系统的主、干管线。因受条件限制，仅凭传统的各专业二维设计图很难在施工前全面分析多专业综合后的管道交叉情况，往往造成大量材料浪费、返工损失、延误工期，需要更为先进的设计和施工技术措施予以支撑。

（4）街坊整体开发情境下众筹式统筹协调机制边探索边实践

项目建设过程中，对于街坊整体开发模式的保障机制——合作统筹机制是没有成功案例和经验可以参考的开创性工作，项目建设过程中边实践边探索，如何保证机制运作有序高效，保障项目顺利实施是项目成功的核心因素。十九单元03街坊整体开发实践中，由于前期各宗地土地出让合同及其他相关文件对街坊整体开发缺少完善的约束条款，相关权利义务仍不清晰，各业主对建设标准、建设时序、后期运营管理方式等没有统一的认识，导致各单体的设计、施工、运营和费用承担方面统筹协调较为复杂，难度较大。众筹式统筹协调解决的往往都是涉及各方主体经济效益的问题，而缺乏强有力的组织内指令或组织间合约约束，在本项目建设过程中探索形成的协调机制和决策机制是非常宝贵的工程经验，可供后续类似项目实践参考。

11.1.3　项目复杂性分析

本节选用六维工程复杂性分析框架（何清华，2017）对前海十九单元03街坊项目的复杂性展开分析。

（1）目标复杂性

十九单元03街坊项目建筑面积将近55.5万m²，由7家土地受让单位共同开发建设，各项目参与者的需求和个体目标不一样，地上与地下项目、建筑与市政项目、各地块项目之间的项目目标存在差异但又高度相关。因此，项目目标复杂性主要在于两方面，一是各个项目都需要达到高质量的开发目标，以实现整体城区的高质量开发，二是各项目目标之间的整体协调统筹比较复杂。

街坊整体开发模式下，各项目在功能上浑然一体，在建筑形式上无缝衔接，在空间上互联互通，在时间上同步推进，各项目的品质、进度、投资乃至安全目标都与其他相邻项目存在交互关联关系，而这些目标又由政府统筹指导下的各家独立开发单位设定，因此，目标的统筹是非常必要而复杂的一个过程。加之整体项目施工场地、交通组织等公共资源条件的有限性，长周期建设过程中环境动态演变，都进一步导致了本项目目标实现的复杂性。

本项目目标的复杂性表现为一种结构复杂性，因为每个子项目都是有多个可能相互冲突的目标，而且项目整体上又涉及多个利益相关方的多重目标，必须考虑各个目标的冲突与平衡，包括同一层次的目标之间的协调、总目标与子目标之间的协调、项目各参与方的目标之间的协调等，目标及其协同的复杂性从整体上使得项目的推进变得更为困难。

（2）组织复杂性

十九单元03街坊项目采用街坊整体开发模式，街坊内地下空间和各地块作为一个大系统由多元市场主体合作开发完成，工程建设的组织体系与传统的开发模式虽然从法律主体地位上没有大的变化，但在其隐性的合作机制上具有很大差异，使得项目形成了非常复杂的建设组织体系，是一个开放的复杂组织系统，各开发单位、设计单位和施工单位之间存在复杂的分工界面和交互关联关系。

十九单元03街坊项目组织系统从纵向等级层次结构上看，从上到下包括管理局政府统筹机构、整体开发统筹牵头单位、各地块业主单位、设计导控单位、各项目设计单位、各项目施工总包单位（地下、地上等众多平行独立立项项目施工团队）等至少六个层级。从横向的管理协调跨度看，整体开发的地块多达7个，合作的主体单位比较多，跨度比较大。以设计统筹单位为例，为完成高质量的设计统筹工作，设计统筹合同需要与7家业主分别签订合同，费用拆分成7份，必然导致合同回款时间延长、成本增加。过长的回款周期，有时影响设计统筹单位工作积极性，进而会导致合作上的困难。03街坊项目共分为7个开发地块，建设项目在不同的地块同时开展，相应地，需要对空间分布广泛的组织部门进行跨组织管理，也就是说，每增加一个地块，两两地块之间会产生相互影响，组织管理是非常困难的，加剧了项目管理的组织复杂性。

十九单元03街坊项目全生命周期的不同阶段涉及众多不同属性的项目参与方，各单位任务不同、股权结构不同、组织文化差异显著，因此，工程项目组织架构在项目不同实施阶段呈现出动态演变的特性，其合作过程的组织协调难度是巨大的。

组织复杂性也可以视为目标复杂性的重要来源。整体开发模式下街坊内分为若干地块，由多元开发主体"众筹式"合作建设，但又没有从法律上形成一个"众筹主体"，开发主体多元，各个主体有着差异化诉求，难以协调，导致目标差异大、协同难。例如，立体空间复杂，包括地铁保护区、地下通道、地面通道、一体化二层连廊等，各开发主体对品质的诉求不可能是完全一致的，如对立体空间和公共空间品质缺乏有效的控制，容易造成衔接不畅、重复建设、形象混乱等问题。此外，多元主体必然带来在审美和价值取向上的多样性诉求，这带来了街坊的整体性与多样性难以平衡的问题，使得统筹协调地下空间开发、交通组织、公共空间、景观绿化、建筑形象等进一步复杂化。因此，众筹式街坊整体开发的协调机制是极端重要但又仍不完善的。

（3）任务复杂性

十九单元03街坊项目由上百家单位共同参与，由成千上万项在时间和空间上相互影响、相互制约的任务活动共同构成。在项目系统中数以万计的任务活动涉及多个专业领域且跨度较大，既包含工程技术、资金融集、组织管理等方面，又可能包含生态保护、社会安定、能源节约等方面，这些任务并不是彼此孤立的，而是有着显性或隐性的多种联系，每一项任务的变化都会受到其他工作任务变化的影响，并引起其他工作任务的相应变化。

从建筑功能上看，十九单元03街坊项目主要功能为超高层高等级办公楼和高端商业物业，土建方面涉及深基坑、大体积混凝土基础底板、混凝土结构、钢结构、玻璃幕墙等众多专业，机电方面设计空调系统、强电与照明系统、建筑智能化系统、给排水系统等众多的设备系统。由于地下空间统一建设，市政道路工程与地下空间结建进行，项目任务还包括了市政道路及其附属管线系统。

可见，十九单元03街坊的建设任务体量大、构成内容多，各项内容间相互联系相互交织，具有一定的复杂性。

（4）技术复杂性

十九单元03街坊项目具有一定的技术复杂性。首先，建筑的品质要求高，使得项目设计和施工采用的方案相对也是技术含量较高的方案。第二，从规模角度看，项目体量也比较大，必然涉及超大超深基坑开挖技术、超高层建筑技术、先进机电系统等建筑行业领先的技术应用。第三，在施工过程中，建筑行业创新技术特别是绿色建筑技术和智慧建筑技术应用逐渐增多，如BIM技术、节能技术和新建筑材料等的应用，也增加了项目的技术复杂性。众多的技术在发挥作用时不是彼此独立的，工程项目多元目标的实现需要技术间相互融合、互相借鉴，而且这种技术交叉尤为频繁，技术流程依赖性增强，技术间的边界变得更为模糊，这些都增加了项目复杂性。

（5）环境复杂性

从地理环境看，十九单元03街坊项目地处交通要道，临近地铁且多个项目同时施工，场外交通运输配套条件至关重要。施工阶段每一施工工序的实施受紧前工序施工进度状况项目环境、气候状况等的影响大，同时，项目在施工过程中不确定性因素多、变动大，项目具有地理环境上的复杂性与限制条件。

从组织环境的利益相关者角度看，项目涉及多个外部利益相关者，如拆迁腾地涉及复杂的社会问题，项目实施涉及城市中心区扰民问题，建设过程涉及外运土、扬尘、噪声、垃圾等环境污染问题，施工过程涉及保护农民工利益问题，还有反恐、防台风、防汛、人身安全、社会和谐等各类问题，也增加了项目管理的复杂性。

从经济环境看，项目开发建设周期较长，市场环境变化是非常重大的，特别是考虑到开发建设单位作为市场经济主体参与市场竞争，其市场需求、资金和资源筹措等都必然会受到整个经济大环境的影响，对项目而言也存在较大的不确定性和复杂性。

（6）信息复杂性

十九单元03街坊项目涉及众多参建单位，包括各建设单位、设计、咨询、顾问、监理、总承包、专业分包、监测和检测等单位，信息产生的涉及面点多面广。同时，不同地块参建方也可能不同，组织结构复杂，接口层次太多，相关信息传递路径长，信息量巨大，相关涉及资料众多。建设项目信息复杂性来源于各种复杂合同关系下，整个建设项目管理过程中涉及的多个利益相关方之间的复杂沟通交流。由于本建设项目规模的庞大，不同参与方之间、不同过程和流程之间的信息依赖度和相关度也逐渐增加，从而导致信息复杂性增大。

11.2 项目土地出让情况

本项目由7个地块组成，总平面图如图11-2所示。

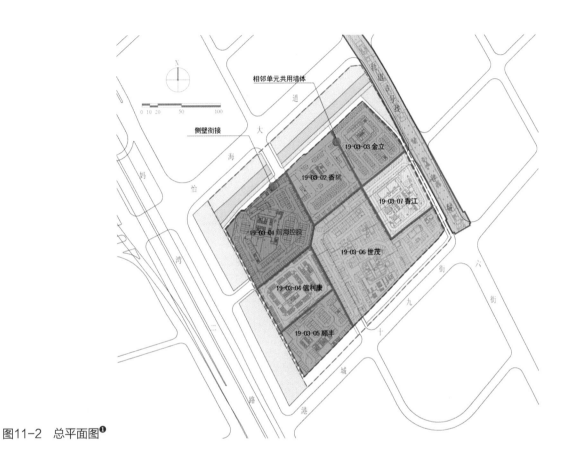

图11-2 总平面图❶

各地块的土地出让信息如表11-2所示。

土地出让信息 表11-2

地块编号	成交日期	项目名称	土地用途	占地（m²）	总建筑面积（m²）
19-03-01	2014-04	前海自贸大厦	商业性办公用地	6599.42	54140
19-03-02	2014-08	香槟前海金融中心	商业性办公用地	6267.15	35000
19-03-03	2014-08	金立科技大厦	商业性办公用地	5776.77	52379
19-03-04	2014-08	信利康电商大厦	商业性办公用地	5277.99	54000
19-03-05	2014-08	顺丰总部大厦	商业性办公用地	6118.80	76000
19-03-06	2013-11	前海世茂金融大厦	商业性办公用地	12746.66	202600
19-03-07	2013-11	香江金融中心	商业性办公用地	4223.50	81364

---

❶ 十九单元03街坊地下空间方案阶段导控文件。

11.3　项目规划与城市设计

11.3.1　项目上位规划概况

十九单元主要为综合发展用地和公共开放空间，规划以"创新+务实"为导向，遵循"产城融合、特色都市、绿色低碳"三大总体原则，围绕以下三方面进行了强化。

（1）注重产业的高效发展，在满足企业和高端人才的多样化需求的同时，强化现代物流业和生活服务核心的构建，推动传统港口向现代城区转变；

（2）注重街道特色与公共空间的营造，创造高品质工作和生活的理想场所；

（3）注重环境资源与经济繁荣的和谐平衡，采用适应性强、经济投入适度，包含建筑、市政、交通等多种绿色的先进技术，构建安全供给、面向未来的基础设施服务网络。

上位规划对十九单元03街坊开发强度、公共空间规划、交通组织及规划实施等方面提出了具体要求（表11-3）。

十九单元上位规划主要要求列表　　　　　　　　　　　　　表11-3

序号	类别	具体要求
1	开发强度	（1）容积率：≤8.34。 （2）建筑密度：≤65%。 （3）建筑物高度：≤330m
2	公共空间及步行系统	（1）公共空间及步行系统均应无条件对公众开放。 （2）沿怡海大道南侧应结合滨水景观建设宽度不少于10m的公共开放空间，且与周边街坊形成整体的滨水休闲景观，滨水岸线绿化率不少于50%，植被种植应与滨水休闲景观相协调。 （3）开放空间应尽量集中，长短边比不应大于2：1，短边不宜少于20m。 （4）步行系统立体复合与高度可达。连廊距地面净空高度不得小于4.5m
3	交通组织	（1）各地块主要机动车出入口不应设置在主、次干路上，也不宜设置在行人集中与优先地区。 （2）地面不宜设固定停车位。停车位配置数量应按《深圳市城市规划标准与准则》的下限配置，应为残疾人提供不少于总数1.5%的专用停车位，且预留不少于总数50%的充电桩设施
4	地下空间	（1）地下商业应结合用地布局、轨道站点、公共空间、交通组织、市场开发需求等综合布局。 （2）地下空间使用以大型商业、交通设施、人防设施等为主。 （3）建筑地下空间退道路红线不应少于3m，公共空间绿廊沿线建筑可为3m。 （4）街坊及地块地下车库应相互连通，通道净宽应不小于7m，净高应不小于2.5m
5	低碳生态	（1）建筑至少达到国家绿色建筑一星级标准。其中三星级绿色建筑面积占总建筑面积的比例不宜低于30%。 （2）本单元采用的能源利用技术包括区域供冷。 （3）本单元应采用低影响开发技术，综合径流系数不超过0.6。 （4）建筑外立面设计宜考虑光反射情况，采取措施避免引起眩光，同时宜考虑各种镀膜玻璃的光污染问题。 （5）场地声环境噪声满足《深圳市环境噪声标准适用区划分》功能区要求。 （6）本单元通过骑楼、连廊等组织街坊内部的慢行系统，慢行道路、广场硬质地面遮阴率不应小于60%；室外公共场地设计宜多栽植高大遮阴乔木，每100m²绿地上不宜少于3株乔木，10株灌木，各街坊绿化覆盖率不得小于25%；裙房屋顶绿化覆盖率不得小于40%
6	规划实施	倡导以街坊为基本单位的整体开发。各街坊开发实施需经前海管理局统筹协调

11.3.2　项目上位规划分析

（1）公共空间及步行系统分析

1）街坊中心规划一处中央广场，结构相对清晰，但周边开敞空间尺度过大，距离东侧水廊道与南侧大南山较远，连接弱，界面围合不强，缺乏活力，没有辨识度，有待完善内部公共空间系统以及加强与外部公共空间的连接（图11-3）。

2）传统单层步行系统易造成人车相互干扰，通行效率低下（图11-4）。

（2）塔楼、裙房形态分析

塔楼布局缺乏整体感、造型控制不明确有待深化（图11-5）。商业骑楼界面单一，布局松散，缺乏与内部公共空间联系（图11-6）。

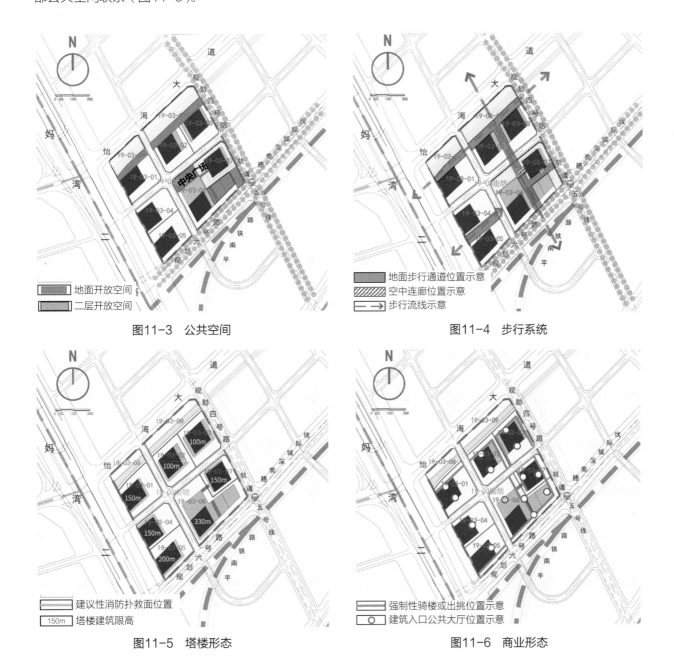

图11-3　公共空间

图11-4　步行系统

图11-5　塔楼形态

图11-6　商业形态

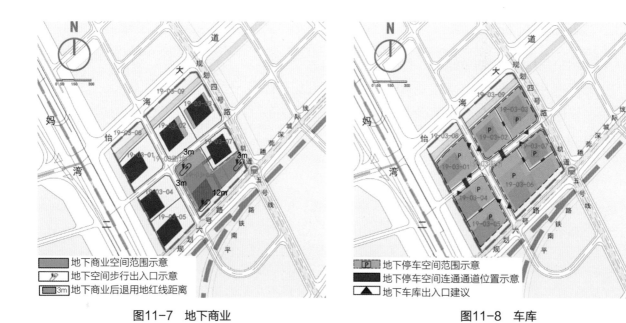

图11-7　地下商业　　　　　　　　　　　　　图11-8　车库

（3）地下商业、车库分析

地下商业相对孤立，与周边地块缺乏联系（图11-7）。规划设置8个停车出入口过多，影响街坊通行效率（图11-8）。

11.3.3　项目城市设计方案

（1）城市设计策略

1）集群造型策略——通过以地标为核心的街坊集群造型，使之在城市天际线中脱颖而出

传统国际商务区争相建设标志性塔楼，使得城市建设毫无秩序，独立塔楼已经无法在城市中凸显。本街坊由6个高度在100～200m的"背景"塔楼和一个330m高的标志性塔楼组成完整的组团。地标成为街坊集群的核心，在富有动感的城市天际线中脱颖而出。6栋"背景"塔楼采用整体的形象造型和富有韵律感的螺旋上升模式，烘托出超高层塔楼的中心地位，既塑造了完整的城市形象，又为中心塔楼提供最优的景观视野。

①塔楼：建筑组团以近似的体量和造型、整齐统一的立面强化街坊的整体感。立面以垂直变化的线条，使塔楼显得优雅挺拔。由底部到顶部，立面也逐渐变通透，视野也逐渐开阔，景观体验提升（图11-9）。

②地标：地标建筑为建筑组团的核心，造型适当突出，采用扭转的形态，最大化视觉美感，同时获得最优的景观视野（图11-10）。

③裙房：裙房采用体块错动组合的手法，使街坊界面的尺度亲近宜人，营造舒适的步行环境。立面不断切换和变化，丰富街坊形态的多样性。通过彰显更好的独立型和昭示性，提升办公裙房的活力与价值（图11-11）。

2）多层地面策略——通过建立多层步行系统，实现街坊人车分流、便捷通行

本项目城市设计通过建立多层步行系统，实现街坊人车分流、便捷通行。多层地面通过将下沉广场与

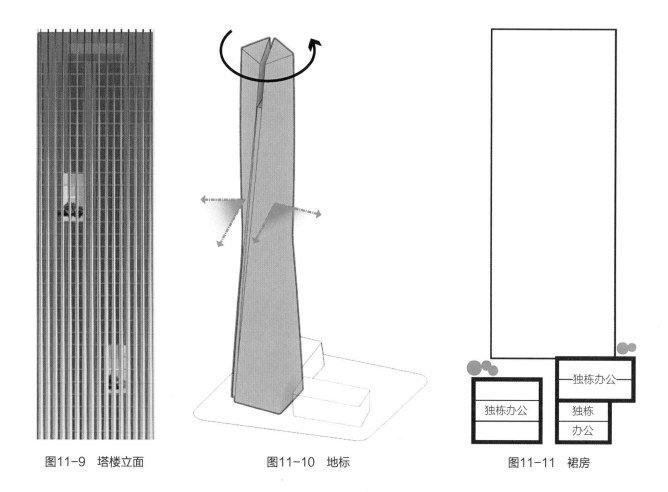

图11-9　塔楼立面　　　　　　图11-10　地标　　　　　　图11-11　裙房

垂直交通整合成一体化流线，实现了公共空间价值的最大化。

　　城市设计尽可能在地面增设人行空间和绿化空间以营造富有活力的室外活动气氛，在区域节点外建设人行天桥，增强工作场地和休闲空间之间的联系，也为公众提供一个空中的视点来感受街坊内的街道空间及周围的绿化。

　　通过强化二层平台，作为连接十九单元中央绿洲与铁路公园的纽带，形成一个以二层平台为核心，内成环外拉接的多层公共空间网络。多层地面通过下沉广场与垂直交通整合成一体化流线，实现公共空间价值的最大化（图11-12）。

　　地下公共空间主要包括地下步行通道、下沉广场两种空间形态。街坊各地块与地铁站通过地下步行通道进行无缝对接，形成连贯的地下步行空间。下沉广场为地下空间引入人流，激活地下商业（图11-13）。

　　地面公共空间分散布局，形成多个次中心级特色空间。中心广场结合商业一体化布置，提升空间活力（图11-14）。

　　二层连廊环状连接各地块建筑，满足步行路径上的便利跨街需求，促进地块之间的协同发展。尺度收放有序，形成多个节点，可承载展示、游憩、交流等功能，丰富街坊生活，成为街坊共享平台（图11-15）。

　　东侧四个地块商业裙房人流量大，通过加强三、四层的连接，使得商业流线一体化，强化商业集聚效应（图11-16）。

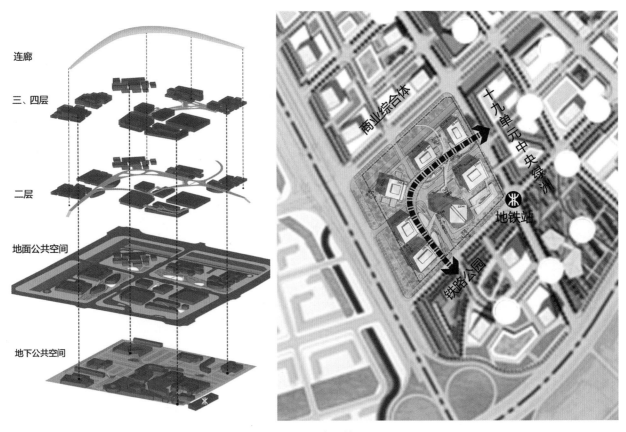

图11-12   多层地面

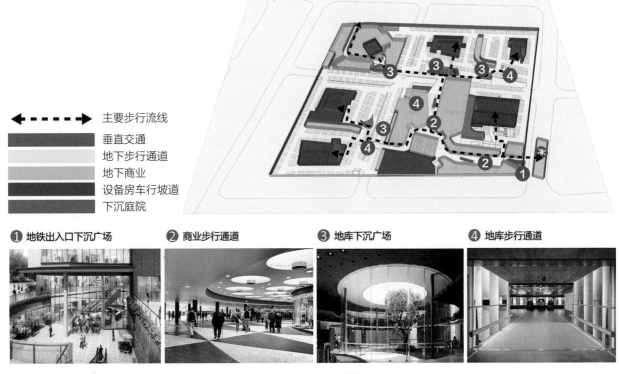

① 地铁出入口下沉广场   ② 商业步行通道   ③ 地库下沉广场   ④ 地库步行通道

图11-13   地下空间

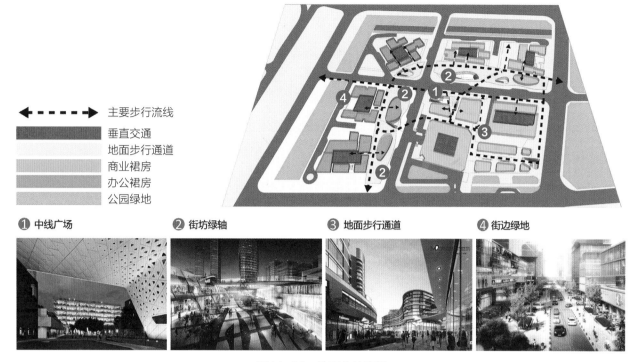

主要步行流线
垂直交通
地面步行通道
商业裙房
办公裙房
公园绿地

❶ 中线广场　　❷ 街坊绿轴　　❸ 地面步行通道　　❹ 街边绿地

图11-14　地面公共空间

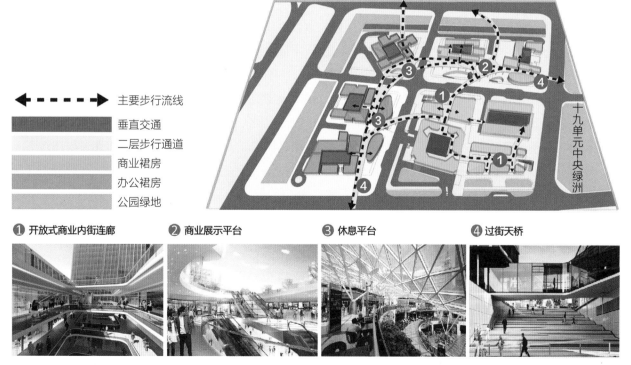

主要步行流线
垂直交通
二层步行通道
商业裙房
办公裙房
公园绿地

十九单元中央绿洲

❶ 开放式商业内街连廊　　❷ 商业展示平台　　❸ 休息平台　　❹ 过街天桥

图11-15　二层连廊

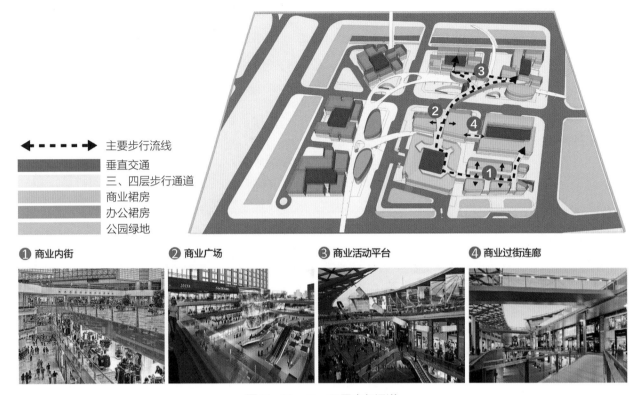

主要步行流线
垂直交通
三、四层步行通道
商业裙房
办公裙房
公园绿地

① 商业内街   ② 商业广场   ③ 商业活动平台   ④ 商业过街连廊

图11-16   三、四层步行通道

3）整体地库策略——集中地下人防设置、统一地库标高，开发建设成与地铁站紧密相连的三层大地库

以往的小街块开发导致前海用地地块狭小，造成地下停车场基坑支护困难。同时，过小地块划分和复杂的建筑结构导致地下空间利用率不高、停车效率低下，市政道路下部空间在这种高密度开发下显得弥足珍贵。因此，本项目城市设计确立高效集约、整体开发作为地下统筹的基本原则，通过集中地下人防设置、统一地库标高，建设与地铁站紧密相连的三层大地库，有效节省基坑支护开发成本，增加地库面积，提高地下空间使用效率（图11-17）。

此外，由于本项目紧挨地铁站，大量地铁人流的疏解成为设计首要解决的问题。项目通过借用地下一层的商业空间和地库空间创造系统完善的慢行体系，在解决交通疏导的同时，也为办公和商业人群提供了一个遮风避雨的舒适通行空间，有效应对南方暴晒和多雨的天气。

①集中人防设置：人防总面积要求26429m²，基于经济与用地权属的限制，规划集中设置人防于如图11-21所示最底层，总面积为2万m²，同时通过建设补偿的方式，06、07地块向各地块增建人防进行补偿，如图11-21所示。

②连通与标高：地下空间采用无高差连接的方式，使街坊各地块通过地下商业与地铁站平接（图11-18）。

4）快速通行策略

交通组织将停车出入口与办公门厅沿街坊外围布置，减少车辆进入街坊内部，实现车流快速通行。

街坊尺度相对缩小（相对中国普遍的开发模式而言），街道较窄，不仅缩短了点与点之间的步行距离，而且创造出更适宜人行的多层次街道空间结构。

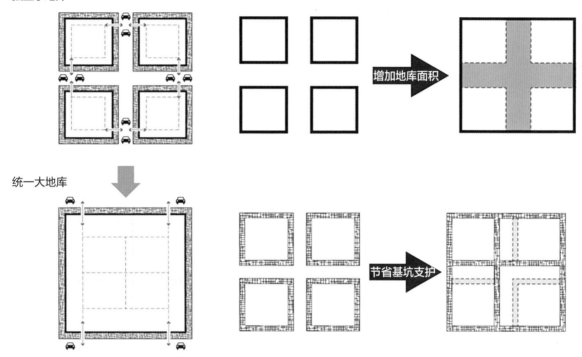

图11-17 整体地库设计

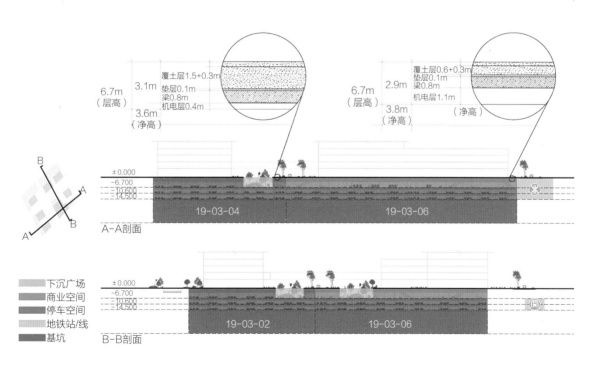

图11-18 地下空间标高

　　尽管保留地面的步行属性和人性化的空间尺度是非常重要的，但是消化高峰期的人行流量与保证街坊内合理的车行交通效率也是必须解决的问题。本项目城市设计通过梳理街坊内部交通、减少停车出入口、设置停车落客区实现车流快速通行。

　　①停车出入口：上位规划设定的8个地下停车出入口在开发建设过程中可减少到6个，地下车库整体开发完成后，可取消临时停车出入口，最终街坊有5个停车出入口。

　　②停车落客区：街坊内部两条市政道路宽为10m，相对较窄，当上下班车辆高峰通行时，落客的车辆停靠对道路造成拥堵。在各地块适当设置停车落客区，可避免地面交通拥堵（图11-19）。

　　（2）整合后的总平面

　　十九单元03街坊总平面采用众星拱月式布局，通过适当扭转建筑角度，使塔楼获得更好的日照和景观视野。弧形二层平台与塔楼布局相呼应，强化街坊整体感，形成律动街坊（图11-20）。

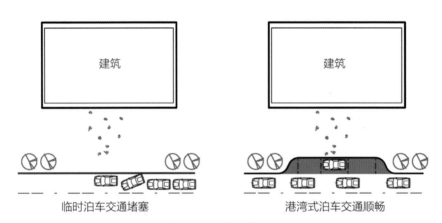

临时泊车交通堵塞　　　　　　　　港湾式泊车交通顺畅

图11-19　停车落客区

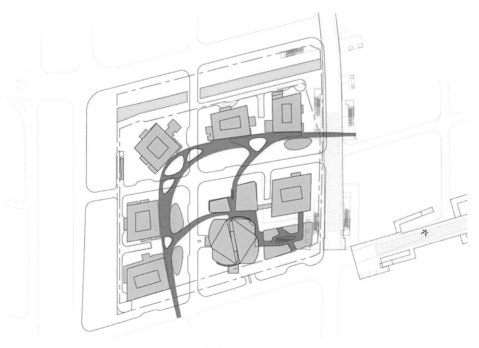

图11-20　总平面图

（3）整合后的公共空间

十九单元03街坊以营造"多层次、富于趣味的全天候城市活力空间"为主旨，打造立体复合、尺度宜人的一体化公共空间，实现公共空间价值最大化。

1）公共空间位置、形态及室内步行通道

①地面公共空间位置及形态：19-03-06地块北侧临港城十七街应设置街坊中心广场，东侧临港城六街应设置轨道站出入口广场，以满足人流集散的要求；19-03-01、19-03-02、19-03-03、19-03-04、19-03-05地块设置街坊开敞空间。

②地下公共空间位置及形态：共布置6个下沉广场，且不得隔断地面公共空间，应布置扶手电梯实现地上空间与地下空间的便捷连通，鼓励布置垂直电梯实现无障碍连通。

③室内步行通道：19-03-06地块内设一条连接中心广场与地铁集散广场的室内步行通道，净宽不小于9m，净高不小于4m（图11-21）。

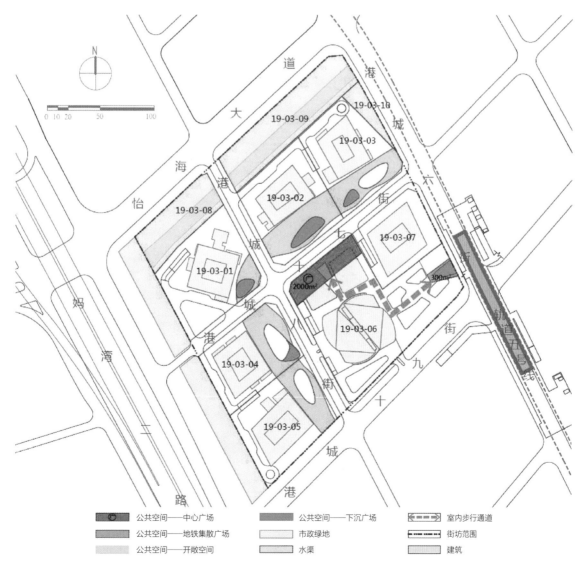

图11-21　公共空间位置、形态及室内步行通道

2）整合后的连廊系统

①形态及位置：街坊内各层连廊与顶棚的形态及位置宜按图11-22执行，其具体线位可按项目实际需要适当调整，但整体走向不得改变。

②尺度控制：各层连廊自身高度不得大于同层相连建筑高度。二层连廊净高不小于5m，净宽不小于3m。三、四层连廊净高宜不小于3.5m，净宽宜在3~5m之间。

③垂直交通连接：各层连廊与地下空间通过垂直交通实现一体化连接。垂直交通位置建议以导控图为基准执行，数量不得减少。

（4）整合后的建筑形态

十九单元03街坊以打造"现代简洁、一体化的建筑组群形象"为主旨，城市设计导控内容包含：地上建筑退线、地标建筑位置、建筑群体布局、单体建筑位置及形态、建筑高度控制、连续商业界面、建筑入口大厅、立面材质和色彩、屋顶绿化等。

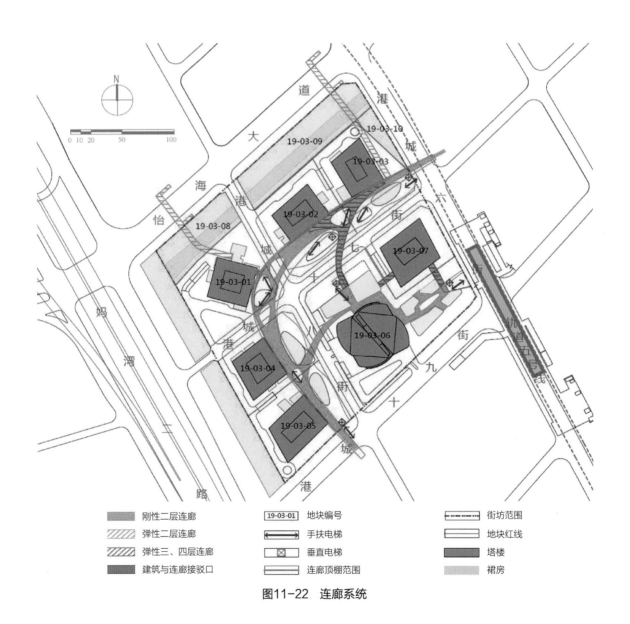

图11-22 连廊系统

1）地上建筑退线及地标建筑位置

建筑退线按表11-4街坊建筑退线一览表执行，并满足公共空间的设置要求。

十九单元03街坊建筑退线一览表　　　　　　　　　　表11-4

地块编码	19-03-01	19-03-02	19-03-03	19-03-04	19-03-05	19-03-06	19-03-07
一线建筑退线	东侧：6m 南侧：6m 西侧：3m 北侧：10m	东侧：6m 南侧：6m 西侧：3m 北侧：10m	东侧：9m 南侧：6m 西侧：3m 北侧：10m	东侧：6m 南侧：6m 西侧：3m 北侧：6m	东侧：6m 南侧：12m 西侧：3m 北侧：6m	东侧：9m 南侧：12m 西侧：6m 北侧：6m	东侧：9m 南侧：6m 西侧：6m 北侧：6m
二线建筑退线	东侧：9m 南侧：9m 西侧：3m 北侧：10m	东侧：9m 南侧：9m 西侧：9m 北侧：10m	东侧：12m 南侧：9m 西侧：9m 北侧：10m	东侧：9m 南侧：9m 西侧：9m 北侧：3m	东侧：9m 南侧：12m 西侧：3m 北侧：9m	东侧：12m 南侧：12m 西侧：9m 北侧：20m	东侧：9m 南侧：9m 西侧：9m 北侧：9m

综合考虑城市空间形象、交通区位、用地规模等因素，宜在19-03-06地块布局一处超高层地标（图11-23）。

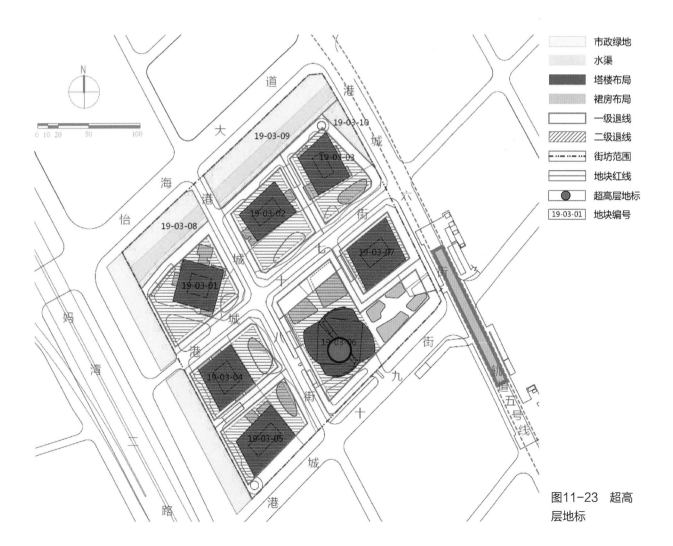

图11-23　超高层地标

2）塔楼形态

塔楼应对主要公共空间和节点形成退让，以地标建筑为核心，建议适当扭转19-03-01地块塔楼角度，整体建筑布局与弧形二层连廊形成一体化空间布局。19-03-06地块地标塔楼形态可适当突出。其余塔楼建议采用简洁、近似方形的体量及造型。立面形式宜整体协调，营造建筑组群的整体感。塔楼单体立面宜结合整体形象设计。高度在150m以下（含150m）的塔楼不得全部立面均使用全玻璃幕墙，宜与石材、金属构件等有质感的建材搭配使用。塔楼窗墙比宜考虑节能环保的低碳设计理念，并符合相关规范要求。塔楼立面建议采用现代简洁的冷灰色调为主，同时街坊内建筑宜与周边建筑群色彩协调（图11-24）。

3）裙楼形态

裙房采用体块错动组合的形态，使界面尺度舒适宜人，形态丰富多样。沿港城六街及北侧水渠的裙房

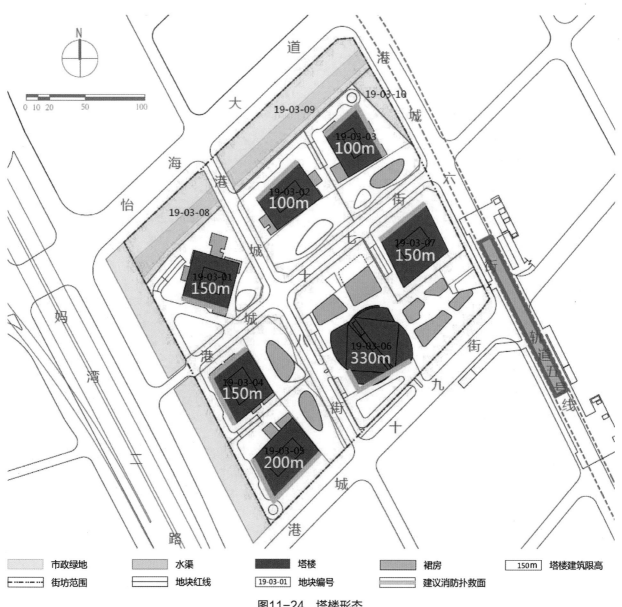

图11-24　塔楼形态

应设连续骑楼界面，骑楼净高不小于5m，净宽不小于3m。连续商业界面开窗率建议不小于60%，贴线率建议不小于70%。裙房每个立面均不应使用全玻璃幕墙，应搭配石材、金属板等有质感的建材形成一定的实墙界面。街坊内裙房宜采用统一协调的材质。采用现代简约的暖色调为主，色相可适当丰富，营造街坊繁华的商业活力。裙房色彩宜与塔楼色彩协调。含商业指标的地块应至少设置2个建筑入口公共大厅，强调办公人流与商业人流的分流导向。沿公共空间一侧的裙房宜设商业入口公共大厅，沿外侧车行流线宜设办公入口公共大厅。裙房屋顶露天部分宜进行绿化，形成屋顶花园，绿化面积不宜小于裙房屋顶露天面积的40%（图11-25）。

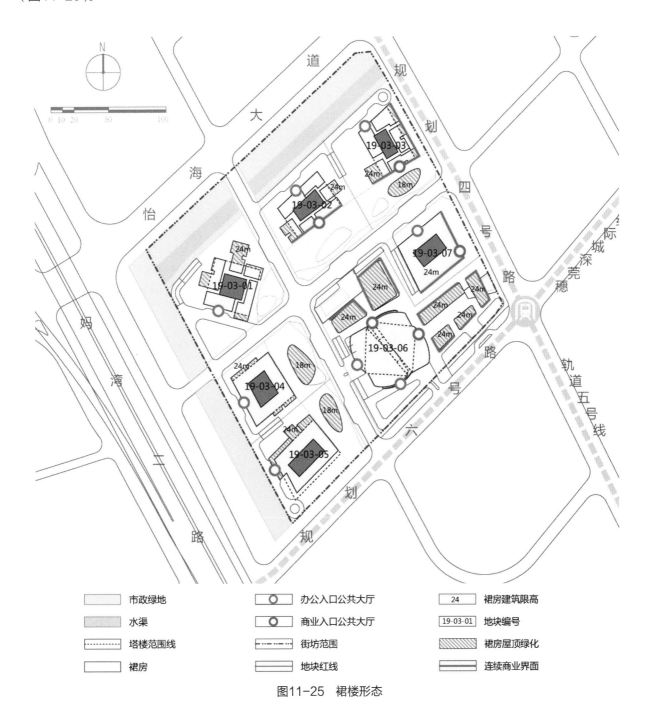

图11-25　裙楼形态

（5）整合后的交通组织

十九单元03街坊交通以公共优先，打造"高效复合、安全舒适的人性化交通环境"为目标。城市设计导控内容包含：综合交通、车行流线及消防通道、地下车库出入口。

1）综合交通

街坊衔接周边道路内设十字交叉、宽16m的2条支路。轨道线位及站点以最终批准的相关规划及设计为准。道路断面形式应符合《前海合作区轨道与道路交通详细规划》相关设计要求。竖向设计应符合《前海深港现代服务业合作区竖向规划》《前海深港现代服务业合作区轨道与道路交通详细规划》。公交站点应与《前海合作区轨道与道路交通详细规划》协调设置，优先采用港湾停车模式。

2）车行流线及消防通道

地面不得设置任何车行闸口、护栏、固定停车位等影响车行及人行的设施，以保证街坊交通畅通。消防通道应满足相关规范要求设置。

3）车行出入口

地块车行出入口的位置及数量按图11-26执行，图中①②③⑤⑥为双向固定停车出入口，宽度为7m，④为单向临时停车出（入）口，宽度为4m。各地下车库出入口应满足相关规范要求设置。

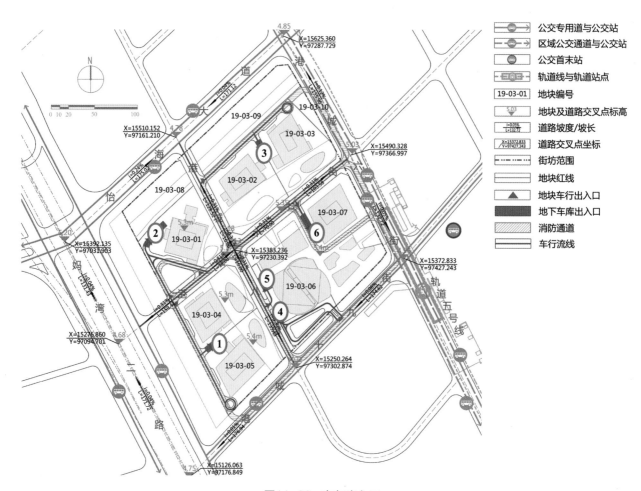

图11-26　车行出入口

（6）整合后的地下空间

十九单元03街坊地下空间统一基坑设计和开挖，统一管理，打造立体复合、高效便捷的整体地库。城市设计导控内容包含：开发范围、功能布局、车行连通接驳口、人行通道、人行通道接驳口、开放要求等。

1）功能布局

地下空间功能布局按图11-27～图11-29执行。19-03-01、19-03-02、19-03-03、19-03-04、19-03-05地块负三层设置集中人防，人防面积由街坊7个地块整体考虑，符合《深圳市实施〈中华人民共和国人民防空法〉办法》。

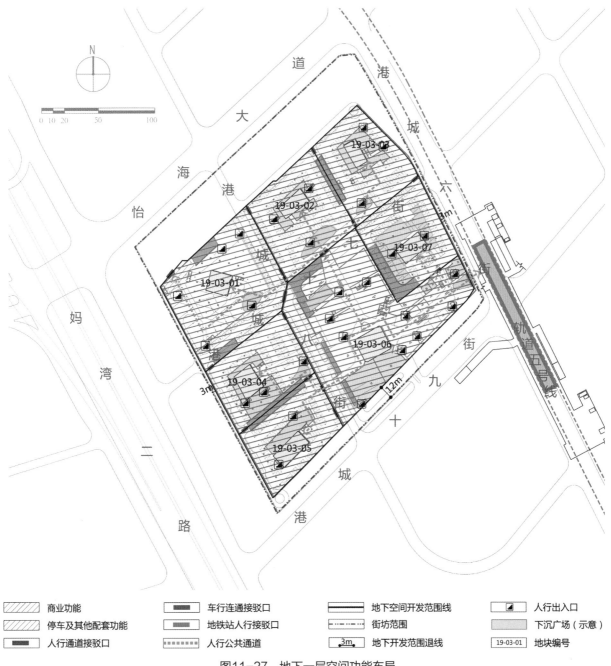

图11-27　地下一层空间功能布局

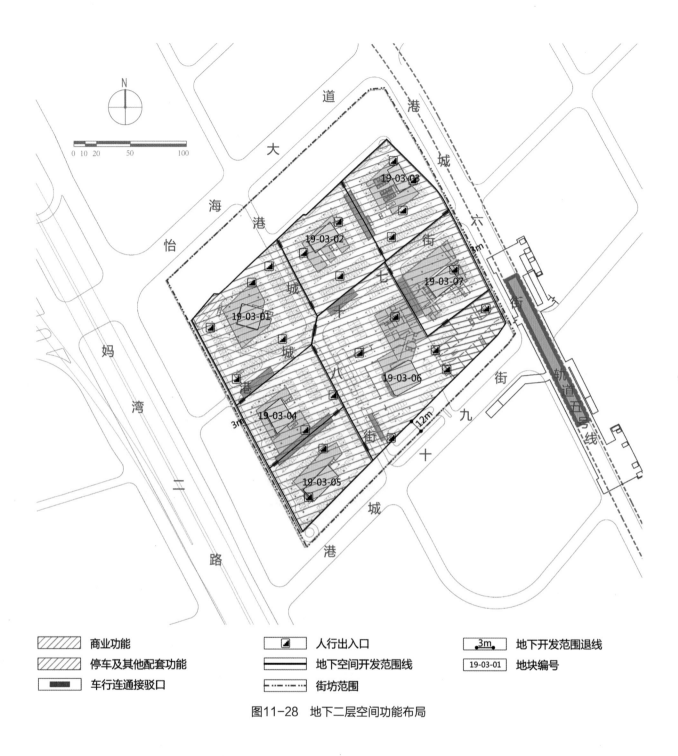

图11-28　地下二层空间功能布局

2）人行公共通道

负一层人行公共通道具体位置按项目实际情况适当调整，但整体串联轨道站、地下商业、各下沉广场及建筑主体。商业区域内，通道净宽不小于6m、净高不小于3.5m；车库区域内，通道净宽不小于3m，净高不小于2.5m。

3）人行通道接驳口

按图11-29执行，具体位置可根据项目实际情况就近调整，数量不得减少，净宽不小于3m，净高不小

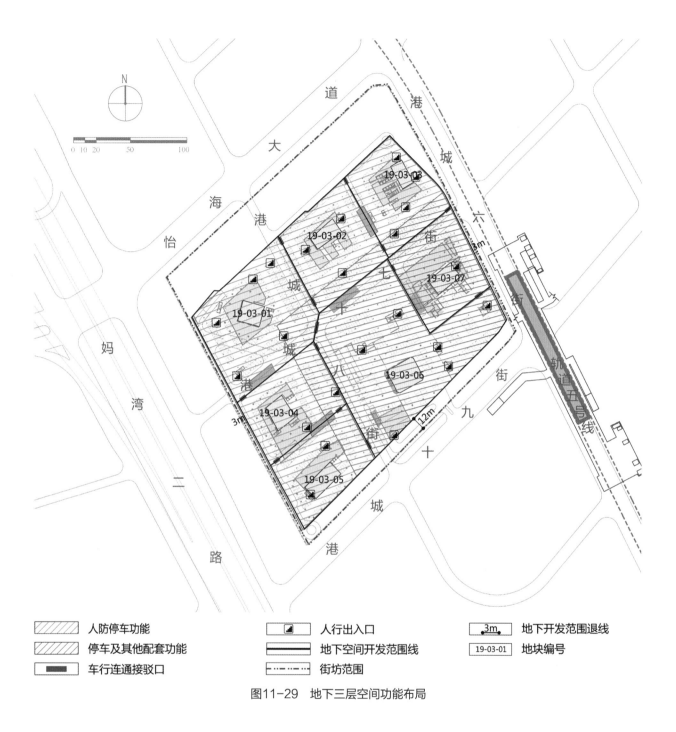

图11-29 地下三层空间功能布局

图例：

人防停车功能 ｜ 人行出入口 ｜ 地下开发范围退线
停车及其他配套功能 ｜ 地下空间开发范围线 ｜ 19-03-01 地块编号
车行连通接驳口 ｜ 街坊范围

于2.2m。其中19-03-06地块东侧临港城六路为地铁站人行接驳口，净宽不小于6m，净高不小于2.5m；19-03-01地块北侧预留人行接驳口可按项目实际情况建设，不作刚性控制。

4）车行连通接驳口

按图11-27~图11-29执行，具体位置可根据项目实际情况就近调整，数量不得减少，净宽不小于6m，净高不小于2.2m。

5）标高

各层地下空间建议统一标高，具体标高可按项目实际情况而定，但各地块间必须无障碍连通。

11.4　工程设计

在十九单元03街坊项目的工程设计中，各单体各具特色，考虑到本书篇幅和资料获取的可能性，本节重点以前海自贸大厦为例，介绍03街坊项目工程设计情况。

11.4.1　建筑设计概要

（1）总平面关系

本工程所处场地是深圳市前海深港现代服务业合作区第19开发单元03街坊01地块，场地西侧是妈湾二路，北侧是怡海大道东，东侧是自贸西街，南侧是港城街。东侧隔路相邻02地块高层，建筑高度100m，南侧隔路与04地块相邻，建筑高度150m。

（2）建筑风格

遵循前海合作区整体发展的理念，前海自贸大厦建筑风格鲜明，与周边建筑一起形成一个有机群体。建筑设计注重内外视野的开敞性，采用大幅玻璃幕墙，保证了建筑开放透明的特性，同时也是对建筑可持续发展性的挑战，特征鲜明的水平构造的幕墙由500mm进深的水平百叶构成，保证最佳视野，同时也作为室外遮阳，高效率的幕墙系统代表了整个项目低碳技术和可持续发展的主旨（图11-30）。

图11-30　立面幕墙实景图

塔楼风格与内设商业展示功能的四层裙房保持一致，裙房上与建筑同高的LED屏幕创造了高端的公众形象，巨大的挑檐和与之相连的广场定义了入口位置及宏大的气势。前海自贸大厦的设计实用、合理，具有前瞻性；造型简洁流畅，为工作人员和来访者提供了一个舒适美观的商务和办公环境。它面向未来，可持续发展，同时又立足于企业传统精神理念（图11-31）。

（3）功能布局

1）办公楼

150m高的塔楼包含30层高级写字楼空间。塔楼内有5个特殊楼层可为相关会议、报告和展示提供豪华空间。这些两层高的空间内设有大型空中花园，全玻璃幕墙，附带相邻室外观景平台。塔楼入口通过首层20m高的大堂。机动车下客区设置在塔楼的南侧，贵宾下客区位于展示广场一侧。行人可通过北部的花园广场、2层连桥和地下1层下沉广场进入大堂。这样塔楼与03街坊中心区得以相连。

宽敞的、四层高的入口大堂与附属功能，如咖啡厅、金融服务等位于首层。这里通过宽敞的电梯厅可到达塔楼办公层，另有穿梭电梯通向地下层和裙房层。这里附带有塔楼内展示区和室外展示亭。室外商务展示亭可通过中央大堂或街道一侧的入口到达。不管是大型还是小型活动的组织都能流畅地进行。在二层和三层，设有可做时装、食品、家具展示的企业展示区。裙房屋顶设有屋顶接待，这里为各类室外活动提供观望

图11-31　建筑风格实景图

周边景色的良好视野。

2）空中花园

空中花园层作为高端行政办公层和空中会所，在这里，人们可尽享周边城市景观和海景。在空中会所可举行产品展示及针对特殊顾客的展示活动。

3）地下室

所有下客区设在地下1层，供货和部分机电设备也设在此。坡道保证了地下层供货畅通无阻，可直接到达地下1层的储藏和货运区。服务廊道和货运电梯连接地下1层功能区。另有坡道通向地下2层至地下3层的地下停车场。地下2层和地下3层设有设备间和停车场。设备间沿核心筒设置，配有有效的停车布局。地下层有近300个停车位，功能布局效果示意图如图11-32所示。

11.4.2　结构设计概要

（1）基础与地下工程

基础采用旋挖灌注桩+ϕ500高强预应力管桩基础。塔楼核心筒采用桩筏基础，筏板厚2.50m左右。整个地下室不设缝，设若干后浇带；为减少温度应

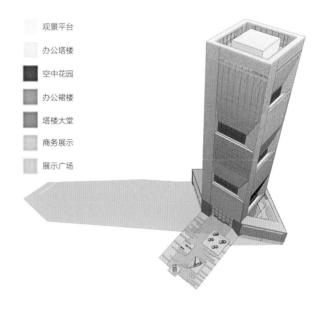

观景平台

办公塔楼

空中花园

办公裙楼

塔楼大堂

商务展示

展示广场

图11-32　功能布局效果示意图

力及混凝土收缩应力引起的混凝土裂缝，采取加强配筋，优化混凝土配合比，加强混凝土养护及适当延长后浇带浇注时间等应对措施。一层采用现浇梁板式楼盖，地下一层至二层采用带柱帽无梁楼盖。一层板厚200mm，地下一层至二层板厚270～300mm，人防区板厚250mm。

（2）塔楼主体结构

塔楼区域为"钢筋混凝土核心筒+钢管混凝土"框架结构，填充墙采用轻质墙板。核心筒为型钢、钢管剪力墙；外框为钢管柱，内浇筑自密实混凝土，钢管柱与混凝土梁连接节点设置环形梁。

（3）裙房主体结构

裙房采用框架与塔楼连接，楼板采用钢筋混凝土梁板结构，梁高控制在700mm（水管穿梁，管径不大于200mm），板厚120mm。

11.4.3　市政设计概要

（1）总体概况

1）自贸西街（原路名港城八街）：位于前海自贸大厦的东侧，为西北—东南走向，道路全长约219.98m，道路等级为支路，设计时速30km/h，红线宽度16m，双向2车道。

2）港城街（原路名港城十七街）：位于前海自贸大厦的南侧，为西南—东北走向，道路全长约297.04m，道路等级为支路，设计时速30km/h，红线宽度16m，双向2车道（图11-33）。

（2）横断面设计

自贸西街、港城街规划红线宽度为16m，双向2车道，道路横断面布置为：2m（人行道）+1.3m（非机动车道）+1.2m（树池）+7m（机动车道，0.25+3.25×2+0.25）+1.2m（树池）+1.3m（非机动车道）+2m（人行道）=16m，如图11-34所示。

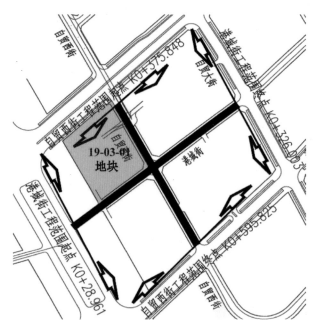

图11-33　市政道路平面图

（3）路面结构设计

1）机动车道路面结构：

4cm细粒式沥青混合料AC-13C（SBS改性沥青）+8cm粗粒式沥青混合料AC-25C+0.6cm改性乳化沥青稀浆封层+20cm水泥稳定碎石（3.5MPa）+20cm水泥稳定碎石（2.5MPa）。

2）非机动车道路面结构：

非机动车道路面结构采用彩色混凝土路面结构。其中，一般路段的路面结构总厚度为27cm，为无色透明双丙聚氨酯密封处理+4cm天然露骨料混凝土（海蓝色、C25）+13cmC20混凝土10cm级配碎石；消防登高面路段的路面结构总厚度为44cm，为无色透明双丙聚氨酯密封处理+4cm天然露骨料混凝土（海蓝色、C25）+20cmC20混凝土20cm级配碎石。

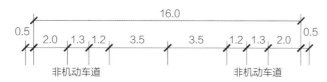

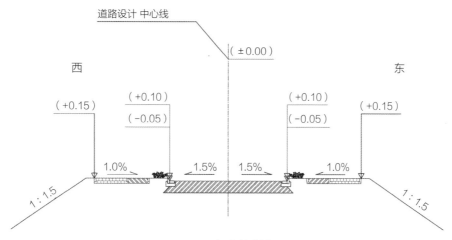

图11-34　市政道路横断面图

11.4.4　景观绿化设计概要

（1）设计主题

通过"云端生活"主题理念贯穿整个空间设计，形成整体统一的"云"共享平台。

（2）设计目标

1）零距离。云端走廊与宏大的俯冲屋顶将所有建筑物紧密相连，犹如彩带漂浮空中，为行人提供方便和庇护。

2）慢生活。悠闲的滨水空间，具有生命力的共生走廊，繁华的内商业空间，构建都市慢生活。

3）公园化。丰富的纵横绿化形成极具色彩和肌理的线性活动花园，为该区域的人群提供多样性的娱乐花园。

4）三位一体。云端走廊与其他漫步道及下沉花园、地面广场形成一个立体化的三维空间。

5）生态低碳。采用绿色生态、低碳的概念，配备水利用和回收管理功能，以便保留和减少用水。

（3）设计理念

遵循"自然与艺术的融合，科技与生活的碰撞，云海共生的艺术体验"的设计理念，打造云雨雾（喷水小景+喷泉景观+跌水幕墙）、云生态（生态绿墙+城市森林+河畔景观）、云互动（WIFI智能连接+智能景观系统+互动交流平台）和云娱乐（LED屏幕+主题展览+互动科技）。

（4）总平面设计

项目红线内景观面积：3930.62m²；水景面积：204.70m²；绿化面积：157.60m²；市政绿地面积：2383.10m²（图11-35）。

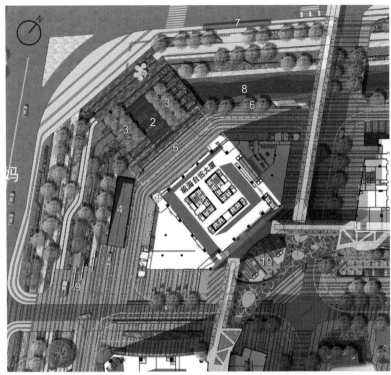

经济技术指标：

项目红线内景观面积：3930.62m²
水景面积：204.70m²
绿化面积：157.60m²
市政绿地面积：2383.10m²

1. 主题雕塑
2. 镜面水景
3. 迎宾序列树阵广场
4. 地下车库出入口
5. 休闲广场
6. 滨水平台
7. 公交车站
8. 生态景观渠
9. 南入口广场
10. 山谷下沉花园

平面索引

图11-35　总平面设计图

（5）铺装设计

如图11-36所示。

（6）镜面水景设计

如图11-37所示。

（7）植物设计

用干净简洁有序的树阵形式营造入口广场，为凸显广场特色，植物设计上选用树形统一，有季相变化的美力异木棉做树阵，将舒展的小叶榄仁做背景乔木，底层灌木配耐修剪的黄金叶、龙船花、法国冬青等，营造富有现代化气息的办公空间（图11-38）。

（8）雕塑设计

用大小不同的不锈钢球组合在一起，反射出不同的倒影效果，变化万千（图11-39）。

（9）下沉式广场设计

如图11-40所示。

（10）特色景观水柱设计

在建筑的三角形立柱外用亚克力管装饰，结合表面流水效果，四周都可以感受到流水的动感和声音（图11-41）。

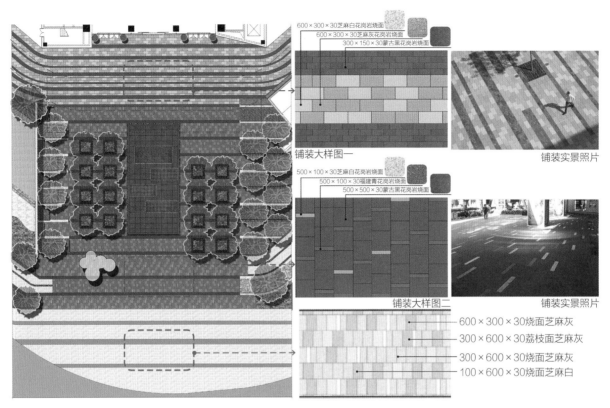

图11-36　铺装设计

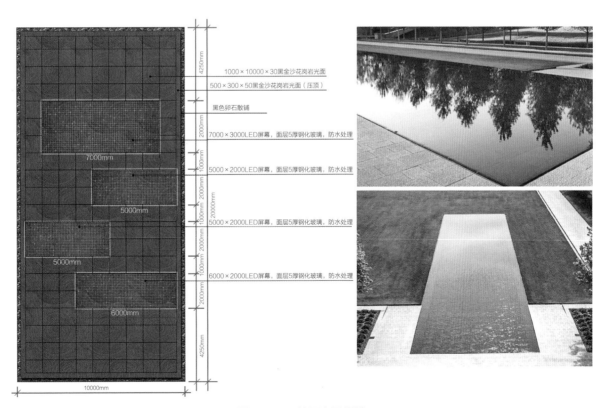

图11-37　镜面水景设计

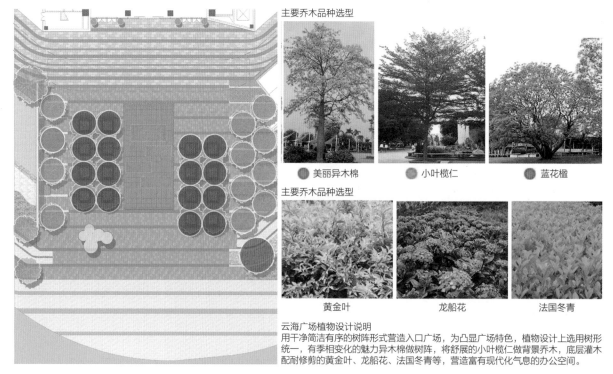

主要乔木品种选型

美丽异木棉　　　小叶榄仁　　　蓝花楹

主要乔木品种选型

黄金叶　　　龙船花　　　法国冬青

云海广场植物设计说明
用干净简洁有序的树阵形式营造入口广场，为凸显广场特色，植物设计上选用树形统一，有季相变化的魅力异木棉做树阵，将舒展的小叶榄仁做背景乔木，底层灌木配耐修剪的黄金叶、龙船花、法国冬青等，营造富有现代化气息的办公空间。

图11-38　植物设计

图11-39　雕塑设计

图11-40　依云溪谷设计

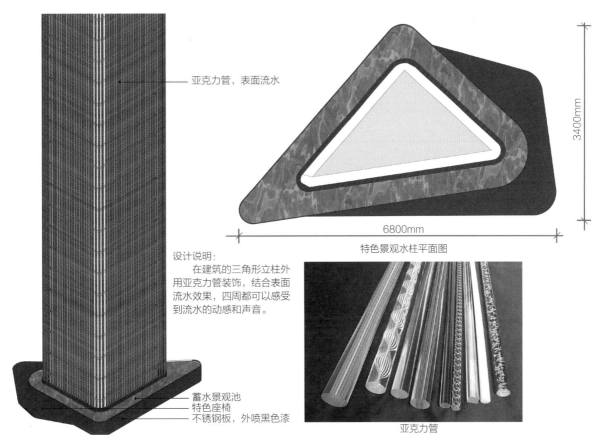

亚克力管，表面流水

特色景观水柱平面图

6800mm

3400mm

设计说明：
　在建筑的三角形立柱外用亚克力管装饰，结合表面流水效果，四周都可以感受到流水的动感和声音。

蓄水景观池
特色座椅
不锈钢板，外喷黑色漆

亚克力管

图11-41　特色景观水柱设计

（11）夜景照明设计

塔楼建筑立面采用透镜LED线性洗墙灯洗亮飘板，突出几个重要窗口，表现建筑本身对外开放、注重交流的设计意向［图11-42（a）］。

裙楼立面采用LED埋地投光灯投亮，提高立面亮度，简洁，大气［图11-42（b）］。

（a）　　　　　　　　　　　　　　　　（b）

图11-42　夜景照明效果图
（a）塔楼夜景照明效果；（b）裙楼夜景照明效果

（12）雨水收集设计

本项目海绵城市综合采用透水铺装、下沉绿地、雨水花园等措施，实现年径流总量控制率目标（图11-43）。

雨水汇集方向
the collection direction

经植物土壤过滤后补充地下水

‑ ‑ ‑ ► 排水方向
◄ ‑ ‑ ► 线性排水（雨水收集）
■ 雨水收集点

图11-43　雨水收集设计

11.5　工程施工

本节以前海自贸大厦为例，介绍03街坊项目工程施工情况。

11.5.1　总体施工组织设计

（1）施工总体部署

1）施工区段划分

地下室施工阶段：根据地下室后浇带设计特点及工程量大小，结合现场实际情况，地下室施工阶段划分为六个区域，每个区段内相互流水施工，根据土方完成时间各自开始结构施工，其中塔楼部分为Ⅰ区，Ⅱ区、Ⅲ区为地下室及裙楼部分，Ⅳ区、Ⅴ区、Ⅵ区为纯地下室部分［图11-44（a）］。

裙楼结构施工阶段：裙楼结构施工阶段划分为Ⅰ-1区、Ⅰ-2区、Ⅱ区和Ⅲ区四个区段，根据地下室结构完成时间衔接相对应区域的结构施工［图11-44（b）］。

塔楼结构施工阶段：塔楼结构施工阶段各楼层分为Ⅰ-1区和Ⅰ-2区两个区段施工［图11-44（c）］；

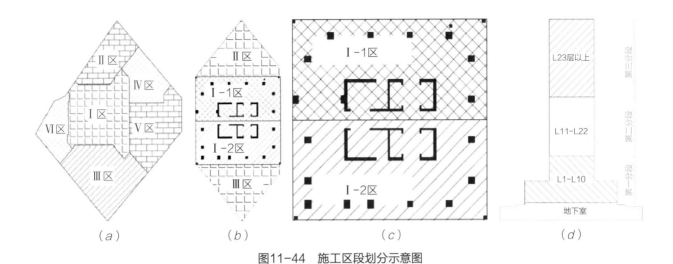

图11-44　施工区段划分示意图

主体竖向结构划分为三段：第一区段1~10层，第二区段11~22层，第三区段23~屋面层 [图11-44（d）]；粗装修、机电安装、幕墙精装修等分部分项工程在各区段自下而上组织流水施工。

2）施工总体流程

本工程总体施工部署中，以"塔楼主体Ⅰ区"为施工主线，优先安排塔楼区域的施工，同时兼顾其他区域施工，确保地下室节点及主体结构节点目标的顺利实现，而后砌体工程、机电工程、幕墙、装饰装修工程根据竖向分段及时插入（图11-45）。

（2）各阶段施工部署

本工程体量较大且施工场地十分狭小，各阶段的施工部署变化较大，施工部署分为地下室、裙楼、塔楼3个阶段进行。

1）地下室施工阶段

基于工程现场实际情况，进场后，尽可能地利用基坑施工单位原有围墙、水沟等临建，同时，在怡海大道开设1号大门，利用现场基坑内原有临时坡道进行二次土方外运及前期材料下基坑运输通道。为保证塔楼施工节点，塔楼部分安排一个施工班组在区域内进行施工。其他区域安排二个施工班组根据二次土方工作面完成时间进行流水施工。由于本项目所处基坑内有多家施工单位，现场临时坡道已形成，二次土方外运施工时，计划利用基坑内现有坡道，二次土方施工分四阶段进行，具体详见11.5.2章节。

根据各区域二次土方及垫层完成时间，衔接地下室结构施工。本阶段初期即组织塔吊基础的施工，及时安排塔吊的安装和验收并投入使用，保证现场的材料运输能力，塔吊的型号规格和部署位置严格遵循合同文件的要求，同时符合实际施工的需要。地下室施工阶段混凝土一次最大浇筑量约为2950m³，为保证混凝土一次浇筑完成，地下室施工布置2台HBT60拖泵和2台ZLJ5440THBS汽车泵，满足底板混凝土施工。

2）裙楼施工阶段

施工进度方面，完成至±0.000后，裙楼各分区按照上一阶段提供工作面的顺序分区流水施工，Ⅰ区和Ⅱ区、Ⅲ区进行流水施工，过程中严格保证其施工进度。裙楼主体结构全部完工后，及时从地下室自下而上插入砌体、粗装修、外立面、机电安装、门窗、精装修及电梯、扶梯安装等工序。地下室顶板施工完成后，对顶板进行合理布置，用于装修时进行材料堆场布置。

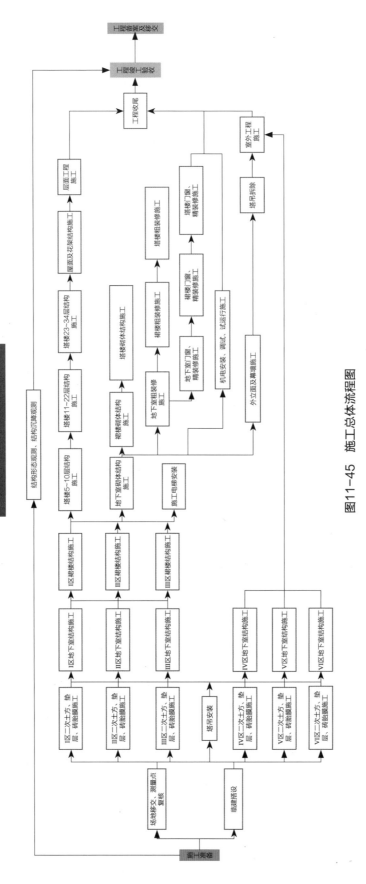

图11-45　施工总体流程图

3）塔楼施工阶段

塔楼主体施工流程安排中，安排两组施工队伍，进行流水施工。塔楼主体结构竖向各区段内各分项工程完工后及时组织相应验收，验收合格后及时插入后续工序。塔楼一结构施工完成后自下向上插入砌体施工，砌体封顶后自上而下插入幕墙施工。水平结构采用传统满堂架木模体系，模板采用普通木模板，塔楼外立面采用普通双排落地及悬挑钢管脚手架。

11.5.2　工程质量创优方案

前海自贸大厦项目是前海控股第一个创国家优质工程项目，意义重大。截至本书出版，项目已获得深圳市建设工程"金牛奖"与广东省建设工程"金匠奖"，正在积极申报国家优质工程奖项。

（1）组建工程质量创优实施组织架构

前海自贸大厦项目的工程质量创优目标要求高，其中I区须确保获得国家优质工程奖，II区须确保获得深圳市优质结构工程奖。为此，前海控股在项目开工之初，即组织成立以创优领导小组为核心的、涵盖策划、实施、监督检查及资料管理的完整的实施组织架构，明确负责人，邀请专家进行国优奖讲座，为本项目工程质量创优一次性策划和过程中分阶段实施奠定坚实的基础（图11-46）。

（2）谋划工程质量创优亮点

前海自贸大厦项目按照国优奖的要求积极谋划工程质量创优亮点，覆盖了包括桩基、钢筋、模板、混凝土、钢结构、砌体、屋面、精装修、机电安装、幕墙等各分部分项工程。以机电安装工程为例，创优领导小组策划了包括管线排布、管道穿板穿墙、灯具排列做法、水泵房安装做法、管道共用桥架的排布及标识等多个质量创优亮点。以管线排布为例，创优亮点策划中明确了以下要求与措施：

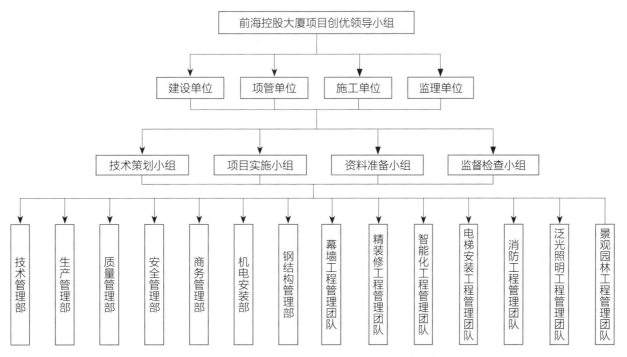

图11-46　前海自贸大厦项目工程质量创优组织架构图

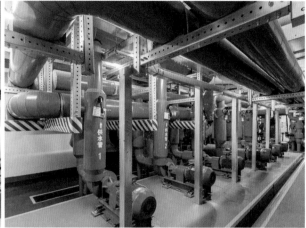

图11-47   地下室管线及板换机房安装图

1）采用BIM软件进行排布设计；

2）管道沿墙排列时，大管靠里，小管靠外，支管及检修量少的管道靠里，支管及检修量多的管道靠外，高压、高温靠里，常温常压靠外；

3）管道安装时遵循横平竖直原则，成排明装管道，无论横竖安装，其直线部分相互平行，间距相等（图11-47）；

4）弯曲部分曲率半径一致。

在施工过程中严格按照上述策划要求予以落实，最终实现了较好的安装效果。

（3）拟定建筑业10项新技术的推广应用

建筑业10项新技术的推广和应用以及科技创新是工程质量创优的重要一环，在国优奖工程的评价中要求推广应用《建筑业10项新技术》必须在6项以上。为此，前海自贸大厦项目创优领导小组提前拟定了本工程推广应用建筑业10项新技术（2017）中的八大项，三十小项（表11-5）。

建筑业10项新技术   表11-5

序号	所属大项	技术名称	应用部位
1	钢筋与混凝土技术	2.2 高强高性能混凝土技术	塔楼核心筒、地下室外框及核心筒型钢柱
2		2.3 自密实混凝土技术	钢骨混凝土构件
3		2.5 混凝土裂缝控制技术	地下室底板、顶板、侧墙等
4		2.7 高强钢筋应用技术	地下室及主体用钢筋
5		2.8 高强钢筋直螺纹连接技术	底板及主体结构墙柱、梁板
6	模板及脚手架技术	3.2 集成附着式升降脚手架技术	塔楼结构

序号	所属大项	技术名称	应用部位
7	钢结构技术	5.1 高性能钢材应用技术	塔楼核心筒及外框柱 地下室外框及核心筒
8		5.2 钢结构深化设计（BIM）与物联网技术	钢结构
9		5.5 钢结构高效焊接技术	钢结构
10		5.7 钢结构防腐防火技术	钢结构
11		5.8 钢与混凝土在组合结构应用技术	钢结构
12	机电安装工程技术	6.1 基于BIM的管线综合技术	机电系统深化、运维
13		6.4 工业化成品支吊架技术	机电系统
14		6.5 机电管线及设备工厂化预制技术	机电系统
15		6.6 薄壁金属管道新型连接安装施工技术	给水管及雨水回用管道
16		6.8 金属风管预制安装施工技术	通风与空调系统
17		6.10 机电消声减震综合施工技术	机电系统
18	绿色施工技术	7.1 封闭降水及水收集综合利用技术	整个项目
19		7.3 施工现场太阳能、空气能利用技术	整个项目
20		7.4 施工扬尘控制技术	整个项目
21		7.5 施工噪声控制技术	整个项目
22		7.7 工具式定型化临时设施技术	整个项目
23		7.8 垃圾管理垂直运输技术	整个项目
24	防水技术与围护结构节能	8.2 地下工程预铺反防水技术	地下室底板
25	抗震、加固与改造技术	9.5 结构无损性拆除技术	地下室结构
26		9.6 深基坑施工监测技术	基坑阶段
27	信息化技术	10.1 基于BIM的现场施工管理信息技术	整个项目
28		10.3 基于云计算的电子商务采购技术	整个项目
29		10.4 基于互联网的项目多方协同管理技术	整个项目
30		10.7 基于物联网的劳务管理信息技术	劳务实名制管理

（4）通过建章立制实现质量管理标准化、制度化和科学化

前海控股多年的工程实践成果表明：工程质量管理的标准化、制度化和科学化始于建章立制。为了保证创优人员从策划到实施及申报的全过程参与，将创优管理融入日常工作中，做到创优的连贯性和协调性，前海自贸大厦项目在工程质量创优策划阶段即积极开展工程质量管理的建章立制工作。

前海自贸大厦项目创优领导小组统筹建立了以前海控股为核心的，科学、系统、规范的工程质量管理体系和工程质量持续改进机制，明确了本项目工程质量管理的目标、体系、标准、关键控制点及针对性措施等，形成了一张纵横交错而又严密有序的工程质量管理之网，制定了多项工程质量创优制度，为顺利完成项目创优目标提供保障。

在公司层面，前海控股已颁布执行的一系列工程质量管理制度主要包括：

➢《深圳市前海开发投资控股有限公司建设工程质量管理制度》；

➢《深圳市前海开发投资控股有限公司质量监督检查管理办法》；

➢《深圳市前海开发投资控股有限公司建设工程材料管理暂行办法》；

➢《深圳市前海开发投资控股有限公司房屋建筑工程竣工验收规定》；

➢《深圳市前海开发投资控股有限公司市政工程竣工验收规定》。

在项目层面，前海自贸大厦项目制定的工程质量管理制度主要包括：

➢《前海自贸大厦项目管理指针》；

➢《前海自贸大厦项目管理规划》；

➢《前海自贸大厦项目质量管理规划》；

➢《前海自贸大厦项目工程材料（设备）管理办法》；

➢《前海自贸大厦项目工程样品样板管理办法》；

➢《前海自贸大厦项目施工过程质量验收管理办法》；

➢《前海自贸大厦项目关键工序交接见证管理办法》；

➢《前海自贸大厦项目成品保护管理办法》；

➢《前海自贸大厦项目工程调试及试运行管理办法》；

➢《前海自贸大厦项目工程竣工验收管理办法》；

➢《前海自贸大厦项目工程质量教育制度》；

➢《前海自贸大厦项目工程质量例会及讲评制度》；

➢《前海自贸大厦项目工程质量奖罚制度》；

➢《前海自贸大厦项目样板引路制度》；

➢《前海自贸大厦项目全过程全天候质量跟踪监控制度》；

➢《前海自贸大厦项目挂牌（技术交底挂牌；施工部位挂牌；半成品、成品挂牌）管理制度》；

➢《前海自贸大厦项目专项方案审批制度》；

➢《前海自贸大厦项目深化设计的管理制度》；

➢《前海自贸大厦项目实测实量制度》；

➢《前海自贸大厦项目成品保护制度》；

➢《前海自贸大厦项目质量通病防治专项制度》。

（5）强势开展质量监督检查

管理局、前海控股高度重视前海自贸大厦项目施工现场的质量安全管理工作，强势开展对五方质量责任主体的监督检查。所谓"强势"是指除了在项目层面上组织五方质量责任主体开展工程质量自查自纠外，还在管理局和前海控股两个层面开展工程质量监督检查，检查方式包括定期的工程质量检查（月度、季度）、专项检查、第三方飞行检查等。

管理局层面采取"四不两直"的飞行检查方式，主要抽查内容包括工程实体、建筑材料、设计文件及质量保证资料等。

在检查中发现存在质量缺陷且认为需要局部暂缓或全面停止施工的，视严重程度开具《局部暂缓施工指令书》或《暂停施工指令书》并对责任单位在前海的所有在建工程进行扩大巡查，或报市住建委对其在深圳市其他区域的在建工程组织扩大巡查。同时，管理局对质量巡查发现的涉嫌违反法律、法规、规章的行为进行调查取证并依法作出行政处罚。有关责任单位须按照行政措施单的要求进行整改或提出复工申请，在规定期限内将整改报告和复工申请报送管理局，由其落实销项和开具复工单。

前海控股层面由安全质量部全面负责工程质量监督检查的管理工作，负责牵头组织开展不定期的第三方飞行检查和季度工程质量检查，检查重点包括：

1）建筑工程质量法规、强制性标准和质量管理体系执行情况；

2）深基坑工程、基础工程、钢结构工程、混凝土结构工程、幕墙工程、建筑设备安装工程、管线工程等专项方案的编制、专家论证和实施情况；

3）设计图纸、施工组织方案及专项方案施工交底情况；

4）原材料报验批次实施情况；

5）质量观感；

6）施工质量自检、自改情况，对监理通知单、业主发出的质量整改通知书整改落实情况以及分部、分项及隐蔽工程验收执行情况。

对检查发现工程质量缺陷，质量检查组下达《建设工程施工安全质量整改通知书》，缺陷所在单位接到通知后要按要求按照"定整改措施、定整改责任人"的原则积极组织整改，并填报《建设工程安全质量隐患整改通知回复单》，将整改情况按要求返回前海控股各级质量监督管理部门。

（6）严格开展合同履约考核评价

为了确保各参建单位严格按照合同，投入充分的人力、财力、物力资源，履行合同约定的质量管理义务，前海控股制定了《深圳市前海开发投资控股有限公司合同履约评价管理办法》，并通过严格开展合同履约考核评价有效撬动各合同履约单位积极调用优质资源以确保其服务质量和服务水平的持续改进，切实提高工程全过程质量管理绩效。

针对不同类别的合同履约单位，合同履约考核评价实行分项、分部门评分，相关部门只负责与本部门相关的栏目，同一个栏目由多部门打分并取平均分，具体如下：

1）施工类、监理类、项目管理类由工程管理部门牵头，安全质量部门、设计管理部门、成本管理部门配合进行评分；

2）勘察设计类、设计顾问类由设计管理部门牵头，工程管理部门、成本管理部门配合进行评分；

3）材料设备类由工程管理部门牵头，成本管理部门配合进行评分；

4）造价咨询类由成本管理部门牵头，设计管理部门配合进行评分；

5）招标代理类由采购管理部门牵头，参与部门配合进行评分。

为提高履约考核评价工作效率，依据合同工期（服务期）长短、合同履约单位类别、合同管理需求等情况，原则上同一合同内的同一履约单位选择一种评价方式。前海项目的合同履约评价严格实行计划管理，依据合同约定的履约评价方式（施工类、监理类、项目管理类采用季度履约评价方式；勘察类、设计类采用节点履约评价方式）和内容（安全质量、文明施工、进度把控、技术、成本、人员服务、管理水平、技术实力、配合与服务等）及时开展履约评价工作，在达到相应时间节点后一个月内发起审批流程，最迟在相应时间节点后三个月内完成审批。

前海项目的履约评价等级分为优秀、良好、中等、合格和不合格五类，评价满分为100分，履约评价费的比例、金额及支付方式均在合同的专用条款中明确。对合同履约评价结果、年度履约评价结果为不合格的履约单位，评价结果予以全公司范围内通报，并且三年内拒绝其参与前海控股及全资子公司项目。

11.5.3　快速建造施工方案

前海自贸大厦项目于2015年10月3日进场，2015年12月15日顺利完成地下室结构封顶节点，计划2016年7月15日主体结构封顶。因本工程需举办市级安全观摩会，对于安全、质量管理要求较高，且主体结构封顶时间紧，工期压力大，如何完成既定目标是项目关注重点。在地下室结构施工过程中，公司结合现场施工情况，建议主体结构施工进度由原计划整层平行施工改为分区流水施工（分为I-1区、I-2区），充分发挥流水施工的特点，使塔楼进度能够达到4～5天一层的施工进度。

（1）原定主体施工计划

根据施工计划及施工工序安排，5～14层为含有钢结构劲性柱的楼层，需7天/层，15～34层为不含钢结构劲性柱的楼层，需5天/层。主体结构施工采用整层平行施工，各工种依次搭接，原定施工总进度计划如表11-6所示。

原定的塔楼施工总进度计划表　　　　　　　　　　　　　表11-6

塔楼结构施工	总天数	起始日期	完工日期
	198d	2016 年 01 月 10 日	2016 年 07 月 25 日
塔楼5～10层结构施工（春节16天）	58d	2016年01月10日	2016年03月07日
塔楼11～14层结构施工	28d	2016年03月08日	2016年04月04日
塔楼15～22层结构施工	40d	2016年04月05日	2016年05月14日
塔楼23～平屋面结构施工	60d	2016年05月15日	2016年07月13日
塔楼平屋面～162m屋面结构施工	12d	2016年07月14日	2016年07月25日

（2）原定计划效果

按照以上施工计划及施工工序安排，5～14层为含有钢结构劲性柱的楼层，需7天/层，15～34层为不含钢结构劲性柱的楼层，需5天/层。前期咨询过相关单位，认为此计划单层施工进度较慢，如果遇到不可预见或者下雨时节将对按节点完成封顶存在工期风险。劳务方认为如不能分段流水施工，则5天/层的施工周期将使各工种未能流水施工，无法消除工作组的施工间歇，增加成本。

（3）调整后主体施工计划

1）流水策划

设定标准层内流水分区。按照主要工种（木工与钢筋工）分开作业原则，分为两段流水施工，每段800m²。塔楼5～14层按照5天/层、15～34层按照3.5～4天/层的要求，结合各流水段工程量与实际工效，权衡确定出施工总进度计划与详细施工计划，调整后主体结构总进度计划如表11-7所示。

调整后的塔楼施工总进度计划表　　　　　　　　　　　表11-7

	总天数	起始日期	完工日期
塔楼结构施工	165d	2016年02月24日	2016年8月6日
塔楼5~10层结构施工（春节16天）	38d	2016年2月24日	2016年4月1日
塔楼11~14层结构施工	20d	2016年4月2日	2016年4月21日
塔楼15~22层结构施工	32d	2016年4月22日	2016年5月23日
塔楼23~平屋面结构施工	50d	2016年5月24日	2016年7月12日
塔楼平屋面~162m屋面结构施工	25d	2016年7月13日	2016年8月6日

2）流水起步、进入流水与微调

开始进入流水施工阶段，用施工两层结构的时间调查研究东海劳务施工队工人整体水平，掌握各工种工人的工效。与劳务沟通，要求其配置足够熟练的施工班组和人员进行施工，必须满足分段流水施工的进度要求。项目采取视频监控班组效率，实时了解现场施工进程，必要时向劳务方的进度施压。加强工序间的搭接管理，避免各工种间的工作面交接出现失误。由于只有一台塔吊，塔吊资源配置对于流水施工也是挑战，充分利用通宵时间进行次日施工材料调运，白天用于调运零星材料，避免吊次冲突。对于钢筋成品加工，施工进度快，现场投入两个班组两套设备进行钢筋加工，以满足需求。

（4）调整后施工效果

现计划区段流水施工比原计划各工种施工工序之间搭接紧凑、饱和度高，同时，此情况基本不存在主要工种窝工现象，工序安排合理。

11.6　绿色建筑

11.6.1　绿色建筑目标

本项目在设计过程中以绿色建筑设计标识三星级标准为设计目标，设计时，按照中国绿色建筑评价设计标准，在节地与室外环境、节约能源与能源利用、节水与水资源利用、节约材料和资源利用、保证室内外环境质量等五大方面，针对本项目进行了客观评估。并根据评估结果，采用十个经济合理、高效、适宜节能生态措施。

11.6.2　主要绿色建筑措施

本项目全面按照绿色建筑和循环经济的理论实施，基地内所有建筑均达到绿色建筑三星级标准，全面体现"低碳生态"目标和绿色建筑理念的目标定位（表11-8）。

主要绿色建筑措施一览表　　　　　　　　　表11-8

	名称	概念（内容）
共享绿色技术	雨洪利用技术	场地综合径流系数应不高于0.6
	城市再生水技术	绿化浇洒用水、道路广场清扫用水、车辆冲洗用水、办公楼商业的冲厕用水与空调循环冷却水的补水等应采前海城市再生水
	城市固废物收集利用技术	设置分类收集的垃圾站和垃圾收集点，进行分类收集
	城市能源综合利用技术	场地建筑空调系统冷源采用前海区域供冷，同时配套建设冰蓄冷系统
必选绿色技术	场地土壤污染控制	场地选址土壤氧浓度符合《民用建筑工程室内环境污染控制规范》GB 50325—2001的要求
	场地噪声控制	场地环境噪声应符合《声环境质量标准》GB 3096—2008的规定
	场地风环境控制	建筑物周围人行区域距地面1.5m高处风速应低于5m/s或建筑室外风速放大系数小于2
	场地热环境控制	场地应有不少于10%的硬质地面有遮阴或铺设太阳辐射吸收率0.3～0.5的浅色材料； 室外场地内主要人行通道设置遮阴避雨的步行连廊，自行车通道和步行系统的遮阴率不低于80%
	本土植物和复层绿化设计	每100m² 绿地上应不少于3株乔木，10株灌木； 每100m² 不透水地面上应不少于1株乔木
	屋顶绿化设计	50m以下建筑可绿化屋面面积的50%应实施绿化； 50～100m之间建筑可绿化屋面面积的50%应实施绿化； 75%的非绿化屋面太阳辐射吸收率小于0.6（坡屋顶）或0.5（平屋顶）
	场地硬质铺地中透水地面比例	增加其他水材料的覆盖，场地硬质铺地中透水地面面积比例大于20%
	机动车停车库与自行车停车场配套	机动车停车库与自行车停车场泊位配置和建设应符合《深圳市城市规划标准与准则》的相关规定
可选绿色技术	垂直绿化设计	不少于2%的屋面面积或不少于10%的屋面周长种植垂直绿化
	非传统水源利用率	充分利用前海市政再生水系统，办公、商业建筑非传统水源利用率不低于10%
	建筑窗墙比控制	建筑不宜采用大面积的玻璃幕墙设计，建筑窗墙比南向不宜大于0.7，其他朝向不宜不大于0.5
	建筑外遮阳技术	建筑宜结合建筑造型和朝向采取固定或可调外遮阳措施，建筑外窗综合遮阳系数不大于0.4

11.6.3 绿色施工

前海自贸大厦全面推行绿色施工，施工总承包单位建立了绿色施工管理体系和管理制度，实施目标管理，且在施工组织设计和施工方案中明确绿色施工的内容和技术措施。此外，还要求建立绿色施工培训制度，对具体施工工艺技术进行研究，积极采用新技术、新工艺、新机具、新材料，以达到"四节一环保"的目的。

本项目的绿色施工技术应用如图11-48所示。

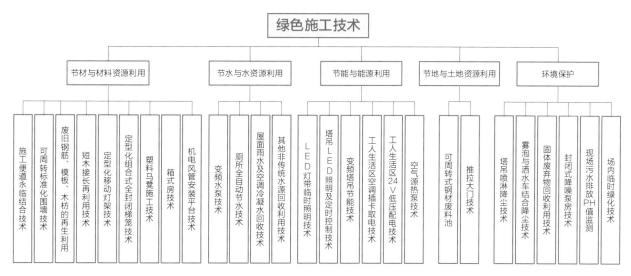

图11-48　绿色施工技术应用示意图

11.7　BIM应用

本节以前海自贸大厦为例，介绍03街坊项目BIM应用情况。

11.7.1　设计阶段BIM应用

（1）模型搭建

基于设计图纸，利用BIM技术建立完整的模型，查漏补缺、路径优化、空间复核等完善图纸质量、实现成本优化的目的。

1）建筑结构模型创建

如图11-49所示。

2）模型整体效果

设计的高层建筑群，其中有动感的空中走廊把各栋独立的高层建筑有机联系起来，空中走廊不仅提供了交通便利性，也增加了景观绿化空间（图11-50）。

3）地下室3D视频漫游路径参照

BIM可视化能够同构件之间形成互动性和反馈性，让人们将以往的线条式的构件形成一种三维的立体实物图形展示在人们面前（图11-51）。

（2）模型交互阶段

通过BIM模型的创建过程，将设计图纸中的错、漏、碰、缺问题提前发现并解决，完成对设计的三维审核。

在原BIM设计成果的基础上，结合施工现场实际情况，对设计BIM成果进行细化、补充和完善，使其满足设计要求和施工应用要求。同时，建立深化设计模型，配合优化深化设计质量，并确保深化设计图纸和模型保持一致。

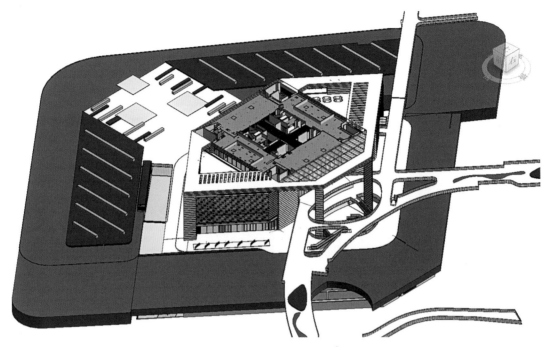

图11-49　建筑结构模型[1]

图11-50　整体天桥展示效果图[2]

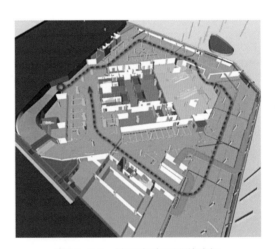

图11-51　地下室动画漫游途径

11.7.2　施工阶段BIM应用

（1）辅助深化设计

基于BIM模型进行各专业的深化设计，对各专业间的碰撞、空间布置、检修空间、净高进行检测优化协调，减少施工前期图纸中的错漏碰缺（图11-52）。对设计不合理以及复杂节点的做法深化等问题，解决

---

[1] 前海自贸大厦BIM文件。

[2] 前海自贸大厦BIM文件。

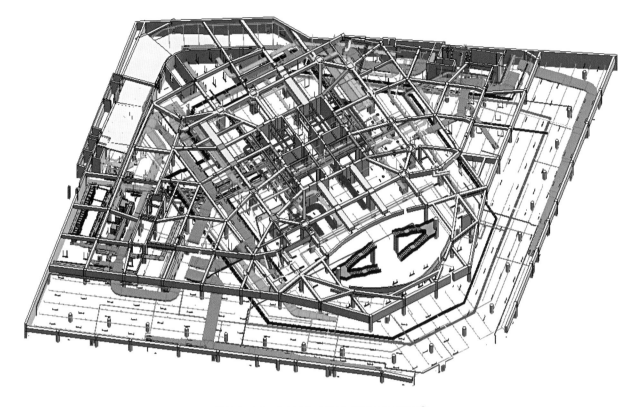

图11-52　B1层机电深化设计BIM模型●

施工前期图纸错误及难点部位的节点深化。

（2）基于BIM模型的施工工艺、专项施工方案模拟

通过应用BIM技术的虚拟建造功能，对项目重难点施工工艺及关键工序进行方案模拟，检查每项操作可能遇到的问题和难点并一一排查，保证专项方案的安全性、合理性与科学性。通过直观的演示施工方案，让业主、施工队或第三方第一时间理解方案，并及时修改和处理业主的相关意见和建议，如投标BIM动画中逆作法施工方案施工模拟。

11.8　街坊整体开发模式的主要应用点

11.8.1　开发特点

前海在进行土地开发时，面临着开发超高密度化（地块小、密度高）、地质条件复杂化、开发主体多元化（不同的开发主体、时序及模式并存）、立体空间复杂化（地铁、地下空间，地下通道、地面通道）等特点。前海作为深圳城市新中心、自贸试验区和深港合作区，也承载着国家和公众对前海高端城市形象水平的极大期望。形成整体性强而又具备多样性的建筑特色和有特色内涵、品质高的公共空间，解决前瞻的规划理

---

❶ 前海自贸大厦施工组织设计。

念与常规配套技术规范不匹配的问题，这是前海，也是世界上的难题。

前海特色下的街坊整体开发可以理解为，以"单元+街坊"尺度的地块的整体统筹开发为核心，单一或多个市场主体在已有规划条件约束下，由一家综合能力较强的单位负责牵头、组织实施和协调其他相关部门及市场主体，对若干个街坊进行统一规划设计、统一建设实施、统一运营管理，从而构建高度整体的城市立体空间系统，实现城市立体空间系统的效益最大化。

11.8.2 主要应用点

03街坊规划倡导"整体开发"的模式，通过已出让地块推动街坊整体项目开发，未出让地块带方案出让的方式打造"一体化街坊"，主要包括以下四个方面：

（1）街坊形象一体化

过去国际商务区争相建设标志性塔楼，使得城市建设毫无秩序，独立塔楼已经无法在城市中凸显。本街坊由6个高度在100~200m的"背景"塔楼和一个330m高的标志性塔楼组成完整的组团。地标成为街坊集群的核心，在富有动感的城市天际线中脱颖而出。6栋"背景"塔楼采用整体的形象造型和富有韵律感的螺旋上升模式，烘托出超高层塔楼的中心地位，既塑造了完整的城市形象，又为中心塔楼提供最优的景观视野。

（2）公共空间一体化

前海作为高强度开发区，传统的公共空间模式及单一的步行路径层次，易造成人车相互干扰，通行效率低下。该规划通过建立多层步行系统，实现街坊人车分流、便捷通行。多层地面通过将下沉广场与垂直交通整合成一体化流线，实现了公共空间价值的最大化。

设计中，增设人行空间和绿化空间来营造富有活力的室外活动气氛，在区域节点外建设人行天桥，增强工作场地和休闲空间之间的联系，也为公众提供一个空中的视点来感受街坊内的街道空间及周围的绿化。

（3）交通组织一体化

街坊尺度相对缩小（相对中国普遍的开发模式而言），街道较窄，不仅缩短了点与点之间的步行距离，而且创造出更适宜人行的多层次街道空间结构。

尽管保留地面的步行属性和人性化的空间尺度是非常重要的，但是消化高峰期的人行流量与保证街坊内合理的车行交通效率也是必须解决的问题。规划通过梳理街坊内部交通、减少停车出入口、设置停车落客区实现车流快速通行。

（4）地下空间一体化

由于项目紧挨地铁站，大量地铁人流的疏解成为设计首要解决的问题。项目通过借用地下一层的商业空间和地库空间创造系统完善的慢行体系，在解决交通疏导的同时，也为办公和商业人群提供了一个遮风避雨的舒适通行空间，有效应对南方暴晒和多雨的天气。

由于小街块开发导致前海用地地块狭小，造成地下停车场基坑支护困难。同时，过小地块划分和复杂的建筑结构导致地下空间利用率不高、停车效率低下，市政道路下部空间在这种高密度开发下显得弥足珍贵。因此，设计确立高效集约、整体开发作为地下统筹的基本原则，通过移除变电站、集中地下人防设置、统一地库标高，建设与地铁站紧密相连的三层大地库，有效节省基坑支护开发成本，增加地库面积，提高地下空间使用效率。

11.9　案例启示

本书重点研究的三个应用前海街坊整体开发模式的案例中，十九单元03街坊的应用程度最深、应用面最广而且应用效果最好。与前海交易广场项目、二单元05街坊项目相比，十九单元03街坊真正从多元主体合作开发的情境下深度整合7个小地块项目资源，将城市形象一体化、地下空间一体化、交通组织一体化和公共空间一体化从蓝图变为工程实体。更近一步，地下空间中占绝对体量的地下停车库工程，已经实现多元产权联合委托的一体化运营，为类似项目的运营一体化起到引领作用。

应该说，在前海三个案例中，其区域特征、规划要求、制度环境乃至组织文化上都具有很高程度的趋同性。十九单元03街坊在整体开发角度取得更大成功的原因，核心在于窄路密网的"小地块"特征产生了整体开发的内在需求。

从全国范围总体上来看，采用区域性大街坊整体开发模式是一种"政府主导"或"政府引导"的自上而下的开发模式创新。而创新模式要落地，必须是通过各个小地块的开发商组织的设计、采购和施工来最终实现。因此，本书提出模式成功的关键因素之一即在于如何实现小地块个体理性和大街坊整体理性的统一平衡。

十九单元03街坊7个地块中有6个地块占地面积仅为4000～7000m²，在高密度高容积率区域，采用常规模式开发，地下空间、地库出入口设计、地块绿化率保证乃至建筑平面布置都将变得十分困难。以地下空间开发强度为例，如果不利用道路地下空间，在保障高密度建筑空间的人防、停车和机房配套需求前提下，有的地块势必需要设计四层甚至五层地下室。每个地块设置两个地库出入口则进一步下降了地库空间的使用效率。在街坊整体开发模式下，项目采用了机动车位街坊内共享、整体平衡的策略，整体统一设计、统一地下地库标高，利用了市政道路下部空间，建设三层大地库，共约2000个机动车位，可以满足整个街坊需要。通过统筹布置，整个大地库只设置5个车行出入口，不仅最大限度减少了对地面交通的影响，而且减少了坡道对停车位的占用。与项目最终实现三层地下室相比，从成本的角度来看，在前海建设四层或者五层地下室将是一种突变型、指数式的成本增长。

可见，十九单元03街坊采用街坊整体开发模式不仅仅是政府主导的高质量开发要求，也存在小地块开发单位自下而上解决自身开发难点和痛点的内在需求。这两方面需求相结合，使得街坊整体开发模式的应用不仅符合大街坊区域整体高质量建设的需要，更为小地块实现高品质开发创造了价值，从而为实现"小地块个体理性和大街坊整体理性的统一平衡"提供了巨大的价值创造和利益平衡空间。进一步，也使得街坊整体开发模式的应用由"自上而下"的推动，转化为一种"上下同欲"的局面，上下同欲者胜。

当然，在"上下同欲"的"政府—市场"二元治理大格局下，长周期的开发建设过程中仍然存在诸如"参与方对相关决策及管理者的建设目标产生理解上的偏颇""规划理念不能落实""各干系方不能达成共识""各地块在功能上产生冲突""各主体在工程组织及施工上相互影响""项目在资源分配上产生重复或浪费"等各种矛盾冲突。十九单元03街坊创新提出的"众筹式城市设计"及其在建设阶段的设计统筹机制发挥了极为关键的作用。众筹式城市设计通过将部分事权授予各地块用地主体，充分调动开发主体的积极性，改变了以往规划主管部门"一对多"的管理方式和工作模式，建立起街坊整体开发统筹协调制度，在规划主管部门的整体管控下，将城市设计动态化、精细化落地，有效实现了对各种冲突事先预防，实时把控，及时处理。

众筹式城市设计通过建立一个成熟、中立的沟通机制，明确各方在整体开发中的权利、义务，使各个用地主体之间的协调、协商贯穿街坊整体开发全过程，充分发挥用地主体的议事能力和决策能力，在企业层面不断发现问题、解决问题，减少了管理部门对企业协调的干涉，在不影响公共利益的前提下充分激发各主体能动性。

城市设计形成的导控文件综合体现了城市开发管理者和城市设计者对区域整体开发的目标和期望，同时又兼顾了各地块的具体"先天条件"，为各地块整合资源设定方向。导控文件通过土地出让成为整体开发的"法律依据"。开发建设过程中，又在方案设计、扩初设计和施工图设计三个阶段持续深入编制导控文件，使得整体开发在设计施工阶段持续得到落实和优化。

设计与施工的统筹并不是一种单纯的技术统筹行为，往往涉及使用功能、商业价值、经济效益等核心因素，技术统筹并不能完全解决问题。因此，在充分认识到技术统筹重要性的前提下，也不能片面地扩大设计统筹单位技术统筹的决定性作用。对于街坊整体开发模式的统筹机制，起到核心作用的仍然是政府相关职能部门和区域统筹开发单位的统筹引领，以及各开发单位间"伙伴式"合作开发关系。

第十二章

前海交易广场项目

前海交易广场项目位于桂湾片区核心地段，由南、中、北共6个地块组成，是前海落实产业发展使命，促进金融及要素交易类产业集聚发展的重要平台，未来将引进港交所、香港金银业贸易场、前海股权交易中心等大型金融机构，战略地位重要，对桂湾片区乃至整个前海的开发建设具有示范引领作用。

交易广场项目切实落实了前海管理局和前海控股公司关于"地上地下一体化开发"的指示精神，南中北区同步规划，地下空间同步建设，组织编制详尽深入的街坊整体开发方案，并系统整合服务于整个区域的供冷4号站、公交场站、地铁站点间地下联络通道等在内的公用设施，形成地上地下空间一体化、公共空间与商业设施一体化、地铁保护与地下空间一体化三个"一体化"开发模式（图12-1）。

图12-1 前海交易广场项目效果图

12.1　工程概况与建设难点

12.1.1　工程概况

前海交易广场项目由一单元05街坊A-01-05（A-01-05-01、A-01-05-02、A-01-05-03）；四单元07街坊A-04-07（A-04-07-01、A-04-07-02、A-04-07-03），共6个基本地块组成（图12-2）。

前海交易广场项目是一项复杂综合体建筑群开发项目，该项目用地面积78792m²，总建筑面积约800621m²。主要功能为办公、公寓、酒店、商业等；地下建筑面积约172454m²，设置地下车库、商业和人防。项目分为南区、中区及北区。建筑限高220m，地块建筑应达到国家二星级或以上级别绿色建筑标准，其中达到三星级绿色建筑标准的建筑面积不低于50%。一期建设为整个地下室范围，南侧地块地上建筑部分及中部中央公园部分。涉及的建筑部分包括一栋高220m办公塔楼及100m办公楼、商务公寓及商业裙房、文化活动中心、公交站及市民广场。二期建设由北侧地块的地上建筑组成，包括超高层及高层办公楼及商业裙房。

本项目总用地面积为78792m²。总建筑面积为800621m²。其中中区、南区地上地下及北区地下总建筑面积为537304m²，全部出让给深圳市前海开发投资控股有限公司。北区地上部分建筑面积为263317m²，出让给平安银行股份有限公司信用卡中心（表12-1）。

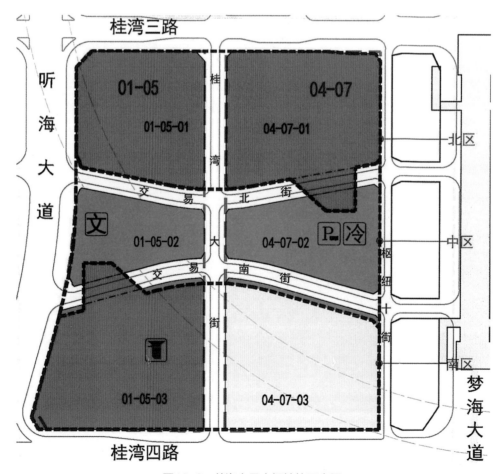

图12-2　前海交易广场地块示意图

前海交易广场项目地块指标信息表　　　　表12-1

	北区		中区		南区		合计
地块编号	A-01-05-01	A-04-07-01	A-01-05-02	A-04-07-02	A-01-05-03	A-04-07-03	
地上建筑面积（m²）	137026	126291	20684	50839	167477	125850	628167
地下建筑面积（m²）	70413		54810		47231		172454
占地面积（m²）	25525		22945		30322		78792

12.1.2　建设难点

（1）地铁保护难度大

在前海复杂地质条件下，深基坑施工防坍防涌，确保基坑安全稳定是本工程施工重点和难点，地铁基坑位置如图12-3所示，可见东邻地铁1号线鲤鱼门车站，南侧与华润前海项目隔桂湾四路，西侧为在建的地铁5号线桂湾车站，北侧为腾讯前海项目，地铁1号线鲤鱼门站—前海湾站区间从项目地铁下方穿过（图12-3、图12-4）。深基坑施工如何保证运营地铁1号线的区间隧道变形受控、结构安全是本工程施工重点和难点。

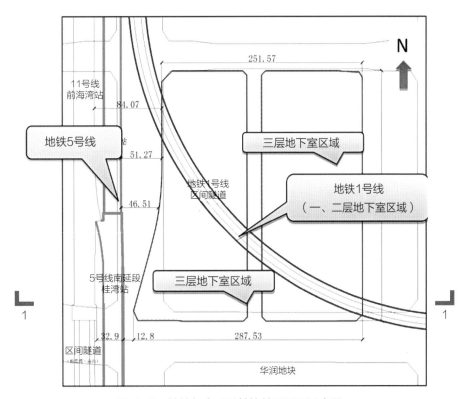

图12-3　地铁与本项目基坑关系平面示意图

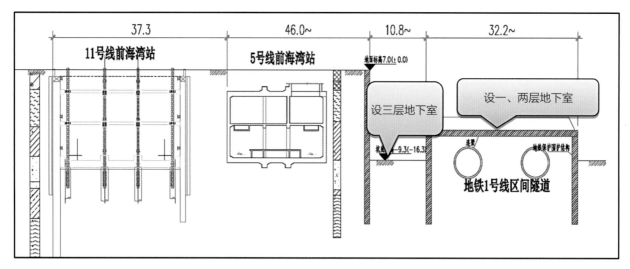

图12-4　地铁与本项目基坑关系剖面示意图

（2）项目整体统筹的影响因素多，品质控制要求高

采用街坊整体开发模式，除了统筹项目各地块的各项开发要素和资源，还要统筹考虑服务于整个区域的供冷4号站、公交场站、地铁站点间地下联络通道等在内的公用设施，是一项复杂系统工程。同时，北区地块土地出让时间较晚，虽然通过地下空间的统一建设实现了地下空间阶段的建设时序同步，但北区地上建设单位介入滞后仍将对各项整体开发措施的执行深度和落地性产生一定程度上的确定性。

12.2　项目规划与城市设计

12.2.1　项目上位规划情况

（1）目标定位

1）愿景目标：打造前海CAZ（中央活力区）新金融综合拓展及专业服务产业区。

2）主导功能：金融产业服务的商业性办公功能。

3）发展策略：通过复合公共空间体系，联通海湾与公交节点，激活区域活力；科学计算，建设生态雨水公园带，营造水城活力；集约开发、打造主题综合体，培育经济活力；通过全天候步行体系，无缝对接地上地下交通，构建交通活力；特色街道延承粤港基因，创造文化活力。

（2）开发强度、塔楼限高、配套服务设施及市政设施

前海交易广场上位规划对开发强度、塔楼限高、配套服务设施及市政设施等方面提出了具体要求（表12-2）。

（3）公共空间

1）公共空间层次

公共空间分为空中、地面、地下公共空间三个层次，提供充足的公共活动和休憩游乐空间。

前海交易广场上位规划信息统计表　　　　　表12-2

街坊编号	地块编号	容积率	配套服务设施及市政设施	弹性增量	建筑密度	塔楼限高（m）	地下机动车车位（辆）	自行车位（辆）
A-01-05	A-01-05-01	14.77	258	10%	61 92%	200	389	485
	A-01-05-02	2.02	100	10%	38 30%	10	159	177
	A-01-05-03	13.91	0	10%	52 13%	230	434	560
	地块合计	10.31	358	10%	50 52%	—	982	1222
A-04-07	A-04-07-01	11.49	603	3%	59 59%	180	3076	485
	A-04-07-02	4.30	100	3%	56 39%	80	1141	180
	A-04-07-03	11.06	3252	3%	44 70%	240	3066	483
	地块合计	8.9	3955	3%	53 53%	—	7283	1148

2）空中连廊

鼓励街坊外侧建筑设置与其周边街坊连接的二层连廊，街坊内地块之间设置跨道路的建筑连廊，提高街坊间的便捷步行联系。连廊距离地面的净空不小于6m，自身高度及宽度不超过5m。

3）地面公共空间

①绿色廊道在地面上形成由公园空间、广场空间和林荫道这些绿色空间所组成的绿色生态趣味性的公共活动空间。绿色廊道整体绿化率不小于35%。

②可结合建筑入口、前广场、地下活力空间以及整条绿色慢行廊道的设计，在绿色廊道上形成一些小型公园和城市广场，吸引人们到来和停留，并参与活动，提高整个廊道的活力（图12-5）。

4）地下与半地下公共空间

建议对均时人流量大的公共空间进行复合开发。形成连续的立体景观廊道及地下商业步行活力空间。地坪标高由地块自身条件统筹考虑，廊道绿化率大于等于70%，绿化覆土层厚度大于等于1.5m。应在步行系统方面提供便捷的联系，使地下空间与地面公共空间相融合。在整体景观和景观特色方面，也必须协调统一。

图12-5　绿色慢行廊道设置示意图

各地块地下商业及步行活力区之间、街坊与周边街坊之间应预留地下步行通道接口，与相邻用地的地下商业空间保持联通；地下空间开发应与综合交通枢纽对接协调，设计与之连接的地下步行通道。通道净宽不低于9m，净高不小于3m，应设置独立地面出入口，并保证24小时向公众开放。

（4）建筑设计

1）建筑退线

梦海大道沿线一级退线不少于10m；听海大道、怡海大道、桂湾三路、桂湾四路沿线一级退线不少于5m。沿轨道交通线两侧建筑（听海大道、桂湾四路、梦海大道）退线应符合轨道交通线建设的相关规定和要求。

2）整体建筑风格

①色彩控制：宜统一采用简约现代风格；避免色相过杂、明度过低、饱和度过高；街坊内建筑应与周边建筑群色彩协调。

②立面及材质控制：宜采用石材、金属等有质感的建材与玻璃幕墙搭配使用，避免光污染。建筑立面形式应当与地区建筑风貌的总体特征相吻合，与沿街界面的整体风格、尺度相协调。

（5）综合交通

1）交通组织

综合交通系统主要包含地面道路单向行驶建议性方向、道路推荐断面形式、道路及场地竖向设计、轨道及公共交通接驳等，打造以"高效复合的立体交通系统、安全舒适的人性化交通环境"为目标的街坊空间。

2）公共交通

将轨道工程与公交系统紧密结合，为公交系统和慢行交通系统提供充足的发展空间的同时，也节省了大量的出行时间，促进区域内部经济发展，为区域健康、快捷、有序的发展提供了便利的交通条件。

3）步行系统

应设计成全天候步行系统。为提高步行系统的安全性，在车辆出入口、水深地带需有警示性标志，此外，还需配备完善醒目的步行道标识系统，给予行人方便和舒适的步行区域。沿步行道需布置一定的观景台和休闲座椅，步行道需结合地形场地高差，创造丰富有趣的步行空间。

（6）地下空间开发

地下浅层空间应设置连续的地下商业及步行活力空间，地下商业及步行活力空间内需配建餐饮、商业、文化娱乐等功能。鼓励各街坊地下商业及步行活力空间之间预留地下步行联系通道接口，与相邻地下商业空间保持连通（图12-6）。

12.2.2　项目城市设计方案

（1）项目愿景

1）新经济的前沿窗口，现代服务业体系的中枢。通过要素集聚，带动创新产业的发展；在生产组织、信息交换、供应链管理、国际电子商务等领域发挥引领作用。

2）多元、共享的城市场所，鲜明的文化气质与特色。不仅是孤立的产业空间或工作场所，更是以产城融合的方式打造高品质的城市场所；通过和谐统一、整体协调的建筑群组和公共空间，展现"低碳绿色，以

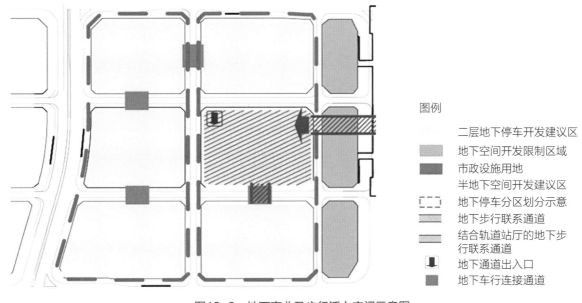

图12-6　地下商业及步行活力空间示意图

图例

二层地下停车开发建议区
地下空间开发限制区域
市政设施用地
半地下空间开发建议区
地下停车分区划分示意
地下步行联系通道
结合轨道站厅的地下步行联系通道
地下通道出入口
地下车行连接通道

人为本"的理念。

（2）城市设计策略

1）策略一：整体统筹共建，全面提升城市品质

①着眼于整个城市片区，打造"城市客厅"，延续城市绿轴，强调交融、渗透。

采用整体开发、统筹共建策略。建筑体块围合成不同层次的公共空间，南北建筑对称而互扣，形成丰富多变的统一整体，打造全天候有不同气氛的微型城市（图12-7）。

②保障地铁运营安全，优先考虑地下空间的整体开发。

地铁1号线穿越本项目，地块周边近期有地铁11号线经过，远期规划有地铁5号线、轨道15号线。项目

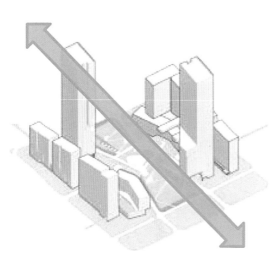

图12-7　南北区域建筑对称互扣示意图

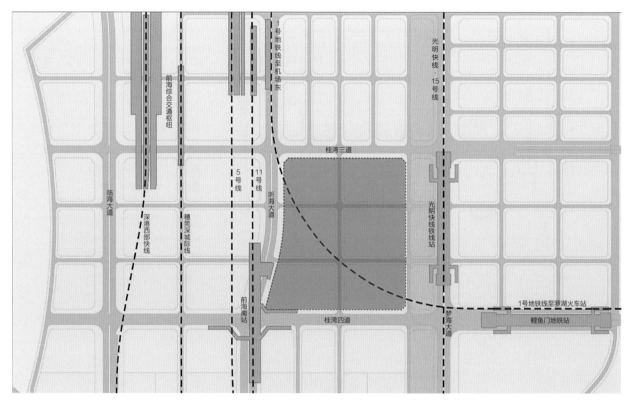

图12-8　项目地块内及周边地铁分布走向示意图

地块内及周边地铁分布走向如图12-8所示。开发建设为了保障地铁的安全运营，采用地下室整体开发建设。

2）策略二：打造开放共享的绿地公共空间

①依托中轴公园打造立体化综合体，优化公共服务功能。

设置文化活动室与公交首末站，为城市留绿，中央公园连接了地面和地下空间，通过结合小型文化艺术设施及地下商业，形成层次丰富的城市公共艺术场所（图12-9）。

②建筑底层架空形成灰空间，增加公共绿廊界面的空间层次。

利用建筑悬挑与架空，通过跨街建筑联系中央绿轴与周边地块，形成穿插互动的开敞空间（图12-10）。

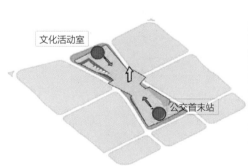

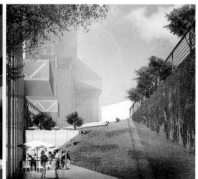

图12-9　开放共享的绿地公共空间示意图

图12-10　跨街建筑联系中央绿轴与周边地块示意图

③构建空中连廊，改善公共步行空间的连续性。

下沉广场与空中花园相互穿插，形成活力、立体的空间环境（图12-11）。

3）策略三：立体化混合开发，强调多元、活力

①街区层面：项目集商务办公、酒店、商务公寓、文化活动、复合立体公园等业态于一体，形成集约立体的空间形态。

②地块内部：空间的复合利用，设置文化活动室、公交首末站、商业、地下车库，实现各空间的复合利用（图12-12）。

4）策略四：绿色低碳，打造前海客厅生态标杆

①绿色交通：充分研究周边交通系统，以公交为导向，无缝衔接项目内外交通。

②绿色建筑：建筑物以南北朝向为主，以满足日照。中央公园为小区创造更自然通风的环境。采用多种环保设施和系统，创造绿色生态环境。

图12-11　空中连廊布置示意图

图12-12　各空间复合利用示意图

　　③海绵城市：以低冲击开发为基本原则，结合地形与用地条件设置屋顶绿化、景观雨水系统、道路雨水系统、庭院雨水系统等各类渗蓄净化设施（图12-13）。

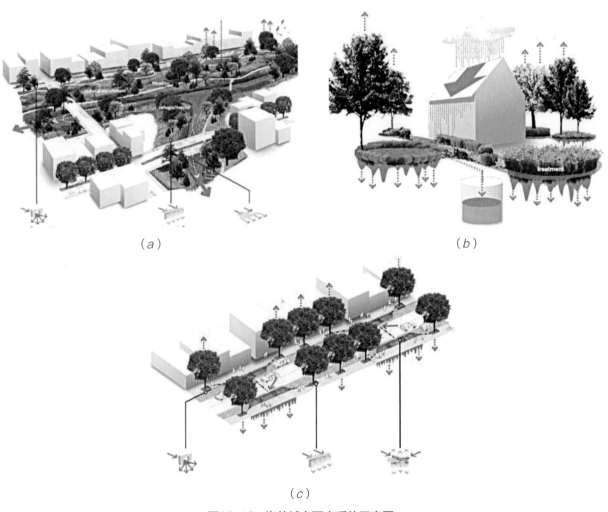

图12-13　海绵城市雨水系统示意图
（a）景观雨水系统；（b）道路雨水系统；（c）庭院雨水系统

（3）上位规划控制指标的细化与完善

前海交易广场项目的城市设计根据上位规划确定的指标，着眼于整体设计，统筹考虑各地块开发，对上位规划控制指标进行了如下的细化与完善。

1）北区、中区的经营性面积与上位规划保持一致。

2）南区同一宗用地内部统筹协调各项功能的建筑面积指标，使建筑方案的设计可以更灵活、合理（图12-14）。

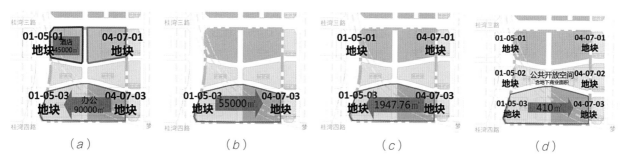

图12-14　南区同一宗用地各项功能的建筑面积指标调整示意图
（a）酒店、办公；（b）公寓；（c）地面商业；（d）地下商业

3）此外为了便于配套设施的实施，对一部分配套设施的具体位置进行合理调整。

①01-05-03地块的文化活动室2000m²移至01-05-02地块，04-07-03地块的50m²社区警务室移至01-05-03地块，在南区宗地内统筹协调，另外，按照上位规划要求，提供4000m²面积供区域供冷站使用。

②为了便于近期实施，04-07-01地块地下空间当中的区域供冷站布置在04-07-02地块，面积11500m²。

具体如图12-15所示。

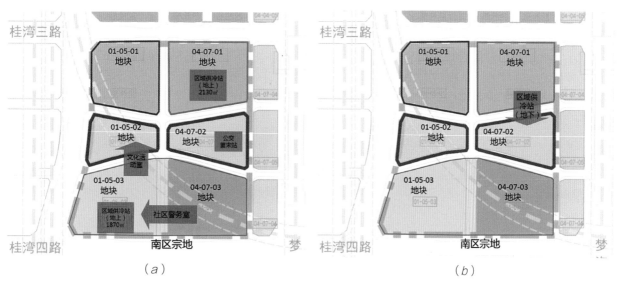

图12-15　南区同一宗用地配套设施位置调整示意图
（a）地上部分；（b）地下部分

（4）建筑形态控制

1）地面建筑退线控制

①南区：在原宗地红线基础上，地面建筑退线及贴线分两级控制；建筑突出原宗地红线部分在用地红线的基础上零退线；沿桂湾大街两侧以集约用地为原则，在保障道路通行要求的前提下，沿街两侧退支路道路红线3m，二层及以上层允许跨街（出控制线）（图12-16）。

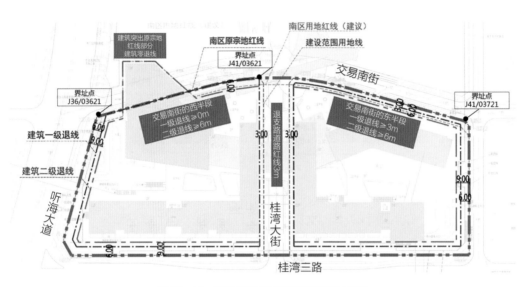

图12-16　南区地面建筑退线控制示意图

②其余区域：01-05-01和04-07-01地块：交易北街东半段建筑一级退线0m，二级退线6m；西半段建筑一级退线3m，二级退线6m。01-05-02和04-07-02地块：交易北街、交易南街、听海大道、枢纽十街沿街退线3m，桂湾大街沿街两侧首层退支路道路红线3m，二层及以上层允许跨街（出控制线）。其余路段的沿街建筑的一级退线6m，二级退线9m。另外，建筑跨街连廊的设计参考国际招标方案，不受上述退线控制的影响（图12-17）。

2）地下空间建筑退线控制

①南区：东、南、西侧退线不小于3m，且须满足轨道交通和施工、人防等相关要求。地下桩基础施工和支护结构等不得超出地块范围线；北侧与中区地下空间连成一体，整体设计，但地下商业空间宜控制在南区范围内。

②中区：与南区、北区地下空间连成一体，整体设计，但不宜超过南区及北区的界线，实际边界以具体设计为准。

③北区：东、北、西侧考虑地下空间的建筑退线；南侧与中区地下空间连成一体，整体设计，但地下商业空间宜控制在北区范围内。

具体如图12-18所示。

3）建筑高度控制

01-05-01地块建筑限高150m，04-07-03地块建筑高度不超过180m，01-05-03和04-07-01地块建筑高度不超过220m，且符合航空限高规定。

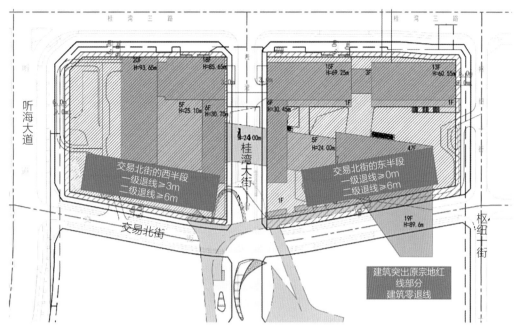

图12-17　其余区域地面建筑退线控制示意图

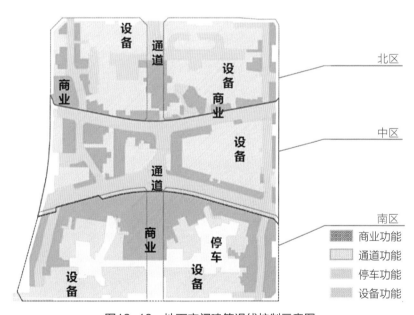

图12-18　地下空间建筑退线控制示意图

　　01-05-02、04-07-02地块：建筑限高9m，坡地上用于提升公共空间品质、丰富城市公共生活的建筑物及景观构筑物（包括但不限于室外剧场、观景台、室外连廊等）的高度以最终设计为准。

　　（5）规划实施

　　1）分期实施

　　一期开发整个地下室、南区及中区的地上建筑部分；二期开发中央公园及北区（图12-19）。

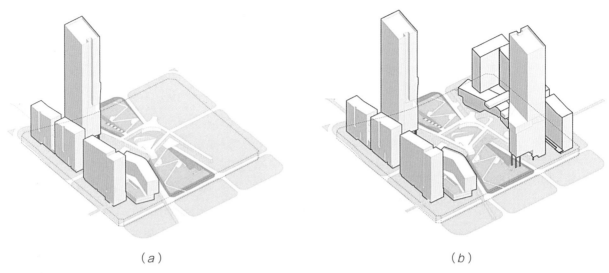

图12-19 分期开发示意图
（*a*）一期；（*b*）二期

2）宗地划分调整

①南区：在权属用地总面积不变的前提下，将跨越土地权属的用地面积与现有南区权属范围内的土地进行等面积置换。

②北区：将跨越地块的用地纳入北区用地范围内。

③南北区跨街建筑下的道路需满足城市道路的净空规范要求。建筑跨街部分投影范围内，除建筑结构落柱外，应为城市道路和公共开敞空间。

具体如图12-20所示。

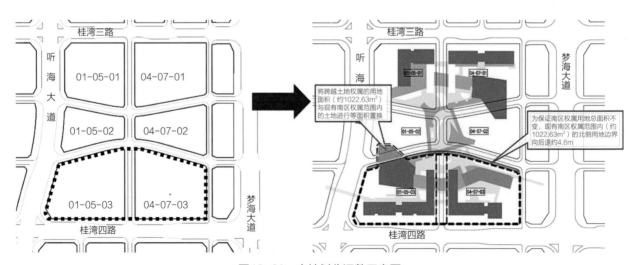

图12-20 宗地划分调整示意图

12.3 工程设计

在前海交易广场项目的工程设计中，各单体各具特色，考虑到本书篇幅和资料获取的可能性，本节重点以南区为例，介绍本项目的工程设计情况。

12.3.1 建筑设计概要

（1）建筑平面关系

由于原方案中南区2栋A座、2栋B座塔楼处于地铁1号线正上方，地铁保护实现难度较大。为提高地铁保护考虑并降低风险，此次方案就2栋A座、2栋B座建筑进行修改，在尊重原体量关系和补足面积的基本前提下，2栋A座、2栋B座增加了楼层数，2栋B座改为了半围合的体量（图12-21）。

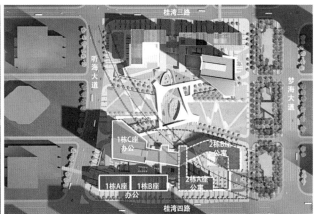

图12-21 南区建筑平面关系示意图

（2）建筑立、剖面关系

本项目1A、1B屋顶设有冷站冷却塔（设备高约12m）且方案天际线设计原则为1A、1B、2A依次逐步升高（斜线）中，根据《深圳市建筑设计规则》5.5.2条应对屋面的冷却塔进行遮挡，所以屋顶女儿墙高度配合区域供冷站的冷却塔高度设计，局部突出屋面的高度超过12m或超过屋面高度10%，以实现视觉及噪音的遮蔽，同时保持整体建筑立面的完整性（图12-22）。

本项目的地下室范围的下方，有正在运营的地铁1号线轨道线，因此，地下室设计的底标高及层高受到一定限制。

（3）建筑立面设计

南区建筑单体的立面设计引入多元岭南文化，秉承现代精致、环保、有变化及生动的理念，裙房商业采用街巷、骑楼、通廊的设计，采用木材及玻璃雨棚，营造商业氛围。塔楼部分采用陶土幕墙、遮阳铝板及玻璃幕墙等材料，进行有序的变化。屋顶配以百叶等材料，采取架空通风、隔热设计，实现立面设计的环保节能原则（图12-23）。

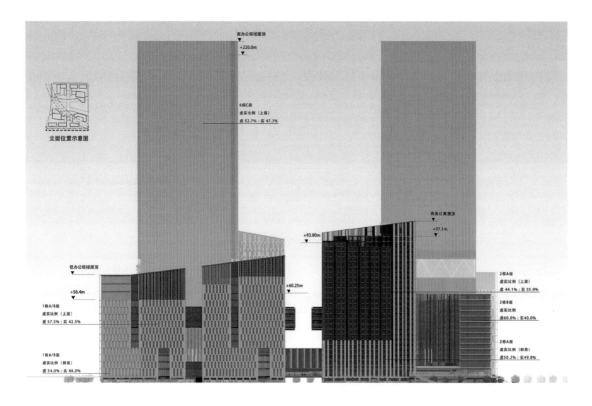

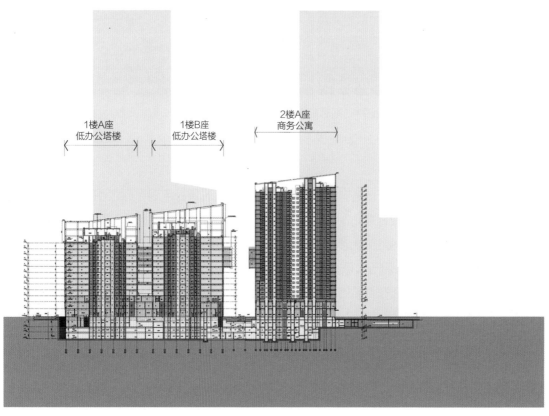

图12-22 南区建筑立、剖面关系示意图

图12-23 南区单体建筑立面示意图

12.3.2 结构设计概要

（1）地基与基础设计

采用钻（冲）孔灌注桩，以中风化或微风化层作为桩端持力层，优先选择使用旋挖桩。桩端全断面进入持力层大于等于1.0m，采用微风化花岗岩作为桩端持力层时，桩端全断面进入持力层大于等于0.5m。

（2）总体结构体系

依据《广东省超限高层建筑工程抗震设防专项审查实施细则》，1C栋结构布置属于《建筑抗震设计规范》GB 50011—2010、《高层建筑混凝土结构技术规程》JGJ 3—2010的严重不规则结构，采取超限专项分析和设计，并申报"超限高层建筑工程抗震设防专项审查"。具体各单体结构体系如表12-3所示。

前海交易广场南区单体建筑机构体系及概况一览表　　　　　　　　表12-3

楼号	结构体系	地上层数	地下层数	塔楼高度
1栋A、B座	框架—剪力墙结构	12~15层	3层	63.95m
2栋A座	部分框支剪力墙	24层	1~3层	83m
2栋B座	框架结构	11层	1~3层	41.1m
1栋C座	框架核心筒	47层	3层	220m
1C2B座	框架结构	5层	3层	24.6m

12.3.3 地铁保护与基坑设计概要

（1）地铁保护

1）地铁保护项目的重难点

①本项目位于地铁安保区内。本项目基坑支护开挖和地铁安全保护共涉及已运营的地铁1号线（鲤鱼门～前海湾盾构区间）和地铁5号线前海湾站及5号线南延段桂湾站。1号线隧道和5号线车站的保护是本项目基坑设计和施工应考虑的重中之重。

②基坑场地位于前海地区，早期在淤泥上无序填土，地质条件复杂，基坑设计难度大。

③由于基坑面积大，土石方量较大，合理的设计方案对施工进度安排影响较大，是本项目基坑设计的难点。

④前海片区为填海区，地下水丰富，对截水帷幕要求高，截水帷幕的选型合理也是设计与施工的难点。

2）地铁保护和基坑安全问题

①主要存在的问题

根据建筑规划，拟设1～3层地下室，在地铁1号线两侧设3层地下室，1号线盾构隧道上方设1～2层地下室（图12-24、图12-25）。

对邻近的地铁主要存在以下影响：

a. 地铁1号线鲤鱼门～前海湾盾构区间回弹过大，基坑开挖要求控制地铁回弹，防止超标。

b. 西侧地铁5号线的主要问题是地下水下降引起地铁车站结构出现沉降和土方开挖后引起地铁随基坑水平位移超标。

②地铁1号线保护对策及相关措施

本项目占地面积约7.9万m^2，去除地铁隧道保护面积后的有效面积约6.7万m^2，开挖深度约9～17m，属超大深基坑，基坑开挖时间超过1年。基坑开挖后，地铁1号线两侧将临空，为确保地铁1号线运营安全，按如下原则确定设计方案：

a. 在保证地铁安全的前提下，尽量使地下室面积满足规划要求。

b. 隧道保护方案和基坑开挖支护方案统筹考虑。

c. 基坑开挖到底后，控制隧道总位移不超过10mm，包括横向位移和竖向位移控制。

d. 在计算中假定1号线隧道周边地下水位与周边基坑深度一致。

e. 尽量减少施工过程中对隧道影响，隧道两侧围护结构施工建议采用套管钻进施工，隧道围护结构两侧土体对称开挖。

f. 根据1号线地质纵断面图，南北两端存在软弱风化槽，应对该弱地层区段进行预注浆加固处理，确保地铁安全与稳定（图12-26、图12-27）。

g. 地铁上方一层地下室段土体分层分段开挖，隧道两侧用钢板桩和钢管注浆加固，开挖面底部浇筑混凝土板。

h. 地铁上方二层地下室段隧道两侧和中间施工抗拔桩，将上方土体分层分段卸载4m后，采用小调仓竖井法开挖至基坑底，再施工结构底板，形成门架式结构对地铁隧道进行保护。

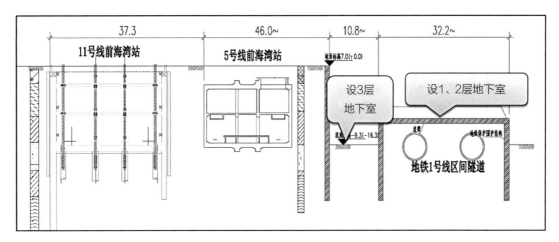

图12-24　地铁与本项目基坑关系立面示意图

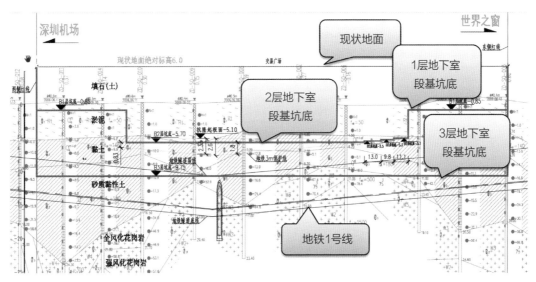

图12-25　地铁1号鲤鱼门~前海湾盾构区间示意图

③地铁5号线保护对策及相关措施

a．采用中心岛预留土体，局部逆作后开挖等措施。

b．采用水平刚度大的支护结构。

c．综合数值计算、常规计算和工程经验，控制基坑水平位移满足地铁保护要求。

3）地铁1号上方基坑开挖深度的分析探讨

初步对地铁1号线隧道覆土深度和3m覆土保护必要性的探讨。

①开挖深度与地铁关系分析

建筑方案经调整后，地铁1号线顶部为地下一/两层地下室，非地铁侧为三层地下室。由于本项目地铁1号线盾构隧道在场地下方穿过，地下室设计必须确保施工期间和地下室建成后地铁隧道的安全。

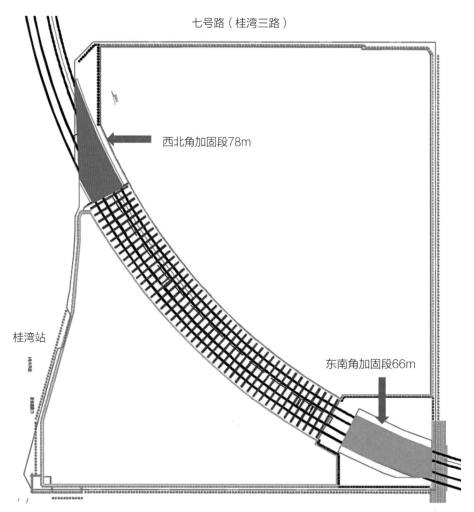

图12-26　地铁1号线注浆预加固平面

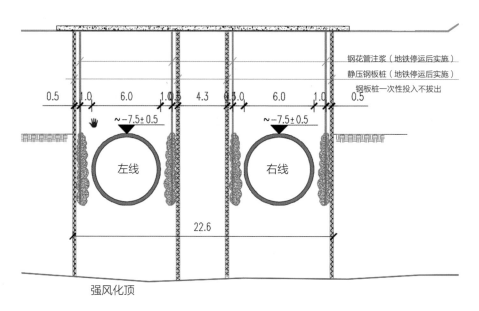

图12-27　地铁1号线注浆预加断面

由于隧道地铁1号线鲤鱼门～前海湾区间埋深在交易广场场地内呈现U型即场地中间埋深大，两边高（图12-28～图12-30），根据调整后的地下室建筑方案，基坑开挖后东南侧（鲤鱼门车站侧）隧道顶部覆土为7.3m，西北侧（前海湾车站侧）隧道顶部覆土为6.0m，根据类似工程经验判断，据此建筑方案实施基

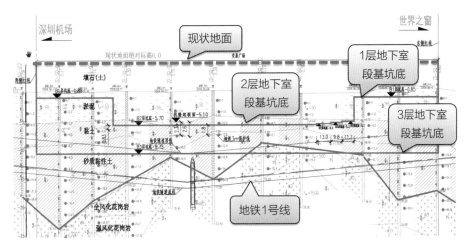

图12-28　建筑地下室与隧道纵向关系图

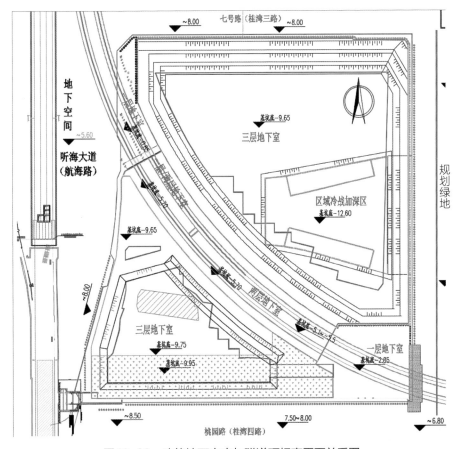

图12-29　建筑地下室底与隧道顶标高平面关系图

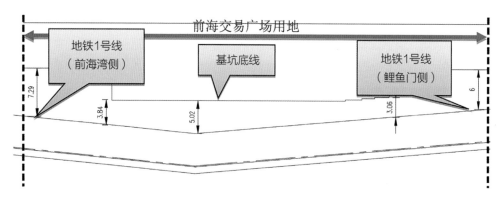

图12-30 建筑地下室底与隧道关系简图

坑支护开挖使得隧道顶部覆土超过3.0m，既有地铁1号线存在变形超标的风险较小。但依据地铁地质纵断面图揭露该段隧道的两端地质条件较差，存在风化深槽，且由于鲤鱼门侧临近华润基坑段，因前期基坑施工造成地铁隧道沉降过大，目前正在进行回调施工，该段地质条件尤其差，富含高岭土。因此，应充分论证隧道两侧注浆加固的必要性。

②地铁1号线地铁保护方案

总结前面分析结论，针对地铁1号线采用了三种特殊的安全保护措施：

a. 南北两端风化槽段，隧道两侧实施静压钢板桩和钢花管注浆加固，上部开挖范围内坡底采用混凝土板进行硬化（图12-31）。

b. 隧道顶部土方采用小跳仓竖井法开挖，并信息化施工，控制隧道下沉和回弹（图12-32～图12-34）。

c. 隧道两侧施工围护桩结合抗浮板形成门架结构，控制地铁横向变形和隆起变形并形成刚性保护（图12-35）。

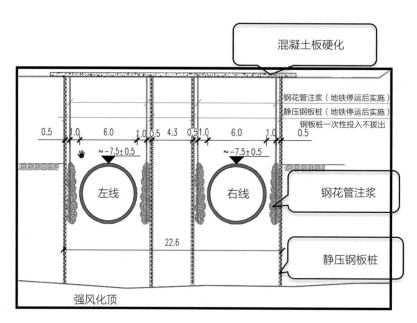

图12-31 隧道加固图

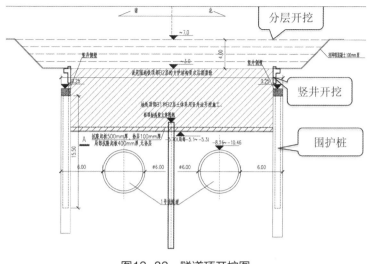

图12-32 隧道顶开挖图

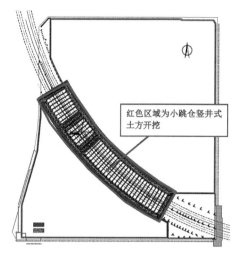

图12-33 前海交易广场隧道顶部竖井式土方开挖范围平面图

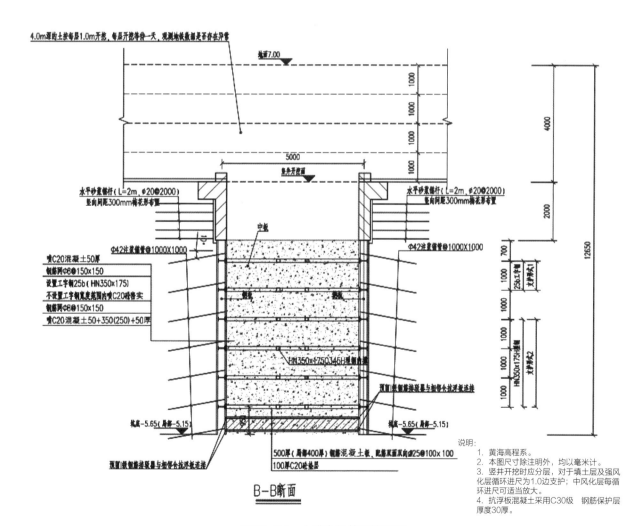

B-B断面

说明:
1. 黄海高程系。
2. 本图尺寸除注明外,均以毫米计。
3. 竖井开挖对应分层,对于填土层及强风化层循环进尺为1.0边支护;中风化层每循环进尺可适当放大。
4. 抗浮板混凝土采用C30级 钢筋保护层厚度30厚。

图12-34 小跳仓竖井开挖断面

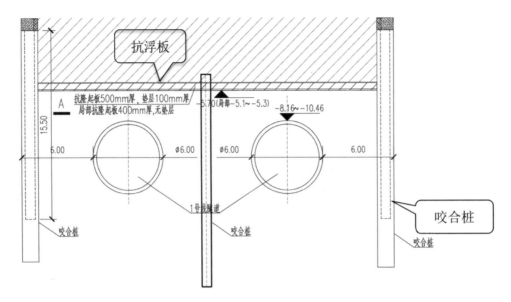

图12-35　隧道顶部梁板、两侧门架结构图

4）地铁5号线地铁保护方案

采用衡重式双排桩支护结构即可满足常规基坑安全要求，考虑到地铁5号线桂湾站距离用地红线最近处约12.8m，本侧基坑按地铁变形控制设计。通过计算分析后，在衡重式双排桩的基础上增加了预留土台的方案，预留土台在基坑开挖阶段可有效控制基坑变形，满足地铁安全变形控制要求。其中，预留土台后期可采用盖挖逆作或斜支撑的方式处理（图12-36～图12-39）。

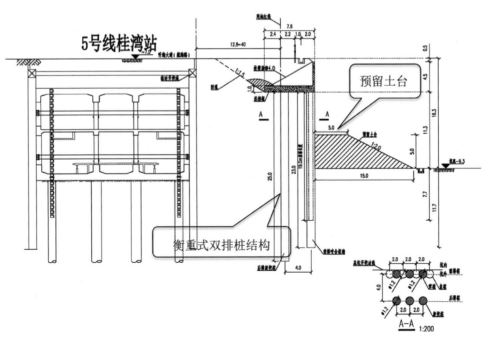

图12-36　地铁5号线侧基坑支护剖面图

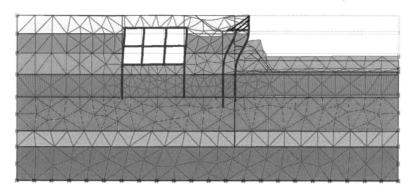

图12-37　地铁5号线侧有限元计算变形示意图（变形放大100倍）

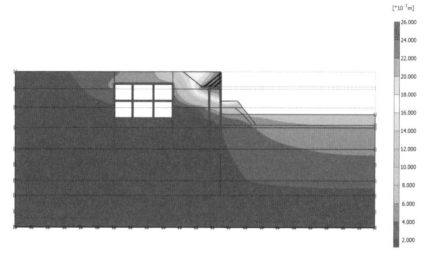

图12-38　地铁5号线侧有限元计算变形云图

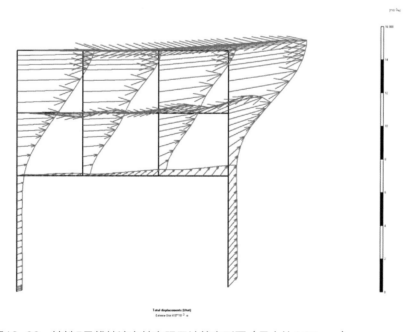

图12-39　地铁5号线桂湾车站有限元计算变形图（最大处4.87mm）

（2）基坑设计概况

1）周边环境

本基坑西侧为正在施工的深圳地铁5号线南延线，距离基坑开挖边线最近处约12.8m，基坑所在场地下方有地铁1号线穿过。基坑的南侧为在建的华润项目，北侧腾讯前海项目场地正在施工，西侧听海大道正在施工回填，东侧梦海大道现已建成通车，总体上讲，场地周边环境条件非常复杂，地铁保护问题十分突出（图12-40）。

2）设计原则

本基坑工程安全等级为一级，基坑使用年限2年（按临时结构考虑），设计荷载按规范要求以水、土压力为主，基坑地面附加荷载取20kPa，基坑支护结构设计按承载力极限状态考虑。

本基坑设计重点考虑地铁1号线设施的保护和运营的安全，并适当考虑5号线南延线的保护，基坑的围护结构与地下室主体结构贴合式布置，支护结构退主体结构地下室外边线0.37m。

3）基坑支护总体方案

本基坑主要采用"双排桩+中心岛"支护方案，局部逆作1~2层地下室结构。基坑围护桩均采用钻孔咬

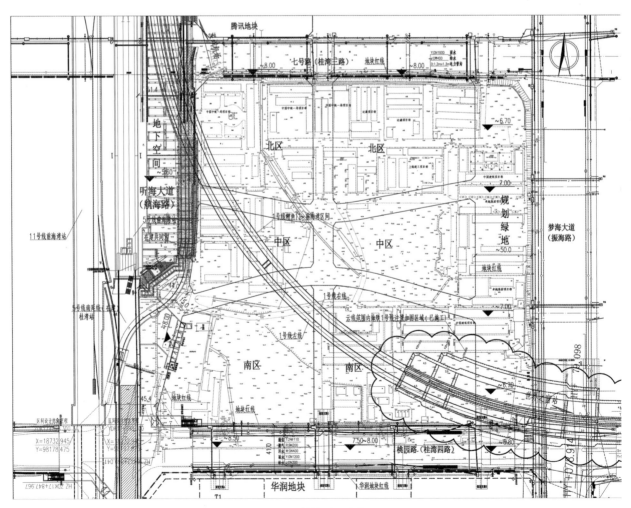

图12-40 基坑群周边关系图

合桩，邻地铁侧采用全回转套管咬合工艺，其余采用硬咬合工艺施工。地铁两侧采用咬合桩，桩顶采用连接构件对地铁1号线形成门式结构（图12-41）。

4）基坑降水、排水方案

咬合桩作为围护结构兼做截水帷幕，可基本上切断地下水与基坑的联系。但基坑的土方孔隙水和降水需要采取措施排除。设计采取的措施有：

①基坑排水

基坑的顶部设置排水沟，截住地表水，避免流入基坑。基坑开挖到底之后，在基坑周边设置集水沟，按30m/个的间距设置集水坑，及时将积水排出基坑。

②基坑降水

基坑采取明排降水，先在基坑的中部一定程度超前开挖，汇集土层的渗水，及时抽排出基坑。浇筑底板时，基坑底面设集水坑，将积水汇集抽排出基坑。地铁盾构隧道上部要求采用信息化施工的方法进行有控制的井点降水。

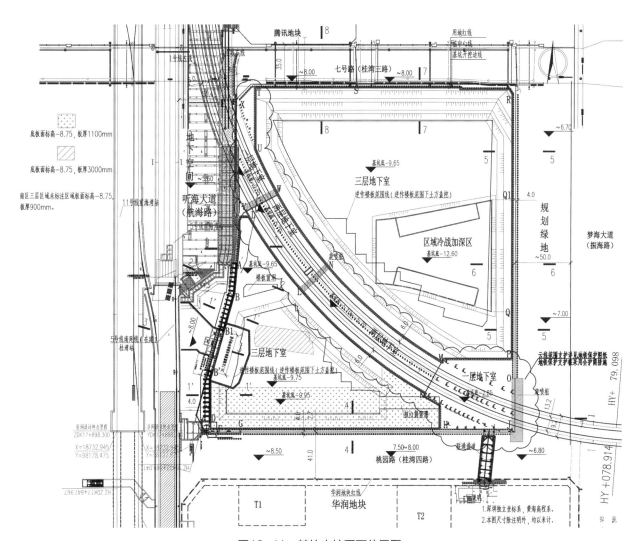

图12-41　基坑支护平面位置图

5）工况设计

①地铁保护区工况设计如图12-42所示。

②北区基坑工况设计如图12-43所示。

③南区基坑工况设计如图12-44所示。

12.3.4 市政设计概要

（1）路网设计

前海交易广场项目西侧为听海大道，北侧为桂湾三路，东侧为城市绿廊和梦海大道，南侧为桂湾四路。北区中区之间是交易北街，中区南区之间是交易南街，东西地块之间为桂湾大街，城市绿廊与地块之间为枢纽十街，路网平面分布如图12-45所示。

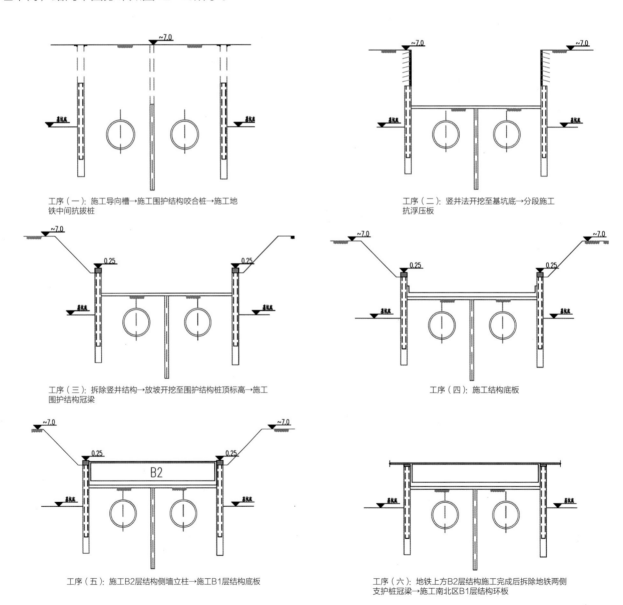

工序（一）：施工导向槽→施工围护结构咬合桩→施工地铁中间抗拔桩

工序（二）：竖井法开挖至基坑底→分段施工抗浮压板

工序（三）：拆除竖井结构→放坡开挖至围护结构桩顶标高→施工围护结构冠梁

工序（四）：施工结构底板

工序（五）：施工B2层结构侧墙立柱→施工B1层结构底板

工序（六）：地铁上方B2层结构施工完成后拆除地铁两侧支护桩冠梁→施工南北区B1层结构环板

图12-42 地铁保护区基坑工况设计图

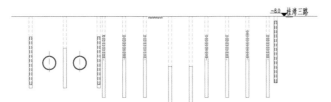

工序（一）：施工导向槽→施工围护结构咬合桩、双排桩→施工工程桩，预留临时中立柱

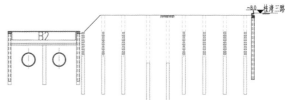

工序（二）：地铁上部土方开挖至B1层结构顶板→地铁上部主体结构施工完成B1层结构楼板

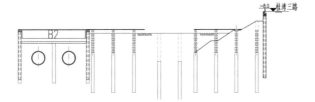

工序（三）：地块中部土方开挖至B1层结构底板→留台范围内施工地铁侧B1层结构环板→桂湾三路侧土方开挖至B1层结构底板，桩前留土台→大土台范围内施工部分B1层结构楼板

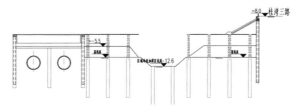

工序（四）：桂湾三路侧施工斜支撑→北区中心土方放坡开挖至基坑底（包括冷战加深区）

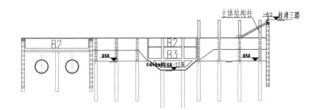

工序（五）：顺做中心区域结构→盖挖逆作桂湾三路侧B1层楼板→B1层结构底板连接形成整体→桂湾三路侧顺做施工B1层结构柱

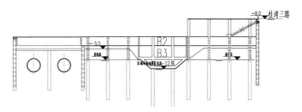

工序（六）：地铁侧和桂湾三路侧环板区域土方盖挖至B2层结构底板→B2层结构连接形成整体→桂湾三路侧顺做施工L1层楼板→拆除斜支撑

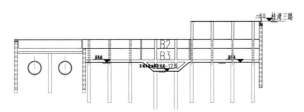

工序（七）：土方开挖至基坑底→施工环板区域结构底板，底板结构封闭→施工靠近支护桩侧的主体结构柱、拆除两侧临时立柱

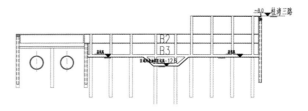

工序（八）：顺做结构立柱、侧墙

图12-43　北区基坑工况设计图

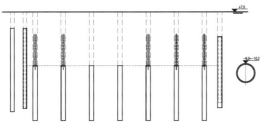

工序（一）：施工围护结构咬合桩、外排桩→施工工程桩、预留立柱桩

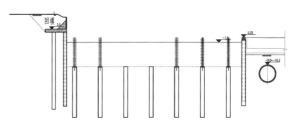

工序（二）：施工双排桩衡重台、连接板、挡土板回填土方→土方开挖至B1层结构底板

图12-44　南区基坑工况设计图

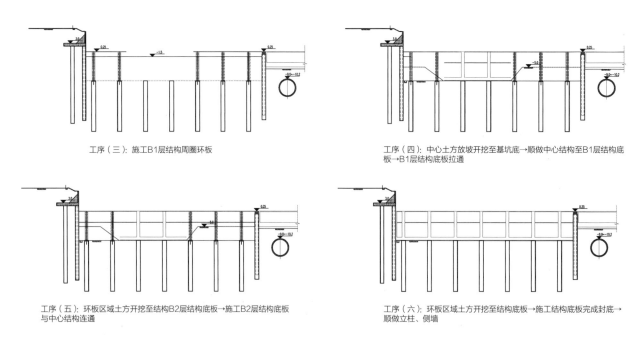

工序（三）：施工B1层结构周圈环板

工序（四）：中心土方放坡开挖至基坑底→顺做中心结构至B1层结构底板→B1层结构底板拉通

工序（五）：环板区域土方开挖至结构B2层结构底板→施工B2层结构底板与中心结构连通

工序（六）：环板区域土方开挖至结构底板→施工结构底板完成封底→顺做立柱、侧墙

图12-44　南区基坑工况设计图（续）

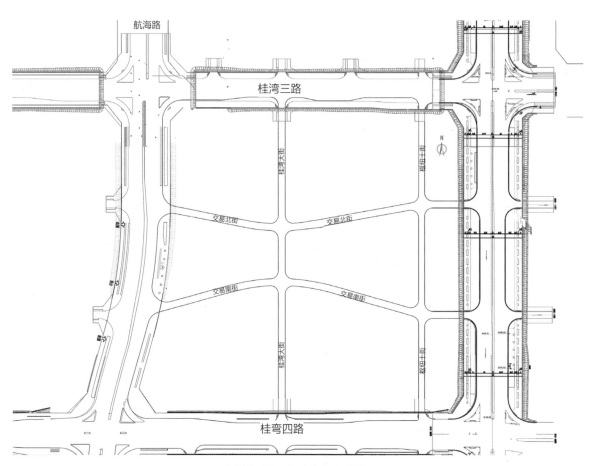

图12-45　市政路网示意图

（2）道路横断面设计

如图12-46所示。

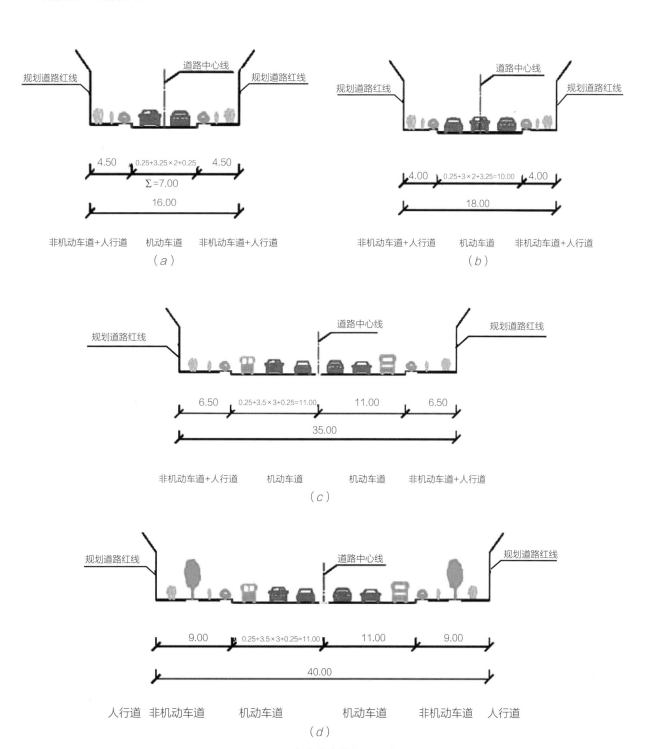

图12-46　市政道路横断面设计图

（a）交易北街、交易南街；（b）交易大街；（c）桂湾三路；（d）桂湾四路

12.4 街坊整体开发模式的主要应用点

12.4.1 街坊设计一体化

（1）地下空间一体化

街坊地下空间应统一设计，包括优化地下行人流线及一体化商业设计，同时大量地下停车空间亦能满足功能密度的要求，在横向流畅连接各地段的同时，善用垂直空间特性以达多层次价值。本项目地下一层沿交易南街及交易北街下方设置贯通公共通道，与枢纽十街西侧的公共通道，作为地下骨干通道，辅以发散通道，北侧连接华强、腾讯地块，南侧可到达华润地块，东接光明快线，西达地铁地下空间。通道两侧主要功能为商业，为增强地下空间与地面的联系，设置多组自动扶梯连通地面，亦可经下沉广场到达地面中央公园（图12-47）。

（2）公共空间一体化

为了富有城市韵律，需提供必要的公共设施，从而给居民、工作人员和访客提供便利的设施，务求令公共空间的价值最大化。通过扶梯、电梯、大台阶等联系各层垂直交通，其中三层商铺均为通过二至三层套内楼梯模式实现商业人流。基地内设置有一条东西向贯穿的商业内街。宽窄不一的街道营造了有趣的空间体验，有些空间可以作为外摆区域，有些空间可结合景观设计绵延至城市绿带，引至前海滨海。商业街室外扶梯可使人方便地从首层抵达二层（图12-48）。

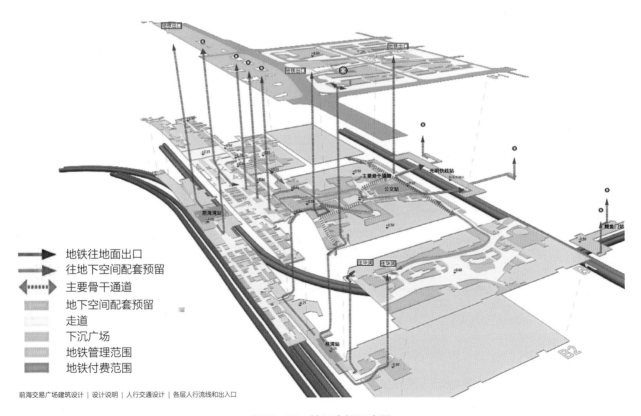

地铁往地面出口
往地下空间配套预留
主要骨干通道
地下空间配套预留
走道
下沉广场
地铁管理范围
地铁付费范围

前海交易广场建筑设计｜设计说明｜人行交通设计｜各层人行流线和出入口

图12-47 地下空间示意图

图12-48　部分公共空间示意图

（3）街坊形象一体化

除了令整体设计在城市天际线中脱颖而出外，适合人行尺度的街道设计也是规划成功与否的基础，如何令中区的中央公园融入整体街坊绿色设计，细致至商业立面设计共融性亦是形象一体化一大重点。前海交易广场通过和谐统一、整体协调的建筑群组，展现"低碳绿色，以人为本"的理念（图12-49）。

（4）交通组织一体化

街坊交通以公共优先，多条铁路（包括在建的）、公交及行车道路都贯穿整个场地，以高效、安全、舒适为目标，令场地更四通八达。本项目交通条件优越，前海合作区定位为高端服务业，配套设施

图12-49　商业效果图

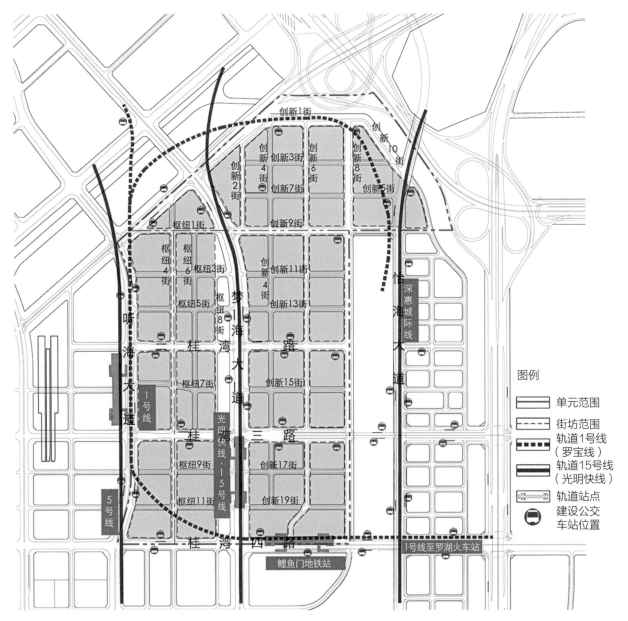

图12-50　交通情况示意图

齐全。平南铁路位于月亮湾大道的西侧，由北至南穿过整个合作区，承担深圳部分长途客运功能和西部港区的少量货运功能，前海范围内正线长5.4km。轨道1号线在前海合作区内有鲤鱼门站、前海湾站两个站点，均位于桂湾片区。轨道5号线在前海合作区内有前海湾站，与轨道1号线共站于综合交通枢纽位置（图12-50）。

12.4.2 "带方案出让"保障街坊整体开发

街坊整体开发已经成为前海最为主导的一种片区开发模式。为了实现交易广场项目地下地上空间立体化整体开发，加强公共空间的系统化、连续性、开放性，同时，为了地铁保护过程中地下空间整体实施的需要，前海控股主导开展了交易广场项目整体的方案设计工作，并实施了整个地下空间工程（基坑与主体结构阶段）。

对于部分后续出让的地块，如何在土地出让后进入的建设单位按照原设计方案落实整体开发要求成为一个新的挑战。交易广场项目在土地出让时创新性地采用"带设计方案、带地下空间"出让的方式，较好地解决了这个问题，使得街坊整体开发的落实具备了法律与合同层面的保障。

以04-07-01地块为例，在土地出让协议及其附件中提出了"整体开发"与"带方案出让"的约定，要求土地受让方必须予以落实。在土地出让合同中，将04-07-01地块的建筑平面、立面和剖面图作为合同附件，项目开发过程中需以此为依据开展审核设计、施工等开发工作。

根据公示的土地出让合同条件，以满足街坊整体开发为导向的"带方案出让"合同条款主要包括：

（1）本宗地带建筑方案出让，建筑布局、功能组合、立面造型、公共空间、交通组织等不得调整，可对立面细部、建筑内部空间分割方式等进行优化，本项目方案设计须与交易广场中北区土建预留工程相协调。

（2）本宗地后续建筑方案深化应加强与前海新中心城市客厅设计的协调和衔接。

（3）由于交易广场项目是整体设计，各类设施整体统筹考虑，本宗地的暖通、电气等设备机房应为中区文化活动中心、公交首末站、车库等用房提供服务，具体规模以中区实际需求为准，并单独计量。为落实好交易广场项目方案，如本次规划条件，未划分清晰的部分设施、建设、运营范围、职责，用地单位后续应严格执行统筹、协调、一体化等要求，需无条件配合。

（4）本宗地内应设置1条南北向的地下步行通道与南北两侧宗地连通，通道应保持连续、通达，通道最小宽度及净高应满足《前海合作区地下空间规划及重要节点周边地下空间概念方案设计》和《深圳市城市规划标准与准则》要求。通道及出入口需保障24小时向公众无条件开放。宗地内应设置不少于1处行人上下转换设施，连通地下空间与地面开敞空间，转换位置应醒目易识别。

（5）本宗地需配套解决交易广场项目及相邻道路地下空间（含地下步行通道）的通风、供冷、给排水、消防疏散、机电、货物运输通道等附属设施，并承担桂湾三路地下步行通道的运维职责及运维费用。本宗地南侧相邻东西向地下步道通道的运营管理范围及费用，需与南侧用地单位沟通协调达成一致，并按通道两侧商业比例，分别承担南侧相邻东西向地下步行通道的运维费用。

（6）本宗地机动车出入口应设置在城市支路上。宗地地下空间需与西侧及南侧地块一体化组织交通，车位、车库出入口需共享共用，一体化统筹运营，基于地下室整体开发原则，本地块配置机动车泊位数306个，自行车泊位数367个；装卸货泊位等配建设施应按照《深圳市城市规划标准与准则》相关要求进行建设，货运出入口、货运卸货区需向周边邻近的公共服务或公共空间设施共享，提供便利。

（7）本宗地应设置空中步道与周边宗地连通，并做好相关平面、竖向、荷载等控制参数的预留，保障空中步道的衔接，空中步道净宽、净高满足相关要求，设置遮阴、避雨设施和不少于1处连接地下与地面的行人上下转换设施，保证全天24小时对外开放。

（8）本宗地所在区域实行区域（集中）供冷，应当采用区域集中供冷系统提供的冷冻水作为空调冷源。本宗地包含2130m²区域供冷站冷却塔室外场地水平投影面积。

12.5 案例启示

（1）统一建设主体为地下空间实现全面连通创造条件

前海交易广场南区、中区以及整个地下空间项目的建设单位是深圳市前海建设投资控股集团有限公司（北区地下空间采用代建的模式随同整个地下空间先行开发），使得整个区域应用"街坊整体开发"模式成为高度统一的共识。在地下空间工程设计和整个区域的方案设计阶段，北区建设用地出让还没有完成，因此，整个区域以街坊整体开发模式为导向开展各项设计、施工工作都是由深圳市前海建设投资控股集团有限公司实施的。从规划设计的角度，至少在地下空间实施阶段，由于不存在多元利益主体合作开发的情况，统筹设计工作将得到比较彻底的体现。

在建设开发主体统一的基础上，项目的方案设计、初步设计和施工图设计都不存在分地块分别委托的情况，因此从设计角度，也实现了统一主体，设计单位之间从大街坊整体视角开展各项设计工作，将各项指标在大街坊层面统筹计算，高度重视各地块地下空间的一体化全联通建设。也就是说本书讨论的设计统筹工作和具体的工程设计工作是由同一家单位同步开展的，减少了大量的沟通协调、利益协商工作，极有利于项目从设计方案的角度实现一体化开发。

（2）土地出让时序差异将对整体开发的深度和落地性产生不确定性

街坊整体开发模式下，需要实现政府和功能性平台企业重视的大街坊整体质量和小地块各地块开发单位重视的地块个体价值之间的平衡。因此，各地块土地出让时序和开发建设时序的同步性将极有利于统筹开发的开展。当然，多地块构成的街坊整体开发项目能够同步出让土地是一种理想状态，受到市场环境和招商引资工作的影响。

前海交易广场项目土地出让过程中，北区项目土地出让相对滞后，为实现整个大街坊的整体开发，在方案设计层面，由深圳市前海建设投资控股集团有限公司组织对北区地块项目开展了方案设计。在北区地下空间部分，为实现地下空间统一建设，前海控股组织了施工图设计和工程施工。

从北区地上项目的角度看，土地出让属于一种"带方案、带地下空间"出让的方式。由于土地受让单位有其自身的开发建设价值理念和使用功能需求，开发建设长周期中市场环境也在高速地发展演变，这在某种程度上为规划设计阶段设定的整体开发内容最终能否得到深度落地产生了一定的不确定性。项目实施过程中，政府层面和统筹开发单位层面应高度重视与土地受让单位的协调、协同和协商，在项目建设过程中进一步落实整体开发模式，优化、强化整体开发的内容。

（3）"带方案出让"是对建设时序差异情境下整体开发模式的创新探索

本书上篇在论证街坊整体开发模式的情境适用性章节，提出了"建设时序"适用性，即纳入整体开发的各地块建设项目土地出让和规划设计、建设施工乃至验收方面尽量同步开展，将大大有利于整体开发模式的落实。值得注意的是，类似于深圳前海合作区这样的城市CBD核心区城市开发受到自然环境、技术条件和市场环境的高度影响，建设时序的统一是一种需要各方努力的理想状态，且受到项目内外部环境的交互关联影响，在多数状态下，建设时序有差异，甚至差异时间比较大，也是街坊整体开发统筹者必须接受的现实情况。

以前海交易广场为例，地铁保护工程需要地下空间工程整体实施，而地上土地出让相对滞后使得项目地下结构与地上建筑之间、项目各地块之间建设时序上产生了一定的差异。这种建设时序的差异使得建设者们必须采用创新的方法对建设时序差异导致的整体开发困难予以克服。在前海交易广场项目，前海管理局、前海控股创新性地采用"街坊一体化设计"加"带方案出让"两项措施有力地保证了街坊整体开发的落地。在前海局的统筹下，前海控股在实施地铁保护与地下空间工程时，对整个大街坊各地块建筑作为一个整体开展设计工作，一方面保证了地铁保护工程与地下空间工程的顺利实施，另一方面使得整个街坊地上地下、地块之间在功能上、物理上和建筑形态上浑然一体，在设计图纸层面落实了"街坊整体开发"。在土地出让环节，前海管理局通过"带方案出让"的形式将统一设计的方案作为开发前置条件，并在"五个一体化"方面对后进入的开发建设单位提出明确的要求，将保证在施工建设阶段落实"街坊整体开发"。这两项措施是对建设时序差异情境下街坊整体开发模式落地的创造性探索措施，是深圳前海因地制宜推进街坊整体开发模式应用的生动体现。

第十三章

前海二单元
05街坊项目

前海二单元05街坊项目是又一项采用街坊整体开发模式的典型案例。与前海交易广场相类似，二单元05街坊项目也存在比较严格的地铁保护需求。与前海十九单元03街坊相类似，二单元05街坊主要由3家建设单位参与开发完成，存在多元利益主体开发的情境。为借鉴香港建设管理的经验和先进技术，项目引入香港建筑师事务所承担规划导控和设计统筹工作，以街坊形象一体化、公共空间一体化、交通组织一体化、地下空间一体化为主要统筹内容，提升了地上、地面、地下空间的建筑品质，提高空间的利用率与经济性，加强土地集约利用（图13-1）。

图13-1　二单元05街坊建设实景图

13.1　工程概况与建设难点

13.1.1　工程概况

二单元05街坊项目工程由二单元05街坊A-02-05（A-02-05-01、A-02-05-02、

A-02-05-03、A-02-05-04、A-02-05-05、A-02-05-06、A-02-05-07、A-02-05-08、A-02-05-09、A-02-05-10、A-02-05-11）共11个基本地块组成（图13-2）。

本项目由3家公司参与建设，其中，弘毅项目由02-05-01、02-05-02组成，总建设项目用地面积10562m²，总建筑面积为104384m²，机动车停车位294个，项目主要功能为办公及公寓。控股地块由3个地块02-05-03、02-05-04、02-05-05组成，总用地面积约16778m²，其中建设项目用地面积14443m²，道路用地面积2338m²；总建筑面积为153041m²，容积率7.86，以办公为主导，含4500m²变电站，兼有部分地下商业。民生项目由02-05-09、02-05-10、02-05-11地块组成，总用地面积约19990m²，总建筑面积为252706m²，容积率9.27/8.60，项目业态以办公商业为主（表13-1）。

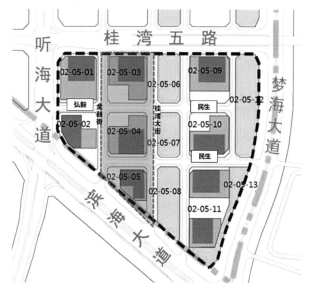

图13-2　各地块编号示意图

各地块经济指标示意　　　　　　　　　　　　　表13-1

	弘毅地块		控股地块			06～08地块			民生地块		
地块编号02-05	01	02	03	04	05	06	07	08	09	10	11
用地面积（m²）	5639	4923	16778			10834			19990		
地上建筑面积（m²）	30200	50445	114069			4820			183935		
地下建筑面积（m²）	10967	12772	38972			53224			68771		
总建筑面积（m²）	104384		153041			58044			252706		

13.1.2　建设难点

二单元05街坊场地内，地铁11号线从弘毅地块和控股04、05地块穿过，项目施工过程中对地铁保护要求极高。项目所包含的地块多达11个，由3家单位开发实施，增加了地块间的施工制约。项目采用街坊整体开发模式，使得建设过程中协调整合的工作量巨大。

（1）项目建设过程中不确定性因素多

1）项目业态多，规模大，标准高，特别是方案设计存在一定的滞后，后期设计管理协调工作难度大。设计管理需要协调多个业主单位，还需要协调多个设计单位和顾问单位，要求非常高。

2）边界条件不稳定，由于开发模式创新且集合变电站建设，项目定位跟不上方案设计的进度，建筑设计跟不上工程建设的进度。

3）嵌入式变电站减振降噪、电磁辐射（干扰）、消防安全等因素是制约本项目建设重大影响因素。

4）06、07、08三个地块土地开发模式、规划指标确定时间相对较晚，影响项目整体统筹设计。

5）基于地铁保护的工程施工不确定性高，施工难度大、成本高、工期长。

（2）进度管理难度高

1）由于嵌入式变电站、地铁保护施工的影响，进度不确定性因素较多，进度编制与管控难度大。

2）建筑体量大，业态多，且统筹开发的情境下，各个地块工程进度的差异对其他项目形成了相互约束、相互影响，既要管好自身的进度，也要协调好与周边的进度。

3）在街坊基坑群场地范围内，各项目的基坑开挖与相邻建筑施工相互影响大，周边紧邻深基坑项目，部分基坑支护互用，相邻基坑施工次序、进度对本项目的基坑影响较大。

（3）现场管理复杂

1）本项目地下部分施工极为复杂。基坑开挖范围大，开挖深度大，土方体量大，地铁保护要求极高。

2）控股、民生、弘毅项目同期建设，相互影响且现场资源紧张。区内施工道路、临水临电配套设施不足，特别是临建场地小，各项目统筹使用难度较大。

（4）整体开发协调难

1）由于本项目是由弘毅置业、前海控股和民生电商3家公司参与建设，协调统筹各方的设计、施工是整体开发的重中之重。加之设计统筹单位介入项目的时机相对滞后，各家公司都已形成自身的设计方案，要实现各个地块的联系，包括地下空间的联系，地上连桥的连接都是需要各方协调和优化各自的设计方案，涉及大量的设计方案调整工作量。

2）实现整体的公共空间与景观一体化是街坊城市形象统筹的重要内容。实施过程中每一家开发单位都有不同的审美偏好与价值取向，都有关于景观设计的自身导向，3家建设单位还分别聘请了3家景观顾问，所以实现景观一体化也是一个相对艰难的过程。

3）3家建设单位都有其自身的进度计划安排，都希望按照计划尽快完工，且建设工期往往涉及巨大的经济因素，各地块的进度目标对其他项目的影响也很大，所以协调起来比较困难。

13.2　项目规划与城市设计

13.2.1　项目上位规划情况

（1）目标定位

前海二单元05街坊的上位规划总目标为：重点发展离岸金融业务，形成金融业高密集发展聚集区、我国首个境内关外离岸金融中心、深港金融市场对接中心、全球金融产品创新中心和全球金融科技中心。

（2）开发强度、塔楼限高、配套服务设施

前海二单元05街坊的上位规划对开发强度、绿化率、塔楼限高、配套服务设施等方面提出了具体要求（表13-2）。

（3）公共空间

公共空间规划以营造"连续、宜人且富于趣味的全天候水城活力空间"为主旨，构建与前湾片区整体

前海二单元05街坊上位规划信息统计表　　　　　　表13-2

项目名称	地块编号	容积率	绿化覆盖率	建筑覆盖率	塔楼限高（m）	地下机动车车位（辆）	自行车位（辆）
弘毅·全球PE中心	02-05-01	9.754	30%	17%	100	294	342
	02-05-02	5.078		44%	150		
前海控股项目	02-05-03	7.54	20%	50%	150	405	440
	02-05-04						
	02-05-05						
	02-05-06	1.13	—	40%	8	—	—
	02-05-07						
	02-05-08						
民生互联网大厦	02-05-09	8.6	25%	50%	180	563	605
	02-05-10						
	02-05-11						

空间和谐共生、适应于高密度开发模式的人性化活力场所。导控内容由单元整体公共空间结构、空间形态、步行系统、绿化、街道家具和艺术品设置、标志性公共空间控制等构成（图13-3）。

（4）道路规划

根据《前海深港合作区轨道与道路交通详细规划》，二单元05街坊规划有"四横六纵"的路网体系，外部路网条件与现状一致，主要在内部规划两横四纵的支路网体系。外部道路形成"两横两纵"结构，以信

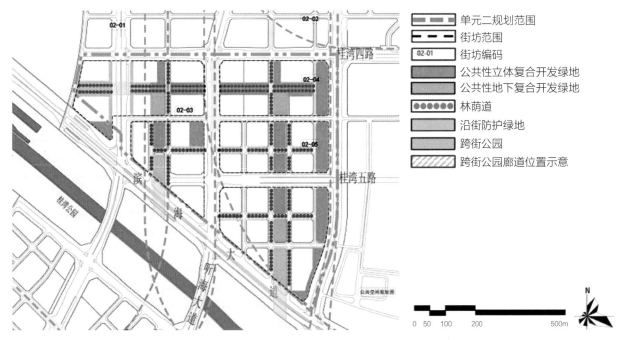

图13-3　前海二单元公共空间规划图

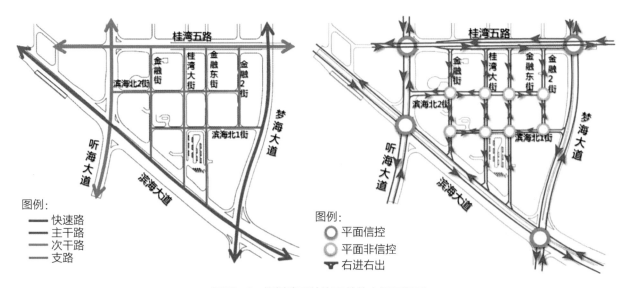

图13-4　规划路网结构及总体交通组织图

号交叉为主，外部道路主要承担片区内部对外中长距离联系需求；内部"两横四纵"呈网格状布局，道路交叉采用非信控交叉口，与外部道路衔接主要为右进右出形式。道路规模除桂湾大街为双向3车道之外，其余支路为双向2车道。内部支路主要承担片区内部集散服务功能也是片区内部各种市政设施的重要载体（图13-4）。

随着区域路网的规划建设，区域将呈现"小街区、密路网"的交通布局，交通组织更加完善，道路功能更加分明。根据区域路网布局，分析所在地区内各等级道路的定位及功能要求，进行区域交通组织规划设计，以形成结构合理、功能清晰、衔接顺畅的一体化道路交通体系：

1）主干道滨海大道、梦海大道，主要承担相邻组团中长距离交通和公交慢行主通道，兼顾组团内部联系需求。

2）次干道桂湾五路、听海大道主要承担片区内部中短距离联系及对外集散功能和公交次要通道。

3）支路桂湾大街、金融街、金融东街等主要承担片区内部交通集散功能，打造片区内部的高品质共享街道。

机动车到达流线、各地块出入口位置和机动车离开流线如图13-5所示。

（5）低碳生态

街坊致力于在高密度城区中营造生机勃勃的低碳生态空间，在能源利用、资源利用、生态物理环境、绿色建筑设计等方面运用先进技术手段，大幅减少温室气体排放，实现低碳生态目标。

1）能源利用

街坊内鼓励太阳能、风能等可再生能源使用。太阳能光电系统的发电量供建筑用电需求比例满足绿色建筑评价规范要求。

2）资源利用

街坊内应采用低冲击开发技术，地面材质宜采用透水性材质及拼接方式增加地表径流回渗；综合径流系数不得大于0.45；不透水下垫面径流控制比例不得小于20%；人行道、停车场、广场透水地面比不得小

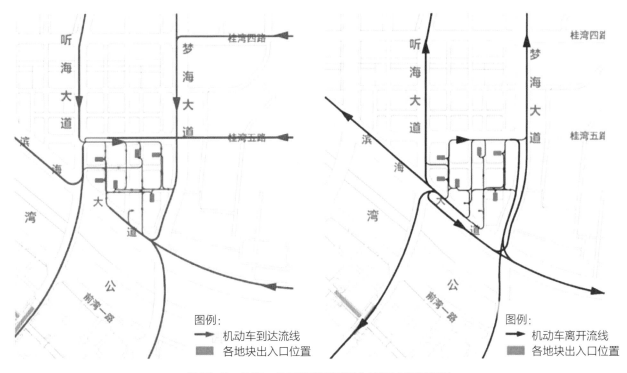

图13-5　前海二单元05街坊到达与离开交通组织图

于90%；雨污分流达标率100%。

3）生态物理环境

建筑外立面设计宜考虑光反射情况，采取措施避免引起吃光，同时宜考虑各种镀膜玻璃的光污染问题。

街坊环境噪声宜达到《城市区域环境噪声标准》GB 3096—1993中2类环境噪声标准，环境噪声达标率宜不低于85%。

室外公共场地设计宜多栽植高大遮阴乔木，缓解热岛效应。慢行道路遮阴率应不低于80%。每100m² 绿地上不宜少于3株乔木、10株灌木。

4）绿色建筑设计

本单元建筑应至少达到国家绿色建筑一星级标准，其中三星级绿色建筑面积占总建筑面积的比例不宜低于60%。

13.2.2　项目城市设计方案

为实现前海二单元05街坊11个地块的街坊式整体开发，提升地上、地面、地下空间的建筑品质，提高空间的利用率与经济性，加强土地集约利用，打造一体化街坊设计，项目城市设计单位通过拼合街坊内弘毅、控股及民生项目建筑专业公共空间、交通组织等方面的图纸，梳理各项目现有方案在总图关系、交通组织、公共空间之间存在的矛盾，提出街坊整体规划导控细则，并对项目内的城市公共空间、建筑形象、街坊内交通以及景观方案进行了多轮整合（图13-6）。

（1）街坊建筑设计整合

通过2016年11月第一次项目合并，提出街坊内公园和绿化地段可以扩展更大的面积，控股和弘毅中心

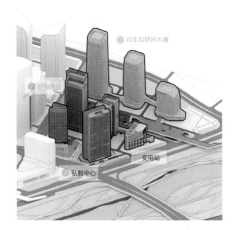

图13-6   各项目整合示意图

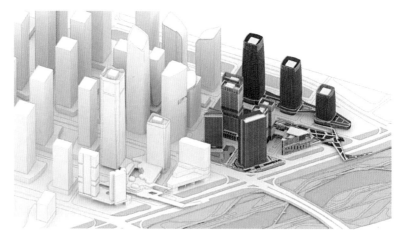

图13-7   街坊建筑设计整合成果（2016.11）

屋顶设计可以更有一致性，民生互联网大厦的高度和视野可以有所改善（图13-7）。

通过2018年3月第一轮修改，使得街坊内跨街绿化天桥更有方向性，控股和弘毅中心屋顶建筑语言更有一致性，民生互联网大厦的高度经改良后整体地段视野有所改善，并对变电站加设了绿化平台设计（图13-8）。

2018年的终版项目城市设计成果优化了中央公园设计作为第一行人路径，开发了商业街道作为第二行人路径，统一了景观、地下室停车及商业设计，实现了各地块之间建筑语言的和谐性（图13-9）。

（2）街坊地下负一层空间整合

整合前存在的问题包括：存在太多死角，商业流线不清晰，各地块没有联结及协调逃生楼梯导致通道堵塞，弘毅地块被孤立以及没有善用地铁联结。项目城市设计通过增加连接中央商业的通道，连接地铁，提高地下空间利用效率，创造集合点及主要商业节点，避免通道与逃生楼梯的冲突，增加转角商铺的可视性，最终实现了街坊内弘毅、控股及民生3个项目地下空间的无缝连接，提高了地下空间的使用效率，真正做到"出太阳不打伞，下雨不湿鞋"（图13-10）。

（3）街坊中央公园设计与二层连桥设计的整合

整合前存在的问题包括：过街步行连桥与中央公园没有联结；02-05-05及02-05-11地块有过多的步

图13-8   街坊建筑设计整合成果（2018.3）

图13-9   街坊建筑设计整合成果（终版）

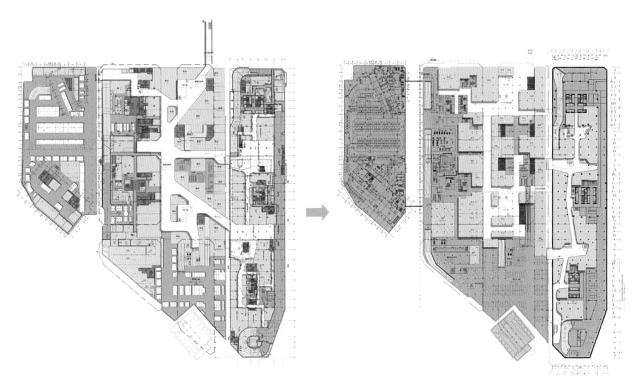

图13-10　街坊地下负一层空间整合示意图

行连桥；02-05-11地块内的连桥宽度与其他连桥比例不统一 [图13-11 (a)]。

通过第一轮整合，将步行连桥延伸至中央公园；移去多余的步行连桥，令整体设计和流线更简洁；加宽02-05-11地块的连桥宽度，令各步行连桥阔度比例一致舒适 [图13-11 (b)]。

第二轮整合继续移去多余的步行连桥；将步行连桥改为水平连接并收窄为4m宽；将步行连桥与骑楼水平相接并收窄为4.5m宽 [图13-11 (c)]。

第三轮整合又增加了一层与二层间平台连接步行连桥，并使用斜坡与楼梯取代扶梯；一座步行连桥向南移10.6m并加宽为5.7m宽；一座步行连桥加宽为6m [图13-11 (d)]。

街坊中央公园设计与二层连桥设计经三轮优化整合后的效果图如图13-12所示。

（4）商业街道临街设计

为解决街坊内商业街道及中央公园的关系不够紧密的问题，首先，通过沿主要商业街及次商业街新增广告板、招牌、雨棚、灯光方案或夜景效果，形成更统一及与中央公园更紧密的商业行人街道，以优化行人感受；其次，在主、次商业街道的商业临街设计上作了更多变化，并在一层临街立面的2m（高）×0.3m（突出）空间新增了广告板、招牌、雨棚、灯光方案或夜景效果，以丰富、统一两边商业街道（图13-13）。

（5）市政道路品质综合提升方案

市政道路品质综合提升方案从整个二单元05街坊的交通改善、景观营造、品质提升、智慧建设等多个层面进行综合品质提升。方案采用总图式精细化设计，通过共享街道、健康慢行、品质化街道、形象协调塑造和"智慧化服务+体验"等五大行动计划实现街坊景观品质一体化提升。

1）道路交通总体提升策略包括：优先发展"轨道+慢行"的交通出行模式、适度发展自行车交通、街

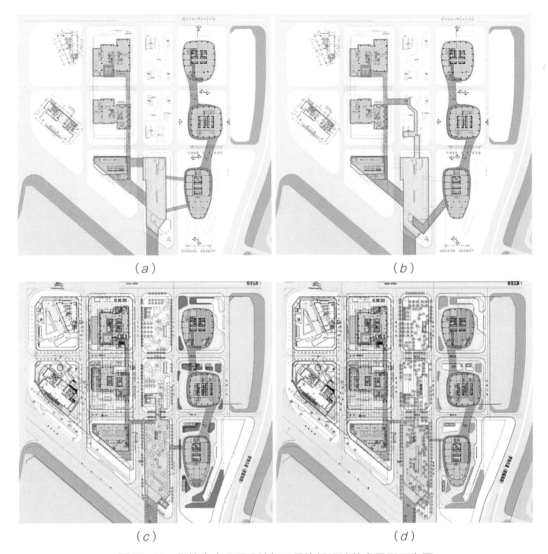

(*a*)　　　　　　　　　　　　　　　　　(*b*)

(*c*)　　　　　　　　　　　　　　　　　(*d*)

图13-11　街坊中央公园设计与二层连桥设计整合平面示意图
(*a*) 2016年第一轮整合；(*b*) 2016年11月第一轮修改；(*c*) 2017年12月第二轮修改；(*d*) 2018年3月终版

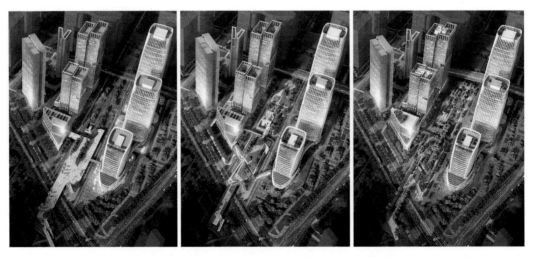

图13-12　街坊中央公园设计与二层连桥设计整合效果图

图13-13　商业街道临街设计示意图
（a）主商业街道；（b）次商业街道

接立体步行系统、响应健康慢行行动计划（图13-14）。局部重置现有道路功能布局，增加地面道路步行空间和增设智慧公交站、出租车、自行车停车位。

　　2）街区风貌总体提升策略包括：空间活化策略、设施品质总体策略和绿化设计总体策略（图13-15）。

　　3）智慧街区总体提升策略包括："精准服务"和"精细治理"两项，旨在打造高效可达、全域管控的智慧街区。

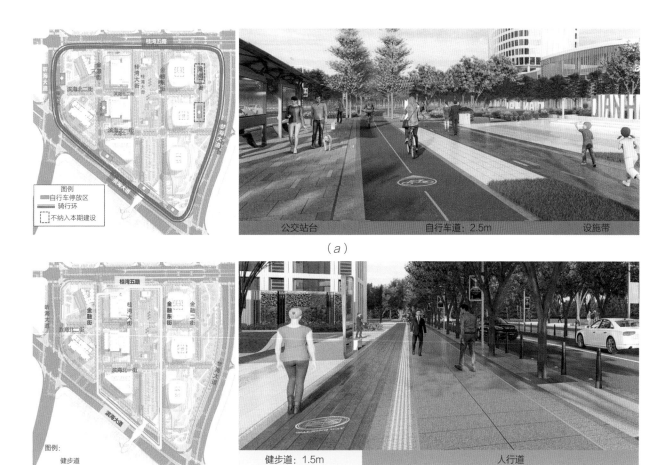

图13-14　健康慢行方案设计图
（a）外环1300m独立的自行车道骑行环道实现慢行转换渗透；（b）内环利用建筑前区形成900m休闲健步环

（a）　　　　　　　　　　　　　　　　（b）

图13-15　街道风貌总体提升设计图
（a）改造前；（b）改造后

①精准服务包括：慢行出行环境更友好、体验更丰富；小汽车出行停车更可靠高效；公交出行更便捷舒适（图13-16）。

②精细治理包括：城市管理更集约和治理更精准，如多功能智能杆，一体化机柜、智慧管道及重要区域违停管控等（图13-17）。

4）市政管线总体提升策略：对街坊内给排水、电力、通信、照明、燃气等现状管管径满足规划的，设计保留现状管，仅根据道路改造内容对红线范围内的现状管、井进行相应改造，与周边地块协调统一，整体提升片区道路品质。

（6）景观绿化导则

1）路面铺装及材料

①所有主干道城市道路采用前海统一沥青铺地，人行道统一用前海标准。

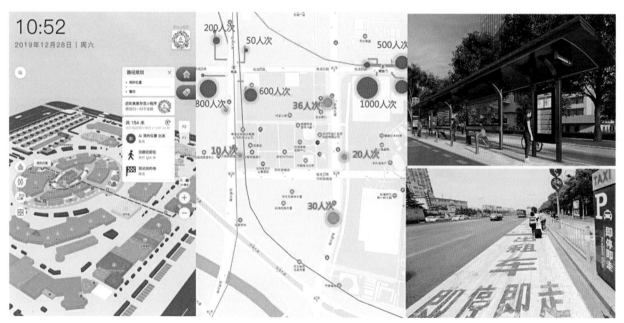

精准导航信息服务　　　　周边公交出行信息服务　　　　周边PoI信息服务

图13-16　慢行指引信息服务内容示意图

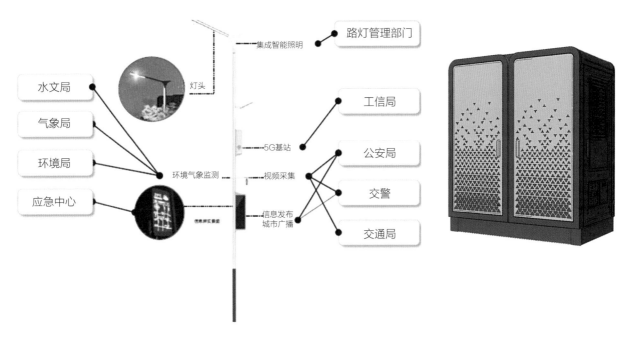

图13-17　一体化智能杆、智能柜示意图

②所有街坊内部道路采用深色调统一石材铺地，包括行车道及人行道（图13-18）。

③地块内部铺地设计由各家景观自行设计，并通过管理局审阅。

2）市政绿化带

①金融街及金融东街选择树冠浓密的长青树种，紧密连接周边地块，同时增加整体植物绿量。

②滨海北一街及滨海北二街选用树型轻盈通透的树种，营造舒朗的办公景观氛围，打造现代简约的办公空间。

③桂湾大街选用开花树种，增添特色植物景观。

其中，①作为办公区域到公园区域的柔和过渡景观，②作为通向桂湾公园的特色开花廊道（图13-19）。

（7）绿化街道——水资源可持续利用

1）减少雨水径流和管道基础设施，更多设置生态调节沟、植被过滤带、人行道植被和雨水花园等对开

①不锈钢盲道
②漳浦黑自然面
　小料石（深灰/黑）
③车行指引道钉
　加灯
④车行指引道钉
　加灯
⑤福鼎黑/芝麻黑微
　自然拉丝
⑥车行道与非车行道
　强化石材色差，有
　效区分道路空间

图13-18　路面铺装及材料示意图

发造成较小影响的雨水设施。

2）通过天然水处理过程，确保其保水输水能力以及对流经道路及铺筑区水的基本生物修复功能，最大限度地使用地上雨水系统。

具体的生态调节沟和输水景观布置如图13-20所示。

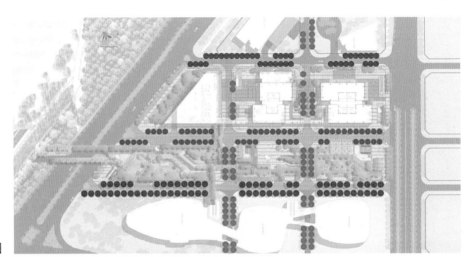

图13-19
市政绿化带设计示意图

图13-20
生态调节沟和输水景观平面
布置示意图

← 生态调节沟

← 输水景观

13.3　工程设计

在二单元05街坊项目的工程设计中，弘毅、控股及民生项目的各单体各具特色，考虑到本书篇幅和资料获取的可能性，本节重点以控股项目为例，介绍二单元05街坊项目工程设计情况。

控股项目用地总面积约3.9万m²，共6个地块，分为Ⅰ、Ⅱ两个区（图13-21）。

Ⅰ区包含02-05-03～02-05-05地块及周边城市支路，用地面积约1.67万m²，地块用地为商业用地；Ⅱ区包含02-05-06～02-05-08地块及周边城市支路的地下空间，用地面积约2.25万m²，为公共开放空间，允许地下商业空间开发及少量地面建筑。地块内有地铁11号线穿过，A02-05地块有220kV附建式（嵌入式）变电站一座。

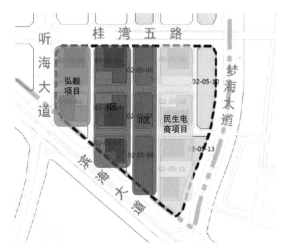

图13-21　控股项目平面位置示意图

13.3.1　建筑设计概要

（1）02-05-03～02-05-05地块

控股地块内共3栋高层塔楼，1号塔楼32层146.35m，2号塔楼22层99.60m，3号塔楼9层43.80m。其中位于02-05-03和02-05-04地块的两座高层甲级办公楼矗立在中央绿地一侧，在街道层创造出灵活生动的空间，并保证了办公面向东部绿地的开阔视野。每座塔楼分为相错的两部分，在首层形成入口空间。02-05-05地块设有办公塔楼、商业裙房和变电站。变电站设于较低楼层，以保证地上主要功能不受限制，使地上空间的质量最大化（图13-22）。

（2）02-05-06～02-05-08地块

其中02-05-08地块地上共一层，为面积4200m²的公交首末站，建筑高度8.0m；地下共三层，负一层为地下公共配套设施、设备用房，负二及负三层为地下公共停车场，停车位800个（图13-23）。

13.3.2　结构设计概要

（1）总体结构体系

控股地块的地下室部分采用钢筋混凝土结构，1号塔楼为框架核心筒结构，2号塔楼为框剪结构，3号塔楼为框剪结构，其中高度146.65m塔楼柱采用型钢混凝土柱。

（2）主要的技术要点及难点

1）地下室超长混凝土结构抗裂重难点分析及设计措施

控股地块结构单元存在超长混凝土结构，考虑建筑使用功能要求，地下结构不设置永久伸缩缝，地下室在结构设计时采用了设置施工后浇带、补偿收缩混凝土（平均掺量8%）以及严格控制应力集中裂缝（如在转角、圆孔边作构造筋加强，转角处增配斜向钢筋或网片，在孔洞边界设护边角钢）等设计措施。

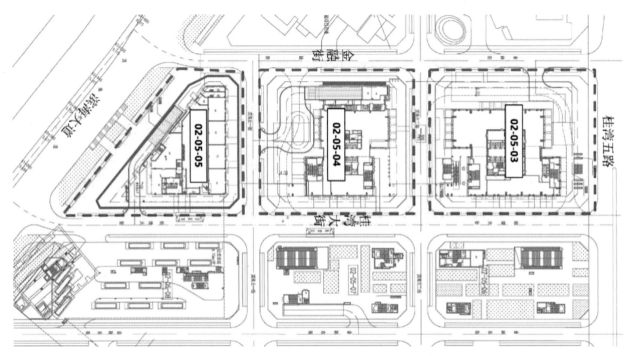

图13-22　控股项目02-05-03～02-05-05地块建筑平面图

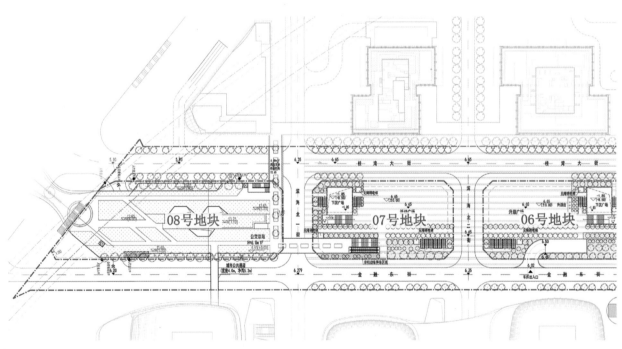

图13-23　控股项目02-05-06～02-05-08地块建筑平面图

2）地铁上方及地铁影响范围内建筑设计重难点分析及设计措施

3栋塔楼范围内地铁线保护区域占据主要位置，限制了桩基础布置，塔楼位于地铁上方，为了解决塔楼竖向构件与基础完全不能对应的问题，在地下室底板采用厚板转换，转换板厚约为2.5m。通过采用厚板转换，塔楼与地下室墙柱可按需要合理布置。

3）附件式变电站结构设计方面的重难点分析及设计措施

①隔震减震措施：拟在所有的变压器底部结合设备要求均设置一定质量的混凝土基础，基础下方设置隔震支座，以进一步降低地铁运行对变压器的不利影响，并降低变压器振动对建筑物的影响（图13-24）。

②各楼层根据设备荷载合理布置楼盖结构体系，局部大跨度采用布置预应力梁的方案，并结合防辐射要求加强板厚度及配筋（如板配筋采用双层双向配筋）。

13.3.3　基坑群设计概要

控股地块的基坑群由02-05-03～02-05-05地块内的A1区、A2区和02-05-06～02-05-08地块内的B区组成（图13-25）。

（1）周边环境

控股地块基坑群西侧紧邻弘毅·全球PE中心项目，东侧紧邻民生电商项目，所在场地南侧紧邻地铁11号线，场地环境较为复杂且位于深圳地铁11号线保护区内，根据深度、周边环境等因素综合判定基坑支护安全等级为一级。

基坑设计和施工，着重考虑地铁11号线的安全，确保本项目施工对地铁11号线安全的影响可控。

（2）基坑支护总体方案

1）A1区三层地下室区域：基坑深度约17.1m，基坑支护方案采用桩撑支护施工方案；支护桩北侧和南侧靠近地铁位置采用咬合桩"一荤一素"布置，布置间距2m，西侧利用弘毅已施工的支护桩，采用二道钢筋混凝土支撑。

2）A2区一层地下室区域：基坑深度约9.85m，基坑支护方案采用桩撑支护施工方案，设置一道钢筋混凝土支撑，A2区原状地面下15m有地铁11号线通过。

3）B区三层地下室区域：基坑深度约17.1m，基坑支护方案采用桩撑支护施工方案，支护桩北侧及南侧靠近地铁位置采用桩径1.4m荤桩（其他采用1.2m荤桩），1.0m素桩的咬合桩，"一荤一素"布置，布置间距2m，东侧利用民生电商已施工的支护桩，西侧和西南侧利用A1、A2区已施工的支护桩，支撑采用二道钢筋混凝土支撑。

图13-24　弹簧式减震器

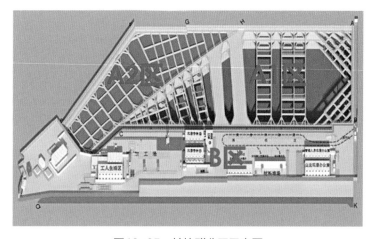

图13-25　基坑群分区示意图

具体如图13-26所示。

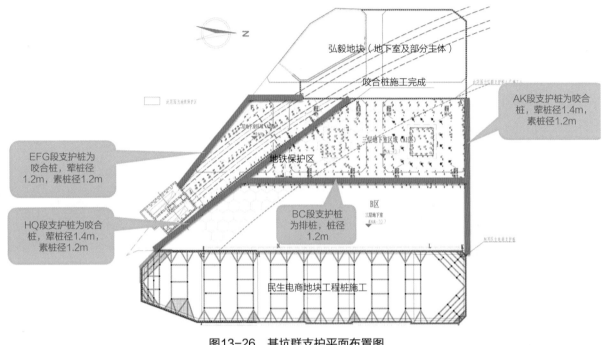

图13-26　基坑群支护平面布置图

13.3.4　景观绿化设计概要

（1）设计定位与愿景

控股项目前海大厦东广场（02-05-06~02-05-08地块）定位为：前海政务第一站，其景观绿化设计紧密围绕以下四大愿景进行打造。

1）严肃大气的接待活动场所；

2）弹性舒适的日常活动空间；

3）突显企业文化特色的景观；

4）展示国际影响的设计。

（2）设计特点

1）开放性

前海大厦东广场平时对外开放，通过设计一些景观小品如旱喷泉、灯光秀、景观座椅等，增添广场的趣味性，使其成为人们平时乐于聚集交流的场所。

2）可塑性

①不同的活动对场地有不同的需求，广场满足三种使用方法，通过设计的手段，使广场具有可塑性。

②行政化广场硬质铺装的面积较大，为同时满足绿化需求和广场趣味性，设置可移动树池、可移动景观座椅、可控制旱喷泉等，举办活动时可将小品搬移。

③城市道路广场化，举办大型活动需扩大广场面积时，对道路进行交通管制，将道路纳入广场中。

（3）设计策略

1）A02-05-06～A02-05-07地块弹性绿化空间

①开放性公共活动广场，可作为市民活动广场、集散广场等。

②设置可移动景观树池、座椅、喷泉等小品。

③需举办大型活动广场时，可用电动重力叉车将树池等移走，留出完整开阔的广场设置弹性绿化休闲空间，放置可移动景观树池、座椅等，既可增加广场绿化，也为开放性广场增添趣味性。

2）A02-05-06～A02-05-07地块弹性广场使用场景

①大型政务活动时，需要完整且空间大的广场，可腾出4000m²的完整广场，供举办运动会、大型活动时使用（图13-27）。

②日常政务活动时，按照前海控股与管理局当初1200人数量计算，预留常用广场（图13-28）。

③日常休闲活动时，政务广场及周边区域预留给公共空间休闲娱乐活动（图13-29）。

3）A02-05-06～A02-05-08地块城市景观绿化轴

①延续公共开放空间的"绿轴"概念，保证城市景观轴的连续性。

②设置林荫步道及休憩空间，增添城市绿化，提供休闲场所。

③通过绿化景观的遮挡，改善下层公共空间的空间体验感。

④利用景观绿化遮挡下层空间的垂直交通体系。

具体如图13-30所示。

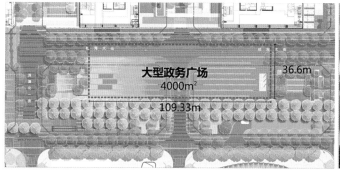

图13-27　大型政务活动使用场景效果图

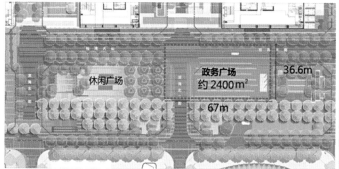

图13-28　日常政务活动使用场景效果图

图13-29 日常休闲活动使用场景效果图

图13-30 A02-05-06~A02-05-08地块城市景观绿化轴效果图

4）A02-05-08地块公交场站及二层平台

①A02-05-08地块首层为公交首末站，其二层设计为绿地公园，覆盖在公交首末站上方，既形成了公交站的屋盖也将公交站包容在整个绿轴绿化带之中。

②A02-05-08地块在西侧通过跨街连桥与A-02-05-05地块的变电站连廊相连，由此A02-05-03~A02-05-05地块人流在二层可以与A02-05-08地块二层公园流畅的衔接在一起。

③二层公园在东侧预留了与民生项目连接的连桥接口。在南面二层绿地公园可以跨过海滨大道一直延伸到河畔公园，从而将南北绿化带完美地与河岸美景结合在一起。

A02-05-08地块公交场站及二层平台景观绿化如图13-31所示。

图13-31 A02-05-08地块公交场站及二层平台景观绿化效果图

13.4　街坊整体开发模式的主要应用点

前海综合规划提出以城市综合体为主的单元式整体开发模式，倡导实行街坊式整体开发，有利于提升地上、地面、地下空间的建筑品质，提高空间的利用率与经济性，加强土地集约利用。以办公、商业、住宅和中央公园为核心，打造一体化街坊设计。所以，主要的应用点有以下几个方面。

（1）街坊形象一体化

除了令整体设计在城市天际线中脱颖而出外，适合人行尺度的街道设计也是规划成果与否的基础，如何令桂湾公园融入整体街坊绿色设计，细致至商业立面设计共融性亦是形象一体化的一大重点。措施有：①在建筑首层设置沿街商业，丰富街道；②在地块中间的走道也配置零售和商业，可以考虑单层商业连接；③增加外摆型的餐厅、咖啡厅等，可以营造活跃的街道氛围；④控制并鼓励从大厅及店面延伸出来的雨棚，除了遮雨外，还可以定义人行道；⑤所有首层商业建议为通透的玻璃幕墙商业立面，特殊材料可以用于招牌表示；⑥所有首层商业立面均建议从屋檐向后退2~3m，形成骑楼或定义的有顶盖人行道，从而提供了从私密空间到公共空间的过渡；⑦商业立面应该丰富，可以使用不同材料。

（2）公共空间一体化

为了提供富有城市韵律，且可持续发展的地区，除了中央公园及跨街天桥外，也提供了附属的公共设施，从而给居民、工作人员和访客提供便利的设施，务求令公共空间的价值最大化。前海二单元05街坊公共空间结构强调融入区域整体生态框架、串联单元及街坊活力、连通城市与滨海岸线。单元内部打造一条东西向通达海岸的公共空间主绿廊、两条南北向通达桂湾公园的公共空间次绿廊；一条南北向毗邻梦海大道的防护绿廊，以及7条林荫道（图13-32）。本单元公共空间绿廊形态划分为公共性立体复合开发绿地、公共

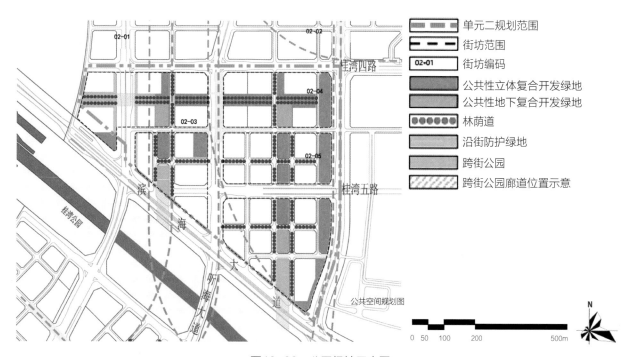

图13-32　公园绿地示意图

性地下复合开发绿地、跨街公园三大类型。

（3）交通组织一体化

街坊交通以公共优先，除场地内有公交总站于南面外，多条铁路（包括在建的）、公交及行车道路都贯穿整个场地，以高效、安全、舒适为目标，令场地更四通八达。前海总体规划设计提供了一个清晰的路网结构，将整个地区的路网与城市路网有机的接驳在一起。不同的街道类型为不同的区域带来不同的特性和识别性，每一个类型都很好地平衡了地区交通流线的需要。二单元05街坊的交通连接包括了地铁、车辆、人行等交通（图13-33）。

（4）地下空间一体化

街坊地下空间应统一设计，包括优化地下行人流线及一体化商业设计，同时大量地下停车空间亦能满足功能密度的要求，在横向流畅连接各地段的同时，善用垂直空间特性以达多层次价值。地下空间人行步道能够解决中心区地面交通拥堵问题，提升步行出行空间品质和连续性，提升地块价值和利用率。项目规划有一条地下人行步道联系桂湾站及鲤鱼门站地下人行系统，可便捷连接轨道站点，形成人车分离的便捷立体步行出行环境（图13-34）。

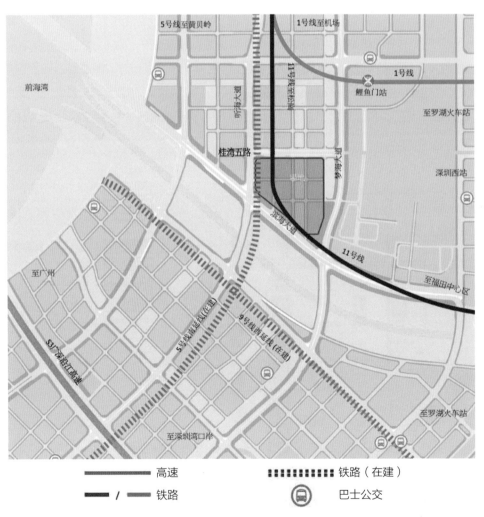

图13-33　公共交通连接设计

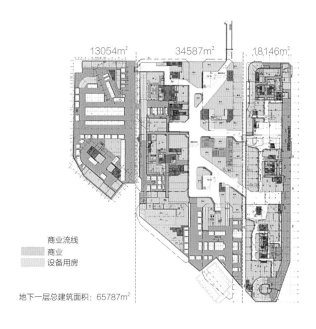

13054m²　　34587m²　　18,146m²

商业流线
商业
设备用房

地下一层总建筑面积：65787m²

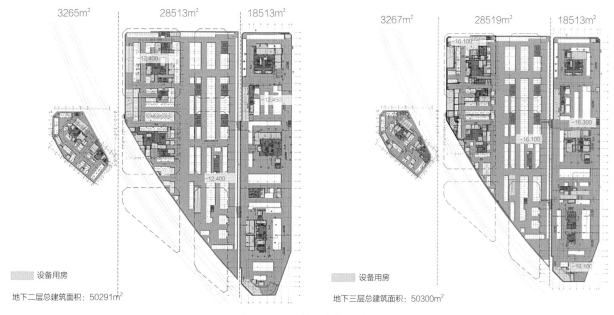

3265m²　　28513m²　　18513m²

3267m²　　28519m²　　18513m²

设备用房

设备用房

地下二层总建筑面积：50291m²

地下三层总建筑面积：50300m²

图13-34　地下空间示意图

13.5　案例启示

（1）街坊整体品质与地块个体诉求的统一

位于核心区的二单元是前海开发建设的启动单元和示范单元。在此背景下，二单元05街坊的设计统筹工作是一项开创性的工作，对前海的整体建设具有探索性和指导性意义。通过以设计导控为主要抓手的整体开发过程，统筹了项目整体城市形象，优化了区域交通组织和地下商业一体化设计。前海二单元05街坊城市设计把握"高密度、混合街区开发，人性化、立体复合公共空间"的核心理念，通过城市设计、建筑、环境、市政工程、公共政策、市场开发等多专业协同的集群化设计过程，打造具有标杆示范作用的前海核心板块。需要强调的是，设计统筹工作成果的编制充分体现了"二次订单设计"意识，通过配合政府与企业开发诉求，面向后续建筑与景观设计、开发建设行动，刚弹结合设定必要的开发边界，制定综合的设计导控，为指导后续详细设计及开发建设提供具有生命力和高价值的依据。

（2）"街坊整体开发"重在"整体统筹平衡"

随着国内城市的发展由粗放型向集约型转变，城市公共利益及低碳生态愈发受到重视，使得城市在发展过程中更应注重整体的均衡性，以推动城市科学、健康的发展。街坊整体平衡制可以对街坊整体及其子系统——地块，在建设量、空间环境质量和绿态空间价值等方面进行有效平衡，推动地区平衡发展，以实现地区整体综合价值的提升。二单元05街坊在出让地块本身范围较大的情况下，通过整体开发解决地块配套诉求的内在动力相对不足，为实现更高程度的整体开发，需要通过整体品质提升带动地块价值提升的愿景进一步调动地块开发单位参与整体开发的积极性。

在二单元05街坊项目整体统筹过程中，前海控股作为统筹单位突出了"公共空间一体化设置""地下空间互联互通""交通组织一体化设计""商业设施整体规划"等多项"1+1>2"的"价值优化点"，很大程度上调动了地块开发单位的积极性，最终实现了区域整体品质提升与地块个体价值提升的平衡与统一。

（3）多维度、多层次应用"街坊整体开发"模式

二单元05街坊以创造高品质和充满活力的街区生活，创造均衡、活力、多元、畅达的公共空间，高效、立体的交通系统为目标，而这些目标有待于通过整体开发实现。

前海"街坊整体开发模式"强调城市形象、地下空间、交通组织、公共空间、市政景观等全方位的一体化设计、建设，对于客观上存在限制条件无法完全实现五个一体化的项目，仍可以项目具体条件做多维度、多层次应用探索。二单元05街坊受到地铁保护区基坑先行实施、设计统筹单位介入较晚等条件制约，使得基坑整体开挖在技术上不可行，地下空间全连通变得更困难。但秉持前海"深港合作"的制度红利，通过引入具有丰富统筹经验的香港建筑师作为设计导控顾问，通过街坊整体开发模式应用，仍然在街坊城市形象、交通一体化设计、景观及公共空间环境乃至地下空间的互联互通方面起到了非常积极的导控作用，发挥了巨大的工程效益。

第十四章

总结与展望

14.1　亲历者口述：经验与教训

为了直观体现街坊整体开发模式的难度，反映项目建设过程中遇到的挑战与解决方案，结合访谈的内容，选取了四位优秀参建人员代表（以下分别简称L总、W总、X总及Z总），以亲历者口述的形式展示街坊整体开发模式的经验与教训。

14.1.1　建设单位设计管理代表

多年前的前海只是一片滩涂，经多年规划建设现已成为中国面向世界的一张亮丽名片。2010年国务院正式批复同意《珠江三角洲地区改革发展规划纲要（2008—2020年）》，确定建设深港合作现代服务业合作区。2013年深圳市政府正式落实《前海深港现代服务业合作区综合规划》，在一张白纸上填海造地、开发建设，重点发展创新金融、现代物流、总部经济、科技及专业服务、通信及媒体服务、商业服务六大领域，使这片改革试验田发生了翻天覆地的变化。十九单元03街坊是前海街坊模式建设的先行者，率先采用"小地块、多单位、整体开发"模式，坚持产城融合、特色都市、绿色低碳三大规划理念，助推前海建成具有国际竞争力的现代服务业区域中心和现代化国际化滨海城市中心。十九单元03街坊从2014年9月开工，经过四年多时间建设成为滨水个性之城、产城融合之城、紧凑活力之城、高效便捷之城、生态智慧之城。作为自贸大厦的设计管理者，L总亲历了整个项目建设的全过程，有了很多收获和感慨。以下记录了L总的几点收获与思考：

第一，低成本、高效益是街坊整体开发模式的初衷，小地块、高密度、同时开发是街坊整体开发模式的条件。十九单元03街坊土地资源紧张，各业主地块面积狭小，基坑开挖深度大，单地块割裂式开发模式下挡土墙施工难度大甚至无法设置。基于此种情况，十九单元03街坊01～05地块基坑工程采取整体开挖方式，发挥出显著优势，既解决传统开发模式的问题，又缩短了建设周期、节省了建设费用，获得各开发建设单位的高度认可。本项目从实践的角度证实，街坊整体开发模式在小地块、高密度的城市条件下，各开发建设单位同时施工、基本同步完成条件下，更能发挥其最大效益。

第二，街坊整体开发模式协作模式和统筹工作是项目顺利推进的重点。十九单元03街坊由前海控股、世茂、香江、顺丰、金立、香融、信利康7家建设单位共同开发，在前海管理局牵头下，出于各家业主对前海控股的信任，由前海控股承担街坊整体开发的统筹协调工作。管理局与前海控股以周例会形式共同推进，各业主、设计单位代表、建设单位代表三方需出席会议。这种多业主会议协调机制极大提高了项目的可操作性，提前解决设计及其落地时可能存在的问题。设计阶段的统筹工作持续约半年时间，前海控股负责整个街坊的城市设计的组织，同时，委托深圳一家知名的设计公司筑博为设计总体统筹单位，负责全过程管控各地块设计统筹工作，编制方案设计、初步设计、施工图设计阶段的《实施导则》作为设计工作指导文件，并在各个阶段对不同设计单位进行要点控制，保证了项目设计的整体性、连贯性、统一性和协调性。

第三，协调困难是本次街坊整体开发模式面临的最大挑战。街坊整体开发模式下的决策机制是相对模糊的。整体开发模式需要统筹协调的内容很多、周期很长，事前很难确定详细的、各方均能遵守的统筹协调、决策机制（如少数服从多数机制、举手投票机制、政府主导机制等），容易导致决策效率低下、决策难度加大、决策侧重点模糊。在没有刚性决策机制支撑的情况下，协调人选的选择极为重要。协调工作能否得以顺利进行，与协调人、被协调人的配合度密切相关。协调人需要具备良好的沟通能力、扎实的专业素养、丰富的实战经验等，在被协调人中有威望、说服力，遇到利益纠纷时能很好平衡各方利益。在下一步的实践中，如何令被协调人各方都高度配合、拥护协调人的决策，仍然是公司需要继续探索的方向。

第四，政策与审批程序创新是街坊整体开发模式的亮点。为优化整体功能，十九单元03街坊整体开发统筹建设地库出入口、人防区域、消防疏散和消防分区等功能，其相应的系统设计从原来建筑单体视角转为区域整体视角。政府审批突破常规、不局限于已有规范，由原来单个单体审批转向整体审批。用地红线外的工程，审批、产权和管理问题在政策与程序方面均有突破。目前，我国在整体建设方面现行的法律法规相对滞后，缺乏对整体规划编制的指导。今后，随着街坊整体开发模式采用项目越来越多，政府层面需要牵头制定相应的整体开发（如公共空间、消防、人防等）规划、报建、报批及验收总则，使整体开发建设模式相应的政策法规更完善。

第五，高度开放的公共空间和配套设施共享体现出街坊整体开发模式的最大特色。十九单元03街坊各地块间不仅没有围墙，还特意利用二层连廊设立了各单体间的紧密联系。二层连廊呈环状连接各地块主体建筑，横向开放程度大大增强，满足步行路径上便利跨街的需求，促进地块间的协同发展。连廊与地下空间通过垂直交通实现一体化连接。负一层人行公共通道整体串联轨道站、地下商业、下沉广场及建筑主体，结合地面步行系统和连廊步行系统形成一个完整的多层步行系统。各地块出入口与街坊周边连通，加强街坊与外界联系。高度开放促进街坊内的基础设施实现共享。尤其是停车库资源，通过地下空间的整体开发建设，实现了停车位资源在街坊范围内共建共享，大幅度提升了各单体建筑的停车配套水平。

第六，"摸着石头过河"，积极探索解决新问题的新模式。在多元主体建设过程中难免会遇到一些矛盾，这些摩擦的解决需要经多方主体协调后由设计统筹单位筑博拟定导则提出方案。由于整体开发模式史无前例，最终采取筑博根据各开发建设主体提出的问题逐步深化优化导则的新做法。协调是街坊开发模式中最大的困难，决策内容模糊、决策机制缺失、决策效率低下、决策侧重点不明确、决策路径未确定等都增加了项目推进的难度。深圳市前海建设投资控股集团有限公司根据实际情况，敢闯敢试、灵活应对，创立"业主联盟"解决建设过程中的问题，是十九单元03街坊整体开发模式的有益探索和积极实践。

总体来看，前海十九单元03街坊既全面实现了城市规划功能，又符合土地价值最大化要求，提升了街坊整体形象，是城市中心区域开发建设的一种创新模式。L总作为其中一份子，他倍感骄傲！同时，希望今后能继续研究、实践这一模式，为推动城市高质量建设贡献出绵薄之力。

14.1.2　建设单位工程管理代表

十九单元03街坊是前海街坊模式建设的先行者，由深圳市前海建设投资控股集团有限公司开发的自贸大厦位于十九单元03街坊01地块，是街坊整体开发的重要组成部分。自贸大厦项目楼高150m，地上34层，地下3层，项目定位为高端甲级写字楼。2014年10月，中国建筑第二工程局开始基坑施工，2015年10月，总包中国建筑第三工程局进场开始进行基础施工，2018年2月，完成竣工核验，2019年4月，完成工程档案移交市档案馆。W总作为项目经理基本全程参与其中，亲历了整个项目建设，同时作为施工阶段整体统筹单位代表，负责街坊整体开发的施工协调工作。回顾整个项目建设过程，W总谈到一些他个人的感受，供未来街坊整体开发模式的建设者参考。

第一，一体化建设、统筹协调是整个项目成功的关键。前海土地资源稀缺，十九单元03街坊具有多元主体合作、开发时序有差异、建设周期较长、建设内容构成繁杂且互相关联、互相制约等特点。为贯彻前海管理局一直倡导产城融合、紧凑集约、以人为本、互动并进的建设要求，公司大胆突破以往城市建筑群各自为营、互不相谋的局限，导入一体化开发统筹的理念。在施工阶段，保证项目成功的统筹协调主要包括两大方面：

一是统筹基坑施工。为优化施工方案、加快工程推进并节约工程造价，自贸大厦和金立地块等其他4家业主单位于2014年9月签署了基坑统一开挖协议，由前海建投负责十九单元03街坊01～05地块基坑工程整体开挖工作。2015年4月，5个地块基坑土石方工程全部完成。按照一般开发建设模式，多个建设主体参与的基坑施工过程往往变成"九宫格"，各基坑支护结构体经常重复建设，互相施工制约严重。而在前海十九单元03街坊的开发过程中，基坑由自贸大厦统一组织实施，不仅大大提速（将一年左右的工期缩短至5个月），还避免单元地块基坑先后开挖出现混乱的情况，大大降低了成本，使得各家单位都有获得感，得到了管理局和其他6家业主的极大信任和高度认可。

二是统筹地下室及主体施工。街坊大塔群统筹管理。在十九单元03街坊各地块桩基施工阶段、总包单位进场前，自贸大厦项目部针对大基坑内场地、各地块室外地坪场地情况，结合各栋建筑结构构造情况等因素，统一布置了十九单元03街坊大塔群，将各地块预计使用的塔吊数量、位置进行了统一布置、统一编号，征求各业主意见后定稿发布，并要求将此文件放入各地块建筑安装工程总承包招标文件中，注明中标总承包单位必须严格执行。街坊大基坑内各地块公共运输通道统筹管理。地下室施工期间，为统一施工运输通道管理，自贸大厦项目部综合各业主需求，由原大基坑预留公共运输通道处，向下整合顺丰、信利康、自贸、香融、金立等多家地块，建立了一条地下室阶段施工公共运输通道。在施工过程中强调各地块之间的沟通协调，运输通道使用前必须预先书面告知相关地块，使土方及各类施工材料得以顺畅运输。地盘管理统筹。由自贸大厦项目部牵头，每两周周一下午进行十九单元03街坊双周各地块业主协调统筹会和联合安全检查。针对十九单元03街坊地下室相互连通的设计，结合现场进度施工要求，召集各地块业主、总包等单位，建立共承台、后浇带、连廊等交界处先后施工、费用清算等原则与实际操作文件，规范各方行为，实施情况良好，使得整体开发模式在施工上具有高度的可操作性。周边市政配套项目整体统筹。2014年11月启动了十九单元03街坊周边市政设施及公共配套工程（包含2号渠、4条外部市政道路和2条内部市政支路工程，含市政管线工程）相关工作。该项工作对7宗地块的开发建设，尤其是针对香江地块的建设及运营期间道路交通及水电等配套设施进行了细致策划。其总体工作方案与各家业主经过多次沟通协调，基本达成了一致意见。

第二，尽管一体化开发统筹取得了一些成效，但在实施过程中，受制于建设经验不足、能力局限、配合生涩等因素，建设过程中遇到并积极解决了较多问题。

一是整体设计统筹协调难度大。由于前期各宗地土地出让合同及其他相关文件对各街坊统一开发建设理念缺乏刚性的细化约束条款，导致各单体的设计统筹较难协调推进。以地下空间的设计统筹工作为例，十九单元03街坊地下空间规模较大（约15万m²）、功能较为复杂、空间联系极为密切，必须进行系统性的统筹实施。但是，各业主的前期设计对统筹工作没有统一的认识，对建设标准、建设时序、后期运营管理方式等也常各持己见，需要自贸大厦项目部耗费大量精力资源协调推动整体设计统筹。

二是统筹工作还不够全面彻底。在土地出让时序上，香江和世茂地块先行出让，加上建设时序不完全一致的影响，该两家业主建设进度计划早于整体街坊统筹工作，因此对整体统筹工作有较大影响。此外，公共设施（变电站、通信机楼等）等配套也未纳入整体统筹范畴，后续运营管理统筹也应作更深入探讨。

三是各地块建设时序难以统一步调。各家单位结合自身开发计划，具体进度往往无法按照街坊整体建设时序推进。以桩基进场为例，按照自贸大厦原有的进度计划安排，2015年4~5月将作为各地块进行桩基进场的基准点，前后不宜超过一个月。但由于缺乏有效和强约束力的管控机制，兼之当时各地块自身建设进度不一，各项目桩基均无法按时进场，对后续的统筹建设造成较大压力。

四是人防集中设置落实难。从整体来看，通过协调各地块人防面积分配，一方面可以少建人防分区，可有效减少建设费用；另一方面还通过统筹优化街坊整体人防战时供电方案，可减少人防机房占用面积，从而换取更多的车位，减少投资增加价值。但由于涉及各地块自身的切实利益，且现实过程缺乏相应的约束手段，难以统一各业主的共性认识，尽管局规建处在实施过程中也给予了协调支持，但人防集中设置仍经历了一个艰苦的协调过程。

五是消防整体报建及竣工验收需要政策创新。在十九单元03街坊的统筹工作中，消防分区已在街坊内进行了整体统筹划分，但消防报警系统、自动喷淋系统并未联动统一，消防水池和消防控制室也独立设置。在街坊整体开发模式下，系统的整体性和地块的独立性之间常存在矛盾，在消防乃至工程竣工验收方面均需要配套的创新政策支持。

第三，基于W总的经验及对本项目的深入思考，提出几点可以进一步优化探讨的建议。

一是统一设计建造技术标准。在土地出让前，城市规划、城市设计层面可进行更深入细致的研究，从街坊整体设计层面，统一设计建造技术标准，制定街坊整体建设进度计划；建设过程中进行整体施工组织策划，明确统一建设时序，要求各业主按照街坊整体建设标准推进设计与建设工作。

二是统筹开展报批报建工作。十九单元03街坊涉及7个项目的报批报建，统筹开展报批报建工作点多、线长、面广，相较于单个项目报批报建更为纷繁复杂且无先例可循。在积累十九单元03街坊经验的基础上，建议街坊整体开发项目结合实际情况，对部分行政审批环节与流程（如人防、消防等）进行专题研究，在法律法规允许的范围内完善优化，进一步提升报批报建的效率效益。

三是协调解决计划与实际的矛盾。施工过程中，计划与实际矛盾、脱节，是项目常见问题，自贸大厦同样不例外。究其原因不外乎：计划编制不准、计划执行不力、突然出现的问题干扰。计划编制要考虑的不仅是工程本身，还要考虑企业自身状况、项目部工作边界、一些隐性工作流程时间。计划下达以后，项目部和个人要严格贯彻执行。在不断提高自身技能、抗压能力的同时，甄别轻重缓急、合理分配时间精力是非常重要的。

四是提前统筹谋划规划验收问题。对一个市场化项目来说，规划验收重要性尤为突出，除了关乎竣工备案外，也与土地合同竣工期、营销策略、初始登记等经营环节息息相关。在整体开发模式下，规划验收影响因素多，项目在办理规划验收前置条件之一的竣工测绘工作时，耗时很长。

五是强化由政府牵头的自上而下和效益驱动的自下而上的双向驱动模式。在高密度、小地块项目建设中，传统的建设模式很容易出现重复建设、投资增加、各建筑外立面千差万别的问题。政府规划部门可提出街坊一体化统筹开发模式，倡导产城融合、以人为本、高效集约利用土地的建设要求。这种模式有助于打造一体化街坊形象，提升地上、地面、地下及公共空间的协调性，避免出现过多的设计及工程缺漏的变更，从而缩短工程周期，节省建设成本。另一方面，从效益优化的角度引导开发商，各开发商认识到单独建设比整体开发建设工期长、成本高、效益低，将极大提升对这种新型开发模式的接受度。这种双向驱动模式可实现政府上位要求与企业个体效益的平衡。

最后，W总表示，参与十九单元03街坊项目的建设是其珍贵的人生经历，在其职业生涯中具有里程碑式的意义。W总再次感谢共同参与建设的"前海工程人"，是他们的勇担重任、共同努力、拼搏进取，将一张白纸，从零开始，精耕细作，精雕细琢，画出了一幅最美好的图画。

14.1.3　建设单位运营管理代表

作为前海"三城一港"现代自贸新城的重要组成部分，十九单元03街坊经过短短几年的发展建设，业已初具规模。前海十九单元03街坊是前海自贸区首个率先按照"统一规划、统一设计、统一建设及统一运营"的"单元一体化"开发理念建设的街区。X总作为十九单元03街坊建设单位运营管理代表，有幸参与和见证整个项目的建设全过程，在开发建设、商业运营等方面的理念和模式，凝聚了众多建设者们的集体智慧，折射出了很多闪光之处，可资同类项目参考。

十九单元03街坊项目在单元规划中有清晰的定位，旨在实现"产城融合、特色都市、绿色低碳"目标。在前海管理局的指导下，前海建投集团作为统筹主体，以终为始，协同街坊内各开发单位，积极落实前海总体规划要求，采用"街坊整体开发模式"，最终实现了多元投资、多属产权、超大规模的商务街区的集约化开发，实现了对地下空间的高效利用。

项目全生命周期的高品质、高效率运营管理，需要专业技术过硬、富有责任心的运营团队参与其中，并前置性的开展工作。公司为项目的运营管理配置了专业齐备、经验丰富的专业团队，人员专业结构覆盖全面，具有国际化视野和理念。项目伊始，充分发挥团队先进管理经验和技术优势，提供了无缝隙、一站式的综合性服务，为前海项目进入运营期后的持续提升保驾护航，奠定了坚实的基础。

地下空间的互联互通、统一的运营管理维护是项目一体化运营的核心所在。由于协调主体多、协调难度大，难度和挑战性倍增，传统的各自为营的维护运营模式已难以适应和胜任。随着共享经济理念的深入人心，技术革命和管理创新突破了传统模式的瓶颈和限制，专业、高效的运营模式恰逢其时，为此提供了可能，由此带来更大范围的协同，更高的价值创造。

第一，规划导向。提出"互联互通"的统筹交通组织和地下交通设施的布局方式布置。十九单元03街坊建设规模大、强度高，高峰小时通勤客流集聚，单个地块独立进行交通设施布局十分困难，且不利于实现总体交通系统的最优化，尤其是地块（车库）出入口设置与地下交通组织。针对这些问题，公司结合各地块建筑方案，对内部交通设施进行整体统筹规划，打通了相互的物理间隔，并通过技术手段破除了原有管理难题，使其互联互通、资源共享，同时保证规模布局、总体交通组织和内外衔接等方案尽量最优，以实现单元开发效益的最大化。

第二，机制保障。整体开发模式下，统筹单位牵头、各业主单位参加，建立业主联席会议制度。具备运营条件后，前海建投集团牵头，7家业主共同委托深圳市前海智慧交通运营科技有限公司开展专业的一体化运营，制定了《前海合作区十九单元03街坊地下停车场停车自治组织规约》。成立了停车自治组织，签署统一运营的相关管理协议，强化协商自治，成功解决了利益相关者视角下街坊多主体统筹问题。确立了自治组织的组成方式、运行机制、议事规则、决策原则、权利义务等内容。创新共商共管机制，构建智慧交通前海模式。

第三，运营落地。技术、管理手段实现"一体化统筹运营"的管理模式落地。十九单元03街坊多业主互联共享停车场由于创新的设计理念，整个停车场完全互联互通，各宗地边界上没有物理隔离。结合物联网、云计算等先进技术的全新费用清分系统，为停车场的一体化顺畅运营提供了技术可能。该系统结合高清车牌识别摄像机等物联网设备的应用，通过对车辆入场、车位搜寻、车辆停泊、车辆出场等过程中车行轨迹进行识别与匹配，在管理系统中预设清分算法来判定停车费收益的归属，为多业主停车场一体化运营顺利落实提供了技术支持。

第四，多元开放，活力持久（"十九"单元）。多利益主体下十九单元小地块、高密度的高强度、高质量整体开发，大幅度提升了街区活力与多元开放性。由于7栋楼宇在招商方向上各有不同的侧重点，使得整个街坊内具有丰富多元的业态，不同业态的停车需求"峰""谷"错开，相互补偿。各开发主体根据政府对十九单元03街坊的整体定位与商业规划，结合自身资源禀赋、特点和优势，完成各自楼宇的产业招商并有效实行经营，并且能够根据市场的变化，对于其定位与业态进行动态调整。最终使得街坊整体地块价值不断提升，成为充满多元魅力和特色的活力街区。

十九单元03街坊的规划、建设和运营都是以市场为导向，按照商业的运行逻辑，其本质是一个成功而且成熟的商业运作，而非仅仅是单纯的城市开发。正因如此，在当今市场化经济的大背景下，十九单元03街坊在规划、设计、建设和运营过程中的主要原则和核心要点就更具生命力。"单元一体化"开发模式将继续助力前海打造国际级城市新中心。希望为国内类似项目建设运营提供良好的示范效应。

14.1.4 设计统筹单位代表

深圳前海具有极佳的区位条件、完善的交通网络、高品质的景观资源。03街坊位于前海妈湾片区十九单元的核心位置，它是前海地区首个由多家开发主体共同参与、同步整体式开发的典型项目，城市设计提出一体化街坊开发的整体目标。

首先，Z总参与该项目时，原本的城市设计实际上已具备雏形，其最大的特点就是各个地块的空间方案、交通组织方案都已基本稳定。并且当时只有世茂、香江地块完成拍卖出让，剩下的几个地块尚未完成出让。在这种情况下，为了能够实现整个街坊的一体化，管理局及甲方提出并且实施了土地带方案出让的方案。土地带方案出让是基于整体把控整个街坊内地块的设计，从而指导后续地块开发建设的需要。一方面，这种模式在原有的小地块背景下能够节约集约利用土地，另一方面，也有利于后续土地的出让和管控，实现土地经济价值的最大化以及更高效的完成整个街坊一体化的开发。

其次，管理局及甲方所有的设计，包括具体的地块设计和地下空间的设计，都是从原有的城市规划入手，对其做分析，得出结论，并在这个基础上进行设计。在这个过程中，他们发现了一些问题。比如，以前做的城市设计实际上并不是在街坊整体开发这个理念下完成的，这样的设计对整个空间的活力和辨识度没有做到较好的统筹。原来的方案，整体步行的体系在前海这种模式下，人车干扰比较严重，使得通行的效率比较低，对行人也不够友好。对于这些问题，管理局及甲方在后面的城市设计中也提出了相应的解决方案。在交通问题方面，街坊尺度相对缩小（相对中国普遍的开发模式而言），街道较窄，不仅缩短了点与点之间的步行距离，而且创造出更适宜人行的多层次街道空间结构。尽管保留地面的步行属性和人性化的空间尺度是非常重要的，但是消化高峰期的人行流量与保证街坊内合理的车行交通效率也是必须解决的问题，所以，在规划中通过梳理街坊内部交通、减少停车出入口、设置停车落客区实现车流快速通行。

然后，在街坊形象、公共空间、交通组织、地下空间、市政景观这五个一体化的过程中，Z总对二层步行体系整体开发和地下室整体开发的印象最为深刻，因为它们的系统性最强、难度最大。十九单元03街坊这个项目，每家的地块规模大概是5000～6000m^2。因为整体开发强度较大，所以要做高强度的地下开发。如果按照传统模式，开发难度以及成本都极高。而这个项目是7家业主同时开发，对于地下空间进行了"空间+机电+智能化体系"的统一管理和"方案+初步设计"的地下空间导则两方面的统筹，对地下空间的开发技术和尺度进行了控制。这一地下空间一体化的开发模式通过导控文件事前控制、多业主协调事中控制和施工图统一审核事后控制，大大减少了施工风险。地下基坑统一开挖、地下车位统筹使用、人防统一建设等一体化建设手段又提高了地下空间的利用率，节约了投资，降低了协调成本。

当然，在整个建设的过程中，管理局及甲方的工作也不是一帆风顺的，遇到了很多困难，其中最大的困难是协调与管理。十九单元03街坊地块小且业主多，每个人的主观想法不一样，每个单位都有其价值取向和组织文化，这样就会产生不同的利益诉求。以设计工作为例，不同设计单位的每个主创设计师在这里面希望发挥自己的主观能动性让空间变得复杂起来，这使得街坊整体开发的统一性和设计师们追求的个性化有时变得不可调和。这时候，政府职能部门和统筹开发牵头单位提供了巨大的支撑。政府一开始就对这个项目的期盼值非常高，希望能够又快又好地完成，尤其是要求深度贯彻落实整体开发的模式，特别重视过程中的设计、进度、协调与管理。在管理局及甲方设计统筹的过程当中，牵扯到方方面面利益的协调。实际上，管理局及甲方更多的是从公众的利益或者城市的利益角度出发，尽量放大地块的价值，就是能够使这个项目提高土地价值和土地溢价的比例，使得每个地块的开发单位都有获得感，这样有利于协调。

十九单元03街坊之所以在深度应用街坊整体开发模式中取得成功，关键在于管理局及甲方在协调的过程中找到了一些行之有效的议事机制。一个是例会机制，另一个是决策机制，进行周会、月会、季度会等会议，通过这些会议协调各方面的利益与冲突。管理局及甲方作为街坊整体开发模式的设计统筹单位，采用的是一种"众筹机制"。汇报对象是前海局，费用的获取是由各开发商按面积分摊，这就使得管理局及甲方的工作在一定程度上具有兼顾政府和企业双方利益的特征。某种程度上，由于管理局及甲方总是从大街坊整体的视角对具体地块提出优化、完善设计方案的要求，在小地块开发商的视角，相当于"开发商花钱为难自己"，也是通过这种"为难"提升了自我。

十九单元03街坊的整体开发建设，虽然存在一些遗憾，比如有部分开发商还是想坚持自己的造型词汇，这些未必符合原方案，包括公共月牙连廊，各家的设计形态都不太一样等等，但是整个项目还是基本实现了最初的目标，比较好的贯彻了街坊形象、公共空间、交通组织、地下空间、市政景观这五个一体化的实施和落地。

总而言之，在整个项目的建设过程中，管理局及甲方始终以高质量开发建设为导向。整体品质是街坊整体开发模式下工程建设的核心，作为深圳前海重点开发区域之一的十九单元03街坊，品质更是重中之重。对于这个项目，作为参建者，管理局及甲方尽自己最大能力，同其他部门齐心协力，Z总也认为他们实现了"看得见的地方未必尽善尽美，但看不见的地方能够健康运营"的目标。

14.2　模式不足与展望

街坊整体开发模式是前海践行产城融合与紧凑集约发展理念的重要举措之一。十九单元03街坊作为前海开发模式创新的先行者，按照统筹开发、协调推进的整体思路，率先深度实践了"街坊整体开发"模式的理念。以十九单元03街坊项目为代表的前海街坊整体开发模式的创新性尝试，在取得积极效益的同时，必定还存在一些需要进一步优化改进的地方，本节开展简要分析。

14.2.1　模式适应性问题

适应性思想对于城市开发建设领域、工程管理领域具有启发意义。中国城市转型加剧，城市生活方式日益多元，空间环境愈加复杂而多变，城市开发需要与当地实际相结合以有效解决城市发展面临的问题。街坊整体开发模式肯定不是一种放之四海而皆准的开发模式，需要关注其适应性。首先，项目的区域选择要充分考虑适应性问题。在街坊整体开发模式背景下，项目由多业主同时建设，项目的整体规划设计、施工协同难度都显著增加。高强度的地下空间开发、高品质的定位也必然带来建造成本的增加。因此，经济较为发达的一、二线城市的核心区域适用此开发模式。其次，为了实现利益最大化，项目的规模需要考虑适应性问题。一方面，适度规模有利于获得经济效益、协调各方利益；另一方面，项目规模需要与市场去化能力相匹配，以保证项目成功的可靠性。同时应该注意到，地块数量的增加将使得协调难度指数化增加，太多地块同期整体开发甚至可能使得协调工作变得不具可操作性。对于本身地块尺度较大的街区，由于其自身满足各项设计条件的内部调节余地较大，也将使得整体开发的内在需求变弱。最后，开发主体的建设时序影响整体开发的落地。一方面，街坊整体开发模式要求各地块在项目招商阶段、土地出让阶段的前期筹备保持基本同步，为街坊一体化开发建设提供前提；另一方面，街坊整体开发模式要求各地块在项目实施过程中保持尽量同步，这提高了区域地块招商的难度。

14.2.2　地块连接部位建设用地权属问题

整体开发模式下，对于地块间的道路红线范围上方将建设连接各地块的连廊，道路红线范围下方地下空间将和出让地块整体建设。这些连接部位的权属处理尚处于一种探索状态，不利于发挥开发单位的积极性。以十九单元03街坊为例，在出让地块的《深圳市前海深港现代服务业合作区土地使用权出让合同书》中已明确规定，"本宗地与周边地块的连廊、地下通道等，宗地范围内的产权归乙方，宗地范围外的由乙方投资建设，无偿移交政府"。地下空间建设投入的资金巨大，对于开发单位而言，如何实现资金平衡是一个重要的考量。另外，在建设过程中，用地单位超出用地红线部分的连廊权属也存在类似问题，如二层连廊超出用地红线部分，导致开发过程中实施难度较大。

14.2.3　审批创新问题

街坊整体开发为了优化整体功能，统筹考虑地库出入口、人防建设区域、消防疏散和消防分区等重要功能，其系统设计从原先建筑单体视角转为区域整体视角。而在实际项目执行过程中，政府审批的对象是单个单体项目，每个地块单独报建，在各建筑系统设计上经常突破现有规范，行政审批的配套改革亟待研究与实践。

14.2.4　多元主体开发的协调机制问题

整体开发模式下需要协调的内容很多、周期很长，且事先难以事无巨细地明确一个合作各方都遵守的统筹协调、组织机制和决策机制，导致协调基础较为薄弱。如何在项目开发的初期，例如土地出让阶段制定科学的协调统筹机制应成为下一步研究的一个方向。在十九单元03街坊整体开发实践中，由于前期各宗地土地出让合同及其他相关文件对街坊整体开发缺少完善的约束条款，相关权利义务仍不清晰，各业主对建设标准、建设时序、后期运营管理方式等没有统一的认识，导致各单体的设计统筹协调较为复杂，难度较大。

14.2.5　街坊形象统筹的细化落地问题

建筑集群的整体性和多样性之间存在失衡现象。在十九单元03街坊中，除世茂地块外，其余地块建筑形态及肌理丰富性不足，建筑立面的手法和形式语言较为趋同。对底商店招、路面铺砖和材料、市政绿化带、街道树木种植池、公共空间照明导则及灯具、街道家具、标识系统等方面的精细化统筹仍须加强。

14.2.6　运营管路问题

十九单元03街坊的整体开发考虑了停车统筹，并设计了较为清晰的多业主互联共享停车场费用清分机制，是其成功之处。但是，除了停车资源外，对商业业态统筹、空中连廊、公共空间等的运营统筹方式仍考虑不足，易给项目整体开发后开展整体运营造成困难。

14.2.7　设计统筹单位的费用保障问题

街坊整体开发模式下产生了常规开发项目所不存在的设计统筹工作。设计统筹工作是一项高技术、高智力的服务，涉及的工作内容多、专业面广、服务周期长。要做好设计统筹工作，需要设计单位投入各专业高端人才长期服务，工作量很大。然而，目前行业内暂未有统一规定办法用于确定这一开发模式下对于设计单位的取费标准，费用承担单位一般采用各开发单位按开发体量比例众筹式分摊。这种情况下，取费水平难以与设计单位的投入相匹配，长此以往，将影响到统筹效果。

14.3　模式应用特点与场景

（1）重视模式适应性的分析。本书课题组建议选取政府创新意识强、土地高价值的区域开展模式应用。

在项目招商引资层面，选取品质意识强、合作开发基础好、开发建设时序协同性强的潜在投资单位承担项目开发。

（2）结合项目具体情况因地制宜采用街坊整体开发模式。以当前前海各单元各街坊来看，各单元、街坊的规划、各主体的开发时序及工程建设情况各不相同，导致各单元、街坊的公共部分整体开发建设的需求和难度各不相同，因此"单地块分散开发""多主体联合开发"与"街坊整体开发"的模式是并存的。即使是不宜全面采用街坊整体开发模式的项目，如前海二单元05街坊中的某个地块，因考虑地铁施工时序及地铁保护要求，需先行进行基坑开挖与采取地铁保护措施，此情况即不适合进行整体街坊基坑开挖，但仍可对景观及公共空间环境等方面进行整体设计。因此，建议在应用街坊整体开发的实施建议时，需视具体情况灵活取用，增强其实用性。

（3）整体开发义务纳入土地出让协议。实施整体开发的街坊，各地块宜同一时期出让土地、确定土地使用权人。土地出让时，政府与中标人签署的出让协议中应包含街坊整体开发方面的内容，约定受让方应按照整体开发原则，在设计、施工、采购以及运营等方面积极参与统筹协调，支持、配合一体化开发。

（4）建立多元主体开发协调与决策机制。街坊整体开发项目启动前，主管部门应确定街坊整体开发统筹单位。统筹单位原则上应为街坊内有丰富相关经验和实力的某地块开发主体。街坊内各业主应通过内部协调机制形成一致意见，并由统筹单位作为代表负责与政府沟通相关工作。各街坊成员单位应按照《土地出让协议》的指导意见，与统筹单位签订《街坊整体开发统筹协调协议书》，明确各方在整体开发中的权利、义务、协调机制，建立"街坊整体开发统筹协调会议"制度。具体事务决策时，可按照少数服从多数的原则进行投票，投票权重可将土地使用权人的项目建设规模作为一个考量因素。

（5）提前谋划基础设施、公共空间乃至商业配套空间统一运营管理。在规划设计阶段，各街坊成员单位应就《街坊整体开发设计导控文件》中共同运营管理的街坊公共空间（如地下停车场、空中连廊等）签署《统一运营管理意向协议书》。在策划定位阶段，各街坊成员单位应统筹考虑街坊内配套服务设施的完善性和互补性（例如餐饮），满足街坊整体需要，并达到共生、共赢的效果。

（6）实施可持续的运营手段。首先，建议由统筹单位牵头、各业主单位参加，成立"街坊业主委员会"代表街坊业主处理公共事务，整合街坊运营资源，对运营提出建议。业主委员会同时负责与政府协调街坊有关诉求问题。其次，以街坊整体形象加强招商吸引力。建议政府和各业主协同制定片区营商环境优化措施，形成政企协同的产业招商合力，建立招商联合推广、产业客户资源共享机制。运营初期，服务配套应优先保证街坊内基本需求，如配置配套商业餐饮，完善区内交通接驳微循环，增强区内与区外交通连接等。最后，在《街坊整体开发导控文件》相关街坊公共空间具备运营条件后，各街坊成员单位应签署《统一运营管理协议书》，共同聘请相关运营单位，打通各主体的运营管理。其他公共区域也应明确运营主体及运营模式。

（7）重视设计统筹的费用安排。首先，建议国家或各省市层面相关主管部门尽快启动制定适合街坊整体开发模式实际的设计统筹收费标准。其次，各开发主体应充分重视设计统筹工作的重要性和艰巨性，需要进一步提升设计统筹单位的费用保障，充分发挥市场在资源配置中的良好作用。最后，建议以由开发统筹单位先行垫付再众筹式分摊的形式保障设计统筹费用的及时支付到位。

附录

主要内部档案一览表

数据编号	数据分类	文件
NB01	规划与设计类基础资料	001策划文件、请示批复文件及第三方咨询成果
		002各地块土地出让合同
		003项目立项文件（建议书或备案文件）
		004各地块工程可行性研究及批复
		005各地块用地规划许可证
		006各地块工程规划许可证
		007 19单元详规及城市设计
		008 3街坊城市设计（含招标）
		009 3街坊统筹方案文本
		010 3街坊统筹扩初文本
		011 3街坊统筹施工图文本
		012 3街坊设计导则
		013各项目方案设计文本
		014各项目扩初设计文本
		015各项目施工图设计文本
		016基坑专项设计文本
		017室外景观专项设计文本
		018二层平台专项设计文本
		019绿色建筑设计或咨询成果

续表

数据编号	数据分类	文件
NB02	施工与监理类基础资料	001总体及各地块施工组织设计
		002基坑工程施工组织设计
		003各地块主要的施工单项方案
		004科技创新及科研成果
		005"四新"及绿色施工技术方案
		006地上地下群塔施工方案
		007冷站施工方案
		008竣工及各专项验收报告
		009施工总结报告
		010监理总结报告
		011施工月报
		012监理月报
		013施工日记
		014监理日记
		015工地例会会议纪要
		016专题例会会议纪要
		017自贸大厦施工方案
NB03	工程管理类基础资料	001统筹建设单位项目管理制度
		002各地块主要参建单位一览表
		003统筹单位项目合同清单
		004统筹单位项目管理方案
		005项目沟通协调机制或方案
		006项目往来函件
		007项目沟通协调会议纪要
		008各地块向上级主管部门的请示及报告
		009建设大事记
		010建设大数据
		011统筹建设单位关于本项目的历年总结报告
		012项目周报、月报

参考文献

[1] Abdi M, Aulakh P S. Locus of Uncertainty and the Relationship between Contractual and Relational Governance in Cross-Border Interfirm Relationships[J]. Social ence Electronic Publishing, 2015, 43（3）.

[2] Andrew S. C, Fang-Ying S. Effectiveness of Coordination Methods in Construction Projects[J]. Journal of Management in Engineering, 2014, 3（30）.

[3] Biesenthal C, Wilden R. Multi-level project governance: Trends and opportunities[J]. International Journal of Project Management, 2014, 32（8）: 1291-1308.

[4] Bourne L, Walker D H. Visualizing stakeholder influence—Two Australian examples[J]. Project Management Journal, 2006, 1（37）: 5-21.

[5] Campbell S., Fainstein S. S.（ed.）. Readings in Planning Theory[M]. Oxford: Blackwell, 1997.

[6] Caniëls M C J, Gelderman C J, Vermeulen N P. The interplay of governance mechanisms in complex procurement projects [J]. Journal of Purchasing & Supply Management, 2012, 18（2）: 113-121.

[7] Cannon J P, Achrol R S, Gundlach G T. Contracts, norms, and plural form governance[J]. Journal of the Academy of Marketing ence, 2000, 28（2）: 180.

[8] Cao Z, Lumineau F. Revisiting the interplay between contractual and relational governance: A qualitative and meta-analytic investigation[J]. Journal of Operations Management, 2015, 33-34（1）.

[9] Chi C S F, Javernick-Will A N. Institutional effects on project arrangement: High-speed rail projects in China and Taiwan[J]. Construction Management & Economics, 2011, 29（6）: 595-611.

[10] Clarkson M B E. A stakeholder framework for analyzing and evaluating corporate social performance[J]. Academy of Management Review, 1995, 1（20）: 92-117.

[11] David, Palmy N. Factors Affecting Planned Unit Development Implementation[J]. Planning Practice & Research, 2015, 30（4）: 1-17.

[12] Davis J H, Schoorman F D, Donaldson L. Toward a stewardship theory of management [J]. Academy of Management Review, 1997, 22（1）: 20-47.

[13] Drake D F, Spinler S. Sustainable operations management: An enduring stream or a passing

fancy? [J]. Manufacturing & Service Operations Management, 2013, 15（4）: 689-700.

[14] Dutton J A. New American urbanism: reforming the suburban metropolis[M]. New York, NY: Distributed in North America and LatinAmerica by Abbeville Pub. Group; London: Distributed elsewhere by Thames & Hudson, 2000.

[15] Faems D, Janssens M, Madhok A, et al. Toward An Integrative Perspective on Alliance Governance: Connecting Contract Design, Trust Dynamics, and Contract Application[J]. The Academy of Management Journal, 2008, 51（6）: 1053-1078.

[16] Faisol N, Dainty A R J, Price A D F. The concept of relational contracting as a tool for understanding inter-organizational relationships in construction[J]. Association of Researchers in Construction Management, 2005, 2: 1075-1084.

[17] Farshid R, Katrin L. Abductive Grounded Theory: a worked example of a study in construction management[J]. Construction Management and Economics, 2018, 36（10）: 565-583.

[18] Ferguson R J, Michèle Paulin, Bergeron J. Contractual governance, relational governance, and the performance of interfirm service exchanges: The influence of boundary-spanner closeness[J]. Journal of the Academy of Marketing ence, 2005, 33（2）: 217.

[19] Fink R C, James W L, Hatten K J. An exploratory study of factors associated with relational exchange choices of small-, medium- and large-sized customers[J]. Journal of Targeting Measurement & Analysis for Marketing, 2009, 1（17）: 39-53.

[20] Glaser B G, Strauss A L. The Discovery of Grounded Theory: Strategies for Qualitative Research[M]. New Brunswick, NJ: Aldine Transaction, 1967.

[21] Goldston E, Scheuer J. H. Zoning of planned residential developments[J]. Harvard Law Review, 1959, 73（2）: 241-267.

[22] Gyawali P, Tao Y, Mueller R. Project control mechanisms in non-project-based organizations in Asia[J]. International journal of project organization & management, 2013, 5（4）: 312-333.

[23] Ho S, Lin Ym Wu H., et al. Empirical test of a model for organizational governance structure choices in construction joint ventures[J]. Construction Management & Economics, 2009, 27（1-3）: 315-324.

[24] Krasnowiecki J Z. Planned Unit Development: A Challenge to Established Theory and Practice of Land Use Control[J]. University of Pennsylvania Law Review, 1965, 114（1）: 47.

[25] Le C, Manley K. Validation of an Instrument to Measure Governance and Performance on Collaborative Infrastructure Projects[J]. Journal of Construction Engineering and Management, 2014, 140（5）.

[26] Levitt R E. Project Management 2.0: Towards the Renewal of the Discipline[J]. Engineering Project Organisation Journal, 2011, 3（1）: 197-210.

[27] Ling, F. Y., Ke, Y., Kumaraswamy, et al. Key relational contracting practices affecting performance of public construction projects in China[J]. Journal of Construction Engineering and Management, 2014, 140（1）, 04013034.

[28] Mandelker D R. Legislation for planned unit developments and master-planned communities[J]. The Urban

Lawyer，2008，40（3）：419.

[29] Mcadam D，Levitt R E. "Site fights"：Explaining opposition to projects in the developing world[J]. Sociological Forum，2010，25（3）：401.

[30] Miller R，Hobbs B. Governance Regimes for Large Complex Projects[J]. Project Management Journal，2005，36（3）.

[31] Miller R，Lessard D R. The Strategic Management of Large Engineering Projects：Shaping Institutions，Risks，and Governance[M]. Cambridge：MIT Press，2000.

[32] Moore C G，Siskin C. PUDs in Practice[M]. Washington DC：Urban Land Institute，1985.

[33] Müller M. State Dirigisme in Megaprojects：Governing the 2014 Winter Olympics in Sochi[J]. Environment and Planning A，2011，9（43）：2091-2108.

[34] Newcombe R. From client to project stakeholders：A stakeholder mapping approach[J]. Construction Management and Economics，2003，8（21）：841-848.

[35] Nguyen N H，Skitmore M，Wong J K W. Stakeholder impact analysis of infrastructure project management in developing countries：A study of perception of project managers in state-owned engineering firms in Vietnam[J]. Construction Management and Economics，2009，11（27）：1129-1140.

[36] Palgan Y V，Mont O，Sulkakoski S. Governing the sharing economy：Towards a comprehensive analytical framework of municipal governance[J]. Cities，2021，108：102994.

[37] Payam S，Seyed A S H. Development of supply chain risk management approaches for construction projects：A grounded theory approach[J]. Computers & Industrial Engineering，2019，128：837-850.

[38] Perry C. The Neighborhood Unit in Regional Survey of New York and Its Environs[R]. New York：Committee on Regional Plan of New York and Its Environs，1929.

[39] Poppo L，Zenger T. Do formal contracts and relational governance function as substitutes or complements[J]. Strategic Management Journal，2002，23（8）：707-725.

[40] Rafiq M C，Dongping Fang. Why operatives engage in unsafe work behavior：Investigating factors on construction sites[J]. Safety Science，2008，46（4）：566-584.

[41] Smith J A. Semi-structured interviewing and qualitative analysis[M]. London：Sage Publications Ltd，1995.

[42] Smyth H. The credibility gap in stakeholder management：ethics and evidence of relationship management[J]. Construction Management and Economics，2008，26（6）：633-643.

[43] Strauss A，Corbin J. Basics of qualitative research：grounded theory procedures and techniques[M]. Newbury Park：SAGE Publications，1990.

[44] Turner R，Keegan A. Mechanisms of governance in the project-based organization：roles of the broker and steward[J]. European Management Journal，2001，19（3）：254-267.

[45] Turner R，Huemann M，Anbari F T，et al. Perspectives on projects [J]. Construction Management & Economics，2010，30（30）：416-420.

[46] Whittemore A H. The New Communalism The Unrealized Mid-Twentieth Century Vision of Planned Unit Development[J]. Journal of Planning History，2015，14（3）：105-111.

[47] Winch G M. Governing the project process：A conceptual framework [J]. Construction Management & Economics，2001，19（8）：799-808.

[48] Yin R. Case study research：Design and methods[J]. Journal of Advanced Nursing，2010，44（1）：108-108.

[49] Zhai Z，Ahola T，Xie L Y J. Governmental Governance of Megaprojects：The Case of EXPO 2010 Shanghai[J]. Project Management Journal，2017，1（11）：37-50.

[50] Zou B，Kafle N，Wolfson O，et al. A mechanism design based approach to solving parking slot assignment in the information era[J]. Transportation Research Part B：Methodological，2015，81：631-653.

[51] Zou W，Kumaraswamy M，Chung J，et al. Identifying the critical success factors for relationship management in PPP projects [J]. International Journal of Project Management，2014，32（2）：265 -274.

[52] 安静，王荣成. 国家级新区产城融合的耦合协调评价——以舟山群岛新区和青岛西海岸新区为例[J]. 资源开发与市场，2021，37（03）：287-293.

[53] 白径金，苏振宇. TOD模式下城市土地利用发展策略研究[J]. 城市建筑，2021，18（08）：7-9.

[54] 鲍其隽，姜耀明. 城市中央商务区的混合使用与开发[J]. 城市问题，2007（09）：52-56.

[55] 毕光庆. 新时期绿色城市的发展趋势研究[J]. 天津城市建设学院学报，2005（04）：231-234.

[56] 曹松杨. 城市高强度开发区域地下空间整体开发规划设计方法研究[J]. 建筑学研究前沿，2018，（36）.

[57] 柴文忠. 城市市政设施统筹管理机制创新研究[J]. 城市管理与科技，2018，20（03）：6-10.

[58] 陈秉正. 费用分摊问题与群决策方法[J]. 系统工程理论与实践，1990（05）：30-36.

[59] 陈歌. 城市地下公共车库的停车方式与空间设计研究[D]. 西安：西安建筑科技大学，2016.

[60] 陈红霞. 开发区产城融合发展的演进逻辑与政策应对——基于京津冀区域的案例分析[J]. 中国行政管理，2017（11）：95-99.

[61] 陈维政，忻蓉，王安逸. 企业文化与领导风格的协同性实证研究[J]. 管理世界，2004（2）：75-83.

[62] 陈伟新，孙延松. 中国特大城市核心区大街区统筹更新模式研究——从空间生产视角看深圳宝安中心区更新[J]. 规划师，2017，33（S2）：140-146.

[63] 陈向明. 扎根理论的思路和方法[J]. 教育研究与实验，1999（04）：58-63，73.

[64] 陈雄涛. 城市设计导则编制及管理的探索——以天津滨海新区重点地区为例[C]//中国城市规划学会、南京市政府. 转型与重构——2011中国城市规划年会论文集[C]. 中国城市规划学会、南京市政府：中国城市规划学会，2011：9.

[65] 陈好凡，王开泳. 北京经济技术开发区产城空间的演化及其影响因素[J]. 城市问题，2019（05）：46-54.

[66] 程子腾，王亮，邓海龙. 基于EOD理念的未来社区开发模式初探[J]. 中国经贸导刊（中），2021，（03）：164-165.

[67] 崔慧霞. 演进与互动：国家治理现代化进程中的政府与市场[J]. 特区实践与理论，2018（03）：30-34.

[68] 戴小平，许良华，汤子雄，等. 政府统筹、连片开发——深圳市片区统筹城市更新规划探索与思路创新[J]. 城市规划，2021，45（09）：62-69.

[69] 戴雄赐. 紧凑城市理论与北京蔓延研究[D]. 北京：清华大学，2016.

[70] 邓娇娇. 公共项目契约治理与关系治理的整合及其治理机理研究[D]. 天津：天津大学，2013.

[71] 邓斯凡. 前海十九单元03街坊整体开发模式浅析[J]. 绿色环保建材，2020（05）：86-89.

[72] 丁翠波. 区域整体开发，打造高品质国际开放新枢纽——以地产集团参与虹桥商务区核心区开发为例[J]. 上海房地，2021（06）：37-40.

[73] 丁冉，黄明亮，王路遥，赵寒雪. 城市街道横断面规划设计转型研究[C]//中国城市规划学会，杭州市人民政府. 共享与品质——2018中国城市规划年会论文集. 中国城市规划学会，杭州市人民政府：中国城市规划学会，2018：502-509.

[74] 董程洁. 从"道路设计"到"街道设计"——以兰溪市中心城区重要道路设计为例[J]. 建筑与文化，2019，182（05）：76-77.

[75] 董宏伟，寇永霞. 智慧城市的批判与实践——国外文献综述[J]. 城市规划，2014，38（11）：52-58.

[76] 董维维，庄贵军. 关系治理的本质解析及在相关研究中的应用[J]. 软科学，2012，9（26）：133-137.

[77] 段龙龙，陈有真. 紧凑型生态城市：城市可持续发展的前沿理念[J]. 现代城市研究，2013（11）：72-78.

[78] 方创琳，祁巍锋. 紧凑城市理念与测度研究进展及思考[J]. 城市规划学刊，2007（04）：65-73.

[79] 傅晓珊. 城市土地利用与产业结构均衡性研究[D]. 北京：中国地质大学，2011.

[80] 高军波，周春山. 西方国家城市公共服务设施供给理论及研究进展[J]. 世界地理研究，2009，18（04）：81-90.

[81] 耿宏兵. 紧凑但不拥挤——对紧凑城市理论在我国应用的思考[J]. 城市规划，2008（06）：48-54.

[82] 龚斌，庄洁. 基于开放街区理念的城市空间重塑路径——以江门市创意产业园区（珠西智谷）城市设计为例[J]. 规划师，2017，33（S2）：87-92.

[83] 郭军，刘劲，荆治国. 深圳前海多元主体街坊整体开发模式研究[J]. 工程管理学报，2020，34（02）：72-77.

[84] 国务院发展研究中心"国有企业改革突出矛盾与对策研究"课题组，马骏，张文魁，等. 地方投融资平台转型的方向与政策[J]. 国家治理，2016（04）：42-48.

[85] 韩刚，袁家冬，王兆博. 国外城市紧凑性研究历程及对我国的启示[J]. 世界地理研究，2017，26（01）：56-64.

[86] 韩刚，袁家冬，张轩，等. 紧凑城市空间结构对城市能耗的作用机制——基于江苏省的实证研究[J]. 地理科学，2019，39（07）：1147-1154.

[87] 韩笋生，秦波. 借鉴"紧凑城市"理念，实现我国城市的可持续发展[J]. 国际城市规划，2009，24（S1）：263-268.

[88] 韩增林，曹锡顶，狄乾斌. 基础设施投入效率时空演变及其关联格局研究——基于中国地级以上城市的实证[J/OL]. 地理科学，[2021-07-19]. http://kns.cnki.net/kcms/detail/22.1124.P.20210707.1724.014.html.

[89] 何磊，陈春良. 苏州工业园区产城融合发展的历程、经验及启示[J]. 税务与经济，2015（02）：1-6.

[90] 何敏. 垂直型商业建筑公共空间设计研究[D]. 泉州：华侨大学，2020.

[91] 何清华，罗岚，陆云波，等. 基于TO视角的项目复杂性测度研究[J]. 管理工程学报，2013（1）：131-138.

[92] 何清华，罗岚，陆云波，等. 项目复杂性内涵框架研究述评[J]. 科技进步与对策，2013（23）：162-166.

[93] 何清华，王伟，谢坚勋. 多建设主体情境下地下空间整体开发界面划分及协调机制研究[J]. 工程管理学报，2014，28（01）：25-30.

[94] 何雨宵. 城市设计导则编制思路研究——以深圳市前海妈湾片区为例[J]. 城市住宅，2020，27（12）：121-

122，125.

[95] 何智锋，华晨. 城市旧区产城融合的特征机理及优化策略[J]. 规划师，2015，31（01）：84-89.

[96] 贺传皎，王旭，邹兵. 由"产城互促"到"产城融合"——深圳市产业布局规划的思路与方法[J]. 城市规划学刊，2012（05）：30-36.

[97] 洪银兴. 市场化导向的政府和市场关系改革40年[J]. 政治经济学评论，2018（6）：28-38.

[98] 侯海燕，刘则渊，陈悦. 科学知识图谱：方法与应用[M]. 北京：人民出版社，2008.

[99] 胡刚，姚士谋，房国坤. "新城市主义"的理论与实践在我国的创新[J]. 规划师，2002，18（04）：71-73.

[100] 胡乐明. 政府与市场的"互融共荣"：经济发展的中国经验[J]. 马克思主义研究，2018（05）：63-71，159-160.

[101] 胡珀. 区域开发的理念及操作模式探讨[J]. 城镇建设，2020，（7）：32，34.

[102] 胡象明，唐波勇. 整体性治理：公共管理的新范式[J]. 华中师范大学学报，2010，049（001）：11-15.

[103] 胡志欣. 新城市主义在中国的初步探索[D]. 天津：天津大学，2004.

[104] 槐雅丽，肖靖，陈晓冬. 反思垂直城市综合体——深圳前海世茂大厦建筑与城市设计策略[J]. 建筑技艺，2021（S1）：32-35.

[105] 黄成昆，廖嘉玮，储德平. 新型城镇化下旅游产城融合的交互机理及驱动因素——以长三角地区为例[J]. 资源开发与市场，2021，37（05）：612-619.

[106] 黄光宇. 生态城市研究回顾与展望[J]. 城市发展研究，2004，11（06）.

[107] 黄桦，张文霞，崔亚妮. 转型升级背景下开发区产城融合的评价及对策——以山西为例[J]. 经济问题，2018（11）：110-114.

[108] 黄嘉颖，吴左宾，周庆华. "紧凑城市"理念下的建筑高度控制探索——以西安曲江新区高度控制研究为例[J]. 规划师，2010，26（04）：67-71.

[109] 黄建中，黄亮，周有军. 价值链空间关联视角下的产城融合规划研究——以西宁市南川片区整合规划为例[J]. 城市规划，2017，41（10）：9-16.

[110] 黄亮，王振，陈钟宇. 产业区的产城融合发展模式与推进战略研究——以上海虹桥商务区为例[J]. 上海经济研究，2016（08）：103-111，129.

[111] 黄瓴，骆骏杭，宋春攀，等. 基于社区生活圈理念的社区家园体系规划——以重庆市两江新区翠云片区为例[J]. 城市规划学刊，2021（02）：102-109.

[112] 黄鹭新. 香港特区的混合用途与法定规划[J]. 国外城市规划，2002，（06）：49-52.

[113] 黄明华，吕仁玮，王奕松，等. "生活圈"之辩——基于"以人为本"理念的生活圈设施配置探讨[J]. 规划师，2020，36（22）：79-85.

[114] 黄小勇，李怡. 产城融合对大中城市绿色创新效率的影响研究[J]. 江西社会科学，2020，40（08）：61-72.

[115] 黄跃. "立体城市"的土地利用之道——以日本东京六本木新城为例[J]. 中国土地，2015（06）：19-21.

[116] 季楷丰，钟尖，耿军. 前海19-03街坊多业主互联共享停车场停车费用清分机制设计[C]//中国智能交通协会. 第十三届中国智能交通年会大会论文集. 中国智能交通协会：中国智能交通协会，2018：8.

[117] 蒋涤非，龚强，王敏. 基于紧凑城市理念下的"三旧"改造模式[J]. 江西社会科学，2014，34（02）：207-210.

[118] 蒋涤非，龚强，王敏. 紧凑城市理念下的"三旧"改造模式研究——以湛江市为例[J]. 东南学术，2013（06）：77-83.

[119] 蒋俊东. 协同论对现代管理的启示[J]. 科技管理研究，2004（01）：155-156.

[120] 金云峰，万亿，周向频，等. "人民城市"理念的大都市社区生活圈公共绿地多维度精明规划[J]. 风景园林，2021，28（4）：10-14.

[121] 康媛璐. 谈天津滨海新区开发建设之经验[J]. 天津科技，2015，42（12）：3-5.

[122] 赖静萍. 当代中国领导小组制度的变迁与现代国家成长[M]. 南京：江苏人民出版社，2013：160-176.

[123] 郎嵬，克里斯托弗·约翰·韦伯斯特. 紧凑下的活力城市：凯文·林奇的城市形态理论在香港的解读[J]. 国际城市规划，2017，32（03）：28-33.

[124] 乐云，胡毅，李永奎，等. 重大工程组织模式与组织行为[M]. 北京：科学出版社，2018.

[125] 乐云，李永奎，胡毅，等. "政府—市场"二元作用下我国重大工程组织模式及基本演进规律[J]. 管理世界，2019（4）：17-27.

[126] 乐云，刘嘉怡，翟曌，等. 我国重大工程组织模式演变案例研究[J]. 工程管理学报，2018，32（04）：92-97.

[127] 乐云，刘嘉怡. 政府—市场二元作用与我国重大工程组织模式的关系[J]. 工程管理学报，2017，31（06）：152-157.

[128] 冷炳荣，曹春霞，易峥，等. 重庆市主城区产城融合评价及其规划应对[J]. 规划师，2019，35（22）：61-68.

[129] 李大宇，章昌平，许鹿. 精准治理：中国场景下的政府治理范式转换[J]. 公共管理学报，2017，14（01）：1-13，154.

[130] 李德仁，邵振峰，杨小敏. 从数字城市到智慧城市的理论与实践[J]. 地理空间信息，2011，9（06）：1-5，7.

[131] 李港生. 新发展阶段我国地方政府与市场互赖式合作模式探究[D]. 南京：南京大学，2019.

[132] 李红娟，曹现强. "紧凑城市"的内涵及其对中国城市发展的适应性[J]. 兰州学刊，2014（06）：110-116.

[133] 李红娟，曹现强. 紧凑城市中的土地利用特性分析[J]. 学习与实践，2015（09）：28-34.

[134] 李健，夏帅伟. 中国特大城市紧凑度测度及多重效应相关分析[J]. 城市发展研究，2016，23（11）：109-116.

[135] 李杰，陈超美. Citespace科技文本挖掘及可视化[M]. 北京：首都经济贸易大学出版社，2016.

[136] 李丽梅，楼嘉军. 城市休闲舒适物与城市发展的协调度——以成都为例[J]. 首都经济贸易大学学报，2018，20（01）：80-88.

[137] 李亮，朱庆华. 社会网络分析方法在合著分析中的实证研究[J]. 情报科学，2008（04）：549-555.

[138] 李萌. 基于居民行为需求特征的"15分钟社区生活圈"规划对策研究[J]. 城市规划学刊，2017，（01）：111-118.

[139] 李强. 从邻里单位到新城市主义社区——美国社区规划模式变迁探究[J]. 世界建筑，2006（07）：92-94.

[140] 李善波. 公共项目治理结构及治理机制研究[D]. 南京：河海大学，2012.

[141] 李生龙，徐晓妮，张成刚. 连片综合开发模式建设策略研究[J]. 住宅与房地产，2020，（21）：4-5.

[142] 李文彬，陈浩. 产城融合内涵解析与规划建议[J]. 城市规划学刊，2012（S1）：99-103.

[143] 李文彬，顾姝，马晓明. 产业主导型地区深度产城融合的演化方向探讨——以上海国际汽车城为例[J]. 城市规划学刊，2017（S2）：57-62.

[144] 李文彬，张昀. 人本主义视角下产城融合的内涵与策略[J]. 规划师，2014，30（06）：10-16.

[145] 李霄鹏，高航，法月萍. 基于不完备合约的工程项目治理风险研究[J]. 统计与决策，2012，4（01）：181-183.

[146] 李晓晖，邓木林，朱寿佳. 从空间"底线合一"到用地审批管理一张图——基于广州"三规合一"到"多规合一"的思考[A]. 中国城市规划学会，东莞市人民政府. 持续发展理性规划——2017中国城市规划年会论文集. 中国城市规划学会，东莞市人民政府：中国城市规划学会，2017：8.

[147] 李晓慧. 新城市主义居住区研究[D]. 武汉：武汉理工大学，2003.

[148] 李昕泽. 里坊制度研究[D]. 天津：天津大学，2010.

[149] 李阎魁. 高层建筑与城市空间景观形象初探——兼论上海城市高层建筑的布局与控制[J]. 规划师，2000（03）：38-41.

[150] 李阳. 基于总体统筹和实操落地的轨道站场TOD综合开发总体策略研究——以深圳市龙岗区为例[J]. 交通与运输，2017，（01）：14-18.

[151] 李永奎，乐云，张艳，等. "政府—市场"二元作用下的我国重大工程组织模式：基于实践的理论构建[J]. 系统管理学报，2018，27（01）：147-156.

[152] 李豫新，张威振. 新型城镇化视角下产城融合发展水平研究——以西北五省区为例[J]. 商业经济研究，2018（01）：147-149.

[153] 李豫新，张争妍. 西部地区产城融合测评及门槛效应研究[J]. 统计与决策，2021，37（05）：86-90.

[154] 李植斌. 我国土地成片开发问题[J]. 经济地理，1994，（04）：73-76.

[155] 李志军，张世国，李逸飞，等. 中国城市营商环境评价及有关建议[J]. 江苏社会科学，2019（02）：30-42，257.

[156] 梁建超. 基于虚拟组织环境的工程管理系统解析[J]. 通讯世界，2017，（12）：75-76.

[157] 梁江，孙晖. 唐长安城市布局与坊里形态的新解[J]. 城市规划，2003（01）：77-82.

[158] 林峰. 未来文旅主流开发模式——生态环境导向（EOD）[J]. 中国房地产，2021，（02）：40-42.

[159] 林聚任. 社会网络分析：理论、方法与应用[M]. 北京：北京师范大学出版社，2010：41.

[160] 林澎，田欣欣. 区域整体开发新模式策略——产城融合的京北副中心探讨[J]. 北京规划建设，2014，（01）：16-18.

[161] 林绍栋. 我国指挥部管理模式研究——以厦门市重大开发片区指挥部为研究个案[D]. 厦门：厦门大学，2012.

[162] 林胜华，王湘. 高密度空间的设计理念和方法初探[J]. 浙江建筑，2006，23（008）：5-8.

[163] 刘秉镰，孙鹏博. 新发展格局下中国城市高质量发展的重大问题展望[J]. 西安交通大学学报：2021. 41（03）：1-8.

[164] 刘常乐. 项目情境下治理机制对知识转移的影响研究[D]. 北京：北京交通大学，2016.

[165] 刘畅，李新阳，杭小强. 城市新区产城融合发展模式与实施路径[J]. 城市规划学刊，2012（S1）：104-109.

[166] 刘华军，刘传明，孙亚男. 中国能源消费的空间关联网络结构特征及其效应研究[J]. 中国工业经济，2015（05）：83-95.

[167] 刘欢，李连财. 基于规划单元开发的控制性详细规划编制方法研究——以深圳留仙洞总部基地控制性详细规划为例[C]. 中国城市规划学会，贵阳市人民政府：中国城市规划学会，2015：8.

[168] 刘晶晶. 权变理论视角下的社会组织生存策略研究[D]. 南京：南京大学，2013.

[169] 刘军军，冯云婷，朱庆华. 可持续运营管理研究趋势和展望[J]. 系统工程理论与实践，2020，40（08）：1996-2007.

[170] 刘聘. 建筑综合体与城市公共空间整合设计研究[D]. 北京：中国矿业大学，2014.

[171] 刘人嘉. TOD模式下轨道交通站点周边统筹开发策略研究[J]. 中国房地产业，2021，（15）：61.

[172] 刘小平，邓文香. 虚拟CSR共创、消费者互动与共创绩效——基于扎根理论的单案例研究[J]. 管理案例研究与评论，2019，12（05）：509-520.

[173] 刘欣英. 产城融合：文献综述[J]. 西安财经学院学报，2015，28（06）：48-52.

[174] 刘欣英. 产城融合的影响因素及作用机制[J]. 经济问题，2016（08）：26-29.

[175] 龙腾飞，施国庆，董铭. 城市更新利益相关者交互式参与模式[J]. 城市问题，2008，（1）：39-43.

[176] 卢济威，陈泳. 地上地下空间一体化的旧城复兴——福州市八一七中路购物商业街城市设计[J]. 城市规划学刊，2008，（04）：54-60.

[177] 卢济威，王一. 地面立体化——当代城市形态发展的一个新趋势[J]. 城市规划学刊，2021（03）：98-103.

[178] 卢为民，蒋琪珺. 带方案出让：为土地设计好未来[N]. 中国国土资源报，2015-05-25（005）.

[179] 卢为民. 产城融合发展中的治理困境与突破——以上海为例[J]. 浙江学刊，2015（02）：151-154.

[180] 路风，何鹏宇. 举国体制与重大突破——以特殊机构执行和完成重大任务的历史经验及启示[J]. 管理世界，2021，37（07）：1-18.

[181] 路旭，阴劼，丁宇，等. 城市色彩调查与定量分析——以深圳市深南大道为例[J]. 城市规划，2010，34（12）：88-92.

[182] 罗昊. TOD模式下城市综合体的动线组织与入口空间设计研究[D]. 广州：华南理工大学，2019.

[183] 罗曦. 城市高层建筑布局规划理论与方法研究[D]. 长沙：中南大学，2007.

[184] 吕萍，胡欢欢，郭淑苹. 政府投资项目利益相关者分类实证研究[J]. 工程管理学报，2013，1：39-43.

[185] 马野驰，祝滨滨. 产城融合发展存在的问题与对策研究[J]. 经济纵横，2015（05）：31-34.

[186] 毛艳. 中国城市群经济高质量发展评价[J]. 统计与决策，2020，36（03）：87-91.

[187] 彭兴莲，陈佶玲. 产城融合互动机理研究——以苏州工业园区为例[J]. 企业经济，2017，36（01）：181-186.

[188] 彭亚茜，陈可石. 中国古代商业空间形态的变革[J]. 现代城市研究，2014（09）：34-38，54.

[189] 前海管理局. 前海管理局实行企业化市场化用人制[EB/OL].（2016-08-22）[2021-07-15]. http://qh.sz.gov.cn/sygnan/qhzx/dtzx/content/post_4835630.html.

[190] 前海管理局. 深圳市前海建设投资控股集团有限公司[EB/OL].（2021-03-25）[2021-07-15]. http://qh.sz.gov.cn/gkmlpt/content/8/8649/post_8649857.html#2350.

[191] 前海管理局. 深圳市前海深港现代服务业合作区管理局介绍[EB/OL].（2021-02-05）[2021-07-15]. http://qh.sz.gov.cn/gkmlpt/content/8/8540/post_8540470.html#2347.

[192] 钱辰丽，马俊威，江泓，等. 水乡特色突出的高强度城市地段街区模式探索——以上海虹桥商务区拓展片

区为例[J]. 规划师，2019，35（21）：30-37.

[193] 邱衍庆，姚月. 基于"多规合一"的广东空间规划探索实践与展望[J]. 城市发展研究，2019，26（01）：13-20.

[194] 曲玉萍，刘金朋，张晓哲，等. 基于新城市主义的城市规划设计研究——以济南新东站片区为例[J]. 科技经济导刊，2017，（28）：67-68.

[195] 任常历. 城市街坊形态塑造的内在机制及其协调策略研究[D]. 哈尔滨：哈尔滨工业大学，2017.

[196] 任春洋. 高密度方格路网与街道的演变、价值、形式和适用性分析——兼论"大马路大街坊"现象[J]. 城市规划学刊，2008（02）：53-61.

[197] 任俊宇，胡晓亮，于璐璐. 创新驱动的"产城创"融合发展模式探索[J]. 规划师，2018，34（09）：94-99.

[198] 邵亦文，徐江. 城市韧性：基于国际文献综述的概念解析[J]. 国际城市规划，2015，30（02）：48-54.

[199] 申凤，李亮，翟辉. "密路网，小街区"模式的路网规划与道路设计——以昆明呈贡新区核心区规划为例[J]. 城市规划，2016，40（05）：43-53.

[200] 深圳市司法局. 前海管理局法定机构模式探索之我见[EB/OL].（2018-12-14）[2021-08-02]. http://sf.sz.gov.cn/ztzl/fzzfjs/zffzyj/content/post_2962639.html.

[201] 深圳新闻网. 作为一个法定机构前海管理局如何运作[N/OL].（2011-01-11）[2021-07-15]. http://roll.sohu.com/20110111/n302009617.shtml.

[202] 沈克宁. 丹尼、普雷特兹伯格与海滨城的城市设计理念和实践[J]. 建筑师，1998，（93）.

[203] 沈清基，刘昌寿. "新城市主义"的思想内涵及其启示[J]. 现代城市研究，2002，（01）：55-58.

[204] 石晓宇，王巍. 可持续发展战略下绿色技术在建筑施工中的应用[J]. 建筑经济，2021，42（01）：15-18.

[205] 石忆邵. 产城融合研究：回顾与新探[J]. 城市规划学刊，2016（05）：73-78.

[206] 石崝，郑晓华，陈阳，等. "窄马路，密路网"理念在南京江北新区中心区的规划实践探索[J]. 规划师，2018，34（10）：130-135.

[207] 史宝娟，邓英杰. 资源型城市发展过程中产城融合生态化动态耦合协调发展研究[J]. 生态经济，2017，33（10）：122-125.

[208] 宋彦，张纯. 美国新城市主义规划运动再审视[J]. 国际城市规划，2013，28（01）：98-103.

[209] 孙洪洋. 浅谈建筑工程施工监理中的组织协调措施[J]. 科技资讯，2015，13（005）：121-121.

[210] 孙华，魏康宁，丁荣贵. "互补"还是"替代"?——关系治理、正式治理与项目绩效[J]. 山东大学学报，2015（06）：111-121.

[211] 孙惠颖. 控规的CPUD创新模式探讨[C]. 中国城市规划学会，重庆市人民政府：中国城市规划学会，2010：7.

[212] 孙建欣，林永新. 空间经济学视角下城郊型开发区产城融合路径[J]. 城市规划，2015，39（12）：54-63.

[213] 孙延松. 空间生产视角下大城市核心区大街区统筹更新模式研究[D]. 大连：大连理工大学，2017.

[214] 孙中原，韩青，孙成苗. 面向"多规合一"空间规划的信息平台建设研究——以青岛市为例[C]//中国城市规划学会，杭州市人民政府. 共享与品质——2018中国城市规划年会论文集. 中国城市规划学会，杭州市人民政府：中国城市规划学会，2018：14.

[215] 覃力. 高层建筑设计的一种倾向——大规模高层建筑的集群化和城市化[J]. 中外建筑，2003（05）：10-12.

[216] 谭琛，周曙光. 深圳市大运轨道枢纽片区城市更新困境与策略[J]. 规划师，2020，36（07）：87-92.

[217] 谭敏，魏曦. TOD模式下城市轨道交通站点地区规划设计实践探索——以广珠城际轨道"中山站"片区规划设计为例[J]. 建筑学报，2010，（08）：101-104.

[218] 谭小松. 地域性导向下的城市建筑立面风貌控制思考[J]. 城市建筑，2019，016（009）：103-105.

[219] 唐晓宏. 上海产业园区产城融合发展路径研究[J]. 宏观经济管理，2014（09）：68-70.

[220] 陶然. 深圳前海三、四单元地下公共空间一体化规划设计策略研究[D]. 哈尔滨：哈尔滨工业大学，2014.

[221] 田泓日. 深圳前海桂湾片区慢行系统立体化营造策略研究[D]. 哈尔滨：哈尔滨工业大学，2015.

[222] 田逸飞. 从三维设计到四维总控——区域性开发中规划设计总控模式的创新实践[J]. 房地产世界，2021，（08）：5-7.

[223] 万冬君. 基于全寿命期的建设工程项目集成化管理模式研究[J]. 土木工程学报，2012（S2）：267-271.

[224] 汪睿，张彧. 从"坊里"到"街巷"——浅谈唐宋时期街区开放的影响和启示[J]. 住区，2017（05）：150-154.

[225] 汪思彤，杨东峰. 紧凑城市的系统检讨[J]. 城市规划学刊，2011（06）：48-53.

[226] 王博. 海绵专项城市设计导则的框架及编制方法研究[D]. 北京：北京建筑大学，2019.

[227] 王春萌，谷人旭. 康巴什新区实现"产城融合"的路径研究[J]. 中国人口·资源与环境，2014，24（S3）：287-290.

[228] 王纯，尹志东，彭睿等. TOD模式下城市开发建设策略研究[J]. 海峡科技与产业，2019，（07）：12-15.

[229] 王冬. 浅析城市地下空间整体开发项目的设计风险管理[J]. 建设监理，2015（09）：57-61.

[230] 王菊阳. 虚拟组织：现代新型组织形式[J]. 产业与科技论坛，2020，19（17）：219-220.

[231] 王凯，袁中金，王子强. 工业园区产城融合的空间形态演化过程研究——以苏州工业园区为例[J]. 现代城市研究，2016（12）：84-91.

[232] 王蕾. 城市综合体空间集约化利用研究[D]. 沈阳：沈阳建筑大学，2015.

[233] 王立光，陈建国. 大型综合交通枢纽项目建设的界面管理研究[J]. 建筑管理现代化，2008（04）：24-26.

[234] 王曼. 基于城市公共服务设施的统筹布局研究[J]. 建筑发展，2018，2（10）.

[235] 王名，蔡志鸿，王春婷. 社会共治：多元主体共同治理的实践探索与制度创新[J]. 中国行政管理，2014（12）：16-19.

[236] 王玉萍，左同宇. 善治视阈下的责任政府建设与社会主义市场经济治理进路[J]. 理论导刊，2021（04）：49-55.

[237] 魏欣，孙翼，邹涵. 城市标志性建筑布局研究——以武汉市青山区为例[J]. 中外建筑，2015（07）：88-89.

[238] 魏子繁，朱红章. 紧凑城市理念下的城市综合体设计[J]. 建筑结构，2021，51（07）：152.

[239] 温斌焘. 区域组团式整体开发模式下多层次工程协调机制的构建——以上海西岸传媒港项目为例[J]. 建设监理，2020，252（06）：39-41，72.

[240] 温斌焘，等. 立体城市、智慧城市与未来城市高质量开发建设[M]. 上海：同济大学出版社，2021.

[241] 文雯. 阿姆斯特丹混合使用开发的规划实践[J]. 国际城市规划，2016，31（04）：105-109.

[242] 巫义. 城市中心地上地下一体化设计导控方法研究——以南京南部新城为例[D]. 南京：东南大学，2018.

[243] 吴峰. 新城市主义理论与社区环境规划设计研究[D]. 西安：西安建筑科技大学，2003.

[244] 吴新春. 基于城市片区开发的投融资策略分析[J]. 现代经济信息，2020（36）：3-4.

[245] 吴新叶，付凯丰. "人民城市人民建、人民城市为人民"的时代意涵[J]. 党政论坛，2020（10）：4-7.

[246] 吴正红，冯长春，杨子江. 紧凑城市发展中的土地利用理念[J]. 城市问题，2012（01）：9-14.

[247] 夏冰. 制度变迁情境下地方政府平台公司对地方经济发展的影响研究[D]. 广州：中山大学，2020.

[248] 项松林，孙悦. 习近平人文城市理念论析[J]. 武汉科技大学学报，2021，23（04）：367-372.

[249] 谢呈阳，胡汉辉，周海波. 新型城镇化背景下"产城融合"的内在机理与作用路径[J]. 财经研究，2016，42（01）：72-82.

[250] 谢春华. 总体项目管理模式在大型复杂群体项目管理中的应用——以深圳前海新城开发项目为例[J]. 建设监理，2019，235（01）：30-35.

[251] 谢坚勋，温斌焘，许世权，等. 片区整体开发型重大工程项目治理研究——以上海西岸传媒港为例[J]. 工程管理学报，2018，32（02）：85-90.

[252] 谢坚勋. 重大工程项目治理机制及其对项目成功的影响机理研究[M]. 上海：同济大学出版社，2019.

[253] 谢钰敏，魏晓平. 项目利益相关者管理研究[J]. 科技管理研究，2006（01）：168-170，194.

[254] 邢琰. 规划单元开发中的土地混合使用规律及对中国建设的启示[D]. 北京：清华大学，2005.

[255] 熊健. 高层居住建筑外立面装饰设计与选材研究——以南通雍景湾为例[D]. 郑州：中原工学院，2019.

[256] 徐凤毅. 浅谈综合性用途土地成片开发的成本分摊方法[J]. 新会计，2011（06）：45-47.

[257] 徐苹芳. 元大都在中国古代都城史上的地位——纪念元大都建城720年[J]. 北京社会科学，1988（01）：52-53.

[258] 徐文烨. 以城市设计导则引导多元开发主体的整体城市设计——以纽约巴特雷公园城为例[J]. 上海城市规划，2017，（z1）：174-180.

[259] 许皓，李百浩. 思想史视野下邻里单位的形成与发展[J]. 城市发展研究，2018，25（04）：39-45.

[260] 许宏福，林若晨，欧静竹. 协同治理视角下成片连片改造的更新模式转型探索——广州鱼珠车辆段片区土地整备实施路径的思考[J]. 规划师，2020，36（18）：22-28.

[261] 许世权. 浅谈区域组团式整体开发模式的落地机制——以上海西岸传媒港项目为例[J]. 建设监理，2019，（06）：14-16.

[262] 薛名辉，胡佳雨. 立体城市视角下日本地下街的发展与启示[J]. 中外建筑，2021（05）：45-51.

[263] 严玲，史志成，严敏，等. 公共项目契约治理与关系治理：替代还是互补?[J]. 土木工程学报，2016，49（11）：115-128.

[264] 杨欢. 重塑城市形态：美国空间形态管制的演变特征及控制实施体系研究[J]. 现代城市研究，2020（05）：104-109.

[265] 杨磊. 以系统规划理念为背景的城市更新思考[J]. 城建规划，2017（23）：66.

[266] 杨黎婧. 从单数公共价值到复数公共价值："乌卡"时代的治理视角转换[J]. 中国行政管理，2021（02）：107-115.

[267] 杨柳忠. 总规改革背景下的多规合一信息平台建设[J]. 中国建设信息化，2018，4（03）：10.

[268] 杨思莹，李政，孙广召. 产业发展、城市扩张与创新型城市建设——基于产城融合的视角[J]. 江西财经大学学报，2019（01）：21-33.

[269] 杨晰峰. 上海推进15分钟生活圈规划建设的实践探索[J]. 上海城市规划, 2019（04）: 124–129.

[270] 姚之浩, 田莉, YAO, 等. 21世纪以来广州城市更新模式的变迁及管治转型研究[J]. 上海城市规划, 2017, 05（136）: 37–42.

[271] 叶伟华, 黄汝钦. 前海深港合作区规划体系的探索与创新[C]//中国城市规划学会. 城市时代, 协同规划——2013中国城市规划年会论文集. 中国城市规划学会: 中国城市规划学会, 2013: 11.

[272] 叶伟华, 于烔, 邓斯凡. 多元主体众筹式城市设计的编制与实施——以深圳前海十九开发单元03街坊整体开发为例[J]. 新建筑, 2021（02）: 147–151.

[273] 尹贻林, 徐志超. 工程项目中信任、合作与项目管理绩效的关系——基于关系治理视角[J]. 北京理工大学学报, 2014, 16（06）: 41–51.

[274] 郁颖姝. 旧城更新中沿街建筑立面整治策略探究[C]//中国城市规划学会, 重庆市人民政府. 活力城乡美好人居——2019中国城市规划年会论文集. 中国城市规划学会, 重庆市人民政府: 中国城市规划学会, 2019: 853–865.

[275] 岳宜宝. 紧凑城市的可持续性与评价方法评述[J]. 国际城市规划, 2009, 24（06）: 95–101.

[276] 张帆, 葛岩. 治理视角下城市更新相关主体的角色转变探讨——以上海为例[J]. 上海城市规划, 2019, 148（05）: 67–71.

[277] 张冀. 克里尔兄弟城市形态理论及其设计实践研究[D]. 广州: 华南理工大学, 2002.

[278] 张敬伟, 马东俊. 扎根理论研究法与管理学研究[J]. 现代管理科学, 2009（02）: 115–117.

[279] 张磊, 陈宇. 基于紧凑城市理念的街道建设探析——以法国里昂城市街道为例[J]. 国际城市规划, 2015, 30（S1）: 111–115.

[280] 张磊. “新常态”下城市更新治理模式比较与转型路径[J]. 城市发展研究, 2015（12）: 57–62.

[281] 张梦, 李志红, 黄宝荣, 等. 绿色城市发展理念的产生、演变及其内涵特征辨析[J]. 生态经济, 2016, 32（05）: 205–210.

[282] 张衔春, 牛煜虹, 龙迪, 等. 城市蔓延语境下新城市主义社区理论在中国的应用研究[J]. 现代城市研究, 2013（12）: 22–29.

[283] 章征涛, 宋彦, 丁国胜, 等. 从新城市主义到形态控制准则——美国城市地块形态控制理念与工具发展及启示[J]. 国际城市规划, 2018, 33（04）: 42–48.

[284] 赵春水, 陈旭, 闫艺, 等. 总规划师负责制下“窄路密网”模式的实践探索——以天津八大里项目为例[J]. 建筑技艺, 2021, 27（03）: 82–86.

[285] 赵格. 城市网格形态研究[D]. 天津: 天津大学, 2008.

[286] 赵鹏. 新城规划设计的实施策略——“宁波南部商务区”全局跟踪体会[J]. 城市建筑, 2013（02）: 11–12.

[287] 郑蔚, 梁进社, 张华. 中国省会城市紧凑程度综合评价[J]. 中国土地科学, 2009, 23（04）: 11–17.

[288] 郑文晖. 文献计量法与内容分析法的比较研究[J]. 情报杂志, 2006（05）: 31–33.

[289] 钟嘉毅. 城市新区规划的四大导向——以澳大利亚新区建设经验为例[J]. 建筑工程技术与设计, 2015（28）: 9–10.

[290] 钟力. 混合使用开发理念解读——以深圳华侨城规划设计为例[J]. 新建筑, 2010,（05）: 118–122.

[291] 周琳. 片区型PPP项目的风险管控研究[D]. 安徽: 安徽理工大学, 2017.

[292] 周望. 中国"小组"机制研究[M]. 天津: 天津人民出版社, 2010.

[293] 周雪光, 艾云. 多重逻辑下的制度变迁: 一个分析框架[J]. 中国社会科学, 2010 (04): 132-150, 223.

[294] 朱东, 杨春. 美国规划单元开发对规划综合实施方案的启示[C]. 中国城市规划学会, 重庆市人民政府: 中国城市规划学会, 2019: 9.

[295] 朱杰. 抑制城市蔓延的可持续发展路径及对中国的启示[J]. 国际城市规划, 2009, 24 (06): 89-94.

[296] 朱亮, 孟宪学. 文献计量法与内容分析法比较研究[J]. 图书馆工作与研究, 2013 (06): 64-66.

[297] 朱庆华, 李亮. 社会网络分析法及其在情报学中的应用[J]. 情报理论与实践, 2008 (02): 179-183, 174.

[298] 朱正威, 刘莹莹, 杨洋. 韧性治理: 中国韧性城市建设的实践与探索[J]. 公共管理与政策评论, 2021, 10 (03): 22-31.

[299] 诸大建, 孙辉. 用人民城市理念引领上海社区更新微基建[J]. 党政论坛, 2021 (02): 24-27.

[300] 竺乾威. 从新公共管理到整体性治理[J]. 中国行政管理, 2008 (10): 52-58.

[301] 筑博设计(集团)股份有限公司. 前海十九单元03街坊城市设计[J]. 城市建筑, 2017 (33): 75.

[302] 庄淑亭, 任丽娟. 城市土地混合用途开发策略探讨[J]. 土木工程与管理学报, 2011, 28 (01): 33-37.

[303] 卓健, 孙源铎. 社区共治视角下公共空间更新的现实困境与路径[J]. 规划师, 2019, 35 (03): 5-10, 50.

[304] 邹兵. "新城市主义"与美国社区设计的新动向[J]. 国外城市规划, 2000, (02): 36-38.

[305] 邹德玲, 丛海彬. 中国产城融合时空格局及其影响因素[J]. 经济地理, 2019, 39 (06): 66-74.

[306] 邹伟勇, 黄炀, 马向明, 等. 国家级开发区产城融合的动态规划路径[J]. 规划师, 2014, 30 (06): 32-39.

致　谢

　　本书的研究基于深圳前海十九单元03街坊、二单元05街坊和前海交易广场等三项工程实践,参考了三项案例项目的各参建单位编制的规划、设计、施工和管理方案、内部工程文档以及已经公开发表的文献,在此向所有参建单位和参建人员以及公开发表文献的作者表示崇高的敬意和衷心的感谢!